做最好的施工员系列丛书

做最好的
装饰装修工程施工员

ZUOZUIHAODE
ZHUANGSHI ZHUANGXIU GONGCHENG SHIGONGYUAN

冯宪伟 主编

U0283681

中国建材工业出版社

图书在版编目(CIP)数据

做最好的装饰装修工程施工员/冯宪伟主编. —北京:中国建材工业出版社,2014.12(2019.11重印)
(做最好的施工员系列丛书)
ISBN 978-7-5160-1027-3

Ⅰ.①做… Ⅱ.①冯… Ⅲ.①建筑装饰-工程施工 Ⅳ.①TU767

中国版本图书馆CIP数据核字(2014)第266413号

做最好的装饰装修工程施工员

冯宪伟 主编

出版发行:中国建材工业出版社
地 址:北京市海淀区三里河路1号
邮 编:100044
经 销:全国各地新华书店
印 刷:北京紫瑞利印刷有限公司
开 本:850mm×1168mm 1/32
印 张:17.5
字 数:487千字
版 次:2014年12月第1版
印 次:2019年11月第5次
定 价:46.00元

内 容 提 要

本书紧扣"做最好的"编写理念,结合装饰装修工程最新施工规范及施工质量验收规范进行编写,详细介绍装饰装修工程施工员应知应会的各种基础理论和专业技术知识。全书主要内容包括概述,装饰装修工程施工测量、放线,楼地面工程施工,墙面装饰装修工程施工,吊顶装饰装修工程施工,门窗工程装饰装修施工,轻质隔墙、隔断装饰装修工程施工,细部工程施工,厨房、厕浴间装饰工程施工,建筑电气照明工程施工,装饰装修工程施工管理等。

本书坚持理论性与实践性相结合,具有较强的知识性和可操作性,既可供装饰装修工程施工员工作时使用,也可作为装饰装修工程施工员岗位培训的教材及参考用书。

前言

FOREWORD

　　建设工程施工员是指具备一定的土木建筑专业知识，深入建设工程施工现场，为工程建设施工队伍提供技术支持，并对建设工程质量进行复核监督的基层技术组织管理人员。其主要工作职责包括参与施工组织管理策划；参与制定管理制度；参与图纸会审、技术核定；负责施工作业班组的技术交底；负责组织测量放线、参与技术复核；参与制订并调整施工进度计划、施工资源需求计划，编制施工作业计划；参与做好施工现场组织协调工作，合理调配生产资源；落实施工作业计划；参与现场经济技术签证、成本控制及成本核算；负责施工平面布置的动态管理；参与质量、环境与职业健康安全的预控；负责施工作业的质量、环境与职业健康安全过程控制，参与隐蔽、分项、分部和单位工程的质量验收；参与质量、环境与职业健康安全问题的调查，提出整改措施并监督落实；负责编写施工日志、施工记录等相关施工资料；负责汇总、整理和移交施工资料等。

　　建设工程施工员作为工程建设施工任务最基层的技术和组织管理人员，是施工现场生产一线的组织者和管理者，其重要性毋庸质疑。由于工程建设产品复杂多样，且大多体形庞大、价值较高，这决定了工程施工中需要投入大量人力、财力、物力，同时需要根据施工对象的特点和规模、地质水文气候条件、工程图纸、施工合同及机械材料供应情况等，做好施工准备，确定施工技术工艺、施工方法方案等工作，以确保技术经济效果，避免出现事故，这就对工程建设施工管理技术人员提出了较高的要求。

为使广大建设工程施工员能更好地指挥、协调工程建设施工现场基层专业管理人员和劳务人员，并将参与施工的劳动力、机具、材料、构配件和采用的施工方法等科学地、有序地协调组织起来，实现时间和空间上的最佳组合，从而保质保量保工期地完成施工生产任务，我们组织工程建设施工领域的专家学者，紧扣"做最好"的理念，编写了本套《做最好的施工员系列丛书》。丛书包括《做最好的建筑工程施工员》《做最好的装饰装修工程施工员》《做最好的市政工程施工员》《做最好的公路工程施工员》《做最好的水利水电工程施工员》《做最好的园林绿化工程施工员》等分册。

本套丛书以建设工程施工技术为重点，详细讲解了建设工程各分部分项工程的施工方法、施工工艺流程、施工要点、施工注意事项等知识，并囊括了工程施工图识读、测量操作、材料性能、机械使用、现场管理等基础知识，基本上可满足建设工程施工员现场管理工作的实际需要。丛书内容精练，对部分重点内容及施工关键步骤进行了归纳总结，方便广大读者查阅和使用。

本套丛书在编写时坚持理论性与实践性相结合，并辅以必要的工程施工实践经验总结，具有较强的知识性和可操作性。在丛书编写过程中，为体现丛书内容的先进性和完整性，我们参考了国内同行的部分著作，部分专家学者还对我们的编写工作提出了很多宝贵意见，在此表示衷心的感谢！由于编写时间仓促，加之编者水平所限，丛书中不当之处在所难免，恳请广大读者批评指正！

编　者

目 录

CONTENTS

第一章 概　述

第一节　装饰装修的作用与等级

　　装饰装修工程是装饰工程和建筑装修工程的总称，是现代生活中不可或缺的一个组成部分。装饰是指为满足人们的视觉要求，建筑师遵循美学和实用的原则，创造出优美的空间环境，使人们的精神得到调节，思维得到延伸，身心得到平衡，智慧得以发挥，进而对建筑物主体结构加以保护所从事的某种加工和艺术处理；装修是指在建筑物的主体结构完成之后，为满足其使用功能的要求而对建筑物所进行的装设与修饰。从完善建筑物的使用功能和提高现代建筑艺术的意义上看，装饰与装修已构成不能截然分开的具有实体性的系统工程。

一、装饰装修的作用

　　装饰装修工程是建筑工程的重要组成部分。它是在已经建立起来的建筑实体上进行装饰的工程，包括建筑内外装饰和相应设施。归纳起来，装饰装修工程具有以下主要作用：

　　(1)保护建筑主体结构。通过装饰装修，使建筑物主体不受风雨和其他有害气体的侵蚀。

　　(2)保证建筑物的使用功能。这是指满足某些建筑物在灯光、卫生、隔声等方面的要求而进行的各种装饰。

　　(3)强化建筑物的空间序列。对公共娱乐设施、商场、写字楼等建筑物的内部进行合理布局和分隔，可以满足这些建筑物在使用上的各种要求。

(4)强化建筑物的意境和气氛。通过装饰装修,对室内外的环境再创造,从而达到精神享受的目的。

(5)起到装饰性作用。通过装饰装修,达到美化建筑物和周围环境的目的。

二、装饰装修的等级

一般根据建筑物的类型、性质、使用功能和耐久性来确定装饰装修等级。确定出的装饰装修等级越高,其建筑物的整体装饰装修标准也越高。建筑物装饰装修等级大体上划分为特级、高级、中级和一般四个等级,各级相应的主要建筑物详见表 1-1。

表 1-1 装饰装修等级及相应主要建筑物

等级划分	主要建筑物
特级装饰装修	国家级纪念性建筑、大会堂、国宾馆 国家级博物馆、美术馆、图书馆、剧院、宾馆 国际会议中心、贸易中心、体育中心 国际大型港口、国际大型俱乐部
高级装饰装修	省级博物馆、图书馆、档案馆、展览馆等 高级教学楼、科学研究试验楼 高级俱乐部、会堂、大型医院的疗养、医院门诊楼 大型体育、室内滑冰、游泳馆、火车站、候机楼、省、部机关办公楼、电影院、邮电局、三星级宾馆 综合商业大楼、高级餐厅、地市级图书馆等
中级装饰装修	旅馆、招待所、邮电所、托儿所、幼儿园、综合服务楼、商场、小型车站、重点中学、中等职业学校的教学楼、试验楼、电教楼等
一般装饰装修	一般办公楼、中小学教学楼、阅览室、蔬菜门市部、杂货店、粮站、公共厕所、汽车库、消防车库、消防站、一般住宅

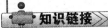

装饰装修工程常用术语

　　作为一个合格的施工员应掌握的装饰装修工程常用术语包括：

　　(1)装饰装修：为保护建筑物的主体结构、完善建筑物的使用功能和美化建筑物，采用装饰装修材料或饰物，对建筑物的内外表面及空间进行各种处理过程。

　　(2)基体：建筑物的主体结构和围护结构。

　　(3)基层：直接承受装饰装修施工的面层。

　　(4)细部：装饰装修工程中局部采用的部件和饰物。

第二节　装饰装修工程施工的任务、范围与特点

一、装饰装修工程施工的任务

　　装饰装修工程施工的任务是通过装饰装修施工人员的劳动，实现设计师设计意图的过程，即设计师将成熟的设计构思反映在图纸上，通过装饰装修工程施工，采用不同的装饰材料，通过一定的施工工艺、机具设备等手段使设计意图得以实现的过程。由于设计图纸是产生于装饰装修工程施工之前，对最终的装饰装修效果缺乏实感，因此，装饰装修工程施工的任务主要是检验装饰装修设计的科学性、合理性。

　　对装饰装修施工人员的要求不只是"照图施工"，还必须具备良好的艺术修养和熟练的操作技能，积极主动地配合设计师完善设计意图。但在装饰装修施工过程中应尽量不要随意更改设计图纸，按图施工是对设计师智慧的尊重。如果确实有些设计因材料、施工操作工艺或其他原因而不能实现时，应与设计师直接协商，找出解决方法，即对原设计提出合理的建议并经过设计师进行修改，从而使装饰装修设计更加符合实际，达到理想的装饰效果。实践证明，每一个成功的装饰装修工程项目，都显示了设计师的才华和凝聚着施

工人员的聪明才智与劳动。设计是实现装饰意图的前提;施工则是实现装饰意图的保证。

二、装饰装修工程施工的范围

装饰装修工程施工的范围除建筑物主体结构工程和设备工程外几乎涉及所有的建筑物。具体的施工范围包括如下几个方面:

1. 根据建筑的不同使用类型划分

根据不同的使用类型,建筑可划分为民用建筑、公共建筑、农业建筑、军事建筑几种。其中大部分的装饰装修工程都集中在民用建筑上,如各类住宅、宾馆、饭店、影剧院、商场、娱乐休闲空间、办公空间等。随着国民经济的发展及工程技术的不断提高,装饰装修工程正逐步渗透到各类建筑中。

2. 根据装饰装修施工部位不同划分

装饰装修工程施工部位是指人们的视觉和触觉等感觉器官能够注意和接触到的部位。其可以分为室外和室内两大类。室外装饰装修部位包括外墙面、门窗、屋顶、檐口、雨篷、入口、台阶等;室内装饰装修部位包括内墙面、天棚、楼地面、隔墙、隔断等。

3. 根据建筑不同的功能需求划分

装饰装修工程施工在完善建筑基本使用功能的同时,也要满足不同的功能需求,如影剧院在满足基本的使用前提下,更要考虑视觉和声学方面的要求,满足人们在视听方面的功能需求。将不同的功能需求与装饰装修有机地结合起来,装饰装修施工才能达到应有的目的。

4. 根据装饰装修施工的项目划分

根据《建筑装饰装修工程质量验收规范》(GB 50210—2001)中的规定,将装饰装修施工项目划分为抹灰工程、门窗工程、吊顶工程、轻质隔墙工程、饰面板(砖)工程、幕墙工程、涂饰工程、裱糊与软包工程、细部工程等,基本涵盖了装饰装修施工所涉及的项目。

三、装饰装修工程施工的特点

1. 固定性

与一般工业生产相比较,虽然建筑装饰工程也是把资源投入产品的生产过程,其生产上的阶段性和连续性,组织上的专业化、协作和联合化,是与工业产品的生产相一致的,但是,其实施却也有着自身一系列的技术经济特点。这些特点首先表现在建筑装饰产品的固定性,这是由于建筑装饰工程是在已经建立起来的建筑实体上进行的,而建筑实体在一个地方建造后便不能移动,只能在建造的地方供人们长期使用,因此,建筑装饰工程也只能在固定的地方来进行。而且与一般工业生产中生产者和生产设备固定不动、产品在流水线上流动不同,建筑装饰则产品本身是固定的,生产者和生产设备必须不断地在建筑物不同部位上流动。这就决定了建筑装饰施工的流动性。

2. 多样性

建筑装饰产品的另一个显著特点是其多样性。在一般工业生产部门,如机械工业、化学工业、电子工业等,生产的产品数量很大,而产品本身就是标准的同一产品,其规格相同、加工制造的过程也是相同的,按照同一设计图纸反复地连续进行批量生产;建筑装饰产品则不同,根据不同的用途,不同的自然环境、人文历史,不同的审美情趣,建造不同风格、造型、材料、工艺各异的装饰作品、构配件等,从而表现出装饰产品的多样性。每一个建筑装饰产品都需要一套单独的设计图纸,而在施工时,根据特定的自然条件、工艺要求,采用相应的施工方法和施工组织。即使是采用相同造型、材质的设计,由于各地自然条件、材料资源的不同,因此施工时往往也需要采用不同的构造处理,不同的材料配比等,使之与特定自然和材料等特性相适应,从而保证产品质量。这使得建筑装饰产品具有明显的个体性。

3. 体积庞大性

体积庞大性是建筑装饰产品另一个特点。由于建筑装饰产品的体积庞大,占用空间多,因而建筑装饰特别是建筑外装饰施工不能不在露天进行,即使是室内装饰施工,由于其作业的特点(如湿作业多,涂料施工、胶粘需要一定的温度、湿度条件等),所以其受自然气候条件影响很大。

4. 造价差异性

建筑装饰的流动性使得不同的建筑装饰产品具有不同的工程条件,因而在工程造价上也有很大差异;由于建筑装饰产品的多样性决定了建筑装饰产品的个体性,这种个体性使得不同的建筑装饰产品的费用也不同;另外,由于建筑装饰产品体积庞大及装饰施工作业的特点,决定了建筑装饰受自然气候条件的影响很大,因而自然气候条件差异也使得不同的建筑装饰产品造价不同。

第三节 装饰装修工程施工员的地位、任务与素质要求

施工员是建筑施工企业各项组织管理工作在基层的具体实践者,是完成建筑安装施工任务的最基层的技术和组织管理人员。施工工作有很强的专业性和技术性,施工员的工作场所在工地,工作对象是单位工程或分部分项工程。

施工员的工作繁杂,在基层中需要管理的工作很多,项目经理和项目经理部各部门以及有关方面的组织管理意图都要通过基层施工员来实现。施工员的工作负担沉重,条件艰苦,生活紧张,工作任务具有明确的期限和目标。

一、施工员的地位

施工员是施工现场生产一线的组织者和管理者,在建筑施工过程中具有极其重要的地位。具体表现在以下几个方面:

(1)施工员是单位工程施工现场的管理中心,是施工现场动态管理的体现者,是单位工程生产要素合理投入和优化组合的组织者,对

单位工程项目的施工负有直接责任。

(2)施工员是协调施工现场基层专业管理人员、劳务人员等各方面关系的纽带,需要指挥和协调好预算员、质量检查员、安全员、材料员等基层专业管理人员相互之间的关系。

(3)施工员是其分管工程施工现场对外联系的枢纽。

(4)施工员对分管工程施工生产和进度等进行控制,是单位施工现场的信息集散中心。

知识链接

如何处理施工员与相关部门的关系

作为合格的施工员,要处理好自己与相关部门之间的关系,主要应做好以下几个方面:

(1)施工员与工程建设监理的关系:监理单位与施工单位存在着监理与被监理的关系,所以,施工员应积极配合现场监理人员在施工质量控制、施工进度控制、工程投资控制三方面所做的各种工作和检查,全面履行工程承包合同。

(2)施工员与设计单位的关系:施工单位与设计单位之间存在着工作关系,设计单位应积极配合施工,负责交代设计意图,解释设计文件,及时解决施工中设计文件出现的问题,负责设计变更和修改预算,并参加工程竣工验收。同时,施工员在施工过程中发现了没有预料到的新情况,使工程或其中的任何部位在数量、质量和形式上发生了变化,应及时向上级反映,由建设单位、设计单位和施工单位三方协商解决,办理设计变更与洽商。

(3)施工员与劳务关系:施工员是施工现场劳动力动态管理的直接责任者,负责按计划要求向项目经理或劳务管理部门申请派遣劳务人员,并签订劳务合同;按计划分配劳务人员,并下达施工任务单或承包任务书;在施工中不断进行劳动力平衡、调整,并按合同支付劳务报酬。

二、施工员的职业道德素质要求

加强建筑行业职工道德建设,对于提高行业的质量和效益,树立行业新风,培养"有理想、有道德、有文化、有纪律"的建筑队伍,建设社会主义精神文明具有重要意义。

施工员作为建筑施工现场管理人员,应具备的职业道德可归纳为以下几点:

(1)施工员应以高度的责任感,对工程建设的各个环节根据技术人员的交底,做出周密、细致的安排,并合理组织好劳动力,精心实施作业程序,使施工有条不紊地进行,防止盲目施工和窝工。

(2)施工员应以对人民生命安全和国家财产极端负责的态度,时刻不忘安全和质量,严格检查和监督,把好关口。

(3)不违章指挥,不玩忽职守,施工做到安全、优质、低耗,对已竣工的工程要主动回访保修,坚持良好的施工后服务,信守合同,维护企业的信誉。

(4)施工员应严格按图施工,规范作业。不使用无合格证的产品和未经抽样检验的产品,不偷工减料,不在钢材用量、混凝土配合比、结构尺寸等方面做手脚,谋取非法利益。

(5)在施工过程中,时时处处要精打细算,降低能源和原材料的消耗,合理调度材料和劳动力,准确申报建筑材料的使用时间、型号、规格、数量,既保证供料及时,又不浪费材料。

(6)施工员应以实事求是、认真负责的态度准确签证,不多签或少签工程量和材料数量,不虚报冒领,不拖拖拉拉,完工即签证,并做好资料的收集和整理归档工作。

(7)做到施工不扰民,严格控制粉尘、施工垃圾和噪声对环境的污染,做到文明施工。

三、施工员的专业知识要求

(1)掌握建筑制图原理、识图方法以及常用的建设工程测量方法。

(2)掌握常用建筑装饰材料(包括水泥、钢材、木材、砂石等)的性能和质量标准。

(3)掌握一般工业与民用建筑装饰施工的标准、规范和施工技术。

（4）了解一定的装饰机械知识。

（5）掌握一定的质量管理知识。

（6）掌握一定的经济与经营管理知识，能编制施工预算，能进行工程统计和现场经济活动分析。

（7）掌握一定的施工组织和科学的施工现场管理方法。

四、施工员的工作能力要求

在实际工作中，施工员应具备的工作能力如下：

（1）能有效地组织、指挥人力、物力和财力进行科学施工，取得最佳的经济效益。

（2）能够对施工中的稳定性问题（包括缆风绳设置、脚手架架设、吊点设计等）进行鉴别，对安全质量事故进行初步分析。

（3）能比较熟练地承担施工现场的测量、图纸会审和向工人交底的工作。

（4）能正确地按照国家施工规范进行施工，掌握施工计划的关键线路，保证施工进度。

（5）能根据施工要求，合理选用和管理装饰机具，具有一定的电工知识，科学管理施工用电。

（6）能运用质量管理方法指导施工，控制施工质量。

（7）能根据工程的需要，协调各工种、人员、上下级之间的关系，正确处理施工现场的各种社会关系，保证施工能按计划高效、有序地进行。

（8）能编制施工预算、进行工程统计、劳务管理、现场经济活动分析，对施工现场进行有效管理。

五、施工员的身体素质要求

施工员长期工作在施工现场第一线，工作强度相当繁重，而且工作条件与生活条件也相对艰苦，因此，要求施工员必须具有强健的体格，充沛的精力，才能胜任其工作。

拓展阅读

绿色施工

绿色装修、环保装修是现代装饰装修工程的流行词语,好的施工员应遵循绿色施工的原则,实现"四节一环保",即节能、节地、节水、节材和环境保护。

绿色施工指的是工程建设中,在保证质量、安全等基本要求的前提下,通过科学管理和技术进步,最大限度地节约资源与减少对环境负面影响的施工活动。绿色施工的原则如下:

(1)绿色施工是建筑全寿命周期中的一个重要阶段,实施绿色施工,应进行总体方案优化。在规划、设计阶段,应充分考虑绿色施工的总体要求,为绿色施工提供基础条件。

(2)实施绿色施工,应对施工策划、材料采购、现场施工、工程验收等各阶段进行控制,加强对整个施工过程的管理和监督。

六、施工员的主要任务

施工员的主要任务:结合多变的现场施工条件,将参与施工的劳动力、机具、材料、构配件和采用的施工方法等,科学地、有序地协调组织起来,在时间和空间上取得最佳组合,取得最好的经济效果,保质、保量、保工期地完成任务。

(一)施工准备阶段的主要任务

施工员在施工现场应做好的施工准备工作主要包括以下几项:

1. 技术准备

(1)熟悉审查施工图纸、有关技术规范和操作规程,了解设计要求及细部、节点做法,并放必要的大样,做配料单,弄清有关技术资料对工程质量的要求。

(2)调查并搜集必要的原始资料。

(3)熟悉或制订施工组织设计及有关技术经济文件对施工顺序、施工方法、技术措施、施工进度及现场施工总平面布置的要求;并清楚完成施工任务时的薄弱环节和关键工序。

(4)熟悉有关合同、招标资料及有关现行消耗定额等,计算工程量,弄清人、财、物在施工中的需求消耗情况,了解和制定现场工资分配和奖励制度,签发工程任务单、限额领料单等。

2. 现场准备

(1)现场"四通一平"(即水、电供应、道路、通信通畅,场地平整)的检验和试用。

(2)进行现场抄平、测量放线工作并进行检验。

(3)根据进度要求组织现场临时设施的搭建施工;安排好职工的住、食、行等后勤保障工作。

(4)根据进行计划和施工平面图,合理组织材料、构件、半成品、机具继续进场,进行检验和试运转。

(5)安排做好施工现场的安全、防汛、防火措施。

3. 组织准备

(1)根据施工进度计划和劳力需要量计划安排,分期分批组织劳动力的进场教育和各工种技术工人的配备等。

(2)确定各工种工序在各施工段的搭接、流水、交叉作业的开工、完工时间。

(3)全面安排好施工现场的一、二线,前、后台,施工生产和辅助作业,现场施工和场外协作之间的协调配合。

(二)施工过程的主要任务

1. 进行工程施工技术交底

(1)施工任务交底。向工人班组重点交代清楚任务大小、工期要求、关键工序、交叉配合关系等。

(2)施工技术措施和操作要领交底。交代清楚与工程有关的技术规范、操作规程和重点施工部位、细部、节点的做法以及质量和技术措施。

(3)施工消耗定额和经济分配方式的交底。交代清楚各施工项目劳动工日、材料消耗、机械台班数量、经济分配和奖罚制度等。

(4)安全和文明施工交底。提出有关的防护措施和要求,明确责任。

2. 进行有目标的组织协调控制

在施工过程中,依照施工组织设计和有关技术、经济文件以及当地的实际情况,围绕着质量、工期、成本等既定施工目标,在每一阶段、每一工序实施综合平衡、协调控制,使施工中的各项资源和各种关系能够配合最佳,以确保工程的顺利进行。为此,要抓好以下几个环节:

(1)检查班组作业前的各项准备工作。

(2)检查外部供应、专业施工等协作条件是否满足需要,检查进场材料和构件质量。

(3)检查工人班组的施工方法、施工操作、施工质量、施工进度以及节约、安全情况,发现问题,应立即纠正或采取补救措施解决。

(4)做好现场施工调度,解决现场劳动力、原材料、半成器,周转材料、工具、机械设备、运输车辆、安全设施、施工水电、季节施工、施工工艺技术及现场生活设施等出现的供需矛盾。

(5)监督施工中的自检、互检、交接检制度和工程隐检、预检的执行情况,督促做好分部分项工程的质量评定工作。

3. 记录、积累施工记录

在施工过程中,施工员应做好每项技术的记录和积累,主要包括:

(1)做好施工日志,隐蔽工程记录,填报工程完成量,办理预算外工料的签订。

(2)做好质量事故处理记录。

(3)做好混凝土砂浆试块试验结果,质量"三检"情况记录的积累工作,以便工程交工验收、决算和质量评定的进行。

第四节　装饰装修工程施工图识读

一、装饰装修工程平面图识读

装饰装修平面图应表达室内水平界面中正投影方向的物象,且需要时,还应表示剖切位置中正投影方向墙体的可视物象。局部平面放大图的方向宜与楼层平面图的方向一致。平面图中还注明了房间的名称或编号。对于装饰装修物件,可注写名称或用相应的图例符号表示。

对于较大的房屋建筑室内装饰装修平面,可分区绘制平面图,且每张分区平面图均应以组合示意图表示所在位置。对于在组合示意图中要表示的分区,可采用阴影线或填充色块表示。各分区应分别用大写拉丁字母或功能区名称表示。名分区视图的分区部位及编号应一致,并应与组合示意图对应。

对于起伏较大的呈弧形、曲折形或异形的房屋建筑室内装饰装修平面,可用展开图表示,不同的转角面应用转角符号表示连接。为表示室内立面的平面上的位置,应在平面图上表示出相应的索引符号。房屋建筑室内各种平面中出现异形的凹凸形状时,可用剖面图表示。

装饰装修施工平面图识读要点如下:

(1)首先看图名、比例、标题栏,弄清楚是什么平面图。然后看建筑平面基本结构及尺寸,把各个房间的名称、面积及门窗、走道等主要尺寸记住。

(2)通过装饰面的文字说明,弄清楚施工图对材料规格、品种、色彩的要求,对工艺的要求。结合装饰面的面积,组织施工和安排用料。明确各装饰面的结构材料与饰面材料的衔接关系和固定方式。

(3)确定尺寸。首先要区分建筑尺寸与装饰装修尺寸,然后在装饰装修尺寸中,分清定位尺寸、外形尺寸和结构尺寸(平面上的尺寸标注一般分布在图形的内外)。

(4)平面布置图上的符号:①通过投影符号,明确投影面编号和投影方向,并进一步查出各投影方向的立面图;②通过剖切符号,明确剖切位置及其剖切方向,进一步查阅相应的剖面图;③通过索引符号,明确被索引部位和详图所在位置。

 **知识链接**

装饰装修平面图的效用

装饰装修平面图是建筑功能、建筑技术、装饰艺术、装饰经济等在平面上的体现,在装饰装修工程中是非常受人重视的。其效用主要表现为:

(1)建筑结构与尺寸。

(2)装饰布置与结构及其尺寸的关系。

(3)设备、家具陈设位置及尺寸关系。

二、装饰装修天棚平面图识读

天棚平面图中应省去平面图中门的符号,并应用细实线连接门洞以表明位置。墙体立面的洞、龛等,在天棚平面中可用细虚线连接表明其位置。天棚平面图应表示出镜像投影后水平界面上的物象,且需要时,还应表示剖切位置中投影方向墙体的可视内容。平面为圆形、弧形、曲折形、异形的天棚平面,可用展开图表示,不同的转角面应用转角符号表示连接。房屋建筑室内天棚上出现异形的凹凸形状时,可用剖面图表示。

装饰装修天棚平面图识读要点如下:

(1)首先应弄清楚天棚平面图与平面布置图各部分的对应关系,核对天棚平面图与平面布置图的基本结构和尺寸上是否相符。

(2)对于某些有迭级变化的天棚,要分清它的标高尺寸和线型尺寸,并结合造型平面分区线,在平面上建立起二维空间的尺度概念。

(3)通过天棚平面图,了解天棚灯具和设备设施的规格、品种与数量。

(4)通过天棚平面图上的文字标注,了解天棚所用材料的规格、品种及其施工要求。

(5)通过天棚平面图上的索引符号,找出详图对照着阅读,弄清楚天棚的详细构造。

三、装饰装修工程立面图识读

房屋建筑室内装饰装修立面图是按正投影法绘制的。立面图应表达室内垂直界面中投影方向的物体，需要时，还应表示剖切位置中投影方向的墙体、天棚、地面的可视内容。立面图的两端宜标注房屋建筑平面定位轴线编号。平面为圆形、弧形、曲折形、异形的室内立面，可用展开图表示，不同的转角面应用转角符号表示连接。

对于对称式装饰装修面或物体等，在不影响物象表现的情况下，立面图可绘制一半，并应在对称轴线处画对称符号。在房屋建筑室内装饰装修立面图上，相同的装饰装修构造样式可选择一个样式给出完整图样，其余部分可只画图样轮廓线。在房屋建筑室内装饰装修立面图上，表面分隔线应表示清楚，并应用文字说明各部位所用材料及色彩等。

立面图宜根据平面图中立面索引编号标注图名。有定位轴线的立面，也可根据两端定位轴线号编注立面图名称。

装饰装修工程立面图识读要点如下：

(1)明确装饰装修立面图上与该工程有关的各部分尺寸和标高。

(2)弄清楚地面标高，装饰立面图一般都以首层室内地坪为零，高出地面者以正号表示；反之则以负号表示。

(3)弄清楚每个立面上有几种不同的装饰面，这些装饰面所用材料以及施工工艺要求。

(4)立面上各不同材料饰面之间的衔接收口较多，要注意收口的方式、工艺和所用材料。

(5)要注意电源开关、插座等设施的安装位置和方式。

(6)弄清楚建筑结构与装饰结构之间的衔接，装饰结构之间的连接方法和固定方式，以便提前准备预埋件和紧固件。仔细阅读立面图中文字说明。

四、装饰装修工程剖面图识读

剖面图在装饰装修工程中存在着极其密切的关联和控制作用。

装饰装修剖面图识读要点如下：

（1）看剖面图首先要弄清楚该图从何处剖切而来。分清是从平面图上，还是从立面图上剖切的。剖切面的编号或字母，应与剖面图符号一致，了解该剖面的剖切位置与方向。

（2）通过对剖面图中所示内容的阅读研究，明确装饰装修工程各部位的构造方法、尺寸、材料要求与工艺要求。

（3）注意剖面图上索引符号，以便识读构件或节点详图。

（4）仔细阅读剖面图竖向数据及有关尺寸、文字说明。

> 装饰装修剖面图的效用主要是为表达建筑物、建筑空间的竖向形象和装饰结构内部构造以及有关部件的相对关系。

（5）注意剖面图中各种材料结合方式以及工艺要求。

（6）弄清楚剖面图中标注、比例。

五、装饰装修工程详图识读

装饰装修工程详图是补充平、立、剖面图的最为具体的图式手段。装饰装修施工平、立、剖三图主要是用以控制整个建筑物、建筑空间与装饰结构的原则性做法。装饰装修详图应包含"三详"：即图形详、数据详、文字详。

1. 局部放大图

放大图就是把原状图放大而加以充实，并不是将原状图进行较大的变形。

（1）室内装饰平面局部放大图以建筑平面图为依据，按放大的比例图示出厅室的平面结构形式和形状大小、门窗设置等，对家具、卫生设备、电器设备、织物、摆设、绿化等平面布置表达清楚，同时，还要标注有关尺寸和文字说明等。

（2）室内装饰立面局部放大图是重点表现墙面的设计，先图示出厅室围护结构的构造形式，再对墙面上的附加物以及靠墙的家具都详细地表现出来，同时，标注有关详细尺寸、图示符号和文字说明等。

2. 装饰装修件详图

装饰装修件项目很多,如暖气罩、吊灯、吸顶灯、壁灯、空调箱孔、送风口、回风口等。这些装饰装修件都可能依据设计意图画出详图。其内容主要是表明它在建筑物上的准确位置,与建筑物其他构配件的衔接关系,装饰装修件自身构造及所用材料等内容。

装饰装修件的图示法要视其细部构造的繁简程度和表达的范围而定。有的只要一个剖面详图就行,有的还需要另加平面详图或立面详图来表示,有的还需要同时用平、立、剖面详图来表现。对于复杂的装饰件,除本身的平、立、剖面图外,还需增加节点详图才能表达清楚。

知识链接

装饰装修图纸的编排顺序

好的施工员应了解并掌握房屋装饰装修装修图纸的编排顺序。

(1)装饰装修图纸应按专业顺序编排,并应依次为图纸目录、房屋装饰装修图、给排水图、暖通空调图、电气图等。

(2)各专业的图纸应按图纸内容的主次关系、逻辑关系进行分类排序。

(3)房屋装饰装修图纸编排宜按设计(施工)说明、总平面图、天棚总平面图、天棚装饰灯具布置图、设备设施布置图、天棚综合布点图、墙体定位图、地面铺装图、陈设家具平面布置图、部品部件平面布置图、各空间平面布置图、各空间天棚平面图、立面图、部品部件立面图、剖面图、详图、节点图、装饰装修材料表、配套标准图的顺序排列。其中墙体定位图应反映设计部分的原始建筑图中墙体与改造后的墙体关系,以及现场测绘后对原建筑图中墙体尺寸修正的状况。

(4)各楼层的装饰装修图纸应按自下而上的顺序排列,同楼层各段(区)的装饰装修图纸应按主次区域和内容的逻辑关系排列。

3. 节点详图

节点详图是将两个或多个装饰面的交汇点,按垂直或水平方向切开，并加以放大绘出的视图。

节点详图主要是表明某些构件、配件局部的详细尺寸、做法及施工要求；表明装饰结构与建筑结构之间详细的衔接尺寸与连接形式；表明装饰面之间的对接方式及装饰面上的设备安装方式和固定方法。

节点详图是详图中的详图。识读节点详图一定要弄清该图从何处剖切而来，同时，注意剖切方向和视图的投影方向，对节点图中各种材料结合方式以及工艺要求要弄清。

第二章 装饰装修工程施工测量、放线

第一节 装饰装修测量仪器与工具

一、水准仪与水准尺

1. 外形构造

（1）水准仪。水准仪是适用于水准测量的仪器，常用的 DS₃ 型（简称 S₃ 型）。水准仪主要由望远镜、水准器和基座三部分组成，如图 2-1 所示。

> 我国目前的水准仪是按照仪器所能达到的每公里往返测高差中数的中误差这一精度指标划分的，共分为四个等级：S0.5、S1、S3、S10。

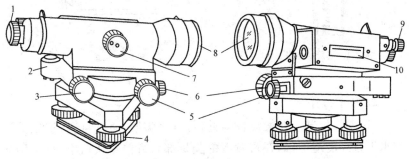

图 2-1 DS₃ 型水准仪

1—目镜对光螺旋；2—圆水准器；3—微倾螺旋；4—脚螺旋；5—微动螺旋；
6—制动螺旋；7—对光螺旋；8—物镜；9—水准管气泡观察窗；10—管水准器

（2）水准尺及尺垫。水准尺由干燥的优质木材、玻璃钢或铝合金等材料制成。水准尺分为双面尺和塔尺两种。装饰装修施工中常用的水准尺是塔尺(图 2-2)。塔尺的长度有 2m 和 5m 两种,可以伸缩,尺面分划为 1cm 和 0.5cm 两种,每分米处注有数字,每米处也注有数字或以红黑点表示数,尺底为零。

　　为保证在水准测量过程中转点的高程不变,可将水准尺放在半球体的顶端。尺垫由一个三角形的铸铁制成。上部中央有一突起的半球体,如图 2-3 所示。

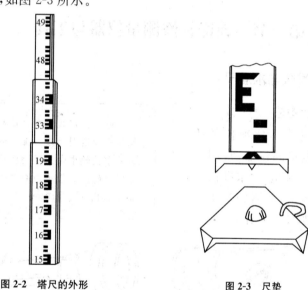

图 2-2　塔尺的外形　　　　　　　　　图 2-3　尺垫

2. 基本操作

　　(1)架设仪器。在架设仪器处,打开三脚架,通过目测,使架头大致水平且高度适中(约在观测者的胸颈部),将仪器从箱中取出,用连接螺旋将水准仪固定在三脚架上。然后,根据圆水准器气泡的位置,上、下推拉,左、右微转三脚架的第三只腿,使圆水准器的气泡尽可能位于靠近中心圈的位置,在不改变架头高度的情况下,放稳三脚架的第三只腿。

　　(2)粗平。调节仪器脚螺旋使圆水准气泡居中,以达到水准仪的竖轴近似垂直,视线大致水平。其具体做法是:如图 2-4(a)所示,设气泡偏离中心于 a 处时,可以先选择一对脚螺旋①、②,用双手以相对方向转动两个脚螺旋,使气泡移至两脚螺旋连线的中间 b 处,如图 2-4(b)所示;然后,转动脚螺旋③使气泡居中,如图 2-4(b)所示。如此反复进行,直至气泡严格居中。在整平中气泡移动方向始终与左手大拇指(或右手食指)转动脚螺旋的方向一致。

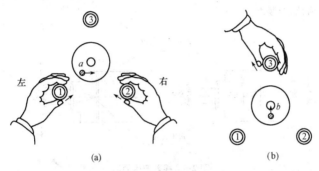

图 2-4 圆水准器粗平方法

(3)瞄准。仪器粗略整平后,即用望远镜瞄准水准尺。其操作步骤如下:

1)目镜对光:将望远镜对向较明亮处,转动目镜对光螺旋,使十字丝调至最为清晰为止。

2)初步照准:放松照准部的制动螺旋,利用望远镜上部的照门和准星,对准水准尺,然后拧紧制动螺旋。

3)物镜对光和精确瞄准:先转动物镜对光螺旋使尺像清晰,然后转动微动螺旋使尺像位于视场中央。

4)消除视差:消除视差的方法是先进行目镜调焦,使十字丝清晰,然后转动对光螺旋进行物镜对光,使水准尺像清晰。

(4)精平。精平是在读数前转动微倾螺旋使气泡居中,从而得到精确的水平视线。转动微倾螺旋时速度应缓慢,直至气泡稳定不动而又居中时为止。必须注意,当望远镜转到另一方向观测时,气泡不一定符合,应重新精平,符合气泡居中后才能读数。

知识链接

视差的概念及产生原因

物镜对光后，眼睛在目镜端上、下微微地移动，因为十字丝和水准尺的像有相互移动的现象，这种现象称为视差。视差产生的原因是水准尺没有成像在十字丝平面上，如图 2-5 所示。视差的存在会影响观测读数的正确性，必须加以消除。

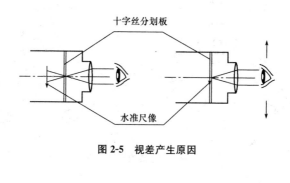

十字丝分划板

水准尺像

图 2-5 视差产生原因

(5)读数。当气泡符合后，立即用十字丝横丝在水准尺上读数。读数前要认清水准尺的注记特征。望远镜中看到的水准尺是倒像时，读数应自上而下，从小到大读取，直接读取 m、dm、cm、mm（为估读数）四位数字，图 2-6 的读数分别为 1.272m、5.958m、2.539m。读数后要立即检查气泡是否仍符合居中；否则，重新符合后读数。

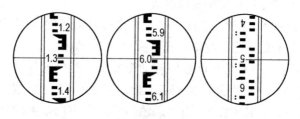

图 2-6 水准尺读数

操作演练

测设给定标高点(抄平)

在装饰装修工程中,水准仪一般不是用来测定某一定点的标高,而是根据给定标高在施工现场测设相应的标高点,这一操作过程,在工地上常称作"抄平"。其具体步骤如下:

(1)后视读数,求视线高:安置仪器,将水准尺立于水准点 A 上,望远镜对准水准尺,读得后视读数 a。设已知水准点标高为 H_A,则水准仪视线高 $H_i = H_A + a$。

(2)计算"设计前视读数":计算欲测设的标高点的"设计前视读数",即"应读前视读数" b。若欲测设点的标高为 H_B,则"设计前视读数" $b = H_i - H_B = H_A + a - H_B$。

(3)前视读数,画出设计标高:将水准尺立于欲测设标高点的木桩或墙、柱侧面,按观察者的指挥上、下慢慢移动,当水准仪视线正读得"设计前视读数" b 时,沿尺底在木桩或墙、柱侧面划一水平线,该水平线的标高即为 H_B。

"抄平"示意图如图2-7所示。

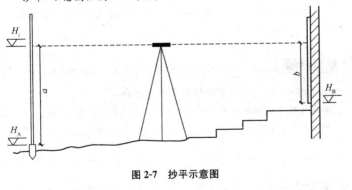

图2-7　抄平示意图

二、经纬仪

1. 外形构造

工程上常用的 DJ_6 型(简称 J_6 型)经纬仪由照准部(上盘)、度盘(水平度盘和竖盘)及基座三部分组成,如图2-8所示。

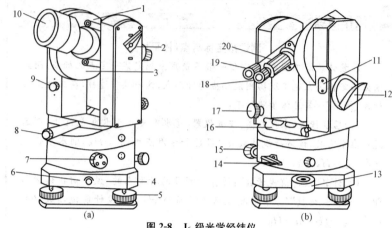

图 2-8　J₆ 级光学经纬仪

1—粗瞄器;2—望远镜制动螺旋;3—竖盘;4—基座;5—脚螺旋;

6—固定螺旋;7—度盘变换手轮;8—光学对中器;9—自动归零旋钮;

10—望远镜物镜;11—指标差调位盖板;12—反光镜;13—圆水准器;

14—水平制动螺旋;15—水平微动螺旋;16—照准部水准管;

17—望远镜微动螺旋;18—望远镜目镜;19—读数显微镜;20—对光螺旋

经纬仪系列型号划分

经纬仪精度指标按野外"一测回方向中误差"划分等级,例如:一测回方向中误差等于6″或少于6″的经纬仪用代号DJ₆来表示,简写为"J₆"。

2. 基本操作

(1)对中。对中时,应先把三脚架张开,架设在测站点上,要求高度适宜,架头大致水平。然后挂上垂球,平移三脚架使垂球尖大致对准测站点。再将三脚架踏实,装上仪器,同时,应把连接螺旋

> 对中的目的是使仪器的中心(竖轴)与测站点位于同一铅垂线上。

稍微松开,在架头上移动仪器精确对中,误差小于 2mm,旋紧连接螺旋即可。

(2)整平。整平时,松开水平制动螺旋,转动照准部,让水准管大致平行于任意两个脚螺旋的连接,如图 2-9(a)所示,两手同时向内或向外旋转这两个脚螺旋,使气泡居中。气泡的移动方向与左手大拇指(或右手食指)移动的方向一致。将照准部旋转 90°,水准管处于原位置的垂直位置,如图 2-9(b)所示,用另一个脚螺旋使气泡居中。反复操作,直至照准部转到任何位置,气泡都居中为止。

> 整平的目的是使仪器的竖轴竖直,水平度盘处于水平位置。

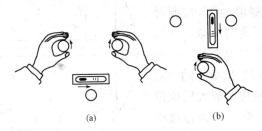

(a)　　　　　　(b)

图 2-9　整平

拓展阅读

光学对中器与整平仪器的操作步骤

使用光学对中器对中,应与整平仪器结合进行。其操作步骤如下:

1)将仪器置于测站点上,三个脚螺旋调至中间位置,架头大致水平,让仪器大致位于测站点的铅垂线上,将三脚架踩实。

2)旋转光学对中器的目镜,看清分划板上圆圈,拉或推动目镜使测站点影像清晰。

3)旋转脚螺旋让光学对中器对准测站点。

4)利用三脚架的伸缩螺旋调整脚架的长度,使圆水准气泡居中。

5)用脚螺旋整平照准部水准管。

6)用光学对中器观察测站点是否偏离分划板圆圈中心。如果偏离中心,稍微松开三脚架连接螺旋,在架头上移动仪器,圆圈中心对准测站点后旋紧连接螺旋。

7)重新整平仪器,直至光学对中器对准测站点为止。

(3)读数。

1)微分尺测微器及其读数方法。J$_6$级光学经纬仪采用分微尺测微器进行读数。这类仪器的度盘分划值为1°,按顺时针方向注记每度的度数。在读数显微镜的读数窗上装有一块带分划的分微尺,度盘上的分画线间隔经显微物镜放大后成像于分微尺上。图2-10读数显微镜内所看到的度盘和分微尺的影像,上面注有"H"(或水平)为水平度盘读数窗,注有"V"(或竖直)为竖直度盘读数窗,分微

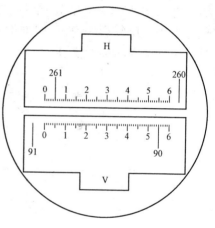

图2-10　单平板玻璃测微器原理

尺的长度等于放大后度盘分画线间隔1°的长度,分微尺分为60个小格,每小格为1′。分微尺每10小格注有数字,表示0′、10′、20′…60′,注记增加方向与度盘相反。读数装置直接读到1′,估读到0.1′(6″)。读数时,分微尺上的0分画线为指标线,它在度盘上的位置就是度盘读数的位置。如在水平度盘的读数窗中,分微尺的0分画线已超过261°,水平度盘的读数应该是261°多。所多的数值,再由分微尺的0分画线至度盘上261°分画线之间有多少小格来确定。图2-10中为4.4格,故为04′24″。水平度盘的读数应是261°04′24″。

2)单平板玻璃测微器及其读数方法。单平板玻璃测微器的组成部分主要包括平板玻璃、测微尺、连接机构和测微轮。当转动测微轮

时,平板玻璃和测微尺即绕同一轴作同步转动。如图 2-11(a)所示,光线垂直通过平板玻璃,度盘分画线的影像未改变原来位置,与未设置平板玻璃一样,此时测微尺上读数为零,如按设在读数窗上的双指标线读数应为 $92°+a$。转动测微轮,平板玻璃随之转动,度盘分画线的影像也就平行移动,当 $92°$ 分画线的影像夹在双指标线的中间时,如图 2-11(b)所示,度盘分画线的影像正好平行移动一个 a,而 a 的大小则可由与平板玻璃同步转动的测微尺上读出,其值是 $18'20''$。所以整个读数为 $92°+18'20''=92°18'20''$。

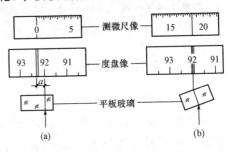

图 2-11 单平板玻璃测微器原理

测定给定数值的水平角

在装饰装修工程施工中,经纬仪更多用来以地面已知直线为始边,测设给定数值的水平角。如图 2-12 所示,以 OA 为始边按顺时针方向测设终边 OB,使 $\angle AOB=22°35'40''$。测设步骤如下:

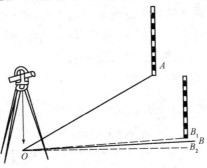

图 2-12 测设已知数值水平角示意图

（1）安置仪器于测站 O 点上。先用测微轮将分划尺对准 $0'00''$，再用水平制微动螺旋将双线平分度盘 $0°$ 线，将离合器按钮扳下。

（2）以盘左位置用制微动螺旋照准后视点 A，将按钮扳上，检查照准和度盘读数，此时读数应保持 $0°00'00''$。

三、水平管与水平尺

1. 水平管

水平管是根据连通器原理，利用透明胶管静止时两端液面等高的规律来传递基准标高。用作水平管的透明胶管的直径以 10mm 左右为宜，管壁应透明清晰。使用时，在透明胶管里灌适量

> 由于液体的表面张力，胶管内液面呈一凹弧形，观察时一定要以弧形底部为准。

清水，两个操作者各持胶管的一端，其中一人先将胶管内的液面底部对准已知的标高基准线，待液面完全稳定后，另一人可按另一端液面底部标高划出等高的标高线。

2. 水平尺

水平尺是安有水平气泡的直尺。较长的水平尺一般安有两个方向的水平气泡。一是与直尺轴线平行的方向，用于确定水平线；二是与直尺轴线垂直的方向，用于确定铅垂线。应注意的是，水平气泡往往会出现一点误差，每次使用前须进行校验。

知识链接

水平尺的校验方法

水平尺的校验方法是沿同一直线分别以正、反两个方向将水平尺靠在平整的物体表面。如果正、反两次靠验，气泡处于同一位置，说明水平尺是准确的。若两次靠验，气泡不在同一位置，就须调节气泡调整螺丝。

有的水平尺没有气泡调整螺丝,此时可在两次气泡位置的中点做一记号,以该记号为气泡居中的位置。当气泡处于这一位置,可以判定水平尺处于水平(或铅垂)位置。

四、全站仪

全站仪又称全站型电子速测仪,是一种可以同时进行角度测量和距离测量,由机械、光学、电子元件组合而成的测量仪器。在测站上安置好仪器后,除照准需人工操作处,其余可以自动完成,而且几乎是在同一时间得到平距、高差和点的坐标。

全站仪由电子测距仪、电子经纬仪和电子记录装置三部分组成。

全站仪的电子记录装置是由存储器、微处理器、输入和输出部分组成。由微处理器对获取的斜距、水平角、竖直角、视准轴误差、指标差、棱镜常数、气温、气压等信息进行处理,可以获得各种改正后的数据。在只读存储器中固化了一些常用的测量程序,如坐标测量、导线测量、放样测量、后方交会等,只要进入相应的测量程序模式,输入已知数据,便可依据程序进行测量过程,获取观测数据,并解算出相应的测量结果。通过输入、输出设备,可以与计算机交互通信,将测量数据直接传输给计算机,在软件的支持下,进行计算、编辑和绘图。测量作业所需要的已知数据也可以从计算机输入全站仪,可以实现整个测量作业的高度自动化。

第二节 各层基准线的测设

一、轴线投测

1. 经纬仪竖向投测

(1)将建筑物轴线延长到建筑物长度以外,或延到附近较低的建筑物顶上,设定轴线控制桩(或控制点)。

(2)把经纬仪安置在轴线控制桩(点)上,后视首层轴线标点,仰起望远镜在楼板边缘或墙、柱顶上标出一点,仰角不应大于45°。

(3)用倒镜重复一次,再标出一点,若正、倒镜标出的两点在允许误差范围之内,则取其中点弹出轴线。

(4)用钢尺测量各轴线之间的距离,作为校核,其相对误差应不大于 $\frac{1}{2000}$。

2. 吊线坠引测

50～100m 高的建筑,可用 10～20kg 的线坠配以直径为 0.5～0.8mm 的钢丝,向上引测轴线。

(1)首层设置明显、准确的基准点。

(2)各层楼板的相应位置均预留孔洞。

(3)刮风天设风挡,以保证线坠稳定。

(4)线坠静止后,在上层预留洞边弹线标定轴线位置。

3. 经纬仪天顶法和天底法

与经纬仪竖向投测和吊线坠引测法相同,经纬仪天顶法和天底法是在首层设好坐标基准点,其他各层楼板预留观察孔。

天顶法是将带有 90°弯管目镜的经纬仪安置在首层坐标基准点,将望远镜物镜指向天顶,由弯管目镜观测。在测站天顶方向设置目标分划板。将经纬仪绕竖轴转动一周,若视线永指在同一点,说明视线正处于铅直方向,即可用以将坐标基准引测到施工层。

天底法是将带有 90°弯管目镜的经纬仪安置在施工层观察孔上,将望远镜物镜俯视向下,由弯管目镜观测。将目标分划板放置在首层基准点上,使分划板中心与基准点重合。将经纬仪绕竖轴转动一周,若视线永指同一点,说明视线正处于铅直。此时在观察孔上慢慢移动十字目标板,当望远镜内十字丝中心与十字目标板中心重合,即用墨斗按此中心位置将线弹在孔边。

二、标高传递

(1)用水准仪在建筑物首层外墙、边柱、楼梯间或电梯井测设至少

3 处以上标高基准点(一般取±0.00),并用油漆划出明显标志。

(2)以首层标高基准点为起始点,用钢尺沿竖直方向往上(或往下)量出各层标高基准点。

(3)各层上再用水准仪对引来的基准点标高进行校核,若各点标高误差≤3mm,则取其平均值弹出该层标高基准线。

第三节 分间弹线与细部弹线

主体结构工程完成以后,应对每一层的标高线、控制轴线进行复查,核查无误后,须分间弹出基准线,并依此进行装饰细部弹线和水电安装的细部弹线。

一、分间基准线测设

(1)某一层主体结构完成后,须依照轴线对结构工程进行复核,并将各结构构件之间的实际距离标注在该层施工图上。

(2)计算实际距离与原图示距离的误差,并区别不同情况,研究采取消化结构误差的相应措施。

知识链接

消化结构误差的原则

消化结构误差应遵循的总原则是保证装修和安装精度高的部位的尺寸,将误差消化在精度要求较低的部位。对于一般的宾馆、公寓,这一原则可具体化为:

1)保证电梯井的净空和垂直度要求;

2)保证卫生间、厨房等安放定型设施和家具的房间的净空要求;

3)保证有消防要求的走廊、通道的净空要求;

4)在满足上述要求的前提下,把结构误差调整到精度要求不高的房

间或部位,判断这些误差是否影响其使用功能,若影响到使用功能,则应对结构进行剔凿、修整;

　　5)在高度方向上,首先应保证吊顶下的净高要求和吊顶上管道、设备的最小安装高度,同时,兼顾地面平整和管道坡度要求,若无法满足,则须地楼面进行剔凿或改用高度较矮的管道、设备。

　　(3)根据调整后的误差消化方案在施工图上重新标注放线尺寸和各房间的基准线。

　　(4)根据调整后的放线图,以本层轴线为直角坐标系,测设各间十字基准线。

　　(5)根据调整后的各间楼面建筑标高,弹出各间"一米线"或"五〇线"(即楼面建筑标高以上 100cm 或 50cm 的基准线)。

二、隔墙或外墙弹线

1. 砌筑填充墙

砌筑填充墙,无论是采用何种砌筑材料,也无论是隔墙还是外墙,均应按下列要求弹线:

　　(1)根据放线图,以分间十字线为基准,弹出墙体砌筑边线。

　　(2)门洞位置以 ⊠ 表示,并在边线外侧注明洞口顶标高;窗口或其他洞口以 ⊠ 表示,在边线外侧注明洞口尺寸(宽×高)和洞口底标高(如图 2-13 所示)。

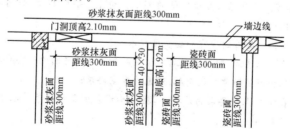

图 2-13　砌筑填充墙弹线示例

（3）嵌贴装饰面层的墙体，在贴饰面一侧的边线外弹一条平行的参考线，并在线旁注明饰面种类及其外皮到该参考线的距离，如图 2-13 所示。

2. 龙骨罩面板墙

（1）核对龙骨罩面板墙的总厚度与龙骨宽度、两侧罩面板层数和厚度是否吻合。

（2）在地面上弹出地龙骨的两侧边线，注意当两侧罩面板层数不同时，地龙骨不可居中放线（图 2-14）。

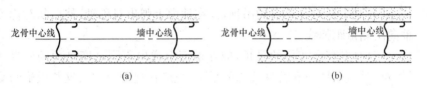

(a)　　　　　　　　　　　　　　　　　(b)

图 2-14　墙体两侧罩面板层数与龙骨边线的关系
(a)两侧罩面板相同，墙体中心线与龙骨中心线重合；
(b)两侧罩面板不同，墙体中心线与龙骨中心线不重合

（3）用线坠或接长的水平尺把地面上的龙骨边线返到天棚上。接长的水平尺是由一根铁尺和带有磁性吸附在该铁尺上的水平尺组成。

（4）若龙骨罩面板墙上还要嵌贴饰面，则在嵌贴饰面一侧的边线外弹一平行参考线，注明饰面种类及其外面到该参考线的距离。

（5）门洞口与其他洞口标注方法与砌筑填充墙相同。

3. 外墙衬里

由于隔热、保温的需要而在外墙内侧附着的衬里，无论是龙骨罩面板式的还是泡沫石膏复合板式的，安装前必须弹线。

（1）按房间的图示净空尺寸，沿外墙内侧的地面上弹出衬里外皮的边线。

（2）用线坠或接长的水平尺，把地面上的弹线返到天棚上。

（3）对于龙骨罩面板式的衬里，须加弹龙骨外边线（即罩面板内皮边线）。

（4）检查所弹边线与外墙之前的距离是否满足衬里厚度的需要，

若不能满足,则标出须加以剔凿或修补的范围。

三、吊顶弹线

(1)查明图纸和其他设计文件上对房间四周墙面装饰面层类型及其厚度要求。

(2)重新测量房间四周墙面是否规方。

(3)考虑四周墙面留出饰面层厚度,将中间部分的边线规方后弹在地面上。

(4)对于有对称要求的吊顶,先在地面上弹出对称轴,然后从对称轴向两侧量距弹线。

(5)对有高度变化的吊顶,应在地面上弹出不同高度吊顶的分界线;对有灯盒、风口和特殊装饰的吊顶,也应在地面上弹出这些设施的对应设置。

(6)用线坠或接长的水平尺将地面上弹的线返到天棚上,对有标高变化的吊顶,在不同高度吊顶分界线的两侧标明各自的吊顶底标高。

(7)根据以上的弹线,再在天棚上弹出龙骨布置线。

(8)沿四周墙面弹出吊顶底标高线。

(9)在安装吊顶罩面板后,还须在罩面板上弹出安装各种设施的开洞位置及特殊饰物的安装位置。

四、嵌贴饰面弹线

1. 外墙嵌贴饰面

(1)首先在外墙各阴、阳角吊铅垂线,依线对外墙面进行找直、找方的剔凿、修补,抹出底灰。

(2)门、窗洞口两侧吊铅垂线,洞口上、下弹水平通线。

(3)重新测量外墙面各部分尺寸,然后根据嵌贴块材的本身尺寸,计算块材之间的留缝宽度,画出块材排列图。

(4)根据拟定的块材排列图在墙面上弹出嵌贴控制线,外墙面砖一般5～10块弹一条控制线,需要"破活"的特殊部位应加弹控制线,石材类大块饰面应逐块弹出分界线。

2. 室内墙地瓷砖

(1)首先对墙面进行找直、找方(包括剔凿、修补和砂浆打底)。

(2)在墙面底部弹出地面瓷砖顶标高线。

(3)在沿墙的地面上弹出墙面瓷砖外皮线。

(4)有对称要求的地面或墙面,弹出对称轴。

(5)从对称轴向两侧测量墙、地面尺寸,然后根据墙、地瓷砖的尺寸计算砖缝宽度,安排破活位置,绘出排砖图。

(6)按墙、地面排砖图,每相隔5～10块瓷砖弹一砖缝控制线,需要破活的位置加弹控制线,若墙、地面瓷砖的模数相同,应将墙、地面砖缝控制线对准。

3. 石材地面

(1)重新测量房间地面各部分尺寸。

(2)查明房间各墙面装饰面层的种类及其厚度。

(3)留出四周墙面装饰面层厚度并找方弹出地面边线。

(4)有对称要求的弹出对称轴。

(5)要镶贴特殊图案的地面,在相应位置弹出图案边线。

(6)按石材地面铺贴图弹控制线,由于在铺贴块材时要先用半干砂浆铺底,待实际铺贴时再依这些控制线在石材地面的顶面标高拉线。

4. 楼梯踏步镶贴饰面

(1)在楼梯两侧墙面弹出上、下楼层平台和休息平台的设计建筑标高。

(2)确定最上一级踏步的踢面与楼层平台的交线位置,并在两侧墙面上标出该点 $P_顶$。

(3)根据梯段长度和两端的高差,计算楼梯坡度。

(4)过 $P_顶$ 按计算得出的楼梯坡度在两侧墙面上弹出斜线,与休息平台设计建筑标高线的交点称为 $P_底$。

(5)将线段 $\overline{P_顶 P_底}$ 按该梯段踏步数等分,过各等分点作水平线即为各踏面镶贴饰面的顶标高。

(6)根据楼梯踏步详图所确定的式样,弹出各踏步踢面的位置。

(7)对休息平台以下的梯段,重复上述(2)～(6)各步骤。

五、玻璃幕墙定位放线

(1)仔细查阅玻璃幕墙节点详图,查清其构造,推算幕墙骨架锚固件与幕墙墙面的相对位置关系。

(2)根据玻璃幕墙分格布置图,查清幕墙墙面与建筑轴线之间的位置关系。

(3)根据上述这组关系,准确推算每一个锚固件相对于建筑物轴线的位置。

(4)复核各层的轴线。

(5)以轴线为基准,利用经纬仪、钢尺等仪器工具,将锚固件位置弹在结构物上,要求纵、横两个方向的误差均小于 1mm;同时,根据分格图将竖龙骨线弹出,不同材质的幕墙,竖龙骨线一定要进行闭合检测,并在分界处弹出分界线,两侧注明所使用的材质。

(6)在每一层,将室内标高线引测到外墙施工面,每层之间进行标高闭合检测。根据标高线和分格图,在每一层弹出一条水平龙骨控制线,不同材质的水平龙骨控制线要根据详细节点设计进行校核检测,并在分界处弹出分界线。

(7)框式玻璃幕墙,在竖龙骨安装时用水平龙骨控制线进行校验,以保证横龙骨连接点高度一致,整层各竖龙骨的标高误差应小于或等于 2mm。

六、外墙干挂石材的测量放线

(1)结构完成后,立即对各层的轴线进行检查复核,并将各层检查结果标注在平面图上。

(2)对建筑外墙面进行竖向偏差测量,并用图表详细记录。

(3)根据各层竖向偏差确定出干挂石材的基准面,将轴线投测到

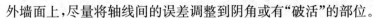

外墙面上,尽量将轴线间的误差调整到阴角或有"破活"的部位。

（4）根据石材分块排列图与各轴线的位置关系,将石材分格线弹测到外墙面上,并以此为基准检查埋件的位置是否准确。

（5）根据外墙设计详图推算石材与其他装饰墙面的相对尺寸关系,然后用分格线进行校核,核对无误后即可安排加工厂加工。

第三章 楼地面工程施工

第一节 楼地面的构造组成和作用

楼地面装饰包括楼面装饰和地面装饰两部分,两者的主要区别是其饰面承托层不同。楼面装饰面层的承托层是架空的楼面结构层,地面装饰面层的承托层是室内回填土层。楼面装饰要注意防渗漏问题,地面装饰要注意防潮问题。

一、楼地面的构造组成

建筑楼地面按其构造由基层、垫层和面层组成,如图 3-1 所示。

1. 基层

地面基层多为素土或加入石灰、碎砖的夯实土,楼层的基层一般为水泥砂浆、钢筋和混凝土。其主要作用是承受室内物体荷载,并将其传给承重墙、柱或基础,要求地面有足够的强度和耐腐蚀性。

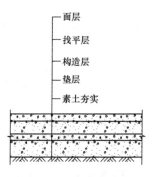

图 3-1 建筑楼地面的组成

2. 垫层

垫层位于基层之上,具有找坡、隔声、防潮、保温或敷设管道等功能上的需要。一般由低强度等级混凝土、碎砖三合土或砂、碎石、矿渣等散状材料组成。

3. 面层

面层是地面的最上层,种类繁多。楼地面按面层材料规格、形式出现的方式不同,可分为整体式地面(如灰土、菱苦土、水泥砂浆、混凝土、现浇水磨石、三合土等)、板材地面(如缸砖、釉面砖、陶瓷锦砖、拼花木板花砖、预制水磨石块、大理石板材、花岗石板材、硬质纤维板等)和木、竹地面;按面层材料构造与施工方式不同,可分为抹灰地面、粘贴地面和平铺地面。

二、楼地面工程层次的作用

1. 面层

面层是建筑地面直接承受各种物理和化学作用的表面层。面层品种和类型的选择,由设计单位根据生产特点、功能使用要求,同时,结合技术经济条件和就地取材的原则来确定。

2. 基层

(1)基土。基土是直接坐落于基土上底层地面的结构层,起着承受和传递来自地面面层荷载的作用。

(2)楼板。楼板是楼层地面的结构层,承受楼面上的各种荷载。楼板包括现浇混凝土楼板、预制混凝土楼板、钢筋混凝土空心楼板、木结构楼板等。

(3)垫层。垫层是地面基层上承受并传递荷载于基层的构造层,垫层分为刚性垫层和柔性垫层,常用的有水泥混凝土垫层、水泥砂浆垫层、碎石垫层、炉渣垫层等。

3. 构造层

(1)结合层。结合层是面层与下一构造层相联结的中间层。各种板块面层在铺设(贴)时都要有结合层。不同面层的结合层根据设计及有关规范采用不同的材料,使面层与下一层牢固地结合在一起。

(2)找平层。找平层是为使地面达到规范要求的平整度,在垫层、楼板或填充层(轻质、松散材料)上起整平、找坡或加强作用的构造层。

（3）填充层。填充层是当面层和基层间不能满足使用要求或因构造需要（如在建筑地面上起到隔声、保温、找坡或敷设暗管线、地热采暖等作用）而增设的构造层。常用表观密度值较小的轻质材料铺设而成，如加气混凝土、膨胀珍珠岩块等材料。

（4）隔离层。隔离层是防止建筑地面上各种液体（含油渗）侵蚀或地下水、潮气渗透地面等作用的构造层，仅防止地下潮气透过地面时可称作防潮层。隔离层应用不透气、无毛细渗透现象的材料，常用的有防水砂浆、沥青砂浆、聚氨酯涂层和 SBS 防水等，其位置设于垫层或找平层之上。

在进行地面装饰时，要结合具体空间的使用性质来确定选择的地面装饰材料、施工工艺类型以及达到使用和装饰的效果。

第二节　楼地面施工基本规定

建筑楼地面施工应在符合设计要求和满足使用功能的前提下，充分采用地方材料和环保材料，合理利用、推广工业废料，尽量节约材料，做到技术先进、经济合理、控制污染、卫生环保，确保工程质量和安全适用。

一、楼地面施工程序

（1）建筑楼地面工程下部遇有沟槽、暗管、保温、隔热、隔声等工程项目时，应待该项工程完成并经检验合格做好隐蔽工程记录（或验收）后，方可进行建筑地面工程施工。

建筑楼地面工程结构层（各构造层）和面层的铺设，均应待其下一层检验合格后方可施工上一层。建筑楼地面工程各层铺设前与相关专业的分部（子分部）工程、分项工程以及设备管道安装工程之间，应进行交接检验并做好记录，未经监理单位检查认可，不得进行下道工序施工。

(2)建筑楼地面各类面层的铺设宜在室内装饰工程基本完工后进行。木、竹面层以及活动地板、塑料板、地毯面层的铺设,应待抹灰工程或管道试压等施工完工后进行,以保证建筑地面的施工质量。

(3)建筑楼地面工程完工后,应对铺设面层采取保护措施,防止面层表面磕碰损坏。

二、楼地面施工要求

1. 技术准备工作

建筑楼地面工程施工前,应做好充分的技术准备工作,包括:

(1)进行图纸会审,复核设计做法是否符合现行国家规范的要求。

(2)复核结构与建筑标高差是否满足各构造层总厚度及找坡的要求。

(3)实测楼层结构标高,根据实测结果调整建筑地面的做法。结构误差较大的应做适当处理,如局部剔凿,局部增加细石混凝土找平层等;外委加工的各种门框的安装,应以调整后的建筑地面标高为依据。

(4)对板块面层的排板如设计无要求,应依据现场情况做排板设计。对大理石(花岗石)面层及楼梯,应根据结构的实际尺寸和排板设计提出加工计划。

(5)施工前应编制施工方案和进行技术交底,必要时应先做样板间,经业主(监理)或设计认可后再大面积施工。

2. 施工技术规定

(1)建筑楼地面各构造层采用拌合料的配合比或强度等级,应按施工规范规定和设计要求通过试验确定,填写配合比通知单并按规定做好试块的制作、养护和强度检验。

(2)建筑楼地面构造层的厚度应符合设计要求及施工规范的规定。

(3)厕浴间和有防滑要求的建筑地面应选用符合设计要求的具有防滑性能的材料。

(4)结合层和板块面层的填缝采用的水泥砂浆,应符合下列规定:

1)配制水泥砂浆应采用硅酸盐水泥、普通硅酸盐水泥或矿渣硅酸盐水泥。

2)水泥砂浆采用的砂应符合现行的行业标准《普通混凝土用砂、石质量及检验方法标准》(JGJ 52—2006)的相关规定。

3)配制水泥砂浆的体积比或强度等级和稠度,应符合设计要求。当设计无要求时可按表3-1采用。

表3-1　　　　　　　　水泥砂浆的体积比、强度等级和稠度

面层种类	构造层	水泥砂浆体积比	强度等级	砂浆稠度/mm
条石、无釉陶瓷地砖面层	结合层和面层的填缝	1:2	≥M15	25～35
水泥钢(铁)屑面层	结合层	1:2	≥M15	25～35
整体水磨石面层	结合层	1:3	≥M10	30～35
预制水磨石板、大理石板、花岗石板、陶瓷马赛克、陶瓷地砖面层	结合层	1:2	≥M15	25～35
水泥花砖、预制混凝土板面层	结合层	1:3	≥M10	30～35

(5)铺设有坡度的地面应采用基土高差达到设计要求的坡度;铺设有坡度的楼面(或架空地面)应在钢筋混凝土板上改变填充层(或找平层)铺设的厚度或以结构起坡达到设计要求的坡度。

(6)室外散水、明沟、踏步、台阶和坡道等附属工程,其面层和基层(各构造层)均应符合设计要求。

(7)水泥混凝土散水、明沟,应设置伸、缩缝,其延长米间距不得大于10m;对日晒强烈且昼夜温差大于15℃的地区,其延长米间距宜为4～6m。房屋转角处应做45°缝。水泥混凝土散水、台阶等与建筑物连接处应设缝处理。上述缝宽度应为15～20mm,缝内应填嵌柔性密封材料。

(8)厕浴间、厨房和有排水(或其他液体)要求的建筑地面面层与相连接各类面层的标高差应符合设计要求。当设计无要求时,宜至少低 20mm。

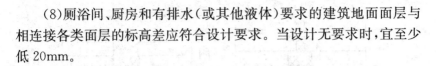

建筑楼地面施工环境温度控制

建筑楼地面工程施工时,各层环境温度的控制应符合下列规定:

(1)采用掺有水泥、石灰的拌合料铺设以及用石油沥青胶结料铺贴时,不应低于 5℃。

(2)采用有机胶粘剂粘贴时,不宜低于 10℃。

(3)采用砂、石材料铺设时,不应低于 0℃。

(4)采用自流平、涂料铺设时,不应低于 5℃,也不应高于 30℃。

三、变形缝和镶边设置

(一)变形缝设置

建筑地面的变形缝包括伸缩缝、沉降缝和防震缝,应按设计要求设置,并应与结构相应的缝位置一致,且应贯通建筑地面的各构造层。

1. 变形缝的构造做法

变形缝一般填以沥青麻丝或其他柔性密封材料,变形缝表面可用柔性密封材料嵌填,或用钢板、硬聚氯乙烯塑料板、铝合金板等覆盖,并应与面层齐平。其构造做法如图 3-2 所示。

2. 变形缝的设置方法

(1)整体面层的变形缝在施工时,可先在变形缝位置安放与缝宽相同的木板条,木板条应刨光后涂隔离剂,待面层施工并达到一定强度后,将木板条取出。

(2)室内水泥混凝土楼面和地面工程应设置纵向和横向缩缝,不宜设置伸缝。室外水泥混凝土地面工程,应设置伸、缩缝。

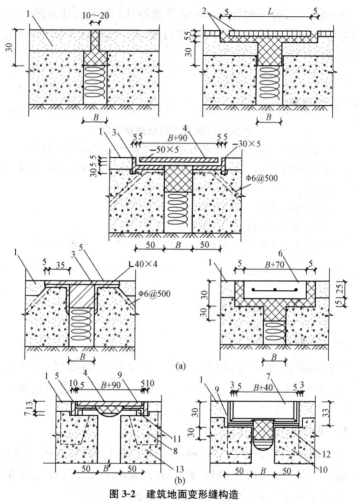

图 3-2　建筑地面变形缝构造

(a)地面变形缝各种构造做法；(b)楼面变形缝各种构造做法

⬚—嵌柔性密封材料；　▨—填实沥青麻丝或其他柔性材料

1—整体面层按设计；2—板块面层按设计；3—5 厚钢板(或铝合金、硬板塑料)；

4—5 厚钢板；5—C20 混凝土预制板；6—钢板或块材、铝板；

7—40×60×60 木楔 500 中距；8—24 号镀锌薄钢板；9—40×40×60 木楔 500 中距；

10—木楔钉固定 500 中距；11—∟30×3 木螺丝固定 500 中距；12—楼层结构层；

B—缝宽按设计要求；L—尺寸按板块料规格；H—板块面层厚度

1）缩缝施工：室内纵向缩缝的间距，一般为3～6m，施工气温较高时宜采用3m；室内横向缩缝的间距，一般为6～12m，施工气温较高时宜采用6m。室外地面或高温季节施工时宜为6m。室内水泥混凝土地面工程分区、段浇筑时，应与设置的纵、横向缩缝的间距相一致，如图3-3所示。

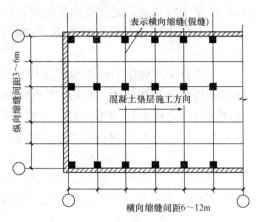

图3-3 施工方向与缩缝平面布置

①纵向缩缝应做成平头缝，如图3-4（a）所示；当垫层厚度大于150mm时，亦可采用企口缝，如图3-4（b）所示；横向缩缝应做成假缝，如图3-4（c）所示；当垫层板边加肋时，应做成加肋板平头缝，如图3-4（d）所示。

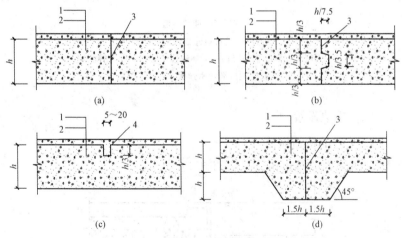

图3-4 纵、横向缩缝

（a）平头缝；（b）企口缝；（c）假缝；（d）加肋板平头缝

1—面层；2—混凝土垫层；3—互相紧贴不放隔离材料；4—1：3水泥砂浆填缝

②平头缝和企口缝的缝间不应放置任何隔离材料,浇筑时要互相紧贴。企口缝尺寸可按设计要求,拆模时的混凝土抗压强度不宜低于 3MPa。

③假缝应按规定的间距设置吊模板;或在浇筑混凝土时,将预制的木条埋设在混凝土中,并在混凝土终凝前取出;也可采用在混凝土强度达到一定要求后用锯割缝。假缝的宽度宜为 5～20mm,缝深度宜为垫层厚度的 1/3,缝内应填水泥砂浆。

2)伸缝施工:室外伸缝的间距一般为 30m,伸缝的缝宽度一般为 20～30mm,上下贯通。缝内应填嵌沥青类材料,如图 3-5(a)所示。当沿缝两侧垫层板边加肋时,应做成加肋板伸缝,如图 3-5(b)所示。

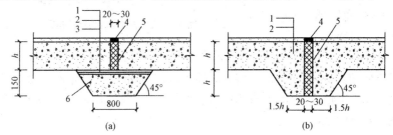

(a)   (b)

图 3-5 伸缝构造

(a)填嵌沥青类材料伸缝;(b)加肋板伸缝

1—面层;2—混凝土垫层;3—干铺油毡一层;4—沥青胶泥填缝;

5—沥青胶泥或沥青木丝板;6—C15 混凝土

(二)镶边设置

1. 镶边的构造做法

建筑地面的镶边构造做法如图 3-6 所示。

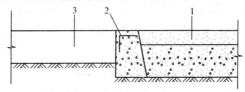

图 3-6 镶边构造做法

1—水泥类面层;2—镶边角钢;3—其他面层

2. 镶边的设置方法

建筑地面镶边的设置,应按设计要求,当设计无要求时,做法应符合下列要求:

(1)在有强烈机械作用下的水泥类整体面层,如水泥砂浆、水泥混凝土、水磨石、水泥钢(铁)屑面层,等与其他类型的面层邻接处,应设置金属镶边构件。

(2)采用水磨石整体面层时,应用同类材料以分格缝设置镶边。

(3)条石面层和各种砖面层与其他面层相邻接处,应用丁铺的同类块材镶边。

(4)采用实木地板、竹地板和塑料板面层时,应用同类材料镶边。

(5)在地面面层与管沟、孔洞、检查井等邻接处,均应设置镶边。

> 管沟、变形缝等处的建筑地面面层的镶边构件,应在铺设面层前装设。建筑地面的镶边宜与柱、墙面或踢脚线的变化协调一致。

第三节　整体面层铺设施工

整体面层是相对于采用分层分块的材料,而在制作上采用现浇材料和一定的施工工艺,一次性整体做成的地面面层。整体地面的施工特点是:在现场湿作业施工,材料在现场配制,作业工序较多,施工工期长。其优点是做成的地面整体性较好,不受地面形状限制,耐摩擦,耐污染;缺点是施工质量不稳定,施工过程污染环境,局部维修困难或修补后影响整体效果。但是相对于板块面层而言,造价低廉,可用于室内外多种地面装修。

> 为防止地面变形和增强其耐久性及美观效果,可采取人工分格、添加耐磨擦材料或颜料。

一、整体面层铺设材料

(1)水泥。水泥的品种、等级应符合设计要求,强度等级不应小于32.5级。验收时,检查出厂合格证、试验报告、出厂水泥28天强度补报单和生产许可证。

(2)石子(碎石或卵石)。水泥混凝土采用的粗骨料,其最大粒径不应大于面层厚度的2/3,细石混凝土面层采用的石子粒径不应大于15mm。针、片状颗粒含量(按质量计)要求:当水泥混凝土的强度等级低于C30时,针、片状颗粒含量不大于25%;当混凝土强度等级高于或等于C30时,针、片状颗粒含量不大于15%。石子含泥量应小于2%。

(3)砂子(中砂或粗砂)。砂子的品种、规格应符合设计要求。含泥量应小于3%,泥块含量应小于2%。冬期施工时,不得有冰冻块。

(4)水磨石用石粒。石粒的品种、规格应符合设计要求,应采用坚硬可磨的白云石、大理石加工而成的石粒,粒径一般为6~15mm。石粒应有棱角,洁净、无杂质,验收时区分不同的品种规格、色彩,分类验收、存放。水磨石所用颜料应为耐光、耐碱的矿物原料,不得使用酸性颜料。

(5)颜料。水磨石面层用颜料采用耐光、耐碱的矿物颜料,不得使用酸性颜料,其掺入量宜为水泥质量的3%~6%或由试验确定。

> 为避免造成颜色深浅不一,同一彩色面层应使用同厂、同批颜料。

(6)钢(铁)屑。屑粒的品种、规格应符合设计要求。粒径应为1~5mm,过大的颗粒和成卷状螺旋形的应予破碎,小于1mm的颗料应予筛去。钢(铁)屑中不应有其他杂物,使用前应清除钢(铁)屑上的油脂,并用稀酸溶液除锈,再以清水冲洗后烘干使用。

(7)防油渗涂料应具有耐油、耐磨、耐火和粘结性能,粘结强度不应低于0.3MPa。防油渗涂料的品种应按设计的要求选用,宜采用树脂乳液涂料,其产品的主要技术性能应符合现行有关产品质量标准。树脂乳液涂料主要有聚醋酸乙烯乳液涂料、氯偏乳液涂料和苯丙—环氧乳液涂料等。涂料的配合比及施工,应按涂料的产品特点、性能等要求进行。

(8)B 型防油渗剂(或密实剂)、减水剂、加气剂或塑化剂应有生产厂家产品合格证,并应取样复试,其产品的主要技术性能应符合产品质量标准。

(9)不发火(防爆的)面层用骨料。采用的砂和碎石,应选用大理石、白云石或其他石料加工而成,并以金属或石料撞击时不发生火花为合格。采用的砂,应质地坚硬,多棱角,表面粗糙并有颗粒级配,其粒径宜为 0.15~5mm,含泥量不应大于 3%,有机物含量不应大于 0.5%。采用的石料和硬化后的试件,均应在金刚砂轮上做摩擦试验,在试验中没有发现任何瞬时的火花,即认为合格。试验时应按规定的方法进行。

(10)环氧树脂自流平涂料的质量标准见表 3-2。

表 3-2 　　　　　　　　环氧树脂自流平涂料的技术指标

试验项目	技术指标	试验项目	技术指标
涂料状态	均匀无硬块	附着力(级)	≤1
涂膜外观	平整光滑	硬度(摆杆法)	0≥0.6
干燥时间	表干(25℃)≤4h	光泽度(%)	≥30
	实干(25℃)≤24h	耐冲击性	40kg·cm,无裂纹、皱纹及剥落现象
耐磨性(750g/500r)	g≤0.04	耐水性	96h 无异常

(11)自流平面层用固化剂应具有较低的黏度。应该选用两种或多种固化剂进行复配,以达到所需要的镜面效果。同时,复配固化剂中应该含有抗水斑与抗白化的成分。

(12)自流平面层施工所用的助剂主要包括分散剂、消泡剂和流平剂。其作用见表 3-3。

表 3-3　　　　　　　　　　　自流平面层施工所用助剂的作用

序号	助剂类型	作　　　用
1	分散剂	防止颜料沉淀、浮色、发花,并降低色浆黏度,提高涂料贮存稳定性,促进流平
2	消泡剂	因生产和施工中会带入空气,而厚浆型涂料黏度较高,气泡不易逸出。因此,需要在涂料中加入一定量的消泡剂来减少这种气泡,力争使之不影响地坪表面的观感
3	流平剂	为降低体系的表面张力,避免成膜过程中发生"缩边"现象,提高涂料流平性能,改善涂层外观和质量,需加入一些流平剂

(13)塑胶面层的品种、规格、颜色、等级应符合设计要求和现行国家标准的规定。胶粘剂的使用应按塑胶板的生产厂家推荐或配套提供的胶粘剂,若没有,可根据基层和塑胶板以及

室内用水性或溶剂型胶粘剂,应测定其总挥发性有机化合物(TVOC)和游离甲醛的含量,游离甲醛的含量应符合有关现行国家规范标准。

施工条件选用乙烯类、氯丁橡胶类、聚氨酯、环氧树脂、建筑胶等,所选胶粘剂必须通过实验确定其适用性和使用方法。

(14)绝热材料应采用导热系数小、吸湿率低、难燃火不然,具有足够承载能力的材料,且不含有殖菌源,不得有散发异味及可能危害健康的挥发物。

二、整体面层施工作业条件

1. 图纸

(1)了解地面的各构造层的要求和组成形式。

(2)掌握单位工程地面施工包括的具体项目;除室内各层地面外,并含室外散水、明沟、踏步、台阶、坡道等。

(3)了解地面各层所用的材料、建筑产品的品种、规格、配合比及强度等级。

(4)掌握预埋管(线、件)的设置分带情况。

(5)掌握室内地面的绝对标高、坡高、走向、各部位尺寸,预埋件及预留孔的位置和尺寸。

2. 技术交底

整体面层铺设施工前应根据工程实际编制施工(技术措施)方案,并进行技术交底。

(1)施工(技术措施)方案的编制,必须根据工程进展的实际情况、施工图设计特点、工艺要求、施工方法、规范和标准的规定,以及新型材料的应用等进行。

(2)施工前认真做好技术交底工作。

3. 抄平放线

(1)按设计要求以室内+500mm 标高控制线为基准,通过测量标定室内地坪的绝对标高和有水房间地面的坡度、坡向等。

(2)抄平放线前,应校正水准仪,确保测量的精度。

(3)抄平放线标定的基准点,应有明显的水准点标志,为施工提供准确的数据和依据。

4. 其他应具备的条件

(1)建筑地面下的沟槽、暗管等工程已完工,楼地面预制空心楼板的板缝、板端已做有效处理,预埋在地面内的各种管线已安装固定,穿过地面的管洞已堵严,屋面防水和室内门框、墙顶抹灰已完成,并经检验合格,做好隐蔽记录。

(2)整体面层的施工应待基层检验合格后方可施工上一层。地面工程各层铺设前与相关专业的分部(子分部)工程、分项工程以及设备管道安装工程之间,应做好交接检验。

(3)施工环境温度的控制应符合下列规定:

1)采用掺有水泥、石灰的拌合料铺设以及用石油沥青胶结料铺贴时,不应低于5℃。

2)采用有机胶粘剂粘贴时,不应低于10℃。

3)采用砂、石材料铺设时,不应低于0℃。

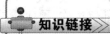 知识链接

整体面层施工管理要点

(1)做好原材料质量监控,观察检查和检查材质合格证明及检测报告。

(2)施工前,检查各项准备工作和现场作业条件。尤其是重点检查材料的配合比、计量工具的使用、对工人的技术交底等情况。检查预制混凝土空心楼板板缝的处理是否符合设计要求,清理是否干净;板端缝隙是否采取了可靠的处理措施;埋入地面的管线固定是否牢固,有无防止地面开裂的措施等;这些检查过程都应及时做好隐蔽验收记录。

(3)施工中,重点检查抹灰层面标高、水平度的控制、工序层次、振捣或搓压、磨光质量、工序间隔时间、表面强度、观感质量等。管理方面,着重监督技术交底、工序交接检验、成品保护和施工企业承诺的质量保证措施的落实情况,检查企业对质量等级评定是否真实,手续是否齐全。

(4)季节性施工时,应及时掌握施工环境变化情况,督促施工单位提前做好各种防护措施。

三、水泥混凝土面层施工

1. 施工面层基本构造

水泥混凝土面层常用两种做法:一种是采用细石混凝土面层,其强度等级不应小于C20,厚度为30~40mm;另一种是采用水泥混凝土垫层兼面层,其强度等级不应小于C15,厚度按垫层确定,如图 3-7所示。

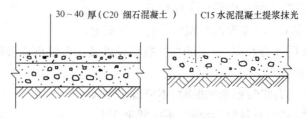

30~40 厚(C20 细石混凝土)　　C15 水泥混凝土提浆抹光

图3-7　水泥混凝土面层

知识链接>>

水泥混凝土面层适用范围

水泥混凝土面层在工业与民用建筑中应用较多,在一些承受较大机械磨损和冲击作用较多的工业厂房以及一般辅助生产车间、仓库等建筑地面中使用比较普遍。在一些公共场所,水泥混凝土面层还可以做成各种色彩,或做成透水性混凝土面层。前者用于街道人行路面、步行小道、广场、公园、游乐场等;后者用于广场、球场、停车场、地下建筑工程等。

2. 施工工艺与要求

水泥混凝土面层铺设施工工艺流程为:基层清理→弹线、找标高→混凝土搅拌→混凝土铺设→混凝土振捣和找平→表面压光→施工养护。

(1)基层清理。把沾在基层上的浮浆、落地灰等用錾子或钢丝刷清理掉,再用扫帚将浮土清扫干净;如有油污,应用 5%～10%浓度火碱水溶液清洗。湿润后,刷素水泥浆或界面处理剂,随刷随铺设混凝土,避免间隔时间过长风干形成空鼓。

(2)弹线、找标高。

1)根据水平标准线和设计厚度,在四周墙、柱上弹出面层的上平标高控制线。

2)按线拉水平线抹找平墩(60mm×60mm 见方,与面层完成面同高,用同种混凝土),间距双向不大于 2m。有坡度要求的房间应按设计坡度要求拉线,抹出坡度墩。

3)面积较大的房间为保证房间地面平整度,还要做冲筋,以做好的灰饼为标准抹条形冲筋,高度与灰饼同高,形成控制标高的"田"字格,用刮尺刮平,作为混凝土面层厚度控制的标准。当天抹灰墩、冲筋,当天应当抹完灰,不应当隔夜。

(3)混凝土搅拌。

1)混凝土的配合比应根据设计要求通过试验确定。

2)投料必须严格过磅,精确控制配合比。每盘投料顺序为石子→

水泥→砂→水。应严格控制用水量,搅拌要均匀,搅拌时间不少于90s,坍落度一般不应大于30mm。

(4)混凝土铺设。

1)铺设前应按标准水平线用木板隔成宽度不大于3m的条形区段,以控制面层厚度。

2)铺设时,先刷水灰比为0.4~0.5的水泥浆,并随刷随铺混凝土,用刮尺找平。浇筑水泥混凝土的坍落度不宜大于30mm。

3)水泥混凝土面层宜采用机械振捣,必须振捣密实。采用人工捣实时,滚筒要交叉滚压3~5遍,直至表面泛浆为止。然后进行抹平和压光。

4)水泥混凝土面层不得留置施工缝。当施工间歇超过规定的允许时间后,在继续浇筑混凝土时,应对已凝结的混凝土接槎处进行处理,用钢丝刷刷到石子外露,表面用水冲洗,并涂水灰比为0.4~0.5的水泥浆,再浇筑混凝土,并应捣实压平,使新旧混凝土接缝紧密,不显接头槎。

5)混凝土面层应在水泥初凝前完成抹平工作,水泥终凝前完成压光工作。

6)浇筑钢筋混凝土楼板或水泥混凝土垫层兼面层时,宜采用随捣随抹的方法。当面层表面出现泌水时,可加干拌的水泥和砂进行撒匀,其水泥和砂的体积比宜为1:2~1:2.5(水泥:砂),并进行表面压实光。

7)水泥混凝土面层浇筑完成后,应在12h内加以覆盖和浇水,养护时间不少于7d。浇水次数应能保持混凝土具有足够的湿润状态。

拓展阅读

耐磨混凝土面层铺设施工要求

当建筑地面要求具有耐磨损、不起灰、抗冲击、高强度时,宜采用耐磨混凝土面层。它是以水泥为主要胶结材料,配以化学外加剂和高效矿物掺合料,达到高强和高粘结力;选用人造烧结材料、天然硬质材料为骨料,以特殊的施工工艺铺设在新拌水泥混凝土基层上形成复合面强化的现浇整体面层。

如在原有建筑地面上铺设时,应先铺设厚度不小于 30mm 的水泥混凝土一层,在混凝土未硬化前随即铺设耐磨混凝土面层,要求如下:

1)耐磨混凝土面层厚度,一般为 10～15mm,但不应大于 30mm。

2)面层铺设在水泥混凝土垫层或结合层上,垫层或结合层的厚度不应小于 50mm。当有较大冲击作用时,宜在垫层或结合层内加配防裂钢筋网,一般采用 $\phi4@150～200mm$ 双向网格,并应放置在上部,其保护层控制在 20mm。

3)当有较高清洁美观要求时,宜采用彩色耐磨混凝土面层。

4)耐磨混凝土面层,应采用随捣随抹的方法。

5)对复合强化的现浇整体面层下基层的表面处理同水泥砂浆面层。

6)对设置变形缝的两侧 100～150mm 宽范围内的耐磨层应进行局部加厚 3～5mm 处理。

7)耐磨混凝土面层的主要技术指标:

耐磨硬度(1000r/min) $\leqslant 0.28g/cm^2$

抗压强度 $\geqslant 80N/mm^2$

抗折强度 $\geqslant 8N/mm^2$

知识链接》

透水混凝土面层铺设施工要求

透水混凝土拌合物中水泥浆的稠度较大,宜采用强制式搅拌机,搅拌时间为 5min 以上。

透水混凝土浇筑之前,基层应先用水湿润,避免透水地坪快速失水减弱骨料间的粘结强度。由于透水地坪拌合物比较干硬,因此,可直接将拌好的透水地坪材料铺在路基上铺平即可。浇筑过程中,要注意对摊铺厚度进行确认,端部用木抹子、小型振动机械进行找平,以确保铺平整。

在浇筑过程中不宜强烈振捣或夯实。一般用平板振动器轻振铺平后的透水性混凝土混合料,但必须注意不能使用高频振捣器,否则它会使混凝土过于密实而减少孔隙率,并影响透水效果。同时,高频振捣器也会使水泥浆体从粗骨料表面离析出来,流入底部形成一个不透水层,使材料失去透水性。

　　振捣以后,使用混凝土专用压实机进行压实,考虑到拌合料的稠度和周围温度等条件,可能需要多次滚压。

　　透水混凝土由于存在大量的孔洞,易失水,干燥很快,所以养护非常重要。尤其是早期养护,要注意避免地坪中水分大量蒸发。通常透水混凝土拆模时间比普通混凝土短,因此其侧面和边缘就会暴露于空气中,可用塑料薄膜或彩条布及时覆盖透水混凝土表面和侧面,以保证湿度。透水地坪应在浇注后1d开始洒水养护,淋水时不宜用压力水柱直冲混凝土表面,这样会带走一些水泥浆,造成一些较薄弱部位,但可在常态的情况下直接从上往下浇水。透水地坪的浇水养护时间应不少于7d。

　　(5)混凝土振捣和找平。

　　1)用铁锹铺混凝土,厚度略高于找平墩,随即用平板振捣器振捣。厚度超过200mm时,应采用插入式振捣器,其移动距离不大于作用半径的1.5倍,做到不漏振,确保混凝土密实。振捣以混凝土表面出现泌水现象为宜。或者用30kg铁辊筒纵横滚压密实,表面出浆即可。

　　2)混凝土振捣密实后,以墙柱上的水平控制线和找平墩为标志,检查平整度,高的铲掉,凹处补平。撒一层干拌水泥砂(水泥∶砂=1∶1),用水平刮杠刮平。有坡度要求的,应按设计要求的坡度施工。

　　(6)表面压光。

　　1)当面层灰面吸水后,用木抹子用力搓打、抹平,将干拌水泥砂拌合料与混凝土的浆混合,使面层达到紧密接合。

　　2)第一遍抹压:用铁抹子轻轻抹压一遍直到出浆为止。

　　3)第二遍抹压:当面层砂浆初凝后(上人有脚印但不下陷),用铁抹子把凹坑、砂眼填实抹平,注意不得漏压。

　　4)第三遍抹压:当面层砂浆终凝前(上人有轻微脚印),用铁抹子用力抹压。把所有抹纹压平压光,达到面层表面密实光洁。

　　(7)施工养护。

　　1)水泥混凝土面层应在施工完成后24h左右覆盖和洒水养护,每天不少于两次,严禁上人,养护期不得少于7d。

2）当水泥混凝土整体面层的抗压强度达到设计要求后，其上面方可走人，且在养护期内严禁在饰面上推动手推车、放重物品及随意践踏。

3）推手推车时不许碰撞门立边和栏杆及墙柱饰面，门框适当要包铁皮保护，以防手推车轴头碰撞门框。

4）施工时不得碰撞水电安装用的水暖立管等，保护好地漏、出水口等部位的临时堵头，以防灌入浆液杂物造成堵塞。

5）施工过程中被沾污的墙柱面、门窗框、设备立管线要及时清理干净。

 **特别强调**

冬期施工注意事项

冬期施工时，环境温度不应低于5℃。如果在负温下施工时，所掺抗冻剂必须经过试验室试验合格后方可使用。不宜采用氯盐、氨等作为抗冻剂，不得不使用时掺量必须严格按照规范规定的控制量和配合比通知单的要求加入。

四、水泥砂浆面层施工

1. 施工面层基本构造

水泥砂浆面层厚度应符合设计要求，且不应小于 20mm，有单层和双层两种做法。图 3-8(a)所示为单层做法，为 20mm 厚度，采用 1：2 水泥砂浆铺抹而成；图 3-8(b)所示为双层做法，双层的下层为 12mm 厚度，采用 1：2.5 与水泥砂浆，双层的上层为 13mm 厚度，采用 1：1.5 水泥砂浆铺抹而成。

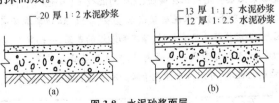

(a)　　　　　　　　　　(b)

图 3-8　水泥砂浆面层

(a)单层做法；(b)双层做法

 **知识链接**

水泥砂浆面层的特点与适用范围

水泥砂浆地面面层是以水泥作胶凝材料、砂作骨料,按配合比配置抹压而成。其优点是造价较低、施工简便、使用耐久;但容易出现起灰、起砂、裂缝、空鼓等质量问题。其适用于工业与民用建筑中地面。

2. 施工工艺与要求

水泥砂浆面层施工工艺流程为:基层处理→弹线、做标筋→水泥砂浆面层铺设→施工养护。

(1)基层处理。

1)垫层上的一切浮灰、油渍、杂质,必须仔细清除,否则形成一层隔离层,会使面层结合不牢。

2)表面较滑的基层,应进行凿毛,并用清水冲洗干净,冲洗后的基层,最好不要上人。

3)宜在垫层或找平层的砂浆或混凝土的抗压强度达到 1.2MPa后,再铺设面层砂浆,这样才不致破坏其内部结构。

4)铺设地面前,还要再一次将门框校核找正,方法是先将门框锯口线抄平校正,并注意当地面面层铺设后,门扇与地面的间隙(风路)应符合规定要求。然后将门框固定,防止位移。

特别强调

基层处理注意事项

水泥砂浆面层多是铺抹在楼面、地面的混凝土、水泥炉渣、碎砖三合土等垫层上。垫层处理是防止水泥砂浆面层空鼓、裂纹、起砂等质量通病的关键工序。因此,要求垫层应具有粗糙、洁净和潮湿的表面,一切浮灰、油渍、杂质,必须仔细清除,否则会形成一层隔离层,而使面层结合不牢。表面比较光滑的基层,应进行凿毛,并用清水冲洗干净。冲洗后的基层,最好不要上人。

在现浇混凝土或水泥砂浆垫层、找平层上做水泥砂浆地面面层时,其抗压强度达 1.2MPa 后,才能铺设面层。这样做不致破坏其内部结构。

(2)弹线、做标筋。

1)地面抹灰前,应先在四周墙上弹出一道水平基准线,作为确定水泥砂浆面层标高的依据。水平基准线是以地面±0.00 及楼层砌墙前的抄平点为依据,一般可根据情况弹在标高 100cm 的墙上。

2)根据水平基准线再把楼地面面层上皮的水平辅助基准线弹出。地面标筋用 1:2 水泥砂浆,宽度一般为 8~10cm。

特别强调

做标筋注意事项

做标筋时,要注意控制面层厚度,面层的厚度应与门框的锯口线吻合。面积不大的房间,可根据水平基准线直接用长木杠抹标筋,施工中进行几次复尺即可。面积较大的房间,应根据水平基准线在四周墙角处每隔 1.5~2.0m 用 1:2 水泥砂浆抹标志块,标志块大小一般为 8~10cm。待标志块结硬后,再以标志块的高度做出纵横方向通长的标筋以控制面层的厚度。

3)对于厨房、厕浴间等房间的地面,须将流水坡度找好。有地漏的房间,要在地漏四周找出不小于 5% 的泛水。同时,要注意各室内地面与走廊高度的关系。

(3)水泥砂浆面层铺设。

1)水泥砂浆应采用机械搅拌,拌和要均匀,颜色应一致,搅拌时间不应小于 2min。水泥砂浆的稠度(以标准圆锥体沉入度计,以下同),当在炉渣垫层上铺设时,宜为 25~35mm;当在水泥混凝土垫层上铺设时,应采用干硬性水泥砂浆,以手捏成团稍出浆为准。

2)施工时,先刷水灰比为 0.4~0.5 的水泥浆,随刷随铺随拍实,并应在水泥初凝前用木抹搓平压实。

3)面层压光宜用钢皮抹子分三遍完成,并逐遍加大用力压光。当采用地面抹光机压光时,在压第二、第三遍中,水泥砂浆的干硬度应比手工压光时稍干一些。压光工作应在水泥终凝前完成。

4)当水泥砂浆面层干湿度不适宜时,可采取淋水或撒布干拌的1:1水泥和砂(体积比,砂须过3mm筛)进行抹平压光工作。

5)当面层需分格时,应在水泥初凝后进行弹线分格。先用木抹搓一条约一抹子宽的面层,用钢皮抹子压光,并用分格器压缝。分格应平直,深浅要一致。

6)当水泥砂浆面层内埋设管线等出现局部厚度减薄处并在10mm及10mm以下时,应按设计要求做防止面层开裂处理后方可施工。

7)水泥砂浆面层铺好经1d后,用锯屑、砂或草袋盖洒水养护,每天两次,不少于7d。

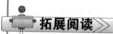

水泥砂浆面层铺设特殊情况处理

1)当水泥砂浆面层采用矿渣硅酸盐水泥拌制时,施工中应采取下列措施:

①严格控制水灰比,水泥砂浆稠度不应大于35mm,宜采用干硬性或半干硬性砂浆。

②精心进行压光工作,一般不应少于三遍。

③养护期应延长到14d。

2)当采用石屑代砂铺设水泥石屑面层时,施工除应执行上述的规定外,尚应符合下列规定:

①采用的石屑粒径宜为3~5mm,其含粉量不应大于3%。

②水泥宜采用硅酸盐水泥、普通硅酸盐水泥,其强度等级不宜小于42.5级。

③水泥与石屑的体积比宜为1:2(水泥:石屑),其水灰比宜控制在0.4。

④面层的压光工作不应小于两次,并做养护工作。

3)当水泥砂浆面层出现局部起砂等施工质量缺陷时,可采用108胶水泥腻子进行修理、补强和装饰。施工工艺:处理好基层、表面洒水湿润,涂刷108胶水一道,满刮腻子2~5遍,厚度控制在0.7~1.5mm,洒水养护、砂纸磨平、清除粉尘,再涂刷纯108胶一遍或做一道蜡面。

（4）施工养护。水泥砂浆面层抹压后，应在常温湿润条件下养护。养护要适时，浇水过早易起皮，如浇水过晚则会使面层强度降低而加剧其干缩和开裂倾向。一般在夏季是 24h 后养护，

> 水泥砂浆面层施工养护后，在水泥砂浆面层强度达不到 5MPa 之前，不准在上面行走或进行其他作业，以免损伤地面。

春秋季节应在 48h 后养护。养护一般不少于 7d。最好是在铺上锯木屑（或以草垫覆盖）后再浇水养护，浇水时宜用喷壶喷洒，使锯木屑（或草垫等）保持湿润即可。如采用矿渣水泥时，养护时间应延长到 14d。

五、水磨石面层施工

1. 施工面层基本构造

水磨石面层是采用水泥与石粒的拌合料在 15～20mm 厚 1：3 水泥砂浆基层上铺设而成。面层厚度除特殊要求外，宜为 12～18mm，并应按选用石粒粒径确定，如图 3-9 所示。水磨石面层的颜色和图案应按设计要求，面层分格不宜大于 1000mm×1000mm，或按设计要求。

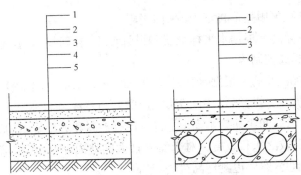

图 3-9 水磨石面层构造

1—水磨石面层；2—水泥砂浆基层；3—水泥混凝土垫层；

4—灰土垫层；5—基土；6—楼层结构层

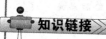

知识链接

水磨石面层特点及适用范围

水磨石面层具有表面光滑、平整、观感好等特点,根据设计和使用要求,可以做成各种颜色图案的地面。水磨石面层适用于有一定防潮(防水)要求、有较高清洁要求或不起灰尘、易清洁等要求以及不发生火花要求的建筑地面。如工业建筑中的一般装配车间、恒温恒湿车间等,在民用建筑和公共建筑中使用也较广泛,如库房、室内旱冰场、餐厅、酒吧、舞厅等。

2. 施工工艺与要求

水磨石面层施工工艺流程为:基层清理→找标高→贴饼、冲筋→找平层施工→分格条镶嵌→抹石子浆(石米)面层→磨光→抛光。

> 水磨石地面面层施工,一般是在完成天棚、墙面等抹灰后进行。也可以在楼地面磨光两遍后再进行天棚、墙面抹灰,但对水磨石面层应采取保护措施。

(1)基层清理。把沾在基层上的浮浆、落地灰等用錾子或钢丝刷清理掉,再用扫帚将浮土清扫干净。

(2)找标高。根据水平标准线和设计厚度,在四周墙、柱上弹出面层的上平标高控制线。

(3)贴饼、冲筋。根据水准基准线(如:+500mm 水平线),在地面四周做灰饼,然后拉线打中间灰饼(打墩),再用干硬性水泥砂浆做软筋(推栏),软筋间距约为 1.5m 左右。在有地漏和坡度要求的地面,应按设计要求做泛水和坡度。对于面积较大的地面,则应用水准仪测出面层平均厚度,然后边测标高边做灰饼。

(4)找平层施工。

1)找平层施工前宜刷水灰比为 0.4～0.5 的素水泥浆,也可在基层上均匀洒水湿润后,再撒水泥粉,用竹扫(把)帚均匀涂刷,随刷随做面层,并控制一次涂刷面积不宜过大。

2)找平层用 1∶3 干硬性水泥砂浆,先将砂浆摊平,再用靠尺(压尺)按冲筋刮平,随即用灰板(木抹子)磨平压实,要求表面平整、密实保持粗糙。找平层抹好后,第二天应浇水养护至少 1d。

(5)分格条镶嵌。一般是在楼地面找平层铺设 24h 后,即可在找平层上弹(划)出设计要求的纵横分格式图案分界线,然后用水泥浆按线固定嵌条。水泥浆顶部应低于条顶 4～6mm,并做成 45°。嵌条应平直、牢固、接头严密,并作为铺设面层的标志。分格条十字交叉接头处粘嵌水泥浆时,宜留有 15～20mm 的空隙,以确保铺设水泥石粒浆时使石粒分布饱满,磨光后表面美观(图 3-10)。分格条粘嵌后,经24h 即可洒水养护,一般养护 3～5d。

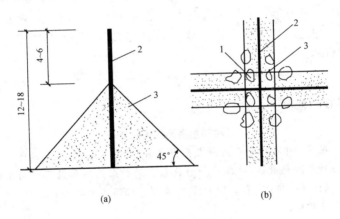

(a)　　　　　　　　(b)

图 3-10　分格条粘嵌方式

(a)嵌条镶固;(b)十条交叉处的正确粘嵌示意

1—石粒;2—分格条;3—水泥素浆

(6)抹石子浆(石米)面层。

1)水泥石子浆必须严格按照配合比计量。若为彩色水磨石应先按配合比将白水泥和颜料反复干拌均匀,拌完后密筛多次,使颜料均匀混合在白水泥中,并注意调足用量以备补浆之用,以免多次调和产生色差,最后按配合比与石米搅拌均匀,然后加水搅拌。

2)铺水泥石子浆前一天,洒水将基层充分湿润。在涂刷素水泥浆结合层前应将分格条内的积水和浮砂清除干净,接着刷水泥浆一遍,水泥品种与石子浆的水泥品种一致,随即将水泥石子浆先铺在分格条旁边,将分格条边约100mm内的水泥石子浆轻轻抹平压实,以保护分格条,然后整格铺抹,用灰板(木抹子)或铁抹子(灰匙)抹平压实(石子浆配合比一般为1∶1.25或1∶1.5),但不应用靠尺(压尺)刮。面层应比分格条高5mm,如局部石子浆过厚,应用铁抹子(灰匙)挖去,再将周围的石子浆刮平压实,对局部水泥浆较厚处,应适当补撒一些石子,并压平压实,要达到表面平整,石子(石米)分布均匀。

3)石子浆面至少要经两次用毛刷(横扫)粘拉开面浆(开面),检查石粒均匀(若过于稀疏应及时补上石子)后,再用铁抹子(灰匙)抹平压实,至泛浆为止。要求将波纹压平,分格条顶面上的石子应清除掉。

技巧推荐

几种颜色图案的铺抹技巧

在同一平面上如有几种颜色图案时,应先做深色,后做浅色。待前一种色浆凝固后,再抹后一种色浆。两种颜色的色浆不应同时铺抹,以免做成串色,界线不清,影响质量。但间隔时间不宜过长,一般可隔日铺抹。

(7)磨光。磨光作业应采用“二浆三磨”方法进行,即整个磨光过程分为磨光三遍,补浆两次。

1)用60~80号粗石磨第一遍,随磨随用清水冲洗,并将磨出的浆液及时扫除。对整个水磨面,要磨匀、磨平、磨透,使石粒面及全部分格条顶面外露。

2)磨完后要及时将泥浆水冲洗干净,稍干后,涂刷一层同颜色水泥浆(即补浆),用以填补砂眼和凹痕,对个别脱石部位要填补好,不同颜色上浆时,要按先深后浅的顺序进行。

3)补刷浆第二天后需养护 3~4d,然后用 100~150 号磨石进行第二遍研磨,方法同第一遍。要求磨至表面平滑,无模糊不清之处为止。

4)磨完清洗干净后,再涂刷一层同色水泥浆。继续养护 3~4d,用 180~240 号细磨石进行第三遍研磨,要求磨至石子粒显露,表面平整光滑,无砂眼细孔为止,并用清水将其冲洗干净。

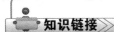 **知识链接**

水磨石开磨时间

水磨石开磨的时间与水泥强度及气温高低有关,以开磨后石粒不松动,水泥浆面与石粒面基本平齐为准。水泥浆强度过高,磨面耗费工时;水泥浆强度太低,磨石转动时底面所产生的负压力易把水泥浆拉成槽或将石粒打掉。为掌握相适应的硬度,大面积开磨前宜试磨,每遍磨光采用的油石规格可按表 3-4 选用,一般开磨时间见表 3-5。

表 3-4 油石规格选用

遍 数	油石规格(号数)
头 遍	54、60、70
二 遍	90、100、120
三 遍	180、220、240

表 3-5 水磨石面层开磨时间

平均温度 /℃	开磨时间/d	
	机 磨	人 工 磨
20~30	3~4	1~2
10~20	4~5	1.5~2.5
5~10	6~7	2~3

（8）抛光。抛光主要是化学作用与物理作用的混合，即腐蚀作用和填补作用。抛光所用的草酸和氧化铝加水后的混合溶液与水磨石表面，在摩擦力作用下，立即腐蚀了细磨表面的突出部分，又将生成

> 在水磨石面层磨光后涂草酸和上蜡前，其表面严禁污染。

物挤压到凹陷部位，经物理和化学反应，使水磨石表面形成一层光泽膜，然后经打蜡保护，使水磨石地面呈现光泽。

涂草酸和上蜡工作，应是在有影响面层质量的其他工序全部完成后进行。

1）涂草酸。涂草酸可使用 10％浓度的草酸溶液，再加入 1％～2％的氧化铝。

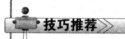 **技巧推荐**

涂草酸方法

①涂草酸溶液后随即用 280～320 号油石进行细磨，草酸溶液起助磨剂作用，照此法施工，一般能达到表面光洁的要求。

②将地面冲洗干净，浇上草酸溶液，把布卷固定在磨石机上进行研磨，至表面光滑为止。最后再冲洗干净，晾干，准备上蜡。

2）上蜡。涂草酸工作完成后，可进行上蜡，即在水磨石面层上薄涂一层蜡，稍干后用磨光机研磨，或用钉有细帆布（或麻布）的木块代替油石，安装在磨石机上研磨出光亮后，再涂蜡研磨一遍，直到光滑洁亮为止。

六、水泥基硬化耐磨面层施工

1. 施工面层基本构造

水泥基硬化耐磨面层采用金属渣、屑、纤维或石英砂等与水泥类胶凝材料拌合铺设或在水泥类基层上撒布铺设而成。

水泥基硬化耐磨面层的构造如图 3-11 所示。

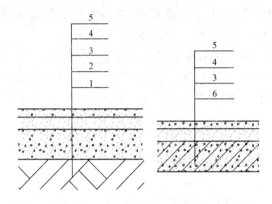

图 3-11　水泥基硬化耐磨面层构造做法

1—基土层；2—混凝土垫层；3—水泥砂浆找平层

4—水泥砂浆结合层；5—水泥基硬化耐磨面层；6—楼板结构层

知识链接

水泥基硬化耐磨面层厚度要求

(1)水泥基硬化耐磨面层采用撒布铺设时，耐磨材料应撒布均匀，厚度应符合设计要求。混凝土基层或砂浆基层的厚度及强度应符合设计要求；当设计无要求时，混凝土基层的厚度不应小于 50mm，强度等级不应小于 C25；砂浆基层的厚度不应小于 20mm，强度等级不应小于 M15。

(2)水泥基硬化耐磨面层采用拌合料铺设时，其铺设厚度和拌合料强度应符合设计要求；当设计无要求时，水泥钢(铁)屑面层铺设厚度不应小于 30mm，抗压强度不应小于 40MPa。

(3)水泥石英砂浆面层铺设厚度不应小于 20mm，抗压强度不应小于 30MPa；

(4)钢纤维混凝土面层铺设厚度不应小于 40mm，面层抗压强度不应小于 40MPa。

2. 施工工艺与要求

硬化耐磨面层施工工艺流程为:基层清理→弹线、找标高→拌合料配制→面层铺设→养护→表面处理。

(1)基层处理。把沾在基层上的浮浆、落地灰等用錾子或钢丝刷清理掉,再用扫帚将浮土清扫干净;湿润后,刷素水泥浆或界面处理剂。随刷随铺设水泥砂浆结合层,避免间隔时间过长风干形成空鼓。

(2)弹线、找标高。

1)根据水平标准线和设计厚度,在四周墙、柱上弹出面层的上平标高控制线。

2)按线拉水平线抹找平墩(60mm×60mm 见方,与面层完成面同高,用同种砂浆),间距双向不大于 2m。有坡度要求的房间应按设计坡度要求拉线,抹出坡度墩。

3)面积较大的房间为保证房间地面平整度,还要做冲筋,以做好的灰饼为标准抹条形冲筋,高度与灰饼同高,形成控制标高的"田"字格,用刮尺刮平,作为钢(铁)屑面层厚度控制的标准。

(3)拌合料配制。水泥基硬化耐磨面层的配合比应通过试验(或按设计要求)确定,以水泥浆能填满钢(铁)屑的空隙为准。水泥基硬化耐磨面层的施工参考配合比为 42.5 水泥:钢屑:水=1:1.8:0.31(重量比),密度不应小于 2.0t/m³,其稠度不大于 10mm。

> 搅拌时间不少于2min,配制好的拌合物在2h内用完。

水泥基硬化耐磨面层采用的水泥浆应用机械搅拌,投料程序为:钢屑→水泥→水。严格控制用水量,要求搅拌均匀至颜色一致。

(4)面层铺设。

1)水泥基硬化耐磨面层的厚度一般为 5mm(或按设计要求),面层铺设时应先铺一层厚 20mm 的水泥砂浆结合层,面层的铺设应在结合层的水泥初凝前完成。水泥砂浆结合层采用体积比为 1:2,稠度为 25~35mm,且强度等级不应低于 M15。

2)待结合层初步抹平压实后,接着在其上铺抹 5mm 水泥钢屑拌合物,用刮杠刮平,随铺随振(拍)实,待收水后随即用铁抹子抹平、压实至起浆为止。在砂浆初凝前进行第二遍压光,用铁抹子边抹边压,将死坑、孔眼填实压平使表面平整,要求不漏压。在终凝前进行第三遍压光,用铁抹子把之前留下的抹纹抹痕全部压平、压实,至表面光滑平整。

3)结合层和水泥钢屑砂浆铺设宜一次连续操作完成,并按要求分次抹压密实。

4)钢纤维拌合料搅拌质量应严格控制,确保搅拌质量,浇筑时应加强振捣,由于钢纤维阻碍混凝土的流动,振捣时间一般应为普通混凝土的 1.5 倍,且宜采用平板振动器(尽量避免使用插入式振动棒)。

5)撒布铺设的基层混凝土强度等级不低于 C25,厚度不小于50mm。基层初凝时(以脚踩基层表面下陷 5mm 为宜)进行第一次撒布作业;将全部用量的 2/3 耐磨材料均匀撒布在基层混凝土表面,用木抹子抹平,待耐磨材料吸收一定水分后,采用镘光机碾磨,并用刮尺找平;待混凝土硬化至一定阶段进行第二次撒布作业,将全部用量的1/3 耐磨材料均匀撒布在表面(第二次撒布方向应与第一次垂直),立即抹平、镘光,并重复镘光机作业至少两次。

知识链接》

镘光机作业

镘光机作业时应纵横交错进行,边角处用木抹子处理;当面层硬化至指压下稍有下陷阶段时,采用镘光机收光,镘光机的转速及镘刀角度视硬化情况调整。镘光机作业时应纵横交错 3 次以上,局部的凌乱抹纹可采用薄钢抹人工同向、有序压光处理。

---

(5)施工养护。面层铺好后 24h,应洒水进行养护,或用草袋覆盖浇水养护,时间不少于 7d。撒布法施工 5～6h 后喷洒养护剂养护,用量 0.2L/m^2 或覆盖塑料薄膜养护。

(6)表面处理。表面处理是提高面层耐磨性和耐腐蚀性能,防止外露钢(铁)屑遇水生锈。表面处理可用环氧树脂胶泥喷涂或涂刷。

1)环氧树脂稀胶泥采用环氧树脂及胺固化剂和稀释剂配制而成。其配方为环氧树脂:乙二胺:丙酮=100:80:30。

2)表面处理时,需待水泥钢(铁)屑面层基本干燥后进行。

3)先用砂纸打磨表面,后清扫干净。在室内温度不低于 20℃情况下,涂刷环氧树脂稀胶泥一度。

4)涂刷应均匀,不得漏涂。

5)涂刷后可用橡皮刮板或油漆刮刀轻轻将多余的胶泥刮去,在气温不低于 20℃的条件下,养护 48h 后即成。

七、防油渗面层施工

1. 施工面层基本构造

防油渗面层是在水泥类基层上采用防油渗混凝土或防油渗涂料铺设(或涂刷)而成。

> 防油渗面层适用于有阻止油类介质侵蚀和渗透入地面要求的地面。

在铺设防油层面层前,当设计需要时,还应设置防油渗隔离层,其构造如图 3-12 所示。

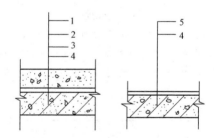

图 3-12　防油渗面层构造

1—防油渗混凝土;2—防油渗隔离层;3—水泥砂浆找平层;
4—钢筋混凝土楼板或结构整浇层;5—防油渗涂料

知识链接

防油渗混凝土要求

防油渗混凝土是在普通混凝土中掺入外加剂或防油渗剂,以提高抗油渗性能。防油渗混凝土的强度等级不应小于C30,其厚度宜为60～70mm,面层内配置$\phi 4@150～200mm$双向钢筋网格,并置于靠面层上部,应在分区段缝处断开,其保护层厚度为20mm。

2. 施工工艺与要求

(1)防油渗混凝土面层施工工艺流程为:基层清理→分区段缝尺条安放→刷底子油→隔离层施工→防油渗混凝土面层施工→养护→拆分区段缝尺条→封堵分区段缝。

> 若在基层上直接铺设隔离层或防油渗涂料面层,基层含水率不应大于9%。

1)基层清理。用剁斧将基层表面灰浆清掉,墙根、柱根处灰浆用凿子和扁铲清理干净,用扫帚将浮灰扫成堆,装袋清走,如表面有油污,应用5%～10%浓度的火碱溶液清洗干净。

2)分区段缝尺条安放。分区段缝尺条应提前两天安装,确保稳固砂浆有一定强度。分格缝的深度为面层的总厚度,上下贯通,其宽度为15～20mm。缝内应灌注防油渗胶泥材料,缝的上部留20～25mm深度采用膨胀水泥砂浆封缝,如图3-13所示。

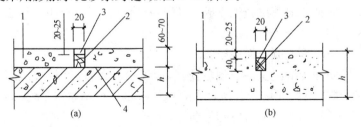

图3-13　防油渗面层分格缝做法

(a)楼层地面;(b)底层地面

1—防油渗混凝土;2—防油渗胶泥;3—膨胀水泥砂浆;4—按设计做一布二胶

 拓展阅读 >>

较大房间分区段缝尺条安放

若房间较大，防油渗混凝土面层按厂房柱网分区段浇筑，一般将分区段缝设置在柱中或跨中，有规律布置，且区段面积不宜大于 50m²。

在分区段缝两端柱子上弹出轴线和上口标高线，并拉通线，严格控制分区段缝尺条的轴线位置和标高(和混凝土面层相平或略低)，用 1∶1 水泥砂浆稳固。

3)刷底子油。若在基层上直接铺设隔离层或防油渗涂料面层及在隔离层上面铺设防油渗面层(包括防油渗混凝土和防油渗涂料)，均应涂刷一遍同类底子油，底子油应按设计要求或产品说明进行配制。

4)隔离层施工。

①在涂刷过底子油的基层上将加温的防油渗胶泥均匀涂抹一遍，其厚度宜为 1.5～2.0mm，注意墙、柱连接处和出地面立管根部应涂刷，卷起高度不得小于 50mm。

②涂抹完第一遍防油渗胶泥后应随即将玻璃纤维布粘贴覆盖，其搭接宽度不得小于 100mm；墙、柱连接处和出地面立管根部应向上翻边，其高度不得小于 30mm。

③在铺好的玻璃纤维布上将加温的防油渗胶泥均匀涂抹一遍，其厚度宜为 1.5～2.0mm。

④防油渗隔离层施工完成后，经检查合格方可进行下一道工序的施工。

5)防油渗混凝土面层施工。

①防油渗混凝土一般现场搅拌，应设专人负责，严格按照配合比要求上料，根据现场砂石料含水率对加水量进行调整，严格控制坍落度，不宜大于 10mm，且应搅拌均匀。若混凝土运输距离较长，运至现场后有离析现象，应再拌和均匀。

> 搅拌时间比普通混凝土应延长，一般延长 2～3min。

②用铁锹将细石混凝土铺开,用长刮杠刮平,用平板振捣器振捣密实,表面塌陷处应用细石混凝土铺平,拉标高线检查标高,再用长刮杠刮平,用滚筒二次碾压,再用长刮杠刮平,铲除灰饼,补平面层,然后用木抹子搓平。

③压面。表面收水后,用铁抹子轻轻抹压面层,把脚印压平。当面层开始凝结,地面面层踩上有脚印但不下陷时,用2m靠尺检查表面平整度,用木抹子搓平,达到要求后,用铁抹子压面,将面层上的凹坑、砂眼和脚印压平。

6)养护。第三遍完成24h后,及时洒水养护,以后每天洒水两次(亦可覆盖麻袋片等养护,保持湿润即可),至少连续养护14d,当混凝土实际强度达到 50N/mm² 时允许上人,混凝土强度达到设计要求时允许正常使用。

> 当地面面层上人稍有脚印,而抹压不出现抹子纹时,用铁抹子进行第三遍抹压。此遍抹压要用力稍大,将抹子纹抹平压光,压光时间应控制在终凝前完成。

7)拆分区段缝尺条。养护7d后停止洒水,待分区段缝尺条和地面干燥收缩相互脱开后,小心将分区段缝尺条启出,注意不要将混凝土边角损坏。

8)封堵分区段缝。

①区段缝上口 20~25mm 以下的缝内灌注防油渗胶泥材料,亦可采用弹性多功能聚胺酯类涂膜材料嵌缝。

②按设计要求或产品说明配制膨胀水泥砂浆,用膨胀水泥砂浆封缝将分区段缝填平(或略低于上口)。

(2)防油渗涂料面层施工工艺流程为:基层清理→分区段缝尺条安放→刷底子油→隔离层施工→防油渗涂料面层施工→养护。

基层清理、分区段缝尺条安放、刷底子油及隔离层施工工艺与要求同上述防油渗混凝土面层施工。

防油渗涂料面层施工步骤包括:

1)打底。防油渗涂料面层施工时应先用稀释胶粘剂或水泥胶粘剂腻子涂刷基层(刮涂)1~3 遍,干燥后打磨并清除粉尘。

2)主涂层施工。按设计要求或产品说明涂刷防油渗涂料至少 3 遍,涂层厚度宜为 5～7mm,每遍的间隔时间宜通过试验确定。

3)罩面。按产品说明满涂刷 1～2 遍面层涂料。

防油渗涂料面层施工干燥后,如不是交通要道或由于安装工艺的特殊要求未完的房间外即可涂擦地板蜡,交通要道或工艺未完的房间应先用塑料布满铺后用 3mm 以上的橡胶板或硬纸板盖上,待其全部工序完后再清擦打蜡交活。

八、不发火(防爆)面层施工

1. 施工面层基本构造

不发火面层又称防爆面层,是指地面受到外界物体的撞击、摩擦而不发生火花的面层。不发火(防爆)面层构造如图 3-14 所示。

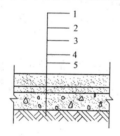

图 3-14　不发火(防爆)面层构造

1—水泥类或沥青类面层;2—结合层;3—找平层;4—垫层;5—基土

知识链接

不发火(防爆)面层适用范围

不发火(防爆)面层适用于有防爆要求的一些工厂车间和仓库,如精苯车间、精馏车间、钠加工车间、氢气车间、钾加工车间、胶片厂棉胶工段、人造橡胶的链状聚合车间、人造丝工厂的化学车间以及生产爆破器材、爆破产品的车间和火药仓库、汽油库等的建筑地面工程。

2. 施工工艺与要求

不发火(防爆)面层施工工艺流程为:基层处理→混凝土配制→面层铺设。

(1)基层处理。

1)施工前应将基层表面的泥土、灰浆皮、灰渣及杂物清理干净,油污渍迹清洗掉,铺抹打底灰前 1d,将基层浇水湿润,但无积水。

2)先用铲刀和扫帚等工具将基层的突起物、硬块和疙瘩等铲除,并将尘土清扫干净,保证基层与面层结合牢固。

(2)混凝土配制。不发火混凝土面层强度等级一般为 C20,施工参考配合比为水泥∶砂∶碎石∶水 = 1∶1.74∶2.83∶0.58(质量比)。不发火(防爆)面层施工混凝土配置所用材料

> 进行不发火(防爆)面层施工所用的混凝土应搅拌均匀,使灰浆颜色一致,且搅拌时间不少于90s,配制好的拌合物要在2h内用完。

应严格计量,并采用机械搅拌,投料程序为:碎石→水泥→砂→水。

(3)面层铺设。不发火(防爆)各类面层的铺设,应符合相应面层的施工操作要点。铺时预先用木板隔成宽不大于 3m 的区段,先在已湿润的基层表面均匀地抹扫一道素水泥浆,随即分仓顺序摊铺,随铺随用长木杠刮平。紧接着用铁辊筒纵横交错来回滚压 3~5 遍至表面出浆,用木抹拍实搓平,然后用铁抹子压光。待收水后再压光 2~3 遍,至抹纹压痕抹平压光为止。

九、自流平面层施工

自流平是一种多材料同水混合而成的液态物质,倒入地面后,这种物质可根据地面的高低不平顺势流动,对地面进行自动找平,并很快干燥,固化后的地面会形成光滑、平整、无缝的地面施工技术。

1. 施工面层构造要求

自流平面层的结合层、基层、面层的构造做法、厚度、颜色应符合设计要求;若设计无要求时,其厚度、结合层宜为 0.5~1.0mm,基层

宜为 2.0~6.0mm,面层宜为 0.5~1.0mm。

知识链接

自流平面层特点及适用范围

自流平地面洁净、美观,又耐磨、抗重压,除找平功能外,水泥自流平还可以起到防潮、抗菌的重要作用。其适用于无尘室、无菌室、制药厂(包括实行 GMP 标准的制药工业)、食品厂、化工厂、微电子制造厂、轻工厂房等对地面有特殊要求的精密行业中的地面工程,或作为 PVC 地板、强化地板、实木地板的基层。

2. 施工工艺及要求

(1)水泥自流平施工。水泥自流平施工工艺流程为:基层处理→地面清理→涂刷界面剂→水泥自流平施工→成品养护。

1)基层处理。基层表面的裂缝要剔凿成 V 形槽,并用自流平砂浆修补平整。对于大的凹坑、孔洞也要用自流平砂浆修补平整。如果原有基层混凝土地面强度太低,混凝土基层表面有水泥浆,或是起砂严重,要把表面的一层全部打磨掉。如果平整度不好,要把高差大的地方尽量打磨平整,否则会影响自流平成品的整度。

新浇混凝土不得少于 4 周,起壳处需修补平整,密实基面需机械方法打磨,并用水洗及吸尘器吸净表面疏松颗粒,待其干燥。有坑洞或凹槽处应于 1d 前以砂浆或腻子先行刮涂整平,超高或凸出点应予铲除或磨平,以节省用料,并提升施工质量。

特别强调

基层检查注意事项

自流平面层施工前应进行基层检查,基层应平整、粗糙、清除浮尘、旧涂层等,混凝土要达到 C25 以上强度等级,并做断水处理,不得有积水,干净、密实。不能有粘结剂残余物、油污、石蜡、养护剂及油腻等污染物附着。

2)地面清理。打磨工作结束后的工序是清理打磨的水泥浆粉尘和废弃物，首先用笤帚把废弃物清扫一遍，然后用吸尘器把清理过的地面彻底清理干净。

3)涂刷界面剂。在清理干净的基层混凝土基层上，涂刷界面剂两遍。两次采用不同方向涂刷顺序，以便保证避免漏刷，每次涂刷时要采用每滚刷压上滚刷半滚刷的涂刷方法。涂刷第二遍界面剂时，要待第一遍界面剂干透，界面剂已形成透明的膜层，没有白色乳液。待第二遍界面剂完全干燥后，才能进行水泥自流平的施工，否则容易在自流平表面形成气泡。

4)水泥自流平施工。水泥自流平面层施工前，需要根据作业面宽度及现场条件设置施工缝。水泥自流平施工作业面宽度一般不要超过6~8m。施工段可以采用泡沫橡胶条分隔，粘贴泡沫橡胶条前应放线定位。

按照给定的加水量称量每袋自流平粉料所需清水，将自流平干粉料缓慢倒入盛有清水的搅拌桶中，一边加粉料一边用搅拌器搅拌，粉料完全加入搅拌均匀后，放置1~2min，再用搅拌器搅拌1min即可使用。把搅拌好的自流平浆料均匀浇筑到施工区域，要注意每一次浇筑的浆料要有一定的搭接，不得留间隙。用刮板辅助摊平至要求厚度。

5)成品养护。施工作业前要关闭窗户，施工作业完成后将所有的门关闭。施工完成后3~5h可上人，7d后可正常使用(取决于现场条件和厚度)。现场不具备封闭条件时，要在施工结束24h后用塑料薄膜遮盖养护。

(2)环氧自流平施工。环氧自流平施工工艺流程为：基层表面处理→底涂施工→浆料拌和→中涂施工→腻子修补→面涂施工→成品养护。

1)基层表面处理。对于平整地面，常用下列方法处理：

①酸洗法。用10%~15%的盐酸清洗混凝土表面，待反应完全后(不再产生气泡)，再用清水冲洗，并采用毛刷刷洗，此法可清除泥浆层并提高光滑度。

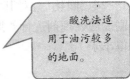
酸洗法适用于油污较多的地面。

②机械方法。机械方法适用于大面积场地。用喷砂或电磨机清除表面突出物、松动颗粒，破坏毛细孔，增加附着面积，以吸附砂粒、杂质、灰尘。对于有较多凹陷、坑洞的地面，应用环氧树脂砂浆或环氧腻子填平修补后再进行下步操作。

2）底涂施工。将底油加水以1：4稀释后，均匀涂刷在基面上。1kg底油涂布面积为$5m^2$。用漆刷或滚筒将自流平底涂剂涂于处理过的混凝土基面

> 底涂施工采用滚涂、刮涂或刷涂，使其充分润湿混凝土，并渗入到混凝土内层。底涂剂干燥后进行自流平施工。

上，涂刷二层，在旧基层上需再增一道底漆。第一层干燥后方可涂第二层（间隔时间30min左右）。

3）浆料拌和。按材料使用说明，先将按配比的水量置于拌合机内，边搅拌边加入环氧树脂自流平材料，直到均匀不见颗粒状，再继续搅拌3～4min，使浆料均匀，静止10min左右方可使用。

4）中涂施工。中涂施工比较关键，将环氧色浆、固化剂与适量混合粒径的石英砂充分混合搅拌均匀（有时需要熟化），用刮刀涂成一定厚度的平整密实层，推荐采用锯齿状镘刀镘涂，然后用带钉子的辊子滚压以释出膜内空气。中涂层固化后，刮涂填平腻子并打磨平整，为面涂提供良好表面。

5）腻子修补。对水泥类面层上存在的凹坑，填平修补，自然养护干燥后再打磨平整。

6）面涂施工。待中涂层半干后即可浇筑面层浆料，将搅拌均匀的自流平浆料浇筑于中涂过的基面上，一次浇筑需达到所需厚度，再用镘刀或专用齿针刮刀摊平，再用放气滚筒放弃，待其自流表面凝结后，不用再涂抹。

7）成品养护。温度低于5℃，则需1～2d。固化后，对其表面采用蜡封或刷表面处理剂进行养护，养护期最低不得小于7d。

> 自流平施工时间最好在30min内完成，施工后的机具及时用水冲洗干净。

十、塑胶地面施工

塑胶地板基层宜采用自流平基层。体育场馆塑胶地板基层宜采用架空木地板基层。运动塑胶地面的构成要求见表3-6。

表3-6　　　　　　　　　　　　　运动塑胶地面构成要求

类型	构成	底板厚度/mm
QS型	全塑性,由胶层及防滑面层构成,全部为塑胶弹性体	9～25 2～10
HH型	混合型,由胶层及防滑面层构成,胶层含 10%～50%橡胶颗粒	9～25 4～10
KL型	颗粒型,由塑胶粘合橡胶颗粒构成,表面涂一层橡胶	9～25 8～10
FH型	复合型,由颗粒型的底层胶、全塑性的中层胶及防滑面层构成	9～25 8～10

 知识链接

塑胶地面的分类与适用范围

塑胶地面分为室内塑胶地面和室外塑胶地面。室内塑胶地面又分为运动塑胶地面、商务塑胶地面等。运动塑胶地面适用于羽毛球、乒乓球、排球、网球、篮球等各种比赛和训练场馆、大众健身场所和各类健身房、单位工会活动室、幼儿园、社会福利设施的各类地面;商务塑胶地板使用范围:夜总会、酒吧、展示厅、专卖店、健身房、办公室、美容院等场所的地面。室外塑胶地面适用于运动场所的跑道、幼儿园户外运动场地等。

十一、涂料面层施工

涂料面层是采用丙烯酸、环层、聚氨酯等树脂型涂料涂刷而成的。

1. 薄涂型环氧涂料面层施工工艺

薄涂型环氧涂料面层施工工艺流程为：基层表面处理→底层涂漆施工→面层涂漆施工→养护。

(1)基层表面处理。基层表面必须用溶剂擦拭干净，无松散层和油污层，无积水或无明显渗漏，基面应平整，在任意 2m² 内的平整度误差不得大于 2mm。水泥类基面要求坚硬、平整、不起砂，地面如有空鼓、脱皮、起砂、裂痕等，必须按要求处理后方可施工。水磨石、地板砖等光滑地面，需先打磨成粗糙面。

(2)底层涂漆施工。双组分料混合时应充分、均匀，固化剂乳化液态环氧树脂使用手持式电动搅拌机在 400～800r/min 速度下搅拌漆料数分钟。底层涂漆采用辊涂或刷涂法施工。

(3)面层涂漆施工。根据环氧树脂涂料的使用说明按比例将主剂及固化剂充分搅拌均匀，用分散机或搅拌机在 200～600r/min 速度下搅拌 5～15min。采用专用铲刀、镘刀等工具将材料均匀涂布，尽量减少施工结合缝。

(4)养护。薄涂型环氧涂料面层施工后的表面清洁一般用水擦洗，如遇难清洗的污渍，采用清洗剂或工业去脂剂、除垢剂等擦洗，再用水冲洗干净。与地面接触处要注意避免产生划痕，严禁钢轮或过重负载的交通工具通过。地面被化学品污染后，要立即用清水洗干净。对较难清洗去的化学品，采用环氧专用稀释剂及时清洁，并注意通风。

特别强调

薄涂型环氧涂料面层施工注意事项

薄涂型环氧涂料面层施工时，室内温度控制在 10℃ 以上，低于 10℃ 严禁施工；雨天、潮湿天不宜施工。施工时要掌握好漆料的使用时间，根据漆料的使用期和现场施工人员数量合理调配漆料，以免漆料一次调配过多而造成浪费。施工时建筑物的门窗必须安装完毕。严禁交叉施工，非施工人员严禁进入施工现场。

2. 聚氨酯涂料面层施工工艺

聚氨酯涂料面层施工前的基层清理参见"薄涂型环氧涂料"的基层处理方法。基层表面必须干燥。橡胶基面必须用溶剂去除表面的蜡质,钢板喷砂后4~8h内涂刷。

聚氨酯漆不可用普通硝基稀释剂稀释。双组分聚氨酯涂料按规定的配合比充分搅匀,搅匀后静置20min,待气泡消失后方可施工。涂膜可采用高温烘烤固化,提高附着力、机械性能、耐化学药品性能。

如果漆膜局部破损需修补时,可将该局部打毛后再补漆。

涂料施工完毕后,涂料取用后必须密闭保存,防止涂料吸潮变质;施工工具必须及时清洗干净。涂料涂刷后7d内严禁上人。

> 聚氨酯涂料的涂刷可采用滚涂或刷涂,第一遍涂刷未完全干透即应进行第二遍涂刷。两遍涂料间隔太长时,必须用砂纸将第一遍涂膜打毛后才能进行第二遍涂料施工。

十二、地面辐射供暖的整体面层施工

地面辐射供暖的整体面层宜采用水泥混凝土、水泥砂浆等,应在填充层铺设。

1. 施工面层构造特点

(1)与土壤相邻的地面,必须设绝热层,且绝热层下部必须设置防潮层。直接与室外空气相邻的楼板,必须设绝热层。

(2)地面构造由楼板或与土壤相邻的地面、绝热层、加热管、填充层、找平层和面层组成。工程允许地面按双向散热进行设计时,各楼层间的楼板上部可不设绝热层。

(3)当面层采用带龙骨的架空木地板时,加热管应敷设在木地板或龙骨之间的绝热层上,可不设置豆石混凝土填充层;绝热层与地板间净空不宜小于30mm。

(4)地面辐射供暖系统绝热层采用聚苯乙烯泡沫塑料板时,其厚度不应小于表3-7规定值;绝热层采用低密度发泡水泥制品时,其厚度符合相关规定值;采用其他绝热材料时,可根据热阻相当的原则确定厚度。

表 3-7	聚苯乙烯泡沫塑料板绝热层厚度	mm
楼层之间楼板上的绝热层		20
与土壤或不采暖房间相邻的地板上的绝热层		30
与室外空气相邻的地板上的绝热层		40

（5）填充层的材料宜采用 C15 豆石混凝土，豆石粒径宜为 5～12mm。加热管的填充层厚度不宜小于 50mm。

2. 施工工艺与要求

地面辐射供暖的整体面层施工工艺流程为：施工准备→铺设绝热层→低温热水系统加热管的安装→填充层施工→找平层、面层施工。

> 地面辐射供暖的整体面层宜采用热阻小于0.05m²·K/W的材料。

（1）施工准备。地面辐射供暖的整体面层施工前，除了要将设计施工图纸和有关技术文件准备齐全，还要有完善的施工方案、施工组织设计，并已完成技术交底。对于土建专业，应已完成墙面粉刷（不含面层），外窗、外门已安装完毕，并已将地面清理干净。相关电气预埋等工程已完成并验收合格。

（2）铺设绝热层。绝热层的铺设应平整，绝热层相互间接合应严密。直接与土壤接触或有潮湿气体侵入的地面，在铺放绝热层之前应先铺一层防潮层。

> 发泡水泥绝热层施工浇注前，室内抹面全部完成，窗框、门框作业完毕。

（3）低温热水系统加热管的安装。低温热水系统加热管的安装由专业安装单位安装并调试验收合格后移交下一道工序施工。地面辐射供暖工程施工过程中，严禁人员踩踏加热管。

3. 填充层施工

填充层施工前，应确保所有伸缩缝已安装完毕；加热管安装完毕且水压试验合格，并处于有压状态下；低温热水系统通过隐蔽工程验收。满足这些条件后，方可进行填充层的施工。

填充层施工过程，供暖系统安装单位应密切配合。填充层施工中，加热管内的水压不应低于 0.6MPa;填充层施工中,严禁使用机械振捣设备;施工人员应穿软底鞋,采用平头铁锹;在浇筑和养护过程中,严禁踩踏。系统初始加热前,混凝土填充层的养护期不应少于 21d。施工中,应对地面采取保护措施,不得在地面上加以重载、高温烘烤、直接放置高温物体和高温加热设备。填充层养护过程中,系统水压不应低于 0.4MPa。在填充层养护期满以后,敷设加热管的地面,应设置明显标志,加以妥善保护,防止房屋装修或安装其他管道时损伤加热管。

4. 找平层、面层施工

找平层的施工应按照常规做法和施工标准进行。整体面层施工,应在填充层达到规定强度后进行。面层的伸缩缝应与填充层的伸缩缝对应。伸缩缝填充材料宜采用高发泡聚乙烯泡沫塑料。

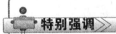
特别强调

地面辐射供暖整体面层施工注意事项

(1)地面辐射供暖的整体面层施工的环境温度不宜低于 5℃。

(2)在低于 0℃的环境下施工时,现场应采取升温措施。

(3)施工过程中,应防止油漆、沥青或其他化学溶剂接触污染加热管的表面。

(4)施工时不宜与其他工种交叉施工作业,所有地面留洞应在填充层施工前完成。

第四节　板块面层铺设施工

板块面层是以板块材料为面层的一种地面做法。板块材料一般为成品或半成品,与整体地面相比减少了面层材料的制作工序,加快了施工速度。因板块材料的颜色、质感不同,丰富了地面装饰效果;由于使用粘结材料不同,减少了湿作业,也给施工和维修带来方便。因此,采用板块材料做地面装修在装饰工程中应用较广。

一、板块面层施工材料要求

（1）水泥采用硅酸盐水泥、普通硅酸盐水泥或矿渣硅酸盐水泥，强度等级不应低于42.5。应有出厂合格证及检验报告，进场使用前进行复试合格后使用。

（2）砂采用洁净无有机杂质的中砂或粗砂，使用前应过筛，含泥量不大于3%。

（3）板块面层所使用的陶瓷地砖的品种、规格、颜色应符合设计要求。其表面质量：应在距离砖1m远处，垂直目测，至少有95%的砖表面无缺陷（斑点、起泡、熔洞、磕碰、坯粉，图案模糊）为合格品；在距离砖0.8m远处垂直目测，至少有95%的砖表面无缺陷为优等品，不允许有裂纹和明显色差。陶瓷地砖的吸水率平均值应为0.5%～10%（根据质材、品种不等）。

（4）大理石板地砖的品种、规格、花色应符合设计要求。其外观质量：同一批板材的花纹色调应基本调和；板材下面的外观缺陷（翘曲、裂纹、砂眼、凹陷、色斑、污点、正面棱缺陷长≤8mm

> 对于板块面层所使用的陶瓷地砖、大理石板地砖及花岗石板等施工材料，应在材料进场时，检查其材料合格证及检测报告。

和宽≤3mm、正面角缺陷长≤3mm和宽≤3mm），对优等品不允许存在；一等品要求不明显；合格品对于两种棱角的缺陷允许各有1处，其他缺陷允许存在，但不影响使用。板材的抛光面应具有镜面光泽，能清晰地反映出景物。吸水率不大于0.75%。

（5）花岗石板的品种、规格、花色应符合设计要求。其表面质量：同一批板材的花纹色调应基本调和，板材正面的外观缺陷（缺棱、缺角、裂纹、色斑、色线、坑窝），优等品不允许存在，一等品允许存在，但不明显。板材正面应具有镜面光泽，能清晰地反映出景物，其光泽度应不低于75光泽单位。吸水率不大于1.0%。板材的尺寸偏差、吸水率、光泽度、干燥压缩强度、微量放射性元素以及其他化学性能指标，当需进行复验时,应按材料的技术标准要求取样检验。

（6）人造石材。确定拟用于工程的人造石时,要严格执行封样制度,设计封样时除对材料外观、颜色、尺寸、厚度等指标确定外,还要确定拟用于工程的材料技术指标和物化性能指标,该指标的确定依据国标、行标或企业标准。

 知识链接 >>

人造石材的种类与考察标准

目前市场上的人造石材主要有三种:第一种为人造复合石材,以不饱和聚酯树脂为胶粘剂,配以天然大理石或方解石、白云石、硅砂、玻璃粉等无机物粉料,以及适量的阻燃剂、颜料等,经配料混合、以高压制成板材;第二种为人造花岗石,是将原石打碎后,加入胶质与石料真空搅拌,并采用高压震动方式使之成形,制成一块块的岩块,再经过切割成为建材石板。除保留了天然纹理外,还可以加入不同的色素,丰富其色泽的多样性;第三种为微晶石材,也就是微晶玻璃,采用制玻璃的方法,将不同的天然石料按一定的比例配料,粉碎,高温熔融,冷却结晶而成。微晶石材具有强度高、厚度薄、耐酸碱、抗污染等优点。

由于人造石材的制作工艺差异很大,性能、特征也不完全一致,生产企业技术水平参差不齐,国家相关的检验标准尚未出台,在选择单位时应全面考察,审慎决策。考察厂家应重点控制以下内容:

1）厂家资质、业绩、规模、生产能力、运输;

2）质量保证体系和认证情况;

3）厂家提供的企业产品标准情况,是否完善、全面;

4）检测报告是否在有效期内,按常规应控制在一年内,主要技术指标是否达到相应行业要求;

5）技术研发和支持能力;

6）厂家对产品的不定期抽检情况,出现问题的解决及时有效情况;

7）售后技术服务能力。

对选定的材料供货单位在签订合同时应将执行的标准和技术质量要求写入合同,特别是物化性能指标标注清楚。

（7）塑料地板板块或卷材的品种、规格、颜色、等级应符合设计要求。板面应平整、光洁、无裂痕、色泽均匀、厚薄一致。

（8）活动地板的品种、规格、型号、颜色等应符合设计要求。地板表面应平整、坚实，并具有耐磨、耐污染、耐老化、防潮、阻燃和导静电等特点。面层承载力不应小于 7.5MPa，其体积电阻率宜为 $10^5 \sim 10^9 \Omega$。各项技术性能与技术指标应符合现行有关产品标准的规定。

知识链接》》

常用活动地板类别

1）按抗静电功能划分为：不防静电板、普通抗静电板、特殊抗静电板。

2）按面板块材划分为：铝合金复合石棉塑料贴面板块、铝合金复合聚氰酯树脂抗静电贴面板块、镀锌钢板复合抗静电贴面板块等。

（9）地毯面层包括纯羊毛地毯、混纺地毯、化纤地毯等。地毯的品种、规格、色泽、图案应符合设计要求。其材质与技术指标应符合现行国家标准的规定。其他材料有地毯胶粘剂、麻布、胶带、钢钉、圆钉、倒刺板等，应适合不同类地毯施工的铺装要求。

（10）白水泥及颜料。白水泥及颜料用于擦缝，颜色按照设计要求或视面材色泽确定。颜料掺入量宜为水泥质量的 $3\% \sim 6\%$。

> 为避免造成颜色的深浅不一，同一面层应使用同厂、同批的颜料，采用品种、同强度等级、同颜色的水泥。

（11）砖材胶粘剂应符合《陶瓷墙地砖胶粘剂》（JC/T 547—2005）的相关要求。其选用应按基层材料和面层材料使用的相容性要求。塑料板面层用胶粘剂产品应按基层材料和面层材料施工的相容性要求，通过试验确定。一般常与地板配套供应。产品应有出厂合格证和使用说明书，并必须标明有害物质名称及其含量。

知识链接

砖材填缝剂的选用

近几年来,随着设计的逐步深入,大量的室内装饰铺贴越来越讲究,使用彩色砖材填缝剂成为突出砖材主体美或线条美的首选产品。

砖材填缝剂的选用应根据缝宽大小、颜色、耐水要求或特殊砖材的填缝需要选择专业厂家的不同类型、颜色的填缝剂,应有合格证及检测报告。检验报告应包括工作性、稠度和收缩性(抗开裂性)等指标。

二、砖面层施工

1. 施工面层基本构造

砖面层应按设计要求采用普通黏土砖、缸砖、陶瓷地砖、水泥花砖或陶瓷锦砖等板块材在砂、水泥砂浆、沥青胶结料或胶粘剂结合层上铺设而成。构造做法如图 3-15 所示。

> 砂结合层厚度为20~30mm;水泥砂浆结合层厚度为10~15mm;沥青胶结料结合层厚度为2~5mm;胶粘剂结合层厚度为2~3mm。

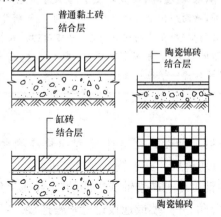

图 3-15 砖面层构造

2. 施工工艺与要求

砖面层施工工艺流程为：基层处理→找标高→铺结合层砂浆→铺砖控制线→铺砖→勾缝→踢脚板施工。

(1)基层处理。将混凝土基层上的杂物清理掉，并用錾子剔掉楼地面超高、墙面超平部分及砂浆落地灰，用钢丝刷刷净浮浆层。如基层有油污时，应用 10%火碱水刷净，并用清水及时将其上的碱液冲净。

(2)找标高。根据水平标准线和设计厚度，在四周墙、柱上弹出面层的上平标高控制线。

(3)铺结合层砂浆。砖面层铺设前应将基底湿润，并在基底上刷一遍素水泥浆或界面结合剂，随刷随铺设搅拌均匀的干硬性水泥砂浆。

(4)铺砖控制线。当找平层砂浆抗压强度达到 1.2MPa 时，开始上人弹砖的控制线。预先根据设计要求和砖板块规格尺寸，确定板块铺砌的缝隙宽度，当设计无规定时，紧密铺贴缝隙宽度不宜大于 1mm，虚缝铺贴缝隙宽度宜为 5～10mm。

弹控制线的技巧

在房间分中，从纵、横两个方向排尺寸，当尺寸不足整砖倍数时，将非整砖用于边角处，横向平行于门口的第一排应为整砖，将非整砖排在靠墙位置，纵向(垂直门口)应在房间内分中，非整砖对称排放在两墙边处，尺寸不小于整砖边长的 1/2。根据已确定的砖数和缝宽，在地面上弹纵、横控制线(每隔 4 块砖弹一根控制线)。

(5)铺砖。

1)在砂结合层上铺设砖面层时，砂结合层应洒水压实，并用刮尺刮平，而后拉线逐块铺砌。施工按下列要求进行：

①在通道内铺砌黏土砖宜铺成纵向的"人字形"，同时在边缘的一行砖应加工成 45°角，并与墙或地板边缘紧密连接。

②铺砌砖时应挂线，相邻两行的错缝应为砖长的 1/3～1/2。

③黏土砖应对接铺砌，缝隙宽度不宜大于 5mm。在填缝前，应适当洒水并予拍实整平。填缝可用细砂、水泥砂浆或沥青胶结料。用砂填缝时，宜先将砂撒于砖面上，再用扫帚扫于缝中。用水泥砂浆或沥青胶结料填缝时，应预先用砂填缝至一半高度。

2) 在水泥砂浆结合层上铺贴缸砖、陶瓷地砖和水泥花砖面层时，应符合下列规定：

①在铺贴前，应对砖的规格尺寸、外观质量、色泽等进行预选，并应浸水湿润后晾干待用。

②铺贴时宜采用干硬性水泥砂浆，面砖应紧密、坚实，砂浆应饱满，并严格控制标高。

③面砖的缝隙宽度应符合设计要求。当设计无规定时，紧密铺贴缝隙宽度不宜大于 1mm；虚缝铺贴缝隙宽度宜为 5～10mm。

④大面积施工时，应采取分段按顺序铺贴，按标准拉线镶贴，并做各道工序的检查和复验工作。

⑤面层铺贴应在 24h 内进行擦缝、勾缝和压缝工作。缝的深度宜为砖厚的 1/3；擦缝和勾缝应采用同品种、同强度等级、同颜色的水泥，随做随清理水泥，并做养护和保护。

3) 在水泥砂浆结合层上铺贴陶瓷锦砖时，应符合下列规定：

①结合层和陶瓷锦砖应分段同时铺贴，在铺贴前，应刷水泥浆，其厚度宜为 2～2.5mm，并应随刷随铺贴，用抹子拍实。

②陶瓷锦砖底面应洁净，每联陶瓷锦砖之间、与结合层之间以及在墙角、镶边和靠墙处，均应紧密贴合，并不得有空隙。在靠墙处不得采用砂浆填补。

③陶瓷锦砖面层在铺贴后，应淋水、揭纸，并应采用白水泥擦缝，做面层的清理和保护工作。

4) 在沥青胶结料结合层上铺贴缸砖面层时，其下一层应符合隔离层铺设的要求。缸砖要干净，铺贴时应在摊铺热沥青胶结料后随即进行，并应在沥青胶结料凝结前完成。缸砖间缝隙宽度为 3～5mm，采用挤压方法使沥青胶结料挤入，再用胶结料填满。填缝前，缝隙内应予清扫并使其干燥。

砖面层铺设形式

砖面层一般是按设计要求的形式铺设,常见的砖面层铺砌形式有"直缝式"、"人字纹式"、"席纹式"、"错缝花纹式"等,如图 3-16 所示。

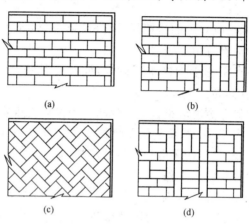

(a)　　　　　　　(b)

(c)　　　　　　　(d)

图 3-16　砖地面铺砌形式

(a)直缝式;(b)人字纹式;(c)席纹式;(d)错缝花纹式

(6)勾缝。地面砖铺好后,应用 1:1 水泥细砂浆勾缝,勾缝用砂应用窗纱过筛,要求缝内砂浆密实、平整、光滑,勾好后要求缝成圆弧形,凹进面砖外表面 2~3mm。随勾随将剩余水泥砂浆清走、擦净。

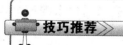

勾缝技巧

如设计要求不留缝隙或缝隙很小时,则要求接缝平直,在铺实修整好的砖面层上用浆壶往缝内浇水泥浆,然后用干水泥撒在缝上,再用棉纱团擦揉,将缝隙擦满。最后将面层上的水泥浆擦干净。

2. 踢脚板施工

踢脚板用砖,一般采用与地面块材同品种、同规格、同颜色的材料,踢脚板的立缝应与地面缝对齐,铺设时应在房间墙面两端头阴角处各镶贴 1 块砖,出墙厚度和高度应符合设计要求,以此砖上棱为标准挂线,开始铺贴,砖背面朝上抹粘结砂浆(配合比为 1:2 水泥砂浆),使砂浆粘满整块砖为宜,及时粘贴在墙上,砖上棱要跟线平齐并立即拍实,随之将挤出的砂浆刮掉。将面层清擦干净(在粘贴前,砖块材要浸水晾干,墙面刷水湿润)。

操作演练

瓷砖地面铺砌

在清理好的地面上,找好规矩和泛水,扫好水泥浆,再按地面标高留出瓷砖厚度,并做灰饼,用 1:(3~4)干硬性水泥砂浆(砂为粗砂)冲筋、装档,刮平厚约 2cm,刮平时砂浆要拍实(图 3-17)。

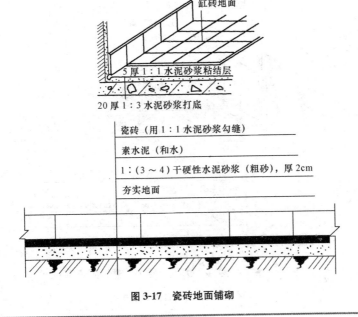

图 3-17 瓷砖地面铺砌

铺瓷砖时,在刮好的底子灰上撒一层薄薄的素水泥,稍撒点水,然后用水泥浆涂抹瓷砖背面,约2mm厚,一块一块地由前往后退着贴,贴每块砖时,用小铲的木把轻轻锤击,铺好后用小锤拍板拍击一遍,再用开刀和抹子将缝拨直,再拍击一遍,将表面灰扫掉,用棉丝擦净。

留缝的做法是,刮好底子,撒上水泥后按分格的尺寸弹上线。铺好一皮,横缝将分格条放好,竖缝按线走齐,并随时清理干净,分格条随铺随起。铺完后第二天用1:1水泥砂浆勾缝。

在地面铺完后24h,严禁被水浸泡。露天作业应有防雨措施。

操作演练

陶瓷锦砖地面镶嵌

在清理好的地面上,找好规矩和泛水,扫好水泥浆,再按地面标高留出陶瓷锦砖厚度做灰饼,用1:(3~4)干硬性水泥浆(砂为粗砂)冲筋,刮平厚约2cm,刮平时砂浆要拍实(图3-18)。

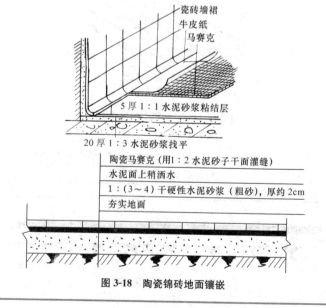

图3-18 陶瓷锦砖地面镶嵌

刮平后撒上一层水泥面,再稍洒水(不可太多)将陶瓷锦砖铺上。两间相通的房屋,应从门口中间拉线,先铺好一张然后往两面铺;单间的从墙角开始(如房间稍有不方正时,在缝里分均)。有图案的按图案铺贴。铺好后用小锤拍板将地面普遍敲一遍,再用扫帚淋水,约 0.5h 后将护口纸揭掉。

揭纸后依次用 1:2 水泥砂子干面灌缝拨缝,灌好后用小锤拍板敲一遍用抹子或开刀将缝拨直;最后用 1:1 水泥砂子(砂子均要过窗纱筛)干面扫入缝中扫严,将余灰砂扫净,用锯末将面层扫干净成活。

陶瓷锦砖宜整间一次镶铺。如果一次不能铺完,须将接槎切齐,余灰清理干净。

交活后第二天铺上干锯末养护,3~4d 后方能上人,但严禁敲击。

操作演练

缸砖、水泥砖地面镶铺

在清理好的地面上,找好规矩和泛水,扫一道水泥浆,再按地面标高留出缸砖或水泥砖的厚度,并做灰饼。用 1:(3~4)干硬性水泥砂浆(砂子为粗砂)冲筋、装档、刮平,厚约 2cm,刮平时砂浆要拍实(图 3-19)。

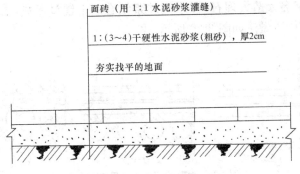

图 3-19 缸砖、水泥砖地面镶铺

在铺砌缸砖或水泥砖前,应把砖用水浸泡2～3h,然后取出晾干后使用。铺贴面层砖前,在找平层上撒一层干水泥面,洒水后随即铺贴。面层铺砌有以下两种方法:

(1)留缝铺砌法。根据排砖尺寸挂线,一般从门口或中线开始向两边铺砌,如有镶边,应先铺贴镶边部分。铺贴时,在已铺好的砖上垫好木板,人站在板上往里铺,铺时先撒水泥干面,横缝用米厘条铺一皮放一根,竖缝根据弹线走齐,随铺随清理干净。

已铺好的面砖,用喷壶浇水,在浇水前应进行拍实、找平和找直,次日后用1:1的水泥砂浆灌缝。最后清理面砖上的砂浆。

(2)碰缝、锚砌法。这种铺法不需要挂线找中,从门口往室内铺砌,出现非整块面砖时,需进行切割。铺砌后用素水泥浆擦缝,并将面层砂浆清洗干净。

在常温条件下,铺砌24h后浇水养护3～4d,养护期间不能上人。

三、大理石、花岗石面层施工

1. 施工面层基本构造

大理石、花岗石面层指采用各种规格型号的天然石材板材、合成花岗石(又名人造大理石)在水泥砂浆结合层上铺设而成,大理石、花岗石面层构造做法如图3-20所示。

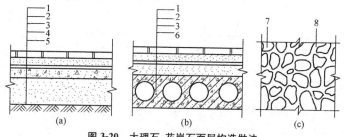

图3-20 大理石、花岗石面层构造做法
(a)地面构造;(b)楼层构造;(c)碎拼大理石面层平面

1—大理石(碎拼大理石)、花岗石面层;2—水泥或水泥砂浆结合层;3—找平层;4—垫层;
5—素土夯实;6—结构层(钢筋混凝土楼板);7—拼块大理石;8—水泥砂浆或水泥石粒浆填缝

知识链接

大理石、花岗石面层适用范围

大理石可根据不同色泽、纹理等组成各种图案。花岗石是天然石材,一般具有抗拉性能差、堆积密度大、传热快、易产生冲击噪声、开采加工困难、运输不便、价格昂贵等缺点;同时具有良好的抗压性能和硬度,质地坚实、耐磨、耐久、外观大方稳重等优点。大理石、花岗石面层适用于高等级的公共场所、民用建筑及耐化学反应的工业建筑中的生产车间等建筑地面。

2. 施工工艺与要求

大理石、花岗石面层施工工艺流程为:基层处理→找规矩→初步试拼→铺前试排→正式铺贴→砖缝处理→打蜡。

(1)基层处理。基层处理要干净,高低不平处要先凿平和修补,基层应清洁,不能有砂浆,尤其是白灰砂浆、油渍等,并用水湿润地面。

特别强调

基层处理注意事项

对于天然大理石与花岗石等板块地面铺贴之前,应先挂线检查楼地面垫层的平整度,然后清扫基层并用水冲刷干净。如果是光滑的钢筋混凝土楼面,应凿毛,凿毛深度一般为 $5\sim10mm$,间距为 $30mm$ 左右。

对于碎拼大理石地面,其基层处理比较简单,先将基层进行湿润,再在基层上抹 $1:3$ 的水泥砂浆(体积比)找平层,厚度为 $20\sim30mm$。

(2)找规矩。根据设计要求,确定平面标高位置。对于结合层的厚度,水泥砂浆结合层应控制在 10~15mm,沥青玛瑞脂结合层应控制在 2~5mm。平面标高确定之后,在相应的立面墙上弹线。

(3)初步试拼。根据标准线确定铺贴顺序和标准块的位置。在选定的位置上,按图案、色泽和纹理进行试拼。试拼后按两边方向编号排列,然后按编号码放整齐。

(4)铺前试排。在房间的两个垂直方向,按标准线铺两条干砂,其宽度大于板块。根据设计图要求把板块排好,以便检查板块之间的缝隙。平板之间的缝隙如果无设计规定时,大理石与花岗石板材一般不大于 1mm。根据试排结果,在房间主要部位弹上互相垂直的控制线,并引到墙面的底部,用以检查和控制板块的位置。

(5)正式铺贴。

1)天然大理石、花岗石、人造大理石铺贴。

①板块浸水预湿。为保证板块的铺贴质量,板块在铺贴之前应先浸水湿润,晾干后擦去背面的浮灰方可使用。这样可以保证面层与板材粘结牢固,防止出现空鼓和起壳等质量通病,影响工程的正常使用。

②铺砂浆结合层。结合层一般应采用干硬性水泥砂浆,干硬性水泥砂浆的配合比常采用 1:1~1:3(体积比),水泥的强度等级不低于 32.5MPa。铺抹时砂浆的稠度以 2~4cm 为宜,或以手捏成团颠后即散为度。摊铺水泥砂浆结合层前,还应在基层上刷一遍水灰比为 0.4~0.5 的水泥浆,随刷随摊铺水泥砂浆结合层。待板块试铺合格后,还应在干硬性水泥砂浆上再浇一薄层水泥浆,以保证上下层之间结合牢固。

③进行正式铺贴。石材楼地面的铺贴,一般由房间中部向两侧退步进行。凡有柱子的大厅宜先铺柱子与柱子的中间部分,然后向两边展开。砂浆铺设后,将板块安放在铺设位置上,对好纵横缝,用橡皮锤轻轻敲击板块,使砂浆振实振平,待到达铺贴标高后,将板块移至一旁,再认真检查砂浆结合层是否平整、密实,如有不实之处应及时补抹,最后浇上很薄的一层水灰比为 0.4~0.5 的水泥浆,正式将板块铺贴上去,再用橡皮锤轻轻敲击至平整。

人造石材铺贴注意事项

人造石材在铺装过程中因其材料的不稳定,除应严格执行天然石材铺装质量验收规范标准外,特别要注意对石材防护、预留缝隙清理、固化养护工序的质量控制,同时,在确定施工工艺时参照人造石企业标准,制定严格的施工流程,并在施工前做好样板再推广。

人造石材切割采用水刀切割,严禁现场切割,应严格按照现场绘制加工图,专业厂家进行切割。

2)碎拼大理石、花岗石地面的铺贴。

①碎拼大理石或碎拼花岗石面层施工可分仓或不分仓铺砌,也可镶嵌分格条。为了边角整齐,应选用有直边的一边板材沿分仓或分格线铺砌,并控制面

> 碎块大理石之间的缝隙,如无设计要求、又为碎块状材料时,一般控制不太严格,可大可小,互相搭配成各种图案。

层标高和基准点。用干硬性砂浆铺贴,施工方法同大理石地面。铺贴时,按碎块形状大小相同自然排列,缝隙控制在15~25mm,并随铺随清理缝内挤出的砂浆,然后嵌填水泥石粒浆,嵌缝应高出块材 2mm。待达到一定强度后,用细磨石将凸缝磨平。如设计要求拼缝采用灌水泥砂浆时,厚度与块材上面齐平,并将表面抹平压光。

②碎块板材面层磨光,在常温下一般 2~4d 即可开磨,第一遍用80~100 号金刚石,要求磨匀、磨平、磨光滑,冲净渣浆,用同色水泥浆填补表面所呈现的细小空隙和凹痕,适当养护后再磨。第二遍用100~160 号金刚石磨光,要求磨至石子粒显露,平整光滑,无砂眼细孔,用水冲洗后,涂抹草酸溶液(热水∶草酸=1∶0.35,质量比,溶化冷却后用)一遍。如设计有要求,第三遍应用 240~280 号的金刚石磨光,研磨至表面光滑为止。

③待研磨完毕后,将其表面清理干净,便可进行上蜡抛光工作。

(6)砖缝处理。

1)对缝及镶条。在板块安放时,要将板块四角同时平稳下落,对缝轻敲振实后用水平尺进行找平。对缝要根据拉出的对缝控制线进行,注意板块尺寸偏差必须控制在 1mm 以内,否则后面的对缝工作会越来越难。在锤击板块时,不要敲击边角,也不要敲击已铺贴完毕的板块,以免产生空鼓质量问题。

对于要求镶嵌铜条的地面,板块的尺寸要求更准确。在镶嵌铜条前,先将相邻的两块板铺贴平整,其拼接间隙略小于镶条的厚度,然后向缝隙内灌抹水泥砂浆,灌满后将其表面抹平,而后将镶条嵌入,使外露部分略高于板面(手摸水平面稍有凸出感为宜)。

2)水泥浆灌缝。对于不设置镶条的大理石与花岗石地面,应在铺贴完毕 24h 后洒水养护,一般 2d 后无板块裂缝及空鼓现象,方可进行灌缝。

素水泥灌缝应为板缝的 2/3 高度,溢出的水泥浆应在凝结之前清除干净,再用与板面颜色相同的水泥浆擦缝,待缝内水泥浆凝结后,将面层清理干净,并对铺贴好的地面采取保护措施,一般在 3d 内禁止上人及进行其他工序操作。

(7)打蜡。板块铺贴完工后,待其结合层砂浆强度达到 60%～70%即可打蜡抛光。其具体操作方法与现浇水磨石地面面层基本相同,在板面上薄涂一层蜡,待稍干后用磨光机研磨,或用钉有细帆布(或麻布)的木块代替油石装在磨石机上,研磨出光亮后,再涂蜡研磨一遍,直到光滑洁亮为止。

四、预制板块面层施工

1. 施工面层基本构造

预制板块面层指的是采用各种规格型号的混凝土预制板块、水磨石预制板块在水泥砂浆结合层上铺设而成,构造做法如图 3-21所示。

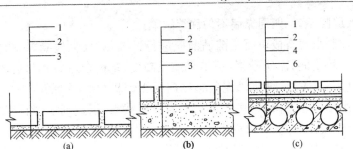

图 3-21　预制板块面层构造做法

(a)地面构造之一;(b)地面构造之二;(c)楼面构造

1—预制板块面层;2—结合层;3—素土夯实;4—找平层;

5—混凝土或灰土垫层;6—结合层(楼层钢筋混凝土板)

知识链接

预制板块地面结合层厚度要求

砂结合层的厚度应为 20～30mm;当采用砂垫层兼作结合层时,其厚度不宜小于 60mm;水泥砂浆结合层的厚度应为 10～15mm;宜可采用 1∶4 干硬性水泥砂浆。

2. 施工工艺与要求

预制板块面层施工工艺流程为:基层清理→弹线控制→定位、排板→板块浸水和砂浆拌制→基层湿润和刷粘结层→铺贴结合层和预制板→镶贴踢脚板→嵌缝、养护→打蜡上光。

(1)清理基层。将基层表面的浮土、浆皮清理干净,油污清洗掉。

(2)弹线控制。依据室内＋500mm 标高线和房间中心十字线,铺好分块标准块,与走道直接连通的房间应拉通线,分块布置应对称。走道与房间使用不同颜色的水磨石板,分色线应留在门框裁口处。

(3)定位、排板。按房间长宽尺寸和预制板块的规格、缝宽进行排板,确定所需块数,必要时,绘制施工大样图,以避免正式铺设时出现错缝、缝隙不匀、四周靠墙不匀称等缺陷。

预制水磨石板块面层铺贴前应进行试铺,对好纵横缝,用橡皮锤敲击板块中间,振实砂浆,锤击至铺设高度,试铺合适后掀起板块,用砂浆填补空虚处,满浇水泥浆粘结层。再铺板块时要四角同时落下,用橡皮锤轻敲,并随时用水平尺和直线板找平,以达到水磨石板块面层平整、线路顺直、镶边正确。

(4)板块浸水和砂浆拌制。

1)在铺砌板块前,背面预先刷水湿润,并晾干码放,使铺时达到面干内潮。

2)结合层用1∶2或1∶3干硬性水泥砂浆,应用机械搅拌,要求严格控制加水量,搅拌均匀。拌好的砂浆以手捏成团,落地即散为宜;应随拌随用,一次不宜拌制过多。

(5)基层湿润和刷粘结层。

1)基层表面清理干净后,铺前一天洒水湿润,但不得有积水。

2)铺砂浆时随刷一度水灰比为0.5左右的素水泥浆粘结层,要求涂刷均匀,随刷随铺砂浆。

(6)铺贴结合层和预制板。

1)根据排板控制线,贴好四角处的第二块,作为标准块,然后由内向外挂线铺贴。

2)铺干硬性水泥砂浆,厚度以25～30mm为宜,用铁抹子拍实抹平,然后进行预制板试铺,对好纵横缝,用橡皮锤敲板块中间,振实砂浆至铺设高度后,将板掀起移至一边,检查砂浆上表面,如有空隙应用砂浆填补,满浇一层水灰比为0.4～0.5的素水泥浆(或稠度60～80mm的1∶1.5水泥砂浆),随刷随铺,铺时要四角同时落下,用橡皮锤轻敲使其平整密实,防止四角出现空鼓并随时用水平尺或直尺找平。

3)板块间的缝隙宽度应符合设计要求。当无设计要求时,应符合下列规定:混凝土板块面层缝宽不宜大于6mm;水磨石板块间的缝宽一般不应大于2mm。铺时要拉通长线对板缝的平直度进行控制,横竖缝对齐通顺。

特别强调 >>

铺贴结合层和预制板注意事项

在砂结合层上铺设预制板块面层时,结合层下的基层应平整,当为基土层尚应夯填密实。铺设预制板块面层前,砂结合层应洒水压实,并用刮尺找平,然后拉线逐块铺贴。

(7)镶贴踢脚板。踢脚板的镶贴方法主要有灌浆法和粘贴法两种。

> 踢脚板安装前先将踢脚板背面预刷水湿润、晾干。踢脚板的阳角处应按设计要求,做成海棠角或割成45°角。

1)灌浆法。将墙面清扫干净浇水湿润,镶贴时在墙两端各镶贴一块踢脚板,其上端高度在同一水平线上,出墙厚度应一致。然后沿两块踢脚板上端拉通线,逐块依顺序安装,随装随时检查踢脚板的平直度和垂直度,使表面平整,接缝严密。在相邻两块之间及踢脚板与地面、墙面之间用石膏作临时固定,待石膏凝固后,随即用稠度8～12cm 的1：2 稀水泥砂浆灌注,并随时将溢出砂浆擦净,待灌入的水泥砂浆凝固后,把石膏剔去,清理干净后,用与踢脚板颜色一致的水泥砂浆填补擦缝。踢脚板之间缝宜与地面水磨石板对缝镶贴。

2)粘贴法。根据墙面上的灰饼和标准控制线,用1：2.5 或1：3 水泥砂浆打底、找平,表面搓毛,待打底灰干硬后,将已湿润、阴干的踢脚板背面抹上 5～8mm 厚水泥砂浆(掺加 10％的 801 胶),逐块由一端向另一端往底灰上进行粘贴,并用木槌敲实,按线找平、找直,24h 后用同色水泥浆擦缝,将余浆擦净。

(8)嵌缝、养护。预制板块面层铺完 24h 后,用素水泥浆或水泥砂浆(水泥：细砂=1：1)灌缝 2/3 高,再用同色水泥浆擦(勾)缝,并用干锯末将板块擦亮,铺上湿锯末覆盖养护,7d 内禁止上人。水泥混凝土板块面层,应采用水泥浆(或水泥砂浆)填缝;彩色混凝土板块和水磨石板块应用同色水泥浆(或砂浆)擦缝。

（9）打蜡上光。水磨石板块面层打蜡上光应在结合层达到强度后进行。

五、料石面层施工

1. 施工面层基本构造

料石面层采用天然条石和块石,应在结合层上铺设。采用块石做面层应铺在基土或砂垫层上;采用条石做面层应铺在砂、水泥砂浆或沥青胶结料结合层上。料石面层构造做法如图 3-22 所示。

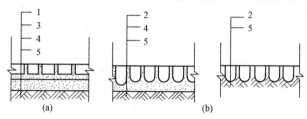

(a)   (b)

图 3-22 料石面层构造做法

（a）条石面层;（b）块石面层

1—条石;2—块石;3—结合层;4—垫层;5—基土

知识链接

料石地面结合层厚度要求

条石面层下结合层厚度为:砂结合层为 15～20mm;水泥砂浆结合层为 10～15mm;沥青胶结料结合层为 2～5mm。

块石面层下砂垫层厚度,在夯实后不应小于 6mm;块石面层下基土层应均匀密实,填土或土层结构被挠动的基土,应予以分层压(夯)实。

2. 施工工艺与要求

料石面层施工工艺流程为:放线→基层处理→料石铺砌→填缝、压实。

(1)放线。在料石面层铺设前,以施工大样图和加工单位为依据,根据设计要求和场地形状大小,采用经纬仪、水准仪找好场地范围内的标高、坡度,定设控制点,大面积铺设时宜采用网格控制标高、坡度。

(2)基层处理。料石铺设前,应对基层进行清理和处理,即将地面垫层上的杂物清理干净,用钢丝刷刷掉粘在基层上的砂浆块,并用笤帚清扫干净。

(3)料石铺砌。

1)条石铺砌时,应按照条石规格尺寸分类,在垂直于行走方向拉线铺砌成行,在纵向、横向设置样墩拉线,控制地面标高和条石行距,条石铺砌后,横缝平直,纵缝横错尺寸应是条石长边的$1/3 \sim 1/2$,不得出现十字缝,因此每隔一排的靠边条石均用半块镶砌。地面坡度符合设计要求。

2)块石铺砌时,块石的平整大面朝上,使块石嵌入砂垫层,嵌入深度为块石厚度的$1/3 \sim 1/2$。铺砌的块石力求互相靠紧,缝隙相互错开,通缝不得超两块。在坡道上铺砌块石,应由坡角向坡顶方向进行;在窨井和雨水口周围铺砌块石,要选用坚实、方正、表面平整较大的块石,将块石的长边沿着井口边缘铺砌。

> 料石面层所采用的石料一定要洁净,在水泥砂浆结合层上铺设时,石料在铺砌前应洒水湿润,基层应涂刷素水泥浆,铺贴后应养护。

(4)填缝、压实。石料间的缝隙应采用同类水泥砂浆嵌缝抹平,缝隙宽度不应大于5mm。结合层和嵌缝的水泥砂浆体积比应为1:2;相应的水泥砂浆强度等级应≥M15;水泥砂浆稠度为$25 \sim 35$mm。

技巧推荐

整形石板与异形石板铺设技巧

(1)整形石板铺设。整形石板的表面,多用经过正式研磨的石板。施工时,底层要充分清扫、湿润,然后铺水泥砂浆,并将装修材料水平铺下去,接缝一般为$0 \sim 10$mm的凹缝。

铺贴白色的大理石时，为防止底层水泥砂浆的灰泥渗出，在石板的里侧，须先涂上柏油底料及耐碱性涂料后方可铺贴（图 3-23）。

如果为石质踢脚板，则每一块踢脚板使用两支以上的蚂蟥钉固定后，再灌入水泥砂浆。

（2）异形石板铺设。异形石板的铺设（图 3-24），有的将大小石片做某种程度的整理，接缝仍然较规则；有的将石片按大小、形状，巧妙地组合起来铺装。这两种方法都要以石片分配图为参考，接缝为宽度 7～12mm 的凹缝，施工方法仍与规则石板的情况相同。

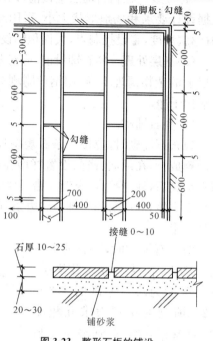

图 3-23　整形石板的铺设

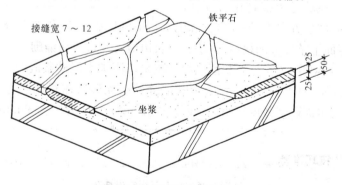

图 3-24　异形石板的铺设

异形石板的铺装，也有将石材表面加以水磨或正式研磨的情况，这时接缝为宽度 3mm 以内的凹缝。

六、玻璃面层施工

1. 施工面层基本构造

玻璃面层地面是指地面采用安全玻璃板材(钢化玻璃、夹层玻璃等)固定于钢骨架或其他骨架上。玻璃面层基本构造如图 3-25～图 3-27 所示。

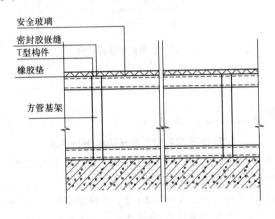

图 3-25　钢架搁置玻璃构造

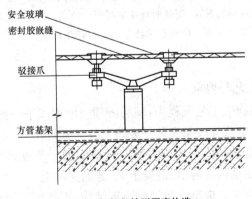

图 3-26　钢架接驳固定构造

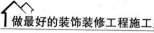

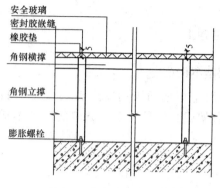

安全玻璃
密封胶嵌缝
橡胶垫
角钢横撑

角钢立撑

膨胀螺栓

图 3-27　钢架粘结玻璃构造

玻璃面层常用安全玻璃的类型与要求

玻璃地面常用的安全玻璃主要包括钢化玻璃和夹层玻璃,直接做钢化玻璃的较少,一般用夹层玻璃的较多。

(1)钢化玻璃的质量标准应符合《建筑用安全玻璃　第 2 部分:钢化玻璃》(GB 15763.2)的相关规定,外观质量不能有裂纹、缺角。

(2)夹层玻璃质量标准应符合《建筑用安全玻璃　第 3 部分:夹层玻璃》(GB 15763.3)的相关规定,外观质量不允许存在裂纹。爆边长度或宽度不得超过玻璃的厚度,划伤和磨伤不得影响使用,不允许脱胶,气泡、中间层杂质及其他可观察的不透明物等缺陷应符合标准。

2. 施工工艺与要求

玻璃面层施工工艺流程为:基层清理→地面找平→测量放线→支撑结构施工→定位橡胶条安装→玻璃安装→密封胶。

(1)基层清理。施工前应先检查楼地面的平整度,清除地面杂物及水泥砂浆,如结构为砖墩、混凝土墩,地面应凿毛。

(2)地面找平。玻璃支撑结构为钢结构、不锈钢或铝合金支架,如地面平整度不能达到施工要求,应重新用水泥砂浆找平并养护。

（3）测量放线。根据设计要求,弹出 50cm 水平基准线,根据基准线弹出玻璃地面标高线,测量长宽尺寸,按照玻璃规格加上缝隙（2～3mm）,弹出支撑结构中心线。

（4）支撑结构施工。

1）按照设计要求支撑结构形式进行施工,按照要求开设通风孔。结构上表面必须水平,误差控制 1mm 以内。

2）为使支撑结构表面要求达到一定的装饰设计效果,结构施工完毕需进行结构部分的装饰施工。如涂料、油漆等方式。

（5）定位橡胶条安装。橡胶条必须与支撑结构上表面固定牢,以免地面在使用过程中滑落,可采用双面胶。

（6）玻璃安装。玻璃安装固定方式包括接驳爪固定、格栅固定和胶结固定,玻璃安装前必须清理干净,并佩戴手套以防污染玻璃背面,影响观感,安装时采用玻璃吸盘,避免碰撞玻璃。

（7）密封胶。清理玻璃缝隙,缝隙两边纸胶带保护,采用密封胶灌缝,缝隙要求饱满平滑。打胶后应进行保护,待胶固化后方可上人。

七、塑料板面层施工

1. 施工面层基本构造

塑料板面层是指采用塑料板材、塑料板焊接、塑料板卷材以胶粘剂在水泥类基层上采用实铺或空铺法铺设而成。塑料板面层的构造做法如图 3-28 所示。

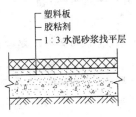

图 3-28　塑料板面层

　知识链接

塑料板面层适用范围

塑料板面层适用于对室内环境具有较高安静要求以及儿童和老人活动的公共活动场所。板块、卷材可采用聚氯乙烯树脂、聚氯乙烯—聚乙烯共聚地板、聚乙烯树脂、聚丙烯树脂和石棉塑料板板等。

2. 施工工艺流程与要求

塑料板施工工艺流程为:基层处理→弹线→预热处理→脱脂涂蜡→试铺→涂刷底子胶→塑料板面层铺贴与焊接→塑料卷材铺设→踢脚板铺贴→抛光上蜡。

(1)基层处理。对铺贴基层的基本要求是平整、坚实、干燥、有足够强度,各阴阳角方正,无油脂尘垢和杂质。因此,基层表面在正式涂胶前,应将其表面的浮砂、垃圾、尘土、杂物等清理干净,并将待铺贴的塑胶地板清理干净。

1)在混凝土及水泥砂浆类基层上铺贴塑料地板,其表面用 2m 直尺检查的允许空隙不得超过 2mm,基层含水率不应大于 9%。

2)在地面上铺设塑胶地板时,应在铺贴之前将地面进行强化硬化处理,一般是在素土夯实后做灰土垫层,然后在灰土垫层上做细石混凝土基层,以保证地面的强度和刚度。细石混凝土基层达到一定强度后,再做水泥砂浆找平层和防水防潮层。

拓展阅读

腻子及乳液配合比

当表面有麻面、起砂和裂缝等缺陷时,应采用腻子修补并涂刷乳液(表 3-8)。先用石膏乳液腻子做第一道嵌补找平,用 0 号铁砂布打磨;再用滑石粉乳液腻子做第二道修补找平;直至表面平整后,再用稀释的乳液涂刷一遍。也可采用 108 胶水泥腻子及 108 胶水泥乳液。

表 3-8　　　　　　　　　　　腻子及乳液配合比

名称	配合比	适用范围
石膏乳液腻子	石膏:土粉:聚醋酸乙烯乳液=2:2:1(体积比),加水量根据现场具体情况确定	基层第一道嵌补找平
滑石粉乳液腻子	滑石粉:聚醋酸乙烯乳液:羧甲基纤维素溶液=1:(0.2~0.25):0.1(体积比),加水量根据现场具体情况确定	基层第二道修补找平

3)在楼地面上铺设塑胶地板时,首先应在钢筋混凝土预制楼板上做混凝土叠合层,为保证楼面的平整度,在混凝土叠合层上做水泥砂浆找平层,最后做防水防潮层。

(2)弹线。弹线时以房间中心点为中心,弹出相互垂直的两条定位线。定位线有丁字、十字和对角等形式。如整个房间排偶数块,中心线即是塑料地板的接缝;如排奇数块,接缝距离中心线半块塑料地板。分格、定位时,如果塑料地板的尺寸与房间长宽方向不合适,应留出距离墙边 200～300mm 的尺寸以作镶边。根据塑料地板的规格、图案和色彩,确定分色线的位置,如套间内外房间地板颜色不同,分色线应设在门框踩口线外。分格线应设在门中,使门口地板对称,也不要使门口出现小于 1/2 的窄条。

(3)预热处理。将每张塑料板放进 75℃ 左右的热水中浸泡 10～20min,然后取出平放在待铺贴的房间内 24h,晾干待用。

(4)脱脂涂蜡。塑料板铺贴前,将粘贴面用细砂纸打磨或用棉砂蘸丙酮与汽油 1∶8 的混合液擦拭,进行脱脂除蜡处理,以保证塑料板与基层的粘结牢固。

(5)试铺。依照弹线分格情况,在塑料地板脱脂除蜡后即进行试铺。塑料地板试铺合格后,应按顺序编号,以备正式铺贴。

技巧推荐

塑料地板裁割技巧

1)对于靠墙处不是整块的塑料板可按图 3-29 所示方法进行裁切,其方法是,在已铺好的塑料地板上放一块塑料地板块,再用一块塑料板的一边与墙紧贴,沿另一边在塑料地板上画线,按线裁下的部分即为所需尺寸的边框。

2)对于曲线墙面或有凸出物的墙面,可用两脚规或画线器画线(突出物不大时可用两角规,突出物较大时用画线器)。两脚规画线的方法如图 3-30 所示,在有突出物处放一块塑料地板,两脚规的一端紧贴墙面,另一端压在塑料地板上,然后沿墙面的轮廓线移动两脚规,移动时注意两脚规的平面始终要与墙面垂直,此时即可在塑料地板块上画出与墙面轮廓完全相同的弧形,再沿线裁切就得到能与墙面密合的边框。使用画线器时,将其一端紧贴墙上凹得最深的地方,调节划针的位置,使划针对准地板的边缘,然后沿墙面轮廓线移动画线器,要始终保持画线器与墙面垂直,划针即可在塑料板上画出与墙面轮廓完全相同的图形。

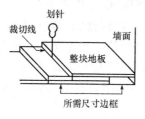

图 3-29　直线裁切示意图　　　　图 3-30　曲线裁切示意图

　　(6)涂刷底子胶。塑料板块正式铺贴前,在清理洁净的基层表面涂刷一层薄而匀的底子胶,待其干燥后方可铺板。基层涂刷胶粘剂时,不得面积过大,要随贴随刷,一般超出分格线 10mm。胶粘剂涂刮后在室温下暴露于空气中,使溶剂部分挥发,至胶层表面手触不粘手时,即可铺贴。通常室温在 10～35℃ 范围内,暴露时间为 5～15min,低于或高于此温度范围,最好不进行铺贴。

　　在基层表面涂胶粘剂时,用齿形刮板刮涂均匀,厚度控制在 1mm左右;塑料板粘贴面用齿形刮板或纤维滚筒涂刷胶粘剂,其涂刷方向与基层涂胶方向纵横相交。

拓展阅读

底子胶的配制

　　底子胶的配制,当采用非水溶性胶粘剂时,宜按同类胶粘剂(非水溶性)加入其质量 10% 的汽油(65 号)和 10% 的醋酸乙酯(或乙酸乙酯)并搅拌均匀;当采用水溶性胶粘剂时,宜按同类胶加水搅拌均匀。

(7)塑料板面层铺贴与焊接。

1)塑料板面层铺贴。铺贴时最好从中间定位向四周展开,这样能保持图案对称和尺寸整齐。切勿将整张地板一下子贴下,应先把地板一端对齐粘合,轻轻地用橡胶滚筒将地板平服地粘贴在地面上,使其准确就位,同时赶走气泡,如图3-31所示。一般每块地板的粘贴面要在80%以上,为使粘贴可靠,应用压滚压实或用橡胶锤敲实(聚氨酯和环氧树脂粘结剂应用砂袋适当压住,直至固化)。用橡胶锤敲打时,应从中心移向四周,或从一边移向另一边。在铺贴到靠墙附近时,用橡胶压边滚筒赶走气泡和压实,如图3-32所示。

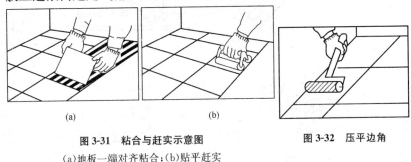

(a)   (b)

图3-31 粘合与赶实示意图
(a)地板一端对齐粘合;(b)贴平赶实

图3-32 压平边角

铺贴时挤出的余胶要及时擦净,粘贴后在表面残留的胶液可使用棉纱蘸上溶剂擦净,水溶型胶粘剂用棉布擦去。

2)焊接。塑料板粘贴48h后,即可施焊。施焊时,按两人一组,一人持焊枪施焊,一人用压棍推压焊缝。施焊者左手持焊条,右手持焊枪,从左向右施焊,用压棍随即压紧焊缝。焊接时,焊枪的喷嘴、焊条和焊缝应在同一平面内,并垂直于塑料板面,焊枪喷嘴与地板的夹角宜为30°左右,喷嘴与焊条、焊缝的距离宜为5~6mm,焊枪移动速度宜为0.3~0.5m/min。焊接完后,焊缝冷却至室内常温时,应对焊缝进行修整。用刨刀将突出板面部分(1.5~2mm)切削平。

> 操作时要认真仔细,防止将焊缝两边的塑料板损伤。当焊缝有烧焦或焊接不牢的现象时,应切除焊缝,重新焊接。

知识链接 ▶

塑料地板铺贴方式

塑料地板的铺贴一般有两种方式,一种是接缝与墙面成 45°,称为对角定位法;另一种是接缝与墙面平行,称为直角定位法,如图 3-33 所示。

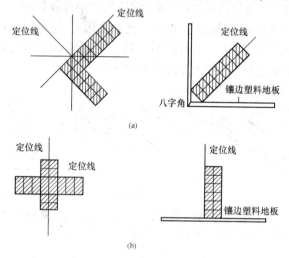

图 3-33 定位方法
(a)对角定位;(b)直角定位

拓展阅读 ▶

塑料板拼缝焊接处理

塑料板拼缝处做 V 形坡口,根据焊条规格和板厚确定坡口角度 β,板厚 $10\sim20$mm 时,$\beta=65°\sim75°$;板厚 $2\sim8$mm 时,$\beta=75°\sim85°$。采用坡口直尺和割刀进行坡口切割,坡口应平直,宽窄和角度应一致,同时防止脏物污染。

> 软质塑料板粘贴后相邻板的边缘切割成V形坡口,做小块试焊。采用热空气焊,空气压力控制在0.08~0.1MPa,温度控制在200~250℃。确保焊接质量,在施焊前检查压缩空气的纯洁度,向白纸上喷射20~30s,无水迹、油迹为合格,同时用丙酮将拼缝焊条表面清洗干净,等待施焊。

(8)塑料卷材铺设。

1)按已确定的卷材铺贴方向和房间尺寸裁料,并按铺贴的顺序编号。

2)铺贴时应按照控制线位置将卷材的一端放下,逐渐顺着所弹的尺寸线放下铺平,铺贴后由中间往两边用滚筒赶平压实,排除空气,防止起鼓。

3)铺贴第二层卷材时,采用搭接方法,在接缝处搭接宽度20mm以上,对好花纹图案,在搭接层中弹线,用钢板尺压在线上,用割刀将叠合的卷材一次切断。

(9)踢脚板铺贴。地面铺贴完再粘贴踢脚板(图3-34)。踢脚塑料板与墙面基层涂胶同地面。

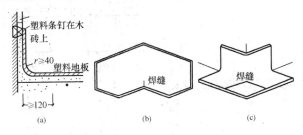

图3-34　踢脚板铺贴
(a)塑料踢脚板;(b)阴角踢脚板;(c)阳角踢脚板

1)首先将塑料条钉在墙内预留的木砖上,钉距为40~50cm,然后用焊枪喷烤塑料条,随即将踢脚板与塑料条粘结。

2)阴角塑料踢脚板铺贴时,先将塑料板用两块对称组成的木模顶压在阴角处,然后取掉一块木模,在塑料板转折重叠处,划出剪裁线,剪裁合适后,再把水平面45°相交处裁口焊好,做成阴角部件,然后进行焊接或粘结。

3)阳角踢脚板铺贴时,在水平封角裁口处补焊一块软板,做成阳角部件,然后进行焊接或粘结。

(10)抛光上蜡。铺贴好塑料地面及踢脚板后,用墩布擦干净,晾干。用软布包好已配好的上光软蜡,满涂1~2遍,光蜡质量配合比为软蜡:汽油=100:(20~30),另掺1‰~3‰与地板相同颜色的颜料,待烧干后,用干净的软布擦拭,直至表面光滑光亮为止。

八、活动地板面层施工

1. 施工面层基本构造

活动地板面层是指采用特制的活动地板块,配以横梁、橡胶垫条和可供调节高度的金属支架组装成的架空活动地板,在水泥类基层或面层上铺设而成。活动地板面层构造做法如图3-35所示。

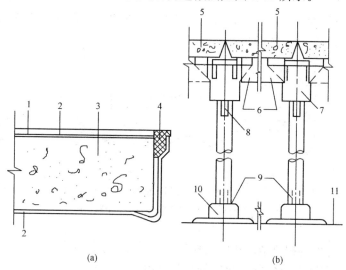

图3-35　活动地板面层构造做法

(a)抗静电活动地板块构造;(b)活动地板面层安装

1—柔光高压三聚氰胺贴面板;2—镀锌铁板;3—刨花板基材;4—橡胶密封条;

5—活动地板板块;6—横梁;7—柱帽;8—螺柱;9—活动支架;10—底座;11—楼地面标高

活动地板面层的特点与适用范围

活动地板面层具有板面平整、光洁、装饰性好等优点。活动地板面层与原楼、地面之间的空间(即活动支架高度)可按使用要求进行设计,可容纳大量的电缆和空调管线。所有构件均可预制,运输、安装和拆卸十分方便。活动地板适用于管线比较集中以及一些对防尘、导电要求较高的机房、办公场所、电化教室、会议室等的建筑地面。

2. 施工工艺与要求

活动地板面层施工工艺流程为:基层清理→弹线→安装支柱架→安装桁条(搁栅)→安装活动地板→支撑、横梁调节→接缝处理。

(1)基层清理。基层上一切杂物、尘埃清扫干净。基层表面应平整、光洁、干燥、不起灰。安装前清扫干净,并根据需要,在其表面涂刷1~2遍清漆或防尘剂,涂刷后不允许有脱皮现象。

(2)弹线。弹线即按设计要求,在基层上弹出支架定位方格十字线,测量底座水平标高,将底座就位。同时,在墙四周测好支架水平线。

铺设活动地板面层的标高,应按设计要求确定。当房间平面是矩形时,其相邻墙体应相互垂直;与活动地板接触的墙面的缝应顺直,其偏差每米不应大于2mm。

在铺设活动地板面层前,室内四周的墙面应设置标高控制位置,并按选定的铺设方向和顺序设基准点。在基层表面上应按板块尺寸弹线并形成方格网,标出地板块的安装位置和高度,并标明设备预留部位。

(3)安装支柱架。将底座摆平在支座点上,核对中心线后,安装钢支柱(架),按支柱(架)顶面标高,拉纵横水平通线调整支柱(架)活动杆顶面标高并固定。再次用水平仪逐点抄平,水平尺校准支柱(架)托板。

操作演练

弹线操作

测量房间尺寸,找出纵横方向的中心点,根据量出的房间尺寸和板块模数,计算分格网,并弹线。若板块模数非整数时,应依据纵横中心线进行对称分格,将非整块板放在室内墙边,并弹线做标识。按已标出的水平标高线和设计要求,标出板块面层标高以及设备预留的部位。当房间是矩形时,其相邻墙面用方尺测量应相互垂直,若不垂直,则应对墙面进行处理,使其达到要求。检查标高线和方格控制线,确定安装基准点。大面积施工前,应先放出施工大样,并做出样板间,经鉴定合格后,再以此样板间进行操作。

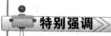

特别强调

支柱架安装注意事项

为使活动地板面层与走道或房间的建筑地面面层连接好,应通过面层的标高选用金属支架型号。活动地板面层的金属支架应支承在现浇混凝土基层上。对于小型计算机系统房间,其混凝土强度等级不应小于C30;对于中型计算机系统的房间,其混凝土强度等级不应小于C50。

(4)安装桁条(搁栅)。

1)支柱(架)顶调平后,弹安装桁条(搁栅)线,从房间中央开始,安装桁条(搁栅)。

2)先将活动地板各部件组装好,以基准线为准,按安装顺序在方格网交点处安放支架和横梁,固定支架的底座,连接支架和框架。在安装过程中要随时抄平,转动支座螺杆,调整每个支座面的高度至全室等高,并使每个支架受力均匀。在所有支座柱和横梁构成的框架成为一体后,应用水准仪抄平。然后将环氧树脂注入支架底座与水泥类基层之间的空隙内,使之连接牢固,也可用膨胀螺栓或射钉连接。

　　3)桁条(搁栅)安装完毕,测量桁条(搁栅)表面平整度、方正度至合格为止。底座与基层之间注入环氧树脂,使之垫平并连接牢固,然后复测再次调平。如设计要求桁条(搁栅)与四周预埋铁件固定时,可用连板与桁条用螺栓连接或焊接。

　　(5)安装活动地板。

　　1)在桁条(搁栅)上按活动地板尺寸弹出分格线,按线安装,并调整好活动地板缝隙使之顺直。铺设活动地板面层的标高,应按设计要求确定。当房间平面是矩形时,其相邻墙体应相互垂直;与活动地板接触的墙面的缝应顺直,其偏差每米不应大于2mm。

知识链接

活动地板铺设方向的确定

　　活动地板的铺设方向应根据房间平面尺寸和设备等情况,按活动地板的模数选择。

　　①当平面尺寸符合活动地板块模数,而室内无控制柜设备时,宜由里向外铺设。

　　②当平面尺寸不符合活动地板模数时,宜由外向里铺设。

　　③当室内有控制柜设备且需要预留洞口时,铺设方向和先后顺序应综合考虑选定。

　　2)在横梁上铺放缓冲胶条时,应采用乳液与横梁粘合。当铺设活动地板块时,从一角或相邻的两个边依次向外或另外二个边铺装活动地板。为了铺平,可调换活动地板板块位置,以保证四角接触处平整、严密,但不得采用加垫的方法。

　　3)通风口处应选用异形活动地板铺贴。活动地板下面需要装的线槽和空调管道,应在铺设地板前先放在建筑地面上,以便下步施工。活动地板块的安装或开启,应使用吸板器或橡胶皮碗,并做到轻拿轻放,不应采用铁器硬撬。在全部设备就位和地下管、电缆安装完毕后,还应抄平一次,调整至符合设计要求,最后将板面全面进行清理。

（6）支撑、横梁调节。当铺设的活动地板不符合模数时，可根据实际尺寸将板面切割后镶补，并配装相应的可调支撑和横梁。

（7）接缝处理。四周侧边应用耐磨硬质板材封闭或用镀锌钢板包裹，胶条封边应耐磨。对活动地板块切割或打孔时，可用无齿锯或钻加工，但加工后的边角应打磨平整，采用清漆或环氧树脂胶加滑石粉按比例调成腻子封边，或用防潮腻子封边，亦可采用铝型材镶嵌封边，以防止板块吸水、吸潮，造成局部膨胀变形。在与墙边的接缝处，原则上宜加竹木踢脚。

九、地毯面层

（一）施工面层基本构造

地毯面层采用地毯块材或卷材，在水泥类或板块类面层（或基层）上铺设而成。地毯可分为天然纤维和合成纤维两类，由面层、防松涂层和背衬构成（图3-36）。

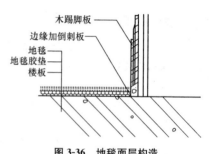

图3-36　地毯面层构造

知识链接

地毯面层适用范围

地毯面层适用于室内环境具有较高安静要求以供儿童、老人公共活动的场所，一些高级装修要求的房间，如会议场所、高级宾馆、礼堂、娱乐场所等。

（二）地毯面层铺设方式

地毯面层铺设方式可分为固定与不固定两种，同时，既可满铺又可局部铺设，如图3-37所示。

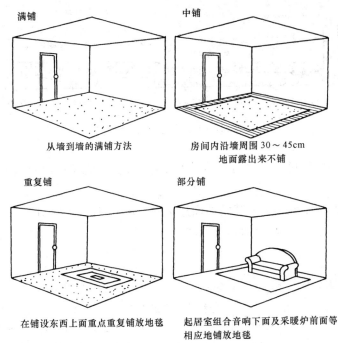

满铺

从墙到墙的满铺方法

中铺

房间内沿墙周围30～45cm
地面露出来不铺

重复铺

在铺设东西上面重点重复铺放地毯

部分铺

起居室组合音响下面及采暖炉前面等
相应地铺放地毯

图 3-37　地毯的铺设方式

1. 固定式地毯铺设

固定式地毯(满铺毯)铺设(图 3-38)应符合下列规定：

(1)固定式地毯用的金属卡条(倒刺板)、金属压条、专用双面胶带等必须符合设计要求。

(2)铺设的地毯张拉应适宜,四周卡条固定牢;门口处应用金属压条等固定。

(3)地毯周边应塞入卡条和踢脚线之间的缝中;粘贴地毯应用胶粘剂与基层粘贴牢靠。

2. 活动式地毯铺设

活动式地毯(块毯)铺设应符合下列规定：

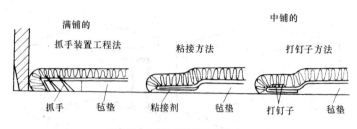

图 3-38　固定式地毯的铺设方法

（1）地毯拼成整块后直接铺在洁净的地上，地毯周边应塞入踢脚线下。

（2）与不同类型的建筑地面连接处，应按设计要求收口。

（3）小方块地毯铺设，块与块之间应挤紧服帖。

知识链接

地毯铺设施工要点

地毯铺设是一项技术性工作，它不涉及其他装饰环节，完全独立于其他装饰工作，即使是专业的装饰工程公司，也都是委托专业的地毯公司完成地毯铺装工作。

地毯铺设的最佳时间：完成其他所有装饰工程（包括空调及窗帘安装）并打扫卫生以后，或者说在进活动家具以前安装地毯最好。

地毯铺设要求：

（1）凡是被雨水淋湿、有地下水侵蚀的地面，特别潮湿的地面，不能铺设地毯。

（2）在墙边的踢脚处以及室内柱子和其他突出物处，地毯的多余部分应剪掉，在精细修整边缘，使之吻合服帖。

（3）铺完后，地毯应达到毯面平整服帖，图案连续、协调，不显接缝，不易滑动，墙边、门口处连接牢靠，毯面无脏污、损伤。

（三）施工工艺与要求

地毯面层施工的地毯铺设方法主要有空铺法、实铺法。

1. 空铺法地毯铺设

空铺法地毯铺设的施工工艺流程为：基层处理→弹线、定位→地毯铺设。

(1)基层处理。铺设地毯前，首先要将基层清扫干净，空铺式地毯的水泥类基层（或面层）表面应坚硬、平整、光洁、干燥，无凹坑、麻面、裂缝，并应清除油污、钉头和其他突出物。水泥类基层平整度偏差不应大于4mm。

(2)弹线、定位。基层清理后，应按所铺房间的使用要求及具体尺寸，弹好分格控制线。

(3)地毯铺设。地毯铺设时，宜先从中部开始，然后往两侧均铺。要保持地毯块的四周边缘棱角完整，破损的边角地毯不得使用。铺设毯块应紧靠，常采用逆光与顺光交错方法。小方块地毯铺设，块与块之间应挤紧服贴。在两块不同材质地面交接处，应选择合适的收口条。如果两种地面标高一致，可以选用铜条或不锈钢条，以起到衔接与收口作用。如果两种地面标高不一致，一般选用铝合金L形收口条，将地毯的毛边伸入收口条内，再把收口条端部砸扁，起到收口与固定的双重作用。其做法如图3-39所示。

> 在行人活动频繁部位地毯容易掀起，在铺设方块地毯时，可在毯底稍刷一点胶粘剂，以增强地毯铺放的耐久性，防止被外力掀起。

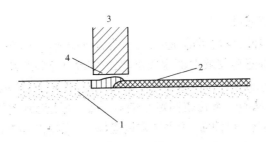

图3-39　地毯门边收口条示意图
1—楼面；2—地毯；3—门；4—地毯收头

2. 实铺法地毯铺设

实铺法地毯铺设的施工工艺流程为:基层处理→弹线、定位→地毯裁剪→踢脚板处理→衬垫铺设→地毯铺设→细部处理。

(1)基层处理。基层处理同空铺法地毯基层处理要求,如有油污,须用丙酮或松节油擦净。水泥类地面应具有一定的强度,含水率不大于9%。

(2)弹线、定位。要严格按照设计图纸对各个不同部位和房间的具体要求进行弹线、套方、分格,如图纸有规定和要求时,则严格按图施工。如图纸没具体要求时,应对称找中,弹线、定位。

(3)地毯裁剪。应在比较宽阔的地方集中统一进行。一定要精确测量房间尺寸,并按房间和所用地毯型号逐一登记编号。然后根据房间尺寸、形状用裁边机裁下地毯料,每段地毯的长度要比房间长出20mm左右,宽度要以裁去地毯边缘线后的尺寸计算。弹线,以手推裁刀从毯背裁切去边缘部分,裁好后卷成卷编上号,放入对号房间里,大面积房间应在施工地点剪裁拼缝。

(4)踢脚板处理。沿房间或走道四周踢脚板边缘,用高强水泥钉将倒刺板钉在基层上(钉朝向墙的方向),其间距约为400mm。倒刺板应离开踢脚板面8~10mm,以便于钉牢倒刺板。

(5)衬垫铺设。将衬垫采用点粘法用聚醋酸乙烯乳胶粘在地面基层上,要离开倒刺板10mm左右。海绵衬垫应满铺平整,地毯拼缝处不露底衬。

(6)地毯铺设。

1)将裁好的地毯虚铺在垫层上,然后将地毯卷起,在拼接处缝合。缝合完毕,将塑料胶纸贴于缝合处,保护接缝处不被划破或勾起,然后将地毯平铺,用弯针将接缝处绒毛密实缝合,表面不显拼缝。

2)将地毯的一条长边固定在倒刺板上,毛边掩到踢脚板下,用张紧器拉伸地毯。拉伸时,用手压住地毯撑,用膝撞击地毯撑,从一边一步步推向另一边。如一遍未能拉平,应重复拉伸,直至拉平为止。然后将地毯固定在另一条倒刺板上,掩好毛边。长出的地毯,用裁割刀割掉。一个方向拉伸完毕,再进行另一个方向的拉伸,直至四个边都固定在倒刺板上。

3）采用粘贴固定式铺贴地毯，地毯具有较密实的基底层，一般不放衬垫（多用于化纤地毯），将胶粘剂涂刷在基底层上，静待 5～10min，待胶液溶剂挥发后，即可铺设地毯。

4）铺粘地毯。先在房间一边涂刷胶粘剂后，铺放已预先裁割的地毯，然后用地毯撑子向两边撑拉，再沿墙边刷两条胶粘剂，将地毯压平掩边。在走道等处地毯可顺一个方向铺设。

技巧推荐

地毯粘贴技巧

地毯粘贴法分为满粘和局部粘结两种方法。一般人流多的公共场所地面采用满粘法粘贴地毯；人流少且搁置器物较多的场所的楼地面采用局部刷胶粘贴地毯，如宾馆的客房和住宅的居室可采用局部粘结。

（7）细部处理。要注意门口压条的处理和门框、走道与门厅，地面与管根、暖气罩、槽盒，走道与卫生间门槛，楼梯踏步与过道平台，内门与外门，不同颜色地毯交接处和踢脚板等部位地毯的套割、固定和掩边工作，必须粘结牢固，不应有显露、后找补条等。要特别注意上述部位的基层本身接槎是否平整，如严重者应返工处理。地毯铺设完毕，固定收口条后，应用吸尘器清扫干净，并将毯面上脱落的绒毛等彻底清理干净。

知识链接

楼梯地毯铺设要求

（1）先将倒刺板钉在踏步板和挡脚板的阴角两边，两条倒刺板顶角之间应留出地毯塞入的空隙，一般约 15mm，朝天小钉倾向阴角面。

（2）海绵衬垫超出踏步板转角应不小于 50mm，把角包住。

（3）地毯下料长度，应按实量出每级踏步的宽度和高度之和。如考虑今后使用中可挪动常受磨损的位置，可预留450～600mm的余量。

（4）地毯铺设由上至下，逐级进行。每梯段顶级地毯应用压条固定于平台上，每级阴角处应用卡条固定牢，用扁铲将地毯绷紧后压入两根倒刺板之间的缝隙内。

（5）防滑条应铺钉在踏步板阳角边缘。用不锈钢膨胀螺钉固定，钉距150～300mm。

第五节　木、竹面层铺设施工

一、木、竹面层施工材料要求

（1）木地板面层板的品种、规格、颜色应符合设计要求。表面应平整，颜色、花纹应一致，且干燥、不腐朽、不变形、不开裂，其宽度、厚度应符合设计要求。木地板材料的各项技术性能、指标应符合现行有关产品标准的规定。进场时，应对照事先确定的材料样板进行抽样检查验收。

（2）竹地板的材质、品种、规格、颜色等应符合设计要求。表面应花纹清晰，色泽柔和，结构密实，光洁度好，无疤痕，无腐朽。含水率、耐温、耐磨、承压力、粘结力、静力压曲性以及耐冲击性等指标应符合现行国家或行业标准的规定。进场时，应对照事先确定的材料样板进行抽样检查验收。

（3）软木地板。软木地板应采用有商品合格证的产品，软木地板尚无国家和行业标准，其质量应符合相关产品企业标准的相关规定，颜色、花纹应一致。

（4）粘结材料，如聚醋酸乙烯乳液、氯丁橡胶胶粘剂、环氧树脂胶粘剂等的选用应经过技术鉴定，有产品合格证书，且须经过试验确定其粘结性能。

拓展阅读

软木地板的选择

软木地板选择是先看地板表面是否光滑,有无鼓凸颗粒,软木颗粒是否纯净。

软木地板密度分为三级:$400\sim450\mathrm{kg/m^3}$,$450\sim500\mathrm{kg/m^3}$,大于 $500\mathrm{kg/m^3}$。一般家庭选用 $400\sim450\mathrm{kg/m^3}$ 足够,若室内有重物,可选稍高些,总之尽量选密度小的,因其具有更好的弹性、保温、吸声、吸振等性能。

二、实木、实木集成、竹地板面层施工

1. 免刨免漆类实木长条地板施工

免刨免漆类实木长条地板施工工艺流程为:基层处理→做地垄墙→铺设垫木、橡木、搁栅→长条地板面层铺设→打蜡。

(1)基层处理。实木地板、实木集成地板面层施工前,应将基层清理干净,确保水泥砂浆地面不起砂、不空裂。

(2)做地垄墙。按照设计要求做地垄墙,可采用砖砌、混凝土、木结构、钢结构。其施工和质量验收分别按照相关国家规范和相关技术标准的规定执行。当设计有通风构造层(包括室内通风沟、室外通风窗等),应按设计要求施工通风构造层,如有壁炉或烟囱穿过,搁栅不得与其直接接触,应保持距离并填充隔热防火材料。

(3)铺设垫木、橡木、搁栅。

1)铺设实木、实木集成、竹地板面层时,其木搁栅的截面尺寸、间距和稳固方法等均应符合设计要求。设计无要求时,主次搁栅的间距应根据地板的长宽模数确定,并注意地板的端头必须搭在搁栅上,表面应平整。搁栅接口处的夹木长度必须大于 300mm,宽度不小于 1/2 搁栅宽。

2)木搁栅固定时,不得损坏基层和预埋管线。木搁栅应垫实钉牢,其间距不大于 300mm,与墙之间应留出 20mm 的缝隙,表面应平直。

3)在地垄墙上用预埋铁丝捆绑橡木,并在橡木上划出各搁栅中

线,在搁栅两端也划出中线,先对准中线摆两边搁栅,然后依次摆正中间搁栅。

4)当顶部不平整时,其两端应用防腐垫木垫实钉牢。为防止搁栅移动,应在找正固定好的木搁栅上钉临时木拉条。

5)搁栅固定好后,在搁栅上按剪刀撑间距弹线,按线将剪刀撑或横撑钉于搁栅之间,同一行剪刀撑应对齐,上口应低于搁栅上表面10~20mm。

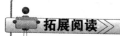

拓展阅读

铺设垫木、橡木、搁栅时的特殊处理

1)铺钉毛地板、长条硬木板前,应注意先检查搁栅是否垫平、垫实、捆绑牢固,人踩搁栅时不应有响声,严禁用木楔或用多层薄木片垫平。

2)当设计有通风槽设置要求时,按设计设置。当设计无要求时,沿搁栅长向不大于1m设一通风槽,槽宽200mm,槽深不大于10mm,槽位应在同一直线上,并应避免剧槽过深损伤搁栅。

3)按设计要求铺防潮隔热隔声材料,隔热隔声材料必须晒干,并加以拍实、找平,即可铺设面层。防潮隔热隔声材料应慎用炉渣或石灰炉渣,当使用时应采取熟化措施,注意材料本身活性——吸水后产生气体,当通气不畅时会造成木地板起鼓。

4)如对地板有弹性要求,应在搁栅底部垫橡皮垫板,且胶粘牢固,防止振脱。

5)如对地板有防虫要求,应在地板安装前放置专用防虫剂或樟木块、喷洒防白蚁药水。

4)长条地板面层铺设。

1)长条地板面层铺设的方向应符合设计要求,设计无要求时按"顺光、顺主要行走方向"的原则确定。

2)在铺设木板面层时,木板端头接缝应在搁栅上,并应间隔

> 免刨免漆类实木长条地板施工选用木板应为同一批材料树种,花纹及色泽力求一致。地板条应先检查挑选,将有节疤、劈裂、腐朽、弯曲等缺点及加工不合要求的剔除。

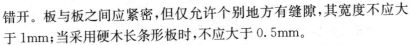

错开。板与板之间应紧密,但仅允许个别地方有缝隙,其宽度不应大于1mm;当采用硬木长条形板时,不应大于0.5mm。

3)地板面层铺设时,面板与墙之间应留8~12mm缝隙。

操作演练

实木单层、双层板铺设

1)实木单层板铺设。

①木搁栅隐蔽验收后,从墙的一边开始按线逐块铺钉木板,逐块排紧。

②单层木地板与搁栅的固定,应将木地板钉牢在其下的每根搁栅上。钉长应为板厚的2~2.5倍。并从侧面斜向钉入板中,钉头不应露出。铺钉顺序应从墙的一边开始向另一边铺钉。

2)实木双层板铺设。

①双层木板面层下层的毛地板可采用钝棱料,其宽度不宜大于120mm。在铺设前应清除毛地板下空间内的刨花等杂物。

②在铺设毛地板时,应与搁栅成30°或45°并应斜向钉牢,使髓心向上;当采用细木工板、多层胶合板等成品机拼板材时,应采用设计规格铺钉。无设计要求时可锯成1220mm×610mm、813mm×610mm等规格。

③每块毛地板应在每根搁栅上各钉两个钉子固定,钉子的长度应为板厚的2.5倍,钉帽应砸扁并冲入板面深不少于2mm。毛地板接缝应错开不小于一格的搁栅间距,板间缝隙不应大于3mm。毛地板与墙之间应留8~12mm缝隙,且表面应刨平。

④当在毛地板上铺钉长条木板或拼花木板时,宜先铺设一层用以隔声和防潮的隔离层。然后即可铺钉企口实木长条地板,方法与单层板相同。

⑤企口木板铺设时,应从靠门较近的一边开始铺钉,每铺设600~800mm宽度应弹线找直修整后,再依次向前铺钉。铺钉时应与搁栅成垂直方向钉牢,板端接缝应间隔错开,其端接缝一般是有规律在一条线上。板与板间拼缝仅允许个别地方有缝隙,但缝隙宽度不应大于1mm,如用硬木企口木板不得大于0.5mm。企口木板与墙间留10~15mm的缝隙,并用木踢脚线封盖。企口木板表面不平处应刨光处理,刨削方向应顺木纹。刨光后方可装钉木踢脚线。

(5)打蜡。地板蜡有成品供应,当采用自制时将蜡、煤油按1:4质量比放入桶内加热、溶化(120~130℃),再掺入适量松香水后调成稀糊状,凉后即可使用。用布或干净丝棉蘸蜡薄薄均匀涂在木地板上,待蜡干后,用木块包麻布或细帆布进行磨光,直到表面光滑洁亮为止。

2. 无漆类实木长条地板施工

无漆类实木长条地板施工工艺流程为:基层处理→做地垄墙→铺设垫木、椽木、搁栅→长条地板面层铺设→面层刨光、磨光→油漆和打蜡。

(1)"面层刨平、磨光、油漆和打蜡"前的施工工序同"免刨免漆类实木长条地板"中的相关内容。

(2)面层刨平、磨光。木材面层的表面应刨平、磨光,刨平和磨光所刨去的厚度不宜大于1.5mm,并无刨痕。

1)第一遍粗刨,用地板刨光机(机器刨)顺着木纹刨,刨口要细、吃刀要浅,刨刀行速要均匀、不宜太快,多走几遍、分层刨平,刨光机达不到之处则辅以手刨。

2)第二遍净面,刨平以后,用细刨净面。注意消除板面的刨痕、戗槎和毛刺。

3)净面之后用地板磨光机磨光,所用砂布应先粗后细,砂布应绷紧绷平,磨光方向及角度与刨光相同。个别地方磨光不到可用手工磨。磨削总量应控制在0.3~0.8mm。

(3)油漆和打蜡。地板磨光后应立即上漆。先清除表面尘土和油污,必要时润油粉,满刮腻子两遍,分别用1号砂纸打磨平整、洁净,再涂刷清漆。应按设计要求确定清漆遍数和品牌,厚薄均匀、不漏刷,第一遍干后用1号砂纸打磨,用湿布擦净晾干,对腻子疤、踢脚板和最后一行企口板上的钉眼等处点漆片修色;以后每遍清漆干后用280~320号砂纸打磨。最后打蜡、擦亮。

3. 水泥类基层上粘结单层拼花地板施工

水泥类基层上粘结单层拼花地板施工工艺流程为:基层处理→准备胶结料→弹线→面层铺设→面层刨平磨光、油漆和打蜡(采用免刨免漆类实木长条地板时省略此流程)→踢脚板安装。

（1）基层处理。水泥类基层应表面平整、粗糙、干燥，无裂缝、脱皮、起砂等缺陷。施工前将表面的灰砂、油渍、垃圾清除干净，凹陷部位用 801 胶水泥腻子嵌实刮平，用水洗刷地面、晾干。

（2）准备胶结料。包括促凝剂[用氯化钙复合剂(冬季在白胶中掺少量)]、缓凝剂[用酒石酸(夏季在白胶中掺少量)]、水泥(强度等级42.5 以上普通硅酸盐水泥或白水泥)、丙酮、汽油等。

知识链接

胶粘剂配合比(质量比)

10 号白胶：水泥＝7：3。或者用水泥加 801 胶搅拌成糨糊状。

过氯乙烯胶：过氯乙烯：丙酮：丁酯：白水泥＝1：2.5：7.5：1.5

聚氨酯胶：根据厂家确定的配合比加白水泥，如：甲液：乙液：白水泥＝7：1：2 等。

（3）弹线。在地面上弹十字中心线及四周圈边线，圈边宽度当设计未规定时以 300mm 为宜。根据房间尺寸和拼花地板的大小算出块数。如为单数，则房间十字中心线与中间一块拼花地板的十字中心线一致；如为双数，则房间十字中心线与中间四块拼花地板的拼缝线重合。

（4）面层铺设。

1）涂刷底胶。铺前先在基层上用稀白胶或 801 胶薄薄涂刷一遍，然后将配制好的胶泥倒在地面基层上，用橡皮刮板均匀铺开，厚度一般为 5mm 左右。

2）铺板图案形式一般有正铺和斜铺两种。正铺由中心依次向四周铺贴，最后圈边亦可根据实际情况，先贴圈边，再由中央向四周铺贴；斜铺先弹地面十字中心线，再在中心弹 45°斜线及

胶泥配制应严格计量，搅拌均匀，随用随配，并在 1～2h 内用完。

圈边线,按 45°方向斜铺。拼花面层应每粘贴一个方块,用方尺套方一次,贴完一行,需在面层上弹细线修正一次。

3)铺设席纹或人字地板时,更应注意认真弹线、套方和找规矩;铺钉时随时找方,每铺钉一行都应随时找直。板条之间缝隙应严密,不大于 0.2mm。可用锤子或垫木适当敲打,溢出板面的胶粘剂要及时清理干净。地板与墙之间应有 8～12mm 的缝隙,并用踢脚板封盖。

4)胶结拼花木地板面层及铺贴方法如图 3-40 所示。

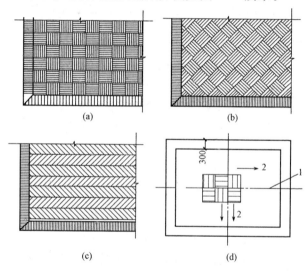

(a)

(b)

(c)

(d)

图 3-40　胶结拼花地板面层及铺贴方法

(a)正方格形;(b)斜方格形;(c)人字形;(d)中心向外铺贴方法

1—弹线;2—铺贴方向

5)拼花地板粘贴完后,应在常温下保养 5～7d,待胶泥凝结后,用电动滚刨机刨削地板,使之平整。滚刨方向与板条方向成 45°角斜刨,刨时不宜走得太快,应多走几遍。第一遍滚刨后,再换滚磨机磨两遍;第一遍用 3 号粗砂纸磨平,第二遍用 1～2 号砂纸磨光,四周和阴角处辅以人工刨削和磨光。

(5)踢脚板安装。

1)采用实木制作的踢脚板,背面应留槽并做防腐处理。

2)预先在墙内每隔 300mm 砌入一块防腐木砖,在防腐木砖外面钉一块防腐木块(如未预埋木砖,可用电锤打眼在墙面固定防腐木楔)。然后把踢脚线的基层板用明钉钉牢在防腐木块上,钉帽砸扁使冲入板内,随后粘贴面层踢脚板并刷漆。踢脚板板面要竖直,上口呈水平线。木踢脚板上口出墙厚度应控制在 10～20mm。踢脚板铺设做法如图 3-41 所示。

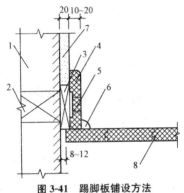

图 3-41　踢脚板铺设方法

1—砖墙;2—预埋防腐木砖 120mm×120mm×60mm@750mm;

3—防腐木砖 120mm×120mm×20mm@750mm;4—木踢脚板 150mm×20mm;

5—通风孔 ϕ6mm@1000mm;6—木条 15mm×15mm;7—内墙粉刷;8—企口长条硬木板

3)踢脚板安装完成后,在房间不明显处,每隔 1m 开排气孔,孔的直径为 6mm,上面加铝、镀锌、不锈钢等金属箅子,用镀锌螺钉与踢脚板拧牢。

三、实木复合地板面层施工

1. 实木复合地板的性能特点

实木复合地板是将优质实木锯切刨切成表面板、芯板和底板单片,然后根据不同品种材料的力学原理将三种单片依照纵向、横向、纵向三维排列方法,用胶水粘贴起来,并在高温下压制成板,这就使木材的异向变化得到控制。

(1)规格厚度。实木复合地板表层的厚度决定其使用寿命,表层板材越厚,耐磨损的时间越长。欧洲实木复合地板的表层厚度一般要求达到4mm以上。

(2)材质。实木复合地板分为表、芯、底三层。表层为耐磨层,应选择质地坚硬、纹理美观的品种;芯层和底层为平衡缓冲层,应选用质地软、弹性好的品种,但最关键的一点是,芯层底层的品种应一致,否则很难保证地板的结构相对稳定。

(3)加工精度。实木复合地板的最大优点是加工精度高,因此,选择实木复合地板时,一定要仔细观察地板的拼接是否严密,而且两相邻板应无明显高低差。

(4)表面漆膜。高档次的实木复合地板,应采用高级 UV 亚光漆,这种漆是经过紫外光固化的,其耐磨性能非常好,使用过程一般不必打蜡维护。另外,一个关键指标是亚光度,地板的光亮程度应首先考虑柔和、典雅,对视觉无刺激。

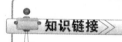

知识链接

实木复合地板常用类型

实木复合地板分为三层实木复合地板、多层实木复合地板、新型实木复合地板三种。由于它是由不同树种的板材交错层压而成,因此克服了实木地板单向同性的缺点,干缩湿胀率小,具有较好的尺寸稳定性,并保留了实木地板的自然木纹和舒适的脚感。

2. 施工工艺与要求

实木复合地板面层施工工艺流程为:水泥砂浆找平压光→垫复合木地板防潮垫→安装复合木地板→安装踢脚线。

(1)水泥砂浆找平压光。实木复合地板面层施工前,水泥砂浆应找平压光,地面不起砂、不空裂,基层清理干净。

(2)垫复合木地板防潮垫。在水泥砂浆上铺防潮层,两块防潮层间,应用胶带封好,以保证密封效果。由于复合地板多数为条形企口板,安装时从里向外开始安装第一排地板,将有槽口的一边向墙壁,加入专用垫块,预留 8~12mm 的伸缩缝隙以防日后受潮膨胀。

(3)安装复合木地板。测量出第一排尾端所需地板长度,预留 8~12mm 的伸缩缝后,锯掉多余部分。将锯下的不小于 300mm 长度的地板作为第二排地板的排头,相邻的两排地板短接缝之间不小于 300mm。将胶水连续、均匀地涂在地板所有榫舌的上表面,并将多余的挤到地板表面的胶水,在 1h 内清理掉;每排最后一片及房间最后一排地板须用专用工具撬紧。

水泥基层上粘贴单层实木复合地板时的胶粘剂涂刷

1)在每条木地板的两端和中间涂刷胶粘剂(每点涂刷面积根据胶粘剂性质和规格而定,一般为 150mm×100mm)。按顺序沿水平方向用力推挤压实。每铺钉一行均应及时找直。

2)板条之间缝隙应严密,不大于 0.5mm。可用锤子通过垫木适当敲打,溢出板面的胶粘剂要及时清理擦净。实木复合地板相邻板材接头位置应错开不小于 300mm 距离,地板与墙之间应有 10~12mm 缝隙,并用踢脚板封盖。

(4)安装踢脚线。踢脚线是为了遮挡地板与墙面间难看的缝隙。为达到协调的装饰效果,踢脚线可根据门套颜色或地板颜色选择。

四、浸渍纸层压木质地板面层施工

1. 浸渍纸层压木质地板性能特点

浸渍纸层压木质地板是以一层或多层专用纸浸渍热固性氨基树脂,铺装在刨花板、中密度纤维板、高密度纤维板等人造板基材表层,背面加平衡层,正面加耐磨层,经热压而成的地板。

浸渍纸层压木质地板的耐磨性强,表面装饰花纹整齐,色泽均匀,抗压性强,价格便宜,便于清洁护理,但弹性和脚感略差。另外,从木材资源的综合有效利用的角度看,浸渍纸层压木质地板更有利于木材资源的可持续利用。

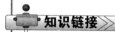

浸渍纸层压木质地板的构造组成

浸渍纸层压木质地板由表层、基材(芯层)和底层三层构成。其表层由耐磨层和装饰层组成,或由耐磨层、装饰层和底层纸组成。前者厚度一般为 0.2mm,后者厚度一般为 0.6～0.8mm;基材为中密度纤维板、高密度纤维板或刨花板;底层是由平衡纸或低成本的层压板组成,厚度一般为 0.2～0.8mm。

2. 施工工艺与要求

浸渍纸层压木质地板面层施工方法主要有悬浮铺设法和无胶悬浮铺设法两种。

(1)悬浮铺设法施工。悬浮铺设法施工工艺流程为:基层处理→留置伸缩缝→浸渍纸层压木质地板铺设→踢脚线处理→成品保护。

1)基层处理。基层的表面平整度应控制在每平方米为 2mm,达不到要求的必须二次找平。当表面平整度超过每平方米 2mm 且未进行二次找平的,中密度(强化)复合地板的厚度应选用 8mm 以上的地板,避免地板因基层不平而出现胶水松脱或裂缝。

2)留置伸缩缝。铺设前,房间门套底部应留足伸缩缝,门口接合处地下无水管、电管以及距离地面 120mm 的墙内无电管等。如不符合上述要求,应做好相关处理。

3)浸渍纸层压木质地板铺设。浸渍纸层压木质地板一般采用长条铺设,铺设前应在地面四周弹出垂直控制线,作为铺板的基准线。浸渍纸层压木质地板面层铺设时,地板面层与墙之间放入木楔控制与墙距离,距离应不小于 10mm。铺装方向按照设计要求,通常与房间长度方向一致或按照"顺光、顺行走方向"原则确定,自左向右逐排铺装,凹槽向墙。第一排浸渍纸层压木质地板的铺装必须拉线找直,每排最后一块地板可旋转 180°画线后切割。相邻条板端头应错开不小于 300mm 距离,上一排最后一块地板的切割余量大于 300mm 时,应用于下一排的起始块。当房间长度等于或略小于 1/2 板块长度的倍数时可采用隔排对中错缝。在地板榫头上沿涂胶粘剂时,应将胶瓶嘴削成 45°斜口,并将胶粘剂均匀地涂在地板榫头上沿,涂胶量以地板拼合后均匀溢出一条白色胶线为宜。立即将溢出胶线用湿布擦掉。地板粘胶榫槽配合后,用橡皮锤轻敲挤紧,然后用紧板器夹紧并检查直线度。最后一排地板要用适当方法测量其宽度并切割、施胶、拼板,用紧板器(拉力带)拉紧使之严密,铺装后继续使紧板器拉紧 2h 以上。铺设浸渍纸层压木质地板面层的面积达 70m² 或房间长度达到 8m 时,宜在每间隔 8m 宽处放置铝合金条,以防止整体地板受热变形。

拓展阅读

浸渍纸层压木质地板的衬垫层处理

浸渍纸层压木质地板的衬垫层一般为卷材,按铺设长度裁切成块,铺设宽度应与面板相配合,距离墙(不少于 10mm)比地板略短 10~20mm,方向应与地板条方向垂直,衬垫拼缝采用对接(不能搭接),留出 2mm 伸缩缝。加设防潮薄膜时应重叠 200mm。

4)踢脚线处理。预先在墙内每隔 300mm 砌入一块防腐木砖,在其外面钉一块防腐木块;如未预埋木砖,亦可钉防腐木楔;在木楔上钉基层板,然后把踢脚线用胶粘在基层板上,踢脚线接缝处用钉从侧口固定,但保证表面无痕。踢脚线板面要垂直,上口呈水平线。木踢脚线上口出墙厚度应控制在 10~20mm 范围。

5)成品保护。铺板后 24h 内不准上人,安装踢脚线前将板面清擦干净、取出木楔。

(2)无胶悬浮铺设法施工。无胶悬浮铺设法适用于具有锁扣式榫槽的浸渍纸层压木质地板。其施工方法与要求要与"悬浮铺设

> 钉踢脚线前将板墙间隙内的木楔和杂物清理干净。对于门口部位地板边缘,采用胶粘剂粘结贴边压条。

法"基本相同,但不用涂胶粘剂。当用于临时会场展厅和短期居住房屋地板时,应在地板四周用压缩弹簧或聚苯板塞紧定位,保证周边有适当的压紧力。

五、软木地板面层施工

1. 软木地板的类型、性能及适用范围

软木地板完全继承了软木原有的优良特性,并产生出许多自身特点,使它成为独立于传统木质地板的新型建材。软木地板的类型、性能及适用范围见表 3-9。

表 3-9 软木地板的类型、性能及适用范围

类型	性能	适用范围
第一类	是最原始的软木,表面无任何覆盖,具有软木的全部优异性	一般家庭
第二类	软木地板,即在软木地板表面做涂装,在胶结软木的表面涂装 UV 清漆或色漆或光敏清漆 PVC。根据漆种不同,又可分为三种,即高光、亚光和平光。 第二类软木地板,软木层稍厚,对软木地板表面要求比较高,质地纯净,但层厚仅 0.1～0.2mm,较薄,但柔软、高强度的耐磨层不会影响软木各项优异性能的体现	一般家庭、书店、图书馆
第三类	第三类软木地板结构通常为四层:表层采用 PVC 贴面,其厚度为 0.45mm;第二层为天然软木装饰层其厚度为 0.8mm;第三层为胶结软木层,其厚度为 1.8mm;最底层为应力平衡兼防水 PVC 层,此一层很重要,若无此层,在制作时当材料热固后,PVC 表层冷却收缩,将使整片地板发生翘曲。 第三类软木地板表有较厚(0.45mm)的柔性耐磨层,砂粒虽然会被带到软木地板表面,而且压入耐磨层后不会滑动,当脚离开砂粒还会被弹出,不会划破耐磨层,所以人流量虽大,但不影响地板表面	宾馆、商店、图书馆等人流量大的场合

续表

类型	性能	适用范围
第四类	第四类软木地板结构通常为四层:表层采用聚氯乙烯贴面,厚度为 0.45mm;第二层为天然薄木,其厚度为 0.45mm;第三层为胶结软木,其厚度为 2mm 左右;底层为 PVC 板,与第三类一样防水性好,同时又使板面应力平衡,其厚度为 0.2mm 左右。 第四类软木地板的弹性、吸振、吸声、隔声等性能也非常好,但通常橡胶有异味,因此,在其表面用 PU 或 PUA 高耐磨层作保护层使其消除异味,而且又耐磨	托儿所、计算机房、会议室等
第五类	塑料软木地板,树脂胶结软木地板、橡胶软木地板	练功房、播音室、医院

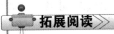

高品质软木地板性能特点

高品质的软木地板各项性能都很优异,它具有防潮防滑、安全静音、舒适美观、安装维护简单、抗压耐磨等特点,再经过科学的安装,它不但可以铺在卧室、客厅,甚至可以铺进厨房,所以软木地板是相当耐用的。

2. 施工工艺与要求

软木类地板面层施工工艺流程为:基层处理→在地板背面和地面涂胶→地板铺设→填缝及清洁。

(1)基层处理。一般地面做水泥自流平找平。

(2)在地板背面和地面涂胶。用刮板将胶均匀地涂在地板背面和地面基层上,晾置一段时间,待胶不粘手时即可粘贴。

(3)地板铺设。将地板沿基线进行铺设,铺设时用力要均匀,要保证地板与地板之间没有空隙。粘贴完一块地板后,要用橡皮锤敲打地板,使地板和地面粘贴紧密及地板与地板接缝处平整无高低差。软木地板与周边墙面之间应留出 8~12mm 的空隙,并在空隙内加设钢卡子,钢卡子间距宜为 300mm。

特别强调

地板铺设注意事项

(1)软木地板铺设要求地面含水率小于4%,水分过高容易导致地板变形。对于潮湿地面,要等其自然干燥后才可铺装。

(2)施工场地温度低于5℃时,粘合剂的固化可能会比通常情况下要慢,粘着力也会降低。所以,施工过程中应注意板面的温度。

(4)填缝及清洁。用腻子将缝隙填平,并用清洁剂(如瑞典产的博纳清洁剂兑水以1∶50的比例)将地板表面擦净(没有博纳清洁剂的也可以用稀料将胶擦净)。等腻子阴干后,在地板表面涂上一层耐磨漆。

手工铺设粘贴式地板不可避免地会出现误差,地板之间可能会产生缝隙,用颜色相同的水性腻子将缝隙填平。

第六节　地面附属工程施工

一、散水

散水是与外墙垂直交接、留有一定坡度的室外地面部分,起到排除雨水,保护墙基免受雨水侵蚀的作用。

1. 散水构造做法

散水多采用混凝土散水、块料面层散水等。其构造做法如图 3-42 所示。

2. 散水施工要点

散水施工时,首先按横向坡度、散水宽度在墙面上弹出标高线,散水的基层按照散水的坡度及设计厚度设置。

(1)散水的宽度应符合设计文件的要求。如无设计要求,无组织排水的建筑物散水宽度一般为 700～1500mm,有组织排水一般为 600～1000mm。

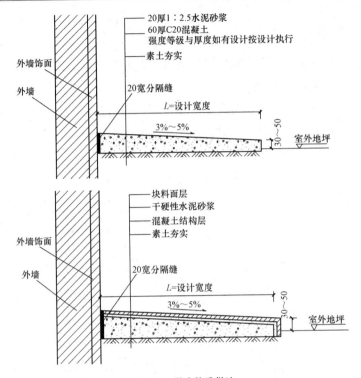

图 3-42 散水构造做法

(a)混凝土散水构造做法;(b)块料面层构造做法

(2)散水的坡度一般控制在3‰～5‰,外缘高出室外地坪30～50mm。

特别强调

散水施工注意事项

散水与建筑物外墙应分离,顺外墙一周设置20mm宽的分隔缝。纵向设置分隔缝,转角处与墙面成45°角,缝宽20mm,其他部位与外墙垂直,间隔6m左右且不大于12m,并避开落水口位置。分隔缝采用弹性材料(沥青砂浆、油膏、密封胶等)填塞。填塞完工的缝隙应低于散水3～5mm,做到平直、美观。

二、明沟

明沟是散水坡边沿收集屋面雨水并有组织排水的雨水沟。

1. 明沟构造做法

常见的明沟有独立明沟或散水带明沟,构造做法如图 3-43 所示。当屋面采用有组织排水系统时,大多单独设置明沟,明沟的宽度根据最大降雨量和屋面承水面积来确定,一般在 200～300mm。

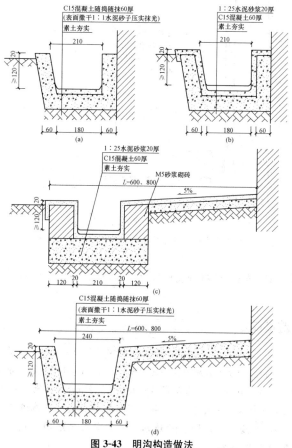

图 3-43　明沟构造做法

(a)水泥混凝土面层明沟;(b)水泥砂浆面层明沟;

(c)水泥砂浆面层散水带明沟;(d)水泥混凝土面层散水带明沟

室外明沟构造层次

　　室外明沟构造层次应为：素土夯实、垫层和面层。其各层采用的材料、配合比、强度等级以及厚度均应符合设计要求。

2. 明沟施工要点

　　(1)明沟应分块铺设,每块长度按各地气候条件和传统做法确定,但不应大于 10m。房屋转角处应设置伸缩缝,其缝与外墙面 45°角。明沟分格缝宽一般为 15～20mm,明沟与墙基间也应设置 15～20mm 缝隙,缝中嵌填胶泥密封材料。

　　(2)室外明沟施工时应按基土、同类垫层、面层相关施工要点进行施工。严寒地区的明沟下应设置防冻胀层,防止冬期产生冻胀破坏。

　　(3)明沟在纵向应有不小于 0.5% 的排水坡度,在通向排水管井的下水口应设有带洞的盖板,防止杂物落入排水井。

三、踏步

1. 踏步构造做法

　　踏步分为台阶踏步与楼梯踏步。

　　台阶踏步指的是在室外或室内的地坪或楼层不同标高处设置的供人行走的阶梯。台阶面层的常用材料较多采用水泥砂浆、整体混凝土等整体面层及花岗石板、大理石板、瓷砖等块料面层,体育场馆多采用塑胶台阶。其构造做法如图 3-44 所示。

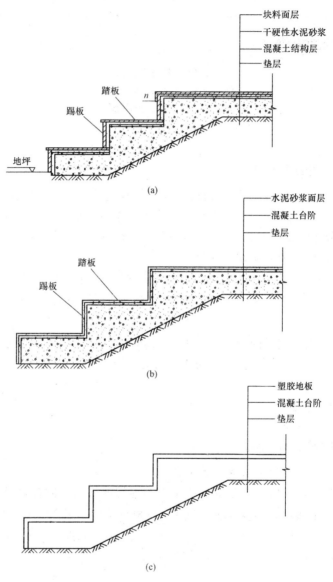

图 3-44 台阶构造做法

(a)块料面层台阶构造做法；(b)整体面层台阶构造做法；

(c)塑胶面层台阶构造做法

知识链接 >>

台阶踏步高度、宽度要求

台阶踏步的高度和宽度应根据不同的使用要求确定。踏级高度宜为100～150mm,不宜大于150mm,踏级宽度宜为300～350mm,不宜小于300mm。台阶立板高度及踏步板宽度(图3-45)按下式计算:

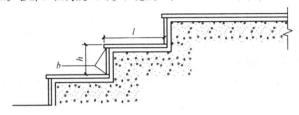

图3-45 台阶块料面层加工做法
h—设计踏步高度;b—面层缝宽;l—设计踏步宽度

踢面板高度=设计踏步高度-踏面板厚度-面层缝隙×2

踏面板宽度=设计踏步宽度+体面板厚度+n

式中n如图3-44(a)所示,n根据踏步板厚度确定,一般宜为10～15mm,当踏步板厚度10mm时不宜留设。

人流密集的公共场所台阶或高度超过1m的台阶,应设护栏。护栏高度应不低于1050mm。在台阶与入门口处应设一段过渡平台,作为缓冲,平台的标高应比室内地面低20mm,防止雨水倒流入室内。

常用的楼梯多采用花岗岩、大理石、瓷砖、预制水磨石等块料面层铺贴,亦可做成水泥砂浆整体面层、地毯面层等。其构造做法参见台阶踏步相关内容,其踏步板的质量要求见表3-10。

表3-10　　　　　　　　　　　踏步板质量要求

种类	允许偏差/mm			外观要求
	长度	厚度	平整度	
同一级踏步板	+0,-1	+0.5,-0.5	长度≥1000时为0.8	表面洁净、平整、色泽一致、无裂纹、无掉角缺楞、边角方正

知识链接

楼梯踏步高度要求

楼梯踏步的高度,应按设计要求,将上下楼层或楼层与平台的标高误差均分在各踏步高度内,使完工后的每级踏步的高度与相邻踏步的高度差控制在 10mm 以内。

2. 台阶踏步施工要点

(1)块料面层台阶施工时,应根据设计图纸的建筑尺寸,预先提出材料加工计划。

(2)台阶面层施工应先踢面(立面)后踏面(平面),整体面层台阶施工应自上而下进行,当踏步面层为木板、预制水磨石板、花岗石板、大理石板、瓷砖等块料面层时分梯段自上而下铺设,梯段内自下而上逐级铺设。

> 室外台阶一般与结构主体分离砌筑,防止不均匀沉降对台阶造成破坏。

3. 楼梯踏步施工要点

(1)楼梯踏步施工前,应按设计要求,确定每个踢段内最下一级踏步与最上一级踏步的标高及位置,在侧墙画出完工后踏步的高宽尺寸及形状,块料面层在两个踏步口拉线施工。

(2)楼梯装饰施工时,根据设计要求,要确保同平台上行与下行踏步前缘线在一条直线上,踏步宽度一致。

(3)水泥砂浆楼梯踏步施工。

1)将基层表面的泥土、浮浆块等杂物清理冲洗干净,若基层表面有油污,可用 5%~10% 浓度的火碱溶液清洗干净。

2)根据弹好的控制线,将调直的 $\phi10$ 钢筋沿踏步长度方向每 300mm 焊两根 $\phi6$ 固定锚筋($l=100\sim150$mm,相互角度小于 90°),用 1:2 水泥砂浆牢固固定,$\phi10$ 钢筋上表面同踏步阳角面层相平。固定牢靠后洒水养护 24h。

3）根据控制线，留出面层厚度（6～8mm），粘贴靠尺，抹找平砂浆前，基层要提前湿润，并随刷水泥砂浆随抹找平打底砂浆一遍，找平打底砂浆配合比宜为 1∶2.5（水泥∶砂，体积比），最后粘贴尺杆将梯板下滴水沿找平、打底灰抹完，并把表面压实搓毛，洒水养护，待找平打底砂浆硬化后，进行面层施工。

> 找平打底灰的顺序为：先做踏步立面，再做踏步平面，后做侧面，依次顺序做完整个楼梯段的打底找平工序。

4）抹面层水泥砂浆前，按设计要求，镶嵌防滑条木条。抹面层砂浆时要随刷水泥浆随抹水泥砂浆，水泥砂浆的配合比宜为 1∶2（水泥∶砂，体积比）。

> 抹压的顺序为：先踏步立面，再踏步平面，后踏步侧面。

抹砂浆后，用刮尺杆将砂浆找平，用木抹子搓揉压实，待砂浆收水后，随即用铁抹子进行第一遍抹平压实至起浆为止。

5）楼梯面层抹完后，随即进行梯板下滴水沿抹面，粘贴尺杆抹 1∶2 水泥砂浆面层，抹时随刷素水泥浆随抹水泥砂浆，并用刮尺杆将砂浆找平，用木抹

> 楼梯面层灰抹完后应封闭，24h后覆盖并洒水养护不少于7d。

子搓揉压实，待砂浆收水后，用铁抹子进行第一遍压光，并将截水槽处分格条取出，用溜缝抹子溜压，使缝边顺直，线条清晰。在砂浆初凝后进行第二遍压光，将砂眼抹平压光。在砂浆终凝前即进行第三遍压光，直至无抹纹，平整光滑为止。

6）抹防滑条金刚砂砂浆。待楼梯面层砂浆初凝后即取出防滑条预埋木条，养护 7d 后，清理干净槽内杂物，浇水湿润，在槽内抹 1∶1.5 水泥金刚砂砂浆，高出踏步面 4～5mm，用圆阳角抹子捋实捋光。待完活 24h 后，洒水养护，保持湿润养护不少于 7d。

（4）水磨石楼梯踏步施工。

1）楼梯踏步面层应先做立面，再做平面，后做侧面及滴水线。每一梯段应自上而下施工，踏步施工要有专用模具，踏步平面应按

设计要求留出防滑条的预留槽,应采用红松或白松制作嵌条提前2d镶好。

2)楼梯踏步立面、楼梯踢脚线的施工方法同踢脚线,平面施工方法同地面水磨石面层。但大部分需手工操作,每遍必须仔细磨光、磨平、磨出石粒大面,并应特别注意阴阳角部位的顺直、清晰和光洁。

3)现制水磨石楼梯踏步的防滑条可采用水泥金刚砂防滑条,做法同水泥砂浆楼梯面层;也可采用镶成品铜条或 L 型铜防滑护板等做法,应根据成品规格在面层上留槽或固定埋件。

(5)大理石或花岗石楼梯踏步施工。

1)大理石或花岗石面层施工可分仓或不分仓铺砌,也可镶嵌分格条。为了边角整齐,应选用有直边的一边板材沿分仓或分格线铺砌,并控制面层标高和基准点。用干硬性砂浆铺贴,施工方法同大理石地面。铺贴时,按碎块形状大小相同自然排列,缝隙控制在15~25mm,并随铺随清理缝内挤出的砂浆,然后嵌填水泥石粒浆,嵌缝应高出块材面 2mm。待达到一定强度后,用细磨石将凸缝磨平。如设计要求拼缝采用灌水泥砂浆时,厚度与块材上面齐平,并将表面抹平压光。

2)在常温下一般 2~4d 即可开磨,第一遍用 80~100 号金刚石,要求磨匀磨平磨光滑,冲净渣浆,用同色水泥浆填补表面所呈现的细小空隙和凹痕,适当养护后再磨。第二遍用 100~160 号金刚石磨光,要求磨至石子粒显露,平整光滑,无砂眼细孔,用水冲洗后,涂抹草酸溶液(热水∶草酸=1∶0.35,质量比,溶化冷却后用)一遍。如设计有要求,第三遍应用 240~280 的金刚石磨光,研磨至表面光滑为止。

(6)塑胶地板踏步根据设计要求,有采用成品踏步材料、有使用大板砖踏步材料切割而成。塑胶地板踏步施工时,在做好的水泥砂浆踏步的基础上,采用自流平水泥或专用材料找平,使用专用胶粘剂粘贴,其质量要求同地面中相应要求。

(7)防滑材料做成的踏步面层可不设防滑条(槽),踏步防滑可采用防滑条或防滑槽,防滑条(槽)不宜少于 2 道。

（8）楼梯踏步面层未验收前，应严加保护，以防碰坏、撞掉踏步边角。

四、坡道与礓礤

1. 坡道与礓礤构造做法

坡道是指当室内、外地面标高存在高差，内外又有车辆通过时，或不同标高平面需要车辆通行时设计成的斜坡。实际就是有一定防滑要求地面的倾斜形式。坡道常采用水泥面层、混凝土防滑坡道、机刨花岗石坡道、豆石坡道等。其构造做法如图 3-46 所示。

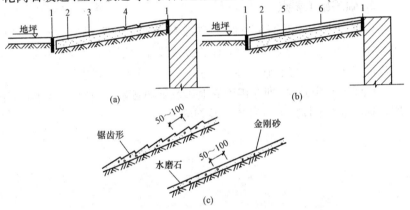

图 3-46 坡道面层构造做法

（a）整体面层坡道；（b）块料面层坡道；（c）礓 坡道

1—沉降缝 15～20mm 弹性材料填充；2—混凝土垫层；3—水泥面层或其他防滑面层；

4—防护条或槽(间距 50～60mm)；5—干性砂浆结合层；6—块料防滑面层

坡道的坡度应符合设计要求。当坡道的坡度大于 10％时，斜坡面层应做成齿槽形，也称礓礤。礓礤是将普通坡道抹成若干道一端高 10mm、宽 50～60mm 的锯齿形的坡。

2. 坡道施工要点

（1）坡道下土层的夯实质量应符合设计要求，特别有机动车辆行驶的坡道，其土层夯实后的变形模量必须满足计算要求。

（2）豆石坡道施工时,豆石的粒径不宜小于 20mm,露出尺寸不宜超过粒径的 1/3。

（3）坡道面层采用机刨花岗石板时,施工交底要清楚,板面不宜采用磨光板机刨,机刨槽深度、宽度要明确,机刨方向应垂直于车辆行驶方向。

> 寒冷地区室外坡道的防冻层厚度、使用材料应符合设计要求,严禁在冻土层上直接施工。

（4）坡道施工时与建筑物交接处应设置分隔缝,防止不均匀沉降造成断裂,分隔缝宽度为 15～20mm,采用弹性材料填充。

3. 礓磋施工要点

礓磋表面齿槽做法:当面层砂浆抹平时,用两根靠尺（断面为 50mm×6mm）,相距 50～60mm,平行地放在面层上,用水泥砂浆在两靠尺间抹面,上口与上靠尺顶边平齐,下口与下靠尺底边相平。

礓磋也可用砖砌,即在礓磋的上边及下边各砌一行立砖,斜段部分用普通黏土砖侧砌,用砂做垫层及扫缝。

第四章　墙面装饰装修工程施工

　　墙体是建筑物的重要组成部分,是室内外空间的侧界面和室内空间分隔的界面。墙面装饰工程的面积约占整个装饰工程的 2/3,造价约占整个装饰工程的 1/2 以上。随着科学技术的发展,新型装饰材料、装修工(机)具不断涌现,给墙面装饰的施工工艺方法也带来了新的生机和变化。

第一节　墙面装饰施工的种类与作用

一、墙面装饰施工的种类

墙面装饰施工的种类从不同的角度有不同的分类。

1. 按墙面装饰材料分类

　　(1)抹灰类墙体饰面工程,包括一般抹灰和装饰抹灰饰面装饰。

　　(2)涂饰类墙体饰面工程,包括涂料和刷浆等饰面装饰。

　　(3)裱糊与软包工程,包括壁纸布和壁纸饰面装饰、软包装饰。

　　(4)饰面板(砖)类墙体饰面工程,包括饰面砖镶贴、装饰玻璃安装、木质饰面、石材及金属板材等饰面装饰。

　　(5)其他材料类,如玻璃幕墙等。

2. 按装饰装修施工方法分类

　　装饰装修施工有:抹、滚、喷、弹、刷、刮、印、刻、压、磨、镶、嵌、挂、搁、卡、榫、咬、浇、粘、裱、钉、焊、铆、栓二十四种基本方法。

拓展阅读

过渡件连接

　　不同的材料与制品选用的连接方法也有所不同,有的材料与制品不能直接相连时就需加过渡件(中间件)来连接,所设过渡件一定是和其中一种材料为相容性物质。

3. 按装饰装修施工部位分类

　　外墙面装饰包括外墙各立面、店面、檐口、外窗台、雨篷、台阶、建筑小品等;内墙装饰包括内墙各装饰面、踢脚、墙裙、隔墙隔断、门窗、楼梯、电梯等。

4. 按墙面装饰构造形式分类

　　按墙面装饰构造形式可分为装饰结构类、饰面类和配件类三大类。

　　(1)装饰结构类构造。指采用装饰骨架,表面装饰构造层与建筑主体结构或框架填充墙连接在一起的构造形式。

　　(2)饰面类构造。又称覆盖式构造,即在建筑构件表面再覆盖一层面层,对建筑构件起保护和美化作用。饰面类构造主要是处理好面层与基层的连接构造(如瓷砖、墙布与墙体的连接,干挂石材等)。

　　(3)配件类构造。将装饰制品或半成品在施工现场加工组装后,安装于装饰装修部位的构造(如暖气罩、窗帘盒)。配件的安装方式主要有粘接、榫接、焊接、卷口、钉接等。

知识链接

墙面装饰施工做法的选用原则

　　选择装饰构造及施工做法主要考虑的原则:功能及材料要求、质量等级要求、耐久年限、安全性、可行性、经济性、现场制作或预制、施工因素、健康环保等方面。

二、墙面装饰施工的作用

墙、柱共同构成建筑物三度空间的垂直要素,墙、柱面装饰形成了主要的立面装饰。随着国民经济的发展及人民生活水平的提高,墙、柱面装饰的作用也在不断地发生变化,概括起来,墙面装饰的作用主要有以下三个方面:

1. 保护墙体结构构件,提高使用年限

建筑墙体暴露在大气中,在风、霜、雨、雪和太阳辐射等的作用下,砖、混凝土等主体结构材料可能变得疏松、碳化,影响牢固与安全。通过抹灰、饰面板等饰面装修处理,不仅可以提高墙体对外界各种不利因素(如水、火、酸、碱、氧化、风化等)的抵抗能力,还可以保护墙体不直接受到外力的磨损、碰撞和破坏,从而提高墙体的耐久性,延长其使用年限。

2. 优化空间环境,改善工作条件

通过建筑墙体表面的装修,增强了建筑物的保温、隔热、隔声和采光性能。如砖砌体抹灰后提高了表面平整度并减少了表面挂灰,提高了建筑环境照度,而且能防止可能由砖缝砂浆不密实引起的冬季冷风渗透。有一定厚度和质量的抹灰还能提高墙体的隔声能力,某些饰面还可以有吸声性能,以控制噪声。由此可见,墙面装修对满足房屋的使用要求有重要的功能作用。

3. 装饰墙、柱立面,增强装饰美化效果

通过建筑墙体表面装饰层的质感、色彩、造型等处理,形成了丰富而悦目的建筑环境效果,提高了舒适度,形成良好的心理感受。

拓展阅读

墙面装饰施工的种类及材料的选用

在对墙面进行装饰工程时,首先要根据空间功能用途来确定选择什么样的墙面装饰种类,合理选择装饰材料。墙面装饰施工的种类及材料选用作为基础知识点应较好地掌握。

第二节　抹灰工程

抹灰类装饰是墙面装饰中最常用、最基本的做法,通常把对室外的抹灰叫外抹灰,对室内的抹灰叫内抹灰。抹灰工程按使用材料和装饰效果,分为一般抹灰和装饰抹灰两类。一般抹灰饰面是指采用石灰砂浆、水泥砂浆、混合砂浆、麻刀灰、纸筋灰等对建筑主体骨架抹灰罩面,它通常是装饰工程的基层;装饰抹灰是指通过选用材料及操作工艺等方面的改进,而使抹灰富于装饰效果的水磨石、水刷石、干粘石、斩假石、拉毛与拉条抹灰、装饰线条抹灰以及弹涂、滚涂、彩色抹灰等。

一、抹灰墙面构造分层及其各层作用

抹灰墙面的基本构造层次分为三层,即底层、中层、面层,如图 4-1 所示。

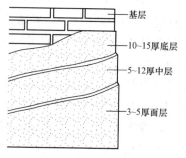

图 4-1　抹灰墙面构造

（1）底层。底层抹灰主要起与墙体表面粘结和初步找平作用。不同的墙体底层抹灰所用材料及配合比也不相同,多选用质量比为 $1:(2.5\sim3)$ 水泥砂浆和 $1:1:6$ 的混合砂浆。

（2）中层。中层砂浆层主要起进一步找平作用和减小由于材料干缩引起的龟裂缝,它是保证装饰面层质量的关键层。其用料配比与底层抹灰用料基本相同。

（3）面层。抹灰面层首先要满足防水和抗冻的功能要求,一般用质量比为 $1:(2.5\sim3)$ 的水泥砂浆。该层也为装饰层,应按设计要求施工,如进行拉毛、扒拉面、拉假面、水刷面、斩假面等。

二、抹灰工程施工材料与机具

1. 施工材料

抹灰砂浆的种类有水泥砂浆、石灰砂浆、混合砂浆、聚合物砂浆、彩色水泥砂浆等,砂浆的配合比要准确,以保证砂浆强度的准确性,且拌和要充分。

抹灰砂浆的组成材料主要包括胶凝材料、骨料、纤维材料、颜料、水、外加剂等。

> 抹灰材料用量应根据施工图纸要求计算,并提出进场时间,按施工平面布置图的要求分类堆放,以便检验、选择和加工。

(1)胶凝材料。在抹灰工程中,常用的胶凝材料包括水泥、石灰、聚合物、建筑石膏等。

1)水泥。要有性能检测报告,合格后方可使用,不得使用过期水泥。

2)石灰。抹灰用石灰必须先熟化成石灰膏,常温下石灰的熟化时间不得少于 15d,不得含有未熟化的颗粒。

3)聚合物。在许多特殊的场合可采用聚合物作为砂浆的胶凝材料,制成聚合物砂浆。所谓聚合物水泥砂浆,是指在水泥砂浆中添加聚合物胶粘剂,从而使砂浆性能得到很大改善的一种新型建筑材料。聚合物的种类和掺量在很大程度上决定了聚合物水泥砂浆的性能,改变了传统砂浆的技术经济性能,目前已开发出品种繁多、性能优异的各类聚合物砂浆。

4)建筑石膏。应具有良好的保温隔热性能。

(2)骨料。

1)砂。抹灰工程用的砂,一般是中砂或中、粗混合砂,但必须颗粒坚硬、洁净。含泥土等杂质不超过 3%。使用前过 5mm 孔径筛子,可与石灰、水泥等胶凝材料调制成多种建筑砂浆。

2)石屑。石屑是粒径比石粒更小的细骨料,主要用于配制外墙喷涂饰面的聚合物浆。常用的有松香石屑和白云石屑等。

3)彩色瓷粒。彩色瓷粒是以石英、长石和瓷土为主要原料经烧制而成的。粒径 1.2～3mm,颜色多样。骨料使用前应冲洗过筛,按颜色规格分类堆放。

(3)纤维材料。

1)纸筋。可用白纸筋或草纸筋,使用前 3 周用水浸透,敲打松散并捣烂,要求洁净细腻。再按 100kg 石灰膏掺 2.75kg 纸筋的比例加入淋灰池,使用时应过筛。

2)麻刀。麻刀即为细碎麻丝,要求坚韧、干燥,不含杂质,使用前将长度剪至 20～30mm,敲打松散,每 100kg 石灰膏约掺 1kg 麻刀。

3)玻璃纤维。将玻璃纤维切成长 10mm 左右,每 100kg 石灰膏掺入 200～300g,搅拌均匀成玻璃丝灰。

(4)颜料。抹灰用颜料应采用矿物颜料及无机颜料,须具有高度的磨细度和着色力,耐光耐碱,不含盐、酸等有害物质。

(5)水。拌制抹灰砂浆用水应满足《混凝土用水标准》(JGJ 63—2006)的相关规定。

(6)外加剂。抹灰砂浆用外加剂有憎水剂、分散剂、减水剂、胶粘剂等,要根据抹灰的要求按比例适量加入,不得随意添加。

知识链接

抹灰砂浆的主要技术性能

抹灰砂浆的主要技术性能包括新拌砂浆的和易性、与基体的粘结性和硬化后的变形性等。

(1)和易性。新拌砂浆的和易性是指在搅拌、运输和施工过程中不易产生分层、析水现象,并且易于在粗糙的砖、砌块、混凝土、轻体隔墙等表面上铺成均匀的薄层的综合性能。通常用流动性和保水性两项指标表示。影响砂浆流动性的主要因素有:

1)胶凝材料及掺加料的品种和用量;

2)砂的粗细程度,形状及级配;

3)用水量;

4）外加剂品种与掺量；

5）搅拌时间等。

（2）粘结性。一般砂浆抗压强度越高，则其与基材的粘结强度越高。此外，砂浆的粘结强度与基层材料的表面状态、清洁程度、湿润状况以及施工养护等条件有很大关系。同时，还与砂浆的胶凝材料种类有很大关系，加入聚合物可使砂浆的粘结性大为提高。砂浆的粘结强度用拉拔强度表示。

（3）变形性。砂浆在承受荷载或在温度变化时，会产生收缩等变形。如果变形过大或不均匀，容易使面层产生裂纹或剥离等质量问题。因此，要求砂浆具有较小的变形性。

拓展阅读

新技术、新材料在抹灰砂浆中的应用

（1）预拌砂浆。预拌砂浆是指经干燥筛分处理的骨料（如石英砂）、无机胶凝材料（如水泥）和添加剂（如聚合物）等按一定比例进行物理混合而成的一种颗粒状或粉状，以袋装或散装的形式运至工地，加水拌和后即可直接使用的物料。又称作砂浆干粉料、干混砂浆、干拌粉，有些建筑粘合剂也属于此类。

目前主要的干混砂浆品种有：饰面类（内外墙壁腻子、彩色装饰干粉、粉末涂料等）、粘结类（瓷板胶粘剂、填缝剂、保温板胶粘剂等）及其他功能性干混砂浆（如自流平地平材料、修复砂浆、地面硬化材料等）。

相对于在施工现场配制的砂浆，预拌砂浆有以下优势：

1）品质稳定可靠，提高工程质量。

2）品种齐全，可以满足不同的功能和性能需求。

3）性能良好，有较强的适应性，有利于推广应用新材料、新工艺、新技术、新设备。

4）施工性好，功效提高，有利于自动化施工机具的应用，改变传统抹灰施工的落后方式。

5）使用方便，便于运输和存放，有利于施工现场的管理。

6）符合节能减排、绿色环保施工要求。

　　(2)粉刷石膏。粉刷石膏是由石膏作为胶凝材料,再配以建筑用砂或保温骨料及多种添加剂制成的一种多功能建筑内墙及顶板表面的抹面材料。由于使用了多种添加剂,改善了传统的粉刷石膏的性能。

　　根据粉刷石膏的用途不同可分为底层粉刷石膏(用于基底找平的抹灰,通常含有骨料)、面层粉刷石膏(用于基底粉刷或其他基底上的最后一层抹灰,通常不含骨料,具有较高的强度)及保温层粉刷石膏(含有轻骨料的石膏抹灰材料,具有较好的热绝缘性)。

　　粉刷石膏的性能特点如下:

　　1)粘结力强。适用于各类墙体(加气混凝土、轻质墙板、混凝土剪力墙及室内顶棚)可有效防治开裂、空鼓等质量通病。

　　2)表面装饰性好。抹灰墙面致密、光滑、不起灰,外观典雅,具有呼吸功能,提高了居住舒适度。

　　3)节省工期。凝结硬化快,养护周期短,工作面可当日完成,提高了工作效率。

　　4)防火性能好。

　　5)使用便捷。直接调水即可,保证了材料的稳定性。

　　6)导热系数低,节能保温。

　　7)卫生环保。没有现场用砂的环节,减少了人工费用和运输费用,避免了砂尘污染。

2. 施工机具

　　抹灰工程的常用机具包括抹子、托灰板、木杠、八字靠尺、钢筋卡子、靠尺板、托线板和线锤、方尺、分格条、水平尺、线坠、水桶、喷壶、墨斗、铁锹和灰勺等。

三、一般抹灰施工

1. 砂浆配制

　　(1)水泥抹灰砂浆。水泥抹灰砂浆适用于墙面、墙裙有防潮要求的房间,屋檐、压檐墙、门窗洞口等部位。水泥抹灰砂浆配制见表 4-1。

表 4-1   水泥抹灰砂浆配制

砂浆强度等级	水泥用量/(kg/m³)	水泥要求	砂/(kg/m³)	水/(kg/m³)
M15	330～380	42.5 级通用硅酸盐水泥或砌筑水泥	1m³ 砂的堆积密度值	260～330
M20	380～450			
M25	400～450	52.5 级通用硅酸盐水泥		
M30	460～510			

（2）水泥粉煤灰抹灰砂浆。水泥粉煤灰抹灰砂浆适用于内外墙抹灰。水泥粉煤灰抹灰砂浆的配制见表 4-2。

表 4-2   水泥粉煤灰抹灰砂浆的配制

砂浆强度等级	水泥用量/(kg/m³)	水泥要求	粉煤灰	砂/(kg/m³)	水/(kg/m³)
M5	250～290	42.5 级通用硅酸盐水泥	内掺,等量取代水泥量的10%～30%	1m³ 砂的堆积密度值	260～330
M10	320～350				
M15	350～400	52.5 级通用硅酸盐水泥			

（3）水泥石灰抹灰砂浆。水泥石灰抹灰砂浆适用于内外墙面抹灰,不宜用于湿度较大的部位,水泥石灰抹灰砂浆配制见表 4-3。

表 4-3   水泥石灰抹灰砂浆配制

砂浆强度等级	水泥用量/(kg/m³)	水泥要求	石灰膏/(kg/m³)	砂/(kg/m³)	水/(kg/m³)
M2.5	200～230	42.5 级通用硅酸盐水泥或砌筑水泥	（350～400）减去水泥用量	1m³ 砂的堆积密度值	260～300
M5	230～280				
M10	330～380				

（4）掺塑化剂水泥抹灰砂浆。掺塑化剂水泥抹灰砂浆适用于内外墙面抹灰。掺塑化剂水泥抹灰砂浆配制见表 4-4。

表 4-4   掺塑化剂水泥抹灰砂浆配制

砂浆强度等级	水泥用量/(kg/m³)	水泥要求	塑化剂/(kg/m³)	砂/(kg/m³)	水/(kg/m³)
M5	250～290	42.5 级通用硅酸盐水泥	按说明书掺加。砂浆使用时间不超过 2h	1m³ 砂的堆积密度值	260～300
M10	320～350				
M15	350～400				

2. 室内墙面抹灰施工

室内墙面抹灰施工工艺流程为:基层处理→浇水湿润→吊垂直、套方、找规矩、抹灰饼→抹水泥踢脚或墙裙→做护角、抹水泥窗台→墙面冲筋→抹底灰→抹罩面灰→成品保护。

> 水泥砂浆拌好后,应在初凝前用完,凡结硬砂浆不得继续使用。
>
> 石膏抹灰砂浆的配制宜采用专业生产厂家的干混砂浆,即预拌砂浆。

(1)基层处理。

1)烧结砖砌体、蒸压灰砂砖、蒸压粉煤灰砖:将墙面上残存的砂浆、舌头灰剔除,污垢、灰尘等清理干净,用清水冲洗墙面,将砖缝中的浮砂、尘土冲掉。抹灰前应将基体充分浇水均匀润透,每天宜浇两次,水应渗入墙面内 10～20mm,防止基体浇水不透造成抹灰砂浆中的水分很快被基体吸收,造成质量问题。

2)混凝土墙基层处理:因混凝土墙面在结构施工时大都使用脱膜隔离剂,表面比较光滑,故应将其表面进行处理,其方法为:采用脱污剂将墙面的油污脱除干净,晾干后采用机械喷涂或笤帚涂刷一层薄的胶粘性水泥浆或涂刷一层混凝土界面剂,使其凝固在光滑的基层上,以增加抹灰层与基层的附着力,不出现空鼓、开裂;再一种方法可采用将其表面用尖钻子均匀剔成麻面,使其表面粗糙不平,然后浇水湿润。抹灰时墙面不得有明水。

3)加气混凝土砌块基体(轻质砌体、隔墙):加气混凝土砌体本身强度较低,孔隙率较大,在抹灰前应对松动及灰浆不饱满的拼缝或梁、板下的顶头缝,用砂浆填塞密实。将墙面凸出部分或舌头灰剔凿平整,并将缺棱掉角、坑洼不平和设备管线槽、洞等同时用砂浆整修密实、平顺。用托线板检查墙面垂直偏差及平整度,根据要求将墙面抹灰基层处理到位,然后喷水湿润,水要渗入墙面 10～20mm,墙面不得有明水。然后涂抹墙体界面砂浆,要全部覆盖基层墙体,厚度 2mm,收浆后进行抹灰。

> ①涂抹石膏抹灰砂浆时,一般不需要进行界面增强处理。
>
> ②涂抹聚合物砂浆时,将基层处理干净即可,不需浇水湿润。

4)混凝土小型空心砌块砌体(混凝土多孔砖砌体):基层表面清理干净即可,不得浇水。

(2)浇水湿润。一般在抹灰前一天,用水管或喷壶顺墙自上而下浇水湿润。不同的墙体、不同的环境,需要不同的浇水量。浇水要分次进行,最终以墙体既湿润又不泌水为宜。

(3)吊垂直、套方、找规矩、抹灰饼。根据设计图纸要求的抹灰质量,根据基层表面平整垂直情况,用一面墙做基准,吊垂直、套方、找规矩,确定抹灰厚度,抹灰厚度不应小于 7mm。当墙面凹度较大时,应分层抹平。每层厚度不大于 7~9mm。

特别强调

抹灰饼注意事项

操作时应先抹上灰饼,再抹下灰饼。抹灰饼时应根据室内抹灰要求。确定灰饼的正确位置,再用靠尺板找好垂直与平整。灰饼宜用 M15 水泥砂浆抹成 50mm 见方形状,抹灰层总厚度不宜大于 20mm。

(4)抹水泥踢脚或墙裙。根据已抹好的灰饼充筋(此筋可以冲的宽一些,80~100mm 为宜,因此,筋即为抹踢脚或墙裙的依据,同时也作为墙面抹灰的依据)。水泥踢脚、墙裙、梁、柱、楼梯等处应用 M20 水泥砂浆分层抹灰,抹好后用大杠刮平,木抹搓毛,常温第二天用水泥砂浆抹面层并压光,抹踢脚或墙裙厚度应符合设计要求,无设计要求时凸出墙面 5~7mm 为宜。凡凸出抹灰墙面的踢脚或墙裙上口必须保证光洁、顺直,踢脚或墙面抹好将靠尺贴在大面与上口平,然后用小抹子将上口抹平压光,凸出墙面的棱角要做成钝角,不得出现毛槎和飞棱。

(5)做护角、抹水泥窗台。

1)做护角。墙、柱间的阳角应在墙、柱面抹灰前用 M20 以上的水泥砂浆做护角,其高度自地面以上不小于 2m。将墙、柱的阳角处浇水湿润,第一步在阳角正面立上八字靠尺,靠尺突出阳角侧面,突出厚度与成活抹灰面平。然后在阳角侧面，依靠尺边抹水泥砂浆，并用铁抹子将其抹平，按护角宽度（不小于 50mm）将多余的水泥砂浆铲除。第二步待水泥砂浆稍干后，将八字靠尺移到抹好的护角面上（八字坡向外）。在阳角的正面，依靠尺边抹水泥砂浆，并用铁抹子将其抹平，按护角宽度将多余的水泥砂浆铲除。抹完后去掉八字靠尺，用素水泥浆涂刷护角尖角处，并用捋角器自上而下捋一遍，使其形成钝角（图 4-2）。

2）抹水泥窗台。先将窗台基层清理干净，清理砖缝，松动的砖要重新补砌好，用水润透，用 1：2：3 豆石混凝土铺实，厚度宜大于 25mm，一般 1d 后抹 1：2.5 水泥砂浆面层，待表面达到初凝后，浇水养护 2～3d，窗台板下口抹灰要平直，没有毛刺。

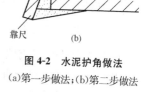

图 4-2　水泥护角做法
(a)第一步做法；(b)第二步做法

（6）墙面充筋。当灰饼砂浆达到七八成干时，即可用与抹灰层相同砂浆充筋，充筋根数应根据房间的宽度和高度确定，一般标筋宽度为 50mm。两筋间距不大于 1.5m。当墙面高度小于 3.5m 时宜做立筋。大于 3.5m 时宜做横筋，做横向充筋时做灰饼的间距不宜大于 2m。

（7）抹底灰。一般情况下充筋完成 2h 左右可开始抹底灰为宜，抹前应先抹一层薄灰，要求将基体抹严，抹时用力压实使砂浆挤入细小缝隙内，接着分层装档、抹与充筋平，用木杠刮找平整，用木抹子搓毛。然后全面检查底子灰是否平整、阴阳角是否方直、整洁，管道后与阴角交接处、墙顶板交接处是否光滑、平整、顺直，并用托线板检查墙面垂直与平整情况。

抹灰面接槎应平顺，地面踢脚板或墙裙，管道背后应及时清理干净，做到活儿完场清。

（8）抹罩面灰。罩面灰应在底灰六七成干时开始抹罩面灰（抹时如底灰过干应浇水湿润），罩面灰两遍成活，每遍厚度约 2mm，操作时最好两人同时配合进行,一人先刮一遍薄灰,另一人随即抹平。依先上后下的顺序进行,然后赶实压光,压时要掌握火候,既不要出现水纹,也不可压活,压好后随即用毛刷蘸水,将罩面灰污染处清理干净。施工时整面墙不宜留施工槎;如遇有预留施工洞时,可甩下整面墙待抹为宜。

抹底灰注意事项

抹底灰后,应修补预留孔洞、电箱槽、盒等,修补后方可进行下一道工艺。

堵缝工作要作为一道工序安排专人负责,把预留孔洞、配电箱、槽、盒周边的洞内杂物、灰尘等物清理干净,浇水湿润,然后用砖将其补齐砌严,用水泥砂浆将缝隙塞严,压抹平整、光滑。

(9)成品保护。

1)抹灰前必须将门、窗口与墙间的缝隙按工艺要求将其嵌塞密实,对木制门、窗口应采用薄钢板、木板或木架进行保护,对塑钢或金属门、窗口应采用贴膜保护。

> 水泥砂浆抹灰24h后应喷水养护,养护时间不少于7d。混合砂浆要适度喷水养护,养护时间不少于7d。

2)抹灰完成后应对墙面及门、窗口加以清洁保护,门、窗口原有保护层如有损坏的应及时修补,确保完整直至竣工交验。

3)在施工过程中,搬运材料、机具以及使用小手推车时,要特别小心,防止碰、撞、磕划墙面、门、窗口等。后期施工操作人员严禁蹬踩门、窗口、窗台,以防损坏棱角。

4)抹灰时墙上的预埋件、线槽、盒、通风箅子、预留孔洞应采取保护措施,防止施工时灰浆漏入或堵塞。

5)拆除脚手架、跳板、高马凳时要倍加小心,轻拿轻放,集中堆放整齐,以免撞坏门、窗口、墙面或棱角等。

6)当抹灰层未充分凝结硬化前,防止快干、水冲、撞击、振动和挤压,以保证灰层不受损伤和有足够的强度。

操作演练 >>

不同基体的内墙抹灰施工

基体不同,一般内墙抹灰的分层做法及施工要点也不同,见表4-5。

表4-5　　　　　　　　内墙抹灰分层做法

名称	适用范围	分层做法	厚度/mm	施工要点和注意事项
石灰砂浆抹灰	砖墙基体	(1)1:2:8(石灰膏:砂:黏土)砂浆抹底、中层 (2)1:(2~2.5)石灰砂浆面层压光	13 6	应待前一层七八成干后,方可涂抹后一层
		(1)1:2.5石灰砂浆抹底层 (2)1:2.5石灰砂浆抹中层 (3)在中层还潮湿时刮石灰膏	7~9 7~9 1	(1)分层抹灰方法如前所述 (2)中层石灰砂浆用木抹子搓平稍干后,立即用钢抹子来回刮石灰膏,达到表面光滑平整,无砂眼,无裂纹,愈薄愈好 (3)石灰膏刮后2h,未干前再压实压光一次
		(1)1:2.5石灰砂浆抹底层 (2)1:2.5石灰砂浆抹中层 (3)刮大白腻子	7~9 7~9 1	(1)中层石灰砂浆用木抹子搓平后,再钢抹子压光 (2)满刮大白腻子两遍,砂纸打磨
		(1)1:3石灰砂浆抹底层 (2)1:3石灰砂浆抹中层 (3)1:1石灰木屑(或谷壳)抹面	7 7 10	(1)锯木屑过5mm孔筛,使用前将石灰膏与木屑拌和均匀,经钙化24h,使木屑纤维软化 (2)适用于有吸声要求的房间
	加气混凝土条板基体	(1)1:3石灰砂浆抹底、中层 (2)待中层灰稍干,用1:1石灰砂浆随抹随搓平压光	13 6	—
		(1)1:3石灰砂浆抹底层 (2)1:3石灰砂浆抹中层 (3)刮石灰膏	7 7 1	墙面浇水湿润

续一

名称	适用范围	分层做法	厚度 mm	施工要点和注意事项
水泥混合砂浆抹灰	砖墙基体	(1)1:1:6水泥白灰砂浆抹底层	7～9	(1)刮石灰膏和大白腻子,见石灰砂浆抹灰 (2)应待前一层抹灰凝结后,方可涂抹后一层
		(2)1:1:6水泥白灰砂浆抹中层	7～9	
		(3)刮石灰膏或大白腻子	1	
		1:1:3:5(水泥:石膏:砂子:木屑)分两遍成活,木抹子搓平	15～18	(1)适用于有吸声要求的房间 (2)木屑处理同石灰砂浆抹灰 (3)抹灰方法同石灰砂浆抹灰
纸筋石灰或麻刀石灰抹灰	混凝土大板或大模板建筑内墙基体	(1)聚合物水泥砂浆或水泥混合砂浆喷毛打底	1～3	—
		(2)纸筋石灰或麻刀石灰罩面	2或3	
	加气混凝土砌块或条板基体 1	(1)1:3:9水泥石灰砂浆抹底层	3	基层处理与聚合物水泥砂浆相同
		(2)1:3石灰砂浆抹中层	7～9	
		(3)纸筋石灰或麻刀石灰罩面	2或3	
	2	(1)1:0.2:3水泥石灰砂浆喷涂成小拉毛	3～5	(1)基层处理与聚合物水泥砂浆相同 (2)小拉毛完后,应喷水养护2～3d (3)待中层六七成干时,喷水湿润后进行罩面
		(2)1:0.5:4水泥石灰砂浆找平(或采用机械喷涂抹灰)	7～9	
		(3)纸筋石灰或麻刀石灰罩面	2或3	
	加气混凝土条板	(1)1:3石灰砂浆抹底层	4	—
		(2)1:3石灰砂浆抹中层	4	
		(3)纸筋石灰或麻刀石灰罩面	2或3	
	板条、苇箔、金属网墙	(1)麻刀石灰或纸筋石灰砂浆抹底层	3～6	
		(2)麻刀石灰或纸筋石灰砂浆抹中层	3～6	
		(3)1:2.5石灰砂浆(略掺麻刀)找平	2～3	
		(4)纸筋石灰或麻刀石灰抹面层	2或3	

续二

名称	适用范围	分层做法	厚度 mm	施工要点和注意事项
石膏灰抹灰	高级装修的墙面	(1)1∶2～1∶3麻刀石灰抹底层 (2)同上配比抹中层 (3)13∶6∶4(石膏粉∶水∶石灰膏)罩面分两遍成活,在第一遍未收水时即进行第二遍抹灰,随即用钢抹子修补压光两遍,最后用钢抹子溜光至表面密实光滑为止	6 7 2～3	(1)底、中层灰用麻刀石灰,应在20d前消化备用,其中麻刀为白麻丝,石灰宜用2∶8块灰,配合比为,麻刀∶石灰=7.5∶1300(质量比) (2)石膏一般宜用乙级建筑石膏,结硬时间为5min左右,4900孔筛余量不大于10% (3)基层不宜用水泥砂浆或混合砂浆打底,亦不得掺用氯盐,以防返潮面层脱落
水砂面层抹灰	适用于高级建筑内墙面	(1)1∶2～1∶3麻刀石灰砂浆抹底层、中层(要求表面平整垂直) (2)水砂抹面分两遍抹成,应在第一遍砂浆略有收水即进行抹第二遍。第一遍竖向抹,第二遍横向抹(抹水砂前,底子灰如有缺陷应修补完整,待墙干燥一致方能进行水砂抹面,否则将影响其表面颜色不均。墙面要均匀洒水,充分湿润,门窗玻璃必须装好,防止面层水分蒸发过快而产生龟裂)。水砂抹完后,用钢抹子压两遍,最后用钢抹子先横向后竖向溜光至表面密实光滑为止	13 2～3	(1)水砂,即沿海地区的细砂,其平均粒径0.15mm,使用时用清水淘洗除去污泥杂质,含泥量小于2%为宜。石灰必须是洁白块灰,不允许有灰沫子,氧化钙含量不小于75%的二级石灰 (2)水砂砂浆拌制:块灰随淋随沥浆(用3mm径筛子过滤),将淘洗清洁的砂沥浆与热灰浆进行拌和,拌和后水砂呈淡灰色为宜,稠度为12.5cm。热灰浆∶水砂=1∶0.75(质量比),每立方米水砂砂浆约用水砂750kg,块灰300kg (3)使用热灰浆拌和目的在于使砂内盐分尽快蒸发,防止墙面产生龟裂。水砂拌和后置于池内进行消化3～7d后方可使用

注:1. 本表所列配合比无注明者均为体积比。

2. 水泥强度等级42.5级以上,石灰为含水率50%的石灰膏。

3. 室外墙面抹灰施工

室外水泥砂浆抹灰工程工艺同室内抹灰一样，只是在选择砂浆时，应选用水泥砂浆或专用的干混砂浆。

施工中，除参照室内抹灰要点外，还应注意以下事项：

(1)根据建筑高度确定放线方法。高层建筑可利用墙大角、门窗口两边，用经纬仪打直线找垂直。多层建筑可从顶层用大线坠吊垂直，绷铁丝找规矩，横向水平线可依据楼层标高或施工＋500mm线为水平基准线进行交圈控制，然后按抹灰操作层抹灰饼，做灰饼时应注意横竖交圈，以便操作。每层抹灰时则以灰饼做基准充筋，使其保证横平竖直。

(2)抹底层灰、中层灰。根据不同的基体，抹底层灰前可刷一道胶粘性水泥浆，然后抹1：3水泥砂浆(加气混凝土墙底层应抹1：6水泥砂浆)，每层厚度控制在5～7mm为宜。

(3)弹线分格、嵌分格条。大面积抹灰应分格，防止砂浆收缩，造成开裂。根据图纸要求弹线分格、粘分格条。分格条宜采用红松制作，粘前应用水充分浸透。粘时在条两侧用素水泥浆抹成45°八字坡形。

> **特别强调**
>
> #### 粘分格条注意事项
>
> 粘分格条时注意竖条应粘在所弹立线的同一侧，防止左右乱粘，出现分格不均匀。条粘好后待底层呈七八成干后，可抹面层灰。

(4)抹面层灰、起分格条。待底灰呈七八成干时开始抹面层灰，将底灰墙面浇水均匀湿润，先刮一层薄薄的素水泥浆，随即抹罩面灰与分格条平，并用木杠横竖刮平，木抹子搓毛，铁抹子溜光、压实。待其表面无明水时，用软毛刷蘸水，垂直于地面向同一方向轻刷一遍，以保证面层灰颜色一致，避免出现收缩裂缝，随后将分格条起出，待灰层干后，用素水泥膏将缝勾好。难起的分格条不要硬起，防止棱角损坏，待灰层干透后补起,并补勾缝。

(5)抹滴水线。在抹檐口、窗台、窗眉、阳台、雨篷、压顶和突出墙面的腰线以及装饰凸线时,应将其上面做成向外的流水坡度,严禁出现倒坡,下面做滴水线(槽)。窗台上面的抹灰层应深入窗框下坎裁口内,堵塞密实,流水坡度及滴水线(槽)距外表面不小于40mm,滴水线深度和宽度一般不小于10mm,并应保证其流水坡度方向正确,做法如图4-3所示。

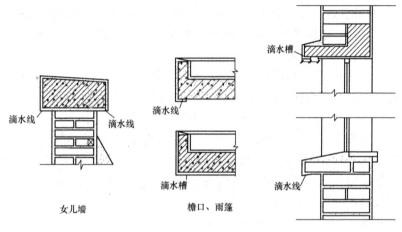

女儿墙　　　　　檐口、雨篷

图4-3　滴水线(槽)做法

抹滴水线(槽)应先抹立面,后抹顶面,再抹底面。分格条在底面灰层抹好后,即可拆除。采用"隔夜"拆条法时,需待抹灰砂浆达到适当强度后方可拆除。

(6)养护。水泥砂浆抹灰常温24h后应喷水养护。冬期施工要有保温措施。

4. 天棚抹灰施工

(1)直接抹灰类装饰天棚。在目前的工程实践中,天棚抹灰层一般是其他类型表面装饰(涂料涂饰、墙纸裱糊、直接粘贴轻质装饰板等)的"基层"处理,或是按设计要求在抹底灰后于现场塑制浮雕式装饰抹灰线脚和立体图案等。

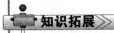

外墙抹灰施工要求

外墙抹灰应按设计要求操作,注意参考以下各项:

(1)如设计要求在钢模板光滑的混凝土基层上抹水泥砂浆时,混凝土墙面上的脱膜剂可用10%的火碱溶液刷洗并用清水冲净、晾干,然后刷一道混凝土界面剂或素水泥浆(或聚合物水泥浆),随即抹1:1水泥砂浆,厚度不大于3mm,并将表面扫成毛糙状,经24h后做标筋进行抹灰。

(2)加气混凝土外墙面的抹灰,设计无具体要求时可考虑下述做法以防止抹灰层空鼓开裂。

1)在基体表面涂刷一层界面处理剂,如YJ—302型混凝土界面处理剂等。

2)在抹灰砂浆中添加适量胶粘剂,改善砂浆的粘结性能。

3)提前洒水湿润后抹底灰,并将底层抹灰修整压平,待其收水时涂刷或喷一道专用防裂剂,接着抹中层砂浆以同样方法使用防裂剂;如果在其面层抹灰表面再同样罩一层防裂剂(见湿不流)则效果更好。

4)冬期的抹灰施工,如根据设计要求在砂浆内掺入防冻剂时,其掺量应由试验确定;但最终以涂料做饰面的外墙抹灰砂浆中,不得掺入含氯盐的防冻剂。

抹灰材料

在钢筋混凝土楼板底面进行手工抹灰的常用砂浆材料为水泥石灰膏混合砂浆,必要时亦可采用水泥砂浆及聚合物水泥砂浆(适量掺入纸筋或麻刀、玻璃丝等纤维材料)。

1)抹灰前,应检查楼板结构体的工程质量,是否有下沉或裂缝。根据顶棚的水平面确定抹灰厚度,然后沿墙面和天棚交接处弹出水平线,作为控制抹灰层表面平整度的标准。

2)抹灰施工操作要点如下:

①抹底灰时的手工涂抹方向,应与预制楼板接缝方向相垂直。

②抹底层灰后随即抹中层灰,达到厚度要求后用软刮尺刮平,随刮随用刷子顺平,再用木抹子搓平。水泥砂浆(及聚合物水泥砂浆)底层抹灰一般应养护2～3d后再抹找平层。

③中层抹灰凝结达7～8成干时(手捺不软,但略有指痕)进行罩面抹灰。

(2)骨架式抹灰类装饰天棚。骨架式抹灰类装饰天棚是指采用木质构件或金属型材杆件及辅助材料组成天棚装饰构造基体和基层后,再进行抹灰的做法,多年沿用的形式为木龙骨木板条抹灰天棚、木龙骨木板条钢板网抹灰天棚、型钢龙骨钢板网抹灰天棚。

> 操作顺序宜由前向后退行,一手持托灰板,一手握铁抹子,双脚站稳,头略后仰。

1)木龙骨木板条抹灰天棚。一般采用纸筋石灰或麻刀石灰砂浆抹底层,厚度为4～6mm,随即用纸筋石灰或麻刀石灰砂浆再抹第二层,厚度为3～5mm;用1:2.5石灰砂浆(略掺麻刀),抹中层进行找平,厚度2～3mm;最后用纸筋石灰或麻刀石灰砂浆抹面层,厚度为2～3mm。

2)木龙骨木板条钢板网抹灰天棚:木龙骨骨架的设置与上述板条抹灰天棚相同,只是其覆面抹灰层增设钢板网。

可采用1:1.2或1:1.5石灰砂浆(适量掺入纸筋或麻刀)抹底层灰和中层灰,各层分遍成活,每遍厚度为3～6mm。待中层抹灰至七八成干时再抹面层灰,面层多采用纸筋石灰砂浆或麻刀石灰砂浆,按设计要求分两遍处理平整或在第二遍涂抹时压光。

3)型钢骨架钢板网抹灰天棚:钢板网应绷紧,相互搭接不得小于200mm,搭口下面的钢板网应与覆面龙骨及钢筋网焊固或绑牢,不得悬空。

4)金属网(及木板条)天棚抹灰尚应注意以下要点:

> 抹灰饰面、天棚龙骨及板条、钢板网钉装完成,必须经过检查和中间验收,确认合格后,方可进行抹灰。

①天棚金属网抹灰层的平均总厚度,不得大于20mm;面层

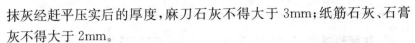

抹灰经赶平压实后的厚度,麻刀石灰不得大于 3mm;纸筋石灰、石膏灰不得大于 2mm。

②金属网抹灰砂浆中掺用水泥时,其掺量应由试验确定。

③天棚抹灰面层若采用石膏灰时,石膏灰不得涂抹在水泥砂浆层上;罩面石膏灰应掺入缓凝剂,其掺量应由试验确定,宜在 15～20min 内凝结。

天棚抹灰厚度要求

混凝土天棚抹灰宜用聚合物水泥砂浆或粉刷石膏砂浆,厚度小于 5mm 的可以直接用腻子刮平。预制混凝土天棚找平、抹灰厚度不宜大于 10mm,现浇混凝土天棚抹灰厚度不宜大于 5mm。抹灰前在四周墙上弹出控制水平线,先抹天棚四周,圈边找平,横竖均匀、平顺,操作时用力使砂浆压实,使其与基体粘牢,最后压实压光。

四、装饰抹灰施工

装饰砂浆抹灰饰面工程可分为灰浆类饰面和石渣类饰面两大类。

灰浆类饰面主要通过砂浆的着色或对砂浆表面进行艺术加工,从而获得具有特殊色彩、线条、纹理等质感的饰面。其主要优点是材料来源广泛,施工操作简便,造价比较低廉,而且通过不同的工艺加工,可以创造不同的装饰效果。常用的灰浆类饰面有拉毛灰、甩毛灰、仿面砖和拉条、喷涂、弹涂及硅藻泥饰面。

石渣类饰面是用水泥(普通水泥、白水泥或彩色水泥)、石渣、水拌成石渣浆,同时,采用不同的加工手段除去表面水泥浆皮,使石渣呈现不同的外露形式以及水泥浆与石渣的色泽对比,构成不同的装饰效果。石渣类饰面比灰浆类饰面色泽较明亮,质感相对丰富,不易褪色,耐光性和耐污染性也较好。常用的石渣类饰面主要有水刷石、干粘石、斩假石、水磨石。

常用石渣类饰面比较

在质感方面,水刷石最为粗犷,干粘石粗中带细,斩假石典雅庄重,水磨石润滑细腻。在颜色花纹方面,水磨石色泽华丽,花纹美观,斩假石颜色与斩凿的灰色花岗石相似;水刷石的颜色有青灰色、奶黄色等,干粘石的色彩取决于石渣的颜色。

1. 机械喷灰施工

机械喷灰就是把搅拌好的砂浆,经振动筛后倾入灰浆输送泵,通过管道,再借助于空气压缩机的压力,连续均匀地喷涂于墙面或天棚上,经过找平搓实,完成底子灰全部程序。

机械喷灰适用范围

采用机械喷灰,往往把所运用的机具设备集中组装在一辆牵引车上,同时还要配备较多的人,所以,经综合经济分析,机械喷灰适用于面积较大的抹灰工程,最好是建筑群。

机械喷灰施工工艺流程为:施工准备→冲筋→喷灰→托大板→刮杠→搓抹子→清理。

(1)施工准备。

1)组装车安装就位:按施工平面布置图就位,合理布置,缩短管路,力争管径一致。

2)安装好室内外管线,临时固定,防止施工时移动。

3)检查主体结构是否符合设计要求,不合格者,应返工修补。

4)选择合适的砂浆稠度,用于混凝土基层表面时为 9～10cm,用于砖墙表面时为 10～12cm。

5)检查机具。在未喷灰前,应提前检查机械、管道能否正常运转。

(2)冲筋。内墙冲筋可分为两种形式,一种是冲横筋,在屋内 3m 以内的墙面上冲两道横筋,上下间距 2m 左右,下道筋可在踢脚板上皮;另一种为立筋,间距为 1.2~1.5m,作为刮杠的标准。每步架都要冲筋。

(3)喷灰。

1)喷灰姿势。喷枪操作者侧身而立,身体右侧近墙,右手在前握住喷枪上方,左手在后握住胶管,两脚叉开,左右往复喷灰,前档喷完后,往后退喷第二档。喷枪口与墙面的距离一般控制在 10~30cm。

2)喷枪嘴与墙面距离和角度。对于吸水性较强或干燥的墙面,在灰层厚的墙面喷灰时,喷嘴和墙面保持在 10~25cm,并成 90°角。对于比较潮湿、吸水性弱的墙面或者是灰层较薄的墙面,喷枪嘴距墙面远一些,一般为 15~30cm,并与墙面成 65°角。持枪角度与喷枪口的距离见表 4-6。

表 4-6　　　　　　　　　持枪角度与喷枪口的距离

序号	喷灰部位	持枪角度	喷枪口与墙面距离/cm
1	喷上部墙面	45°→35°	30→45
2	喷下部墙面	70°→80°	25→30
3	喷门窗角(离开门窗框 2cm)	30°→10°	6→10
4	喷窗下墙面	45°	5~7
5	喷吸水性较强或较干燥的墙面,或灰层厚的墙面	96°	10~15
6	喷吸水性较弱或比较潮湿的墙面,或灰层较薄墙面	65°	15~30

注:1. 表中带有→符号的系随着往上喷涂而逐渐改变角度或距离。

2. 喷枪口移动速度应按出灰量和喷墙厚度而定。

技巧推荐》》

机械喷灰技巧

机械喷灰施工方法有两种,一种是由上往下喷;另一种是由下往上喷。后者优点较多,最好采用这种方法。

内墙面喷灰线路可按由下往上和由上往下的 S 形巡回进行。由上往下喷时,灰层表面平整,灰层均匀,容易掌握厚度无鱼鳞状,但操作时如果不熟练容易掉灰。由下往上喷射时,在喷涂过程中,由于已喷在墙上的灰浆对喷在上部的灰能起截挡作用,因而减少了掉灰现象,在施工中应尽量选用这种方法。

(4)托大板。托大板的主要任务是将喷涂于墙面的砂浆取高补低,初步找平,给刮杠工序创造条件。托大板的方法是:在喷完一长块后,先把下部横筋清理出来,把大板沿上部横筋斜向往上托一板,再把上部横筋清理出来,沿上部横筋斜向托一板,最后在中部往上平托板,使喷灰层的砂浆基本平整。

(5)刮杠。刮杠是根据冲筋厚度把多余的砂浆刮掉,并稍加搓揉压实,确保墙面的平直,为下一道抹灰工序创造条件。刮杠的方法是当砂浆喷涂于墙上后,刮杠人员紧随在托大板的后边,随喷、随托、随刮。第一次喷涂后用大杠略刮一下,主

> 刮杠时,长杠紧贴上下两筋,前棱稍张开,上下刮动,并向前移动。
>
> 刮杠时,刮杠人员要随时告诉喷枪手哪里要补喷,以保持工程质量。

要是把喷溅到筋上的砂浆刮掉,待砂浆稍干后再刮第二遍,进行第二次刮杠,找平揉实。

(6)搓抹子。搓抹子的主要作用是把喷涂于墙面的砂浆,通过基本找平后,由它最后搓平以及修补,为罩面工作创造工作面。它的操作方法与手工抹灰操作方法基本相同。

(7)清理。清理落地灰是一项重要工序,否则会给下一道工序造成困难,同时也是节约材料的一项措施,清理工必须及时把落地灰通

过灰溜子倾倒下,以便再稍加石灰膏通过组装车重新使用。

2. 假面砖装饰抹灰施工

假面砖是用彩色砂浆抹成相当于外墙面砖分块形式与质感的装饰抹灰面。

假面砖装饰抹灰施工工艺流程为:堵门窗口缝及脚手眼、孔洞等→墙面基层处理→吊线、找方、做灰饼、冲筋→抹底灰、中层灰→抹面层灰、做面砖→清扫墙面。

(1)堵门窗口缝及脚手眼、孔洞等。检查门窗口位置是否符合设计要求,安装牢固,按设计要求及规范要求填缝。

(2)墙面基层处理、吊线、找方、做灰饼、冲筋、抹底灰、中层灰的工序与一般抹灰相同。

(3)抹面层灰、做面砖。面层砂浆涂抹前,浇水湿润中层,先弹水平线,按每步架为一个水平工作段,上、中、下弹三道水平线,以便控制面层划沟平直度。抹1:1水泥砂浆垫层3mm,接着抹面层砂浆3~4mm厚。面层稍收水后,用铁梳子沿靠尺板由上向下划纹,深度不超过1mm。然后根据面砖的宽度用铁钩子沿靠尺板横向划沟,深度以露出垫层灰为准,划好横沟后将飞边砂粒扫净。

(4)清扫墙面。面砖面完成后,及时将飞边砂粒清扫干净。不得留有飞棱卷边现象。

特别强调

假面砖装饰抹灰施工注意事项

(1)做出的假面砖能以假代真,关键是假面砖的分格和质感,墙面、柱面分格应与面砖规格相符,并符合环境、层高、墙面的宽窄及使用要求。

(2)假面砖。分格要横平竖直,使人感到是面砖而不是抹灰。

(3)面层彩色砂浆稠度必须根据试验,色调也应该通过样板确定。

3. 拉条抹灰施工

拉条是在面层砂浆抹好后,用一凹凸状轴锟作模具,在砂浆表面上滚压出立体感强、线条挺拔的条纹。条纹包括半圆形、波纹型、梯形等多种,条纹可粗可细,间距可大可小。

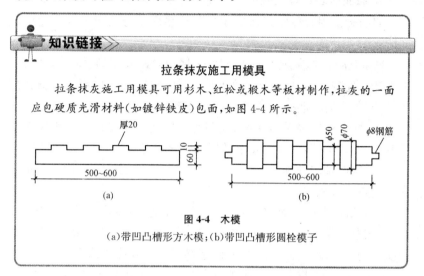

知识链接

拉条抹灰施工用模具

拉条抹灰施工用模具可用杉木、红松或椴木等板材制作,拉灰的一面应包硬质光滑材料(如镀锌铁皮)包面,如图4-4所示。

图4-4 木模

(a)带凹凸槽形方木模;(b)带凹凸槽形圆栓模子

(1)材料及砂浆配合比。拉条装饰抹灰的基层处理及底、中层抹灰与一般抹灰相同,粘结层和面层则根据所需要的条形采用不同的砂浆。如拉细条时,粘结层和罩面可采用同一种1:2:0.5(水泥:细砂:细纸筋石灰)混合砂浆;如做粗条形,粘结层用1:2.5:0.5(水泥:中粗砂:细纸筋石灰)混合砂浆;罩面用1:0.5(水泥:细纸筋石灰)砂浆。

(2)操作要点。在底层砂浆上先划分竖格,竖格宽度可按条形模具宽度确定,弹上墨线。按线粘贴靠尺板,以作为拉条操作的导轨。导轨靠尺板可于一侧粘贴,也可在模具两侧粘贴。靠尺板应垂直,表面要平整。在底层砂浆达到七成干时,浇水湿润底灰后抹粘结层砂浆,用模具由上至下沿导轨拉出线条,然后薄薄抹一层罩面灰,再拉线条。

拉条抹灰操作时,每一竖线必须一次成活,以保证线条垂直、平整、密实光滑、深浅一致、不显接槎。为避免拉条操作时产生断裂等质量通病,粘结层和面层砂浆的稠度要适宜,以便于操作。

(3)抹灰砂浆一般用配合比为1:3水泥砂浆抹底、中层灰。细条形抹灰一般采用细纸筋灰混合砂浆,其配合比为:水泥:砂子:细纸筋灰＝1:(2～2.5):0.5。粗条形抹灰用1:0.5水泥细纸筋灰浆罩面。

(4)拉条抹灰要达到条形灰线平直通顺、光滑,无疤痕、裂缝、起壳等毛病。

4. 水刷石抹灰施工

水刷石抹灰施工时将水泥石碴浆涂抹在基面上,待水泥浆初凝后,以毛刷蘸水刷洗或用喷枪以一定水压冲刷表层水泥浆皮,使石渣半露出来,达到装饰效果。多用于建筑物墙面檐口、窗楣、窗套、门套、腰线、柱子、壁柱、阳台、雨篷、勒脚、花台等。

水刷石抹灰施工工艺流程为:堵门窗口缝→基层处理→浇水湿润墙面→吊垂直、套方、找规矩、抹灰饼、冲筋→分层抹底层砂浆→分格弹线、粘分格条→做滴水线条→抹面层石渣浆→休整、赶实压光、喷刷→起分格条、勾缝→养护。

(1)堵门窗口缝。抹灰前检查门窗口位置是否符合设计要求,安装牢固,四周缝按设计及规范要求填缝,然后用1:3水泥砂浆塞实抹严。

(2)基层清理。

1)混凝土墙基层处理。

凿毛处理:用钢钻子将混凝土墙面均匀凿出麻面,并将板面酥松部分剔除干净,用钢丝刷将粉尘刷掉,用清水冲洗干净,然后浇水湿润。

清洗处理:用10%的火碱水将混凝土表面油污及污垢清刷除净,然后用清水冲洗晾干,采用涂刷素水泥浆或混凝土界面剂等处理方法均可。如采用混凝土界面剂施工时,应按所使用产品要求使用。

2)砖墙基层处理。抹灰前需将基层上的尘土、污垢、灰尘、残留砂浆、舌头灰等清除干净。

(3)浇水湿润。基层处理完后,要认真浇水湿润,浇水时应将墙面清扫干净,浇透浇均匀。

(4)吊垂直、套方、找规矩、做灰饼、充筋。根据建筑高度确定放线方法,高层建筑可利用墙大角、门窗口两边,用经纬仪打直线找垂直。

多层建筑时,可从顶层用大线坠吊垂直,绷铁丝找规矩,横向水平线可依据楼层标高或施工+50cm线为水平基准线交圈控制,然后按抹灰操作层抹灰饼,做灰饼时应注意横竖交圈,以便操作。每层抹灰时则以灰饼做基准充筋,使其保证横平竖直。

(5)分层抹底层砂浆。

1)混凝土墙:先刷一道胶粘性素水泥浆,然后用1:3水泥砂浆分层装档抹与筋平,然后用木杠刮平,木抹子搓毛或花纹。

2)砖墙:抹1:3水泥砂浆,在常温时可用1:0.5:4混合砂浆打底,抹灰时以充筋为准,控制抹灰层厚度,分层分遍装档与充筋抹平,用木杠刮平,然后木抹子搓毛或花纹。底层灰完成24h后应浇水养护。抹头遍灰时,应用力将砂浆挤入砖缝内使其粘结牢固。

3)加气混凝土墙(轻质砌体、隔墙):加气混凝土墙底层应抹1:6水泥砂浆,每层厚度控制在5~7mm为宜。分层抹灰抹与充筋平时用木杠刮平找直,木抹子搓毛,每层抹灰不宜跟得太紧,以防收缩影响质量。

操作演练

不同基体水刷石施工分层做法

不同基体水刷石施工分层做法见表4-7。

表 4-7　　　　　　　不同基体水刷石施工分层做法

基体	分层做法(体积比)	厚度/mm
砖墙	1:3水泥砂浆抹底层	5~7
	1:3水泥砂浆抹中层	5~7
	刮水灰比为0.37~0.4水泥浆为结合层	
	水泥石粒浆(水泥石灰膏粒浆):	
	1)1:1水泥大八厘石粒浆(1:0.5:1.3水泥石灰膏粒浆)	20
	2)1:1.25水泥中八厘石粒浆(1:0.5:1.5水泥石灰膏粒浆)	15
	3)1:1.5水泥小八厘石粒浆(1:0.5:2.0水泥石灰膏粒浆)	10

基体	分层做法(体积比)	厚度/mm
混凝土墙	刮水灰比为 0.37～0.4 水泥浆或涂刷界面剂 1∶3 水泥砂浆抹底层 1∶3 水泥砂浆抹中层 刮水灰比为 0.37～0.4 水泥浆为结合层 水泥石粒浆(水泥石灰膏粒浆) 同上	 5～7 5～7
加气混凝土(轻质砌体、隔墙)	分两次涂刷界面剂,按使用说明书适当稀释 1∶0.5∶4 水泥石灰砂浆打底层 1∶4 水泥砂浆抹中层 刮水灰比为 0.37～0.4 水泥浆为结合层 水泥石粒浆(水泥石灰膏粒浆) 同上	 5～7 5～7

（6）弹线分格、粘分格条。根据图纸要求弹线分格、粘分格条,分格条宜采用红松制作,粘前应用水充分浸透,粘时在条两侧用素水泥浆抹成 45°八字坡形,粘分格条时注意竖条应粘在所弹立线的同一侧,防止左右乱粘出现分格不均匀,条粘好后待底层灰呈七八成干后可抹面层灰。

（7）做滴水线。滴水线做法同水泥砂浆抹灰做法。

（8）抹面层石渣浆。待底层灰六七成干时首先将墙面润湿涂刷一层胶粘性素水泥浆,然后开始用钢抹子抹面层石渣浆。自下往上分两遍与分格条抹平,并及时用靠尺或小杠检查平整度(抹石渣层高于分格条 1mm 为宜),有坑凹处要及时填补,边抹边拍打揉平,抹好石渣灰后应轻轻拍压使其密实。

操作演练

特殊部位抹面层石渣浆

1)阳台、雨罩、门窗碹脸部位做法。门窗碹脸、窗台、阳台、雨罩等部位水刷石施工时,应先做小面,后做大面,刷石喷水应由外往里喷刷,最后用水壶冲洗,以保证大面的清洁美观。檐口、窗台、碹脸、阳台、雨罩等底面应做滴水槽。滴水线(槽)应做成上宽7mm,下宽10mm,深10mm的木条,便于抹灰时木条取出,保持棱角不受损坏。滴水线距离外皮不应小于40mm,且应顺直。当大面积墙面做水刷石一天不能完成时,在继续施工冲刷新活前,应将前面做的刷石用水淋湿,以防喷刷时粘上水泥浆后便于清洗,防止对原墙面造成污染。施工槎子应留在分格缝上。

2)阴阳角做法。注意防止阴阳角不垂直,出现黑边。

抹阳角时先弹好垂直线,然后根据弹线确定的厚度为依据抹阳角石渣灰。抹阳角时,要使石渣灰浆接槎正交在阳角的尖角处。阳角卡靠尺时,要比上段已抹完的阳角高出1～2mm。喷洗阳角时要骑角喷洗。并注意喷水角度,同时喷水速度要均匀,特别注意喷刷深度。

(9)修整、赶实压光、喷刷。将抹好在分格条块内的石渣浆面层拍平压实,并将内部的水泥浆挤压出来,压实后尽量保证石渣大面朝上,再用铁抹子溜光压实,反复3～4遍。拍压时特别要注意阴阳角部位石渣饱满,以免出现黑边。待面层初凝时(指捺无痕),用水刷子刷不掉石粒为宜。然后开始刷洗面层水泥浆,喷刷分两遍进行,第一遍先用毛刷蘸水刷掉面层水泥浆,露出石粒;第二遍紧随其后用喷雾器将四周相邻部位喷湿,然后自上而下顺序喷水冲洗,喷头一般距离墙面100～200mm,喷刷要均匀,使石子露出表面1～2mm为宜。最后用水壶从上往下将石渣表面冲洗干净,冲洗时不宜过快,同时注意避开大风天,以避免造成墙面污染发花。若使用白水泥砂浆做水刷石墙面时,在最后喷刷时,可用草酸稀释液冲洗一遍,再用清水洗一遍,墙面更显洁净、美观。

(10)起分格条、勾缝。喷刷完成后,待墙面水分控干后,小心将分格条取出,然后根据要求用线抹子将分格缝溜平、抹顺直。

（11）养护。待面层达到一定强度后可喷水养护，防止脱水、收缩，造成空鼓、开裂。

5. 斩假石（又称剁斧石）抹灰施工

斩假石又称剁假石，是以水泥石碴（掺 30％石屑）浆做成面层抹灰，待具有一定强度时，用钝斧或凿子等工具，在面层上剁斩出纹理，而获得类似天然石材经雕琢后的纹理质感。斩假石抹灰施工多用于建筑物墙面檐口、窗楣、窗套、门套、腰线、柱子、壁柱、阳台、雨篷、勒脚、花台等。

斩假石施工工艺流程为：基层处理→吊垂直、套方、找规矩、做灰饼、冲筋→抹底层砂浆→弹线分格、粘分格条→抹面层石渣灰→浇水养护→弹线分条块→面层斩剁（剁石）。

（1）基层处理。同水刷石工艺做法。

（2）吊垂直、套方、找规矩、做灰饼、充筋。根据设计要求，在需要做斩假石的墙面、柱面中心线或建筑物的大角、门窗口等部位用线坠从上到下吊通线作为垂直线，水平横线可利用楼层水平线或施工＋500mm 标高线为基线作为水平交圈控制。然后每层打底时以此灰饼为基准，进行层间套方、找规矩、做灰饼、充筋，以便控制各层间抹灰与整体平直。

（3）抹底层砂浆。同水刷石工艺做法。

（4）抹面层石渣灰。首先，将底层浇水均匀湿润，满刮一道水溶性胶粘性素水泥膏（配合比根据要求或实验确定），随即抹面层石渣灰。抹与分格条平，用木杠刮平，待收水后用木抹子用力赶压密实，然后用铁抹子反复赶平压实，并上下顺势溜平，随即用软毛刷蘸水把表面水泥浆刷掉，使石渣均匀露出。

（5）浇水养护。斩剁石抹灰完成后，养护非常重要，如果养护不好，会直接影响工程质量，施工时要特别重视这一环节，应设专人负责此项工作，并做好施工记录。斩剁石抹灰面层养护，夏日防止暴晒，冬日防止冰冻，最好冬日不要施工。

（6）面层斩剁（剁石）。斩剁时应勤磨斧刃，使剁斧锋利，以保证剁纹质量。斩剁时用力应均匀，不要用力过大或过小，造成剁纹深浅不一致、凌乱、表面不平整。

操作演练

不同基体斩假石施工分层做法

不同基体斩假石施工分层做法见表 4-8。

表 4-8　　　　　　　不同基体斩假石施工分层做法

基体	分层做法(体积比)	厚度/mm
砖墙	1:3 水泥砂浆抹底层	5～7
	1:3 水泥砂浆抹中层	5～7
	刮水灰比为 0.37～0.4 水泥浆为结合层	
	1:1.25 水泥石粒浆(中八厘掺适量石屑)	10～11
混凝土墙	刮水灰比为 0.37～0.4 水泥浆或涂刷界面剂	
	1:3 水泥砂浆抹底层	5～7
	1:3 水泥砂浆抹中层	5～7
	刮水灰比为 0.37～0.4 水泥浆为结合层	
	1:1.25 水泥石粒浆(中八厘掺适量石屑)	10～11
加气混凝土墙(轻质砌体、隔墙)	分两次涂刷界面剂,按使用说明书适当稀释	
	1:0.5:4 水泥石灰砂浆打底层	7～9
	1:4 水泥砂浆抹中层	5～7
	刮水灰比为 0.37～0.4 水泥浆为结合层	
	1:1.25 水泥石粒浆(中八厘掺适量石屑)	10～11

6. 干粘石抹灰工程施工

干粘石又称甩石子,是在水泥砂浆粘结层上,把石渣、彩色石子等粘在其上,再拍平压实而成的饰面。石粒的 2/3 应压入粘结层内,要求石子粘牢,不掉粒并且不露浆。干粘石抹灰施工多用于建筑物面檐口、窗楣、窗套、门套、腰线、柱子、壁柱、阳台、雨篷、勒脚、花台等。

干粘石抹灰施工工艺流程为:施工准备→基层处理→吊垂直、套方、找规矩→抹灰饼、冲筋→抹底层灰→分格弹线、粘分格条→抹粘结层砂浆→撒石粒(甩石子)→拍平、修整→起分格条、勾缝→浇水养护。

（1）施工准备。所选用的石渣品种、规格、颜色应符合设计要求。使用前，应用清水洗净晾干，按颜色、品种分类堆放，并加以保护。

（2）基层处理、吊垂直、套方、找规矩、抹灰饼、冲筋、抹底层灰、分格弹线、粘分格条的工艺做法同水刷石施工。

操作演练

不同基体干粘石施工分层做法

不同基体干粘石施工分层做法见表4-9。

表4-9　　　　不同基体干粘石施工分层做法

基体	分层做法（体积比）	厚度/mm
砖墙	1:3水泥砂浆抹底层	5～7
	1:3水泥砂浆抹中层	5～7
	刮水灰比为0.37～0.4水泥浆为结合层	
	1:0.5:2（胶粘剂按说明书掺加）[水泥：石灰膏：砂：胶粘剂（厚度根据石粒规格调整）]	4～6
	设计规格石粒（一般为中、小八厘）	
混凝土墙	刮水灰比为0.37～0.4水泥浆或涂刷界面剂	
	1:3水泥砂浆抹底层	5～7
	1:3水泥砂浆抹中层	5～7
	刮水灰比为0.37～0.4水泥浆为结合层	
	1:0.5:2（胶粘剂按说明书掺加）[水泥：石灰膏：砂：胶粘剂（厚度根据石粒规格调整）]	
	设计规格石粒（一般为中、小八厘）	4～6
加气混凝土（轻质砌体、隔墙）	分两次涂刷界面剂，按使用说明书适当稀释	
	1:0.5:4水泥石灰砂浆打底层	
	1:4水泥砂浆抹中层	
	刮水灰比为0.37～0.4水泥浆为结合层	7～9
	1:0.5:2（胶粘剂按说明书掺加）[水泥：石灰膏：砂：胶粘剂（厚度根据石粒规格调整）]	5～7
	设计规格石粒（一般为中、小八厘）	4～6

（3）抹粘结层砂浆。粘结层很重要，抹前用水湿润中层，粘结层的厚度取决于石子的大小，当石子为小八厘时，粘结层厚 4mm；为中八厘时，粘结层厚度为 6mm；为大八厘时，粘结层厚度为 8mm。湿润后，还应检查干湿情况，对于干得快的部位，用排刷补水到适度时，方能开始抹粘结层。

操作演练

抹粘结层砂浆做法

抹粘结层分两道做成：第一道用同强度等级水泥素浆薄刮一层，因薄刮能保证底、面粘牢。第二道抹聚合物水泥砂浆 5～6mm。然后用靠尺测试，严格执行高刮低添，反之，则不易保护表面平整。粘结层不宜上下同一厚度，更不宜高于嵌条，一般，在下部约 1/3 的高度范围内要比上面薄些，整个分块表面又要比嵌条面薄 1mm 左右，撒上石子压实后，不但平整度可靠，条整齐，而且能避免下部鼓包皱皮的现象发生。

（4）撒石粒（甩石子）。抹好粘结层之后，待干湿情况适宜时即可用手甩石粒。一手拿 40cm×35cm×6cm 底部钉有 16 目筛网的木框，木框内盛洗净晾干的石粒（干粘石一般多采用小 8 厘石渣，过 4mm 筛子，去掉粉末杂质），一手拿木拍，用拍子铲起石粒，并使石粒均匀分布在拍子上，然后反手往墙上甩。甩射面要大，用力要平稳有劲，使石粒均匀地嵌入粘结层砂浆中。如发现有不匀或过稀现象时，应用抹子和手直接补贴，否则会使墙面出现死坑或裂缝。

在粘结砂浆表面均匀地粘上一层石粒后，用抹子或油印橡胶滚轻轻压一下，使石粒嵌入砂浆的深度不小于 1/2 粒径，拍压后石粒表面应平整坚实。拍压时用力不宜过大，否则容易翻浆糊面，出现抹子或滚子轴的印迹。阳角处应在角的两侧同时操作，否则当一侧石粒粘上去后，在角边口的砂浆收水，另一侧的石粒就不易粘上去，出现明显的接槎黑边。如采取反贴八字尺也会因 45°处砂浆过薄而产生石粒脱落的现象。

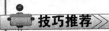

撒石粒技巧

甩石粒时,未粘上墙的石粒到处飞溅,易造成浪费。操作时,可用 1000mm×500mm×100mm 木板框下钉 16 目筛网的接料盘,放在操作面下承接散落的石粒。也可用 φ6 钢筋弯成 4000mm×500mm 长方形框,装上粗布作为盛料盘,直接将石粒装入,紧靠墙边,边甩边接。

(5)拍平、修整。拍平、修整要在水泥初凝前进行,先拍压边缘,然后中间,拍压要轻重结合、均匀一致。拍压完成后,应对已粘石面层进行检查,发现阴阳角不顺挺直、表面不平整、黑边等问题及时处理。

(6)起分格条、勾缝。干粘石墙面达到表面平整、石粒饱满时,即可将分格条取出。取分格条时应注意不要掉石粒。如局部石粒不饱满,可立即刷胶粘剂溶液,再甩石粒补齐。将分格条取出后,随手用小溜子和素水泥浆将分格缝修补好,达到顺直清晰。

(7)浇水养护。粘石面层完成后,常温 24h 后喷水养护,养护期不少于 2～3d,夏日阳光强烈,气温较高时,应适当遮阳,避免阳光直射,并适当增加喷水次数,以保证工程质量。

五、清水砌体勾缝工程

砖墙外墙面不抹灰而进行勾缝,称为清水墙。勾缝的作用是防止雨水侵入并使墙面整齐美观。

清水砌体勾缝施工工艺流程为:堵脚手眼→弹线开缝→补缝→门窗框堵缝→勾缝。

1. 堵脚手眼

如采用外脚手架时,勾缝前先将脚手眼内砂浆清理干净,并洒水湿润,再用原砖墙相同的砖块补砌严实,砂浆饱满度不低于 85%。

2. 弹线开缝

(1)先用粉线弹出立缝垂直线,用扁钻按线把立缝偏差较大的找齐,开出的立缝上下要顺直,开缝深度约为 10mm,灰缝深度、宽度要一致。

(2)砖墙水平缝不平和瞎缝也应弹线开直,如果砌砖时划缝太浅或漏划,灰缝应用扁钻或瓦刀剔凿出来,深度应控制在 10～12mm,并将墙面清扫干净。

3. 补缝

对于缺棱掉角的砖,还有游丁的立缝,应事先进行修补,颜色必须和砖的颜色一致,可用砖面加水泥拌成 1∶2 水泥浆进行补缝。修补缺棱掉角处表面应加砖面压光。

4. 门窗框堵缝

在勾缝前,将窗框周围塞缝作为一道工序,用 1∶3 水泥砂浆设专人进行堵严、堵实,表面平整深浅一致。铝合金门窗框周围缝隙应按设计要求的材料填塞。如果窗台砖有破损碰掉的现象,应先补砌完整,并将墙面清理干净。

5. 勾缝

(1)在勾缝前 1d 应将砖墙浇水湿润,勾缝时再浇适量的水,以不出现明水为宜。

(2)拌和砂浆:勾缝所用的水泥砂浆,配合比为水泥∶砂子＝1∶(1～1.5),稠度 3～5cm,应随拌随用,不能用隔夜砂浆。

(3)墙面勾缝必须做到横平竖直,深浅一致,搭接平整并压实溜光,不得出现丢缝、开裂和粘结不牢等现象。外墙勾缝深度 4～5mm。

(4)勾缝顺序是从上到下先勾水平缝后勾立缝。勾水平缝时应用长溜子,左手拿托灰板,右手拿溜子,将灰板顶在要勾的缝口下边,右手用溜子将灰浆压入缝内,不准用稀砂浆喂缝,同时,自左向右随勾缝随移动托灰板,勾完一段后用溜子沿砖缝内溜压密实、平整、深浅一致,托灰板勿污染墙面,保持墙面洁净美观。勾缝时用 2cm 厚木板在架子上接灰,板子紧贴墙面,及时清理落地灰。勾立缝用短溜子在灰板上刮起,勾入立缝中,压塞密实、平整,立缝要与水平缝交圈且深浅一致。

(5)每步架勾缝完成后,应把墙面清扫干净,应顺着缝先扫水平缝后扫立缝,勾缝不应有搭槎不平、毛刺、漏勾等缺陷。

第三节 饰面板(砖)工程

一、饰面砖饰面施工

(一)饰面砖饰面构造及分类

1. 构造做法

饰面砖饰面构造做法如图 4-5 所示。

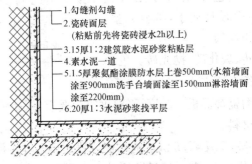

1.勾缝剂勾缝
2.瓷砖面层
  (粘贴前先将瓷砖浸水2h以上)
3.15厚1:2建筑胶水泥砂浆粘贴层
4.素水泥一道
5.1.5厚聚氨酯涂膜防水层上卷500mm(水箱墙面涂至900mm洗手台墙面涂至1500mm淋浴墙面涂至2200mm)
6.20厚1:3水泥砂浆找平层

图 4-5 饰面砖饰面构造做法

2. 分类

(1)20mm 厚 1:3 水泥砂浆打底找平,15mm 厚 1:2 建筑胶水泥砂浆结合层粘结。

(2)用 1:1 水泥砂浆加水重 20% 的界面剂胶或专用瓷砖胶在砖背面抹 3～4mm 厚粘贴即可。

(3)用胶粉来粘贴面砖,其厚度为 2～3mm。

(4)用预拌砂浆粘贴面砖,粘接层厚度为 4mm,其优势在于粘接厚度

> 粘结面砖时,其基层灰必须抹得平整,而且所用的砂子必须用窗砂筛后方可使用。

小,省室内空间。

(二)饰面砖饰面施工材料与机具

1. 施工材料

饰面砖是以黏土、高岭土等为主要原料,加入适量的助溶剂经研磨、烘干、制坯最后经高温烧结而成。其主要分为:釉面瓷砖、陶瓷锦砖、通体砖、玻化砖、抛光砖、大型陶瓷饰面板等。

(1)釉面瓷砖。瓷砖表面平滑;具有规矩的几何尺寸,圆边或平边平直;不得缺角掉楞;白色釉面砖白度不得低于 78 度,素色彩砖色泽要一致。

(2)陶瓷锦砖、玻璃锦砖。规格颜色一致,无受潮变色现象。拼接在纸板上的图案应符合设计要求,纸板完整,颗粒齐全,间距均匀。

> 图案砖、印花砖应预先拼图以确保图案完整、线条流畅、衔接自然。

(3)通体砖、玻化砖、抛光砖。色泽一致,耐磨性符合要求。

(4)大型陶瓷饰面板。厚度、平整度符合要求,线条清晰整齐。

(5)其他材料。

1)水泥。32.5 或 42.5 级矿渣水泥或普通硅酸盐水泥。应有出厂证明和复验合格试单,若出厂日期超过 3 个月而且水泥已结有小块的不得使用;白水泥应为 32.5 级以上的,并符合设计和规范质量标准的要求。

2)砂子。中砂,粒径为 0.35～0.5mm,黄色河砂,含泥量不大于3％,颗粒坚硬、干净,无有机杂质,用前过筛,其他应符合规范的质量标准。

2. 施工机具

饰面砖粘贴施工所用的机具包括砂浆搅拌机、瓷砖切割机、手电钻、冲击电钻、铁板、阴阳角抹子、铁皮抹子、木抹子、托灰板、木刮尺、方尺、铁制水平尺、小铁锤、木槌、錾子、垫板、小白线、开刀、墨斗、小线坠、小灰铲、盒尺、钉子、红铅笔、工具袋等。

(三)饰面砖粘贴工艺流程与要求

饰面砖粘贴工程施工工艺流程为:基层处理→吊垂直、冲筋→抹底层砂浆→预排→饰面砖浸水→面砖粘贴。

1. 基层处理

镶贴饰面的基体表面应具有足够的稳定性和刚度,同时,对光滑的基体表面应进行凿毛处理。凿毛深度应为 0.5～1.5cm,间距 3cm 左右。

基体表面残留的砂浆、灰尘及油渍等,应用钢丝刷刷洗干净。基体表面凹凸明显部位,应事先剔平或用 1:3 水泥砂浆补平。不同基体材料相接处,应铺钉金属网,方法与抹灰饰面做法相同。门窗口与主墙交接处应用水泥砂浆嵌填密实。为使基体与找平层粘接牢固,可洒水泥砂浆(水泥:细砂=1:1,拌成稀浆)或聚合物水泥浆(108胶:水=1:4 的胶水拌水泥)进行处理。

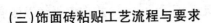

技巧推荐 >>

加气混凝土基层处理技巧

当基层为加气混凝土时,可酌情选用下述两种方法中的一种:

(1)用水湿润加气混凝土表面,修补缺楞掉角处。修补前,先刷一道聚合物水泥浆,然后用 1:3:9=水泥:白灰膏:砂子混合砂浆分层补平,隔天刷聚合物水泥浆并抹 1:1:6 混合砂浆打底,木抹子搓平,隔天养护。

(2)用水湿润加气混凝土表面,在缺棱掉角处刷聚合物水泥浆一道,用 1:3:9 混合砂浆分层补平,待干燥后,钉金属网一层并绷紧。在金属网上分层抹 1:1:6 混合砂浆打底(最好采取机械喷射工艺),砂浆与金属网应结合牢固,最后用木抹子轻轻搓平,隔天浇水养护。

2. 吊垂直、冲筋

高层建筑物应在四大角和门窗口边用经纬仪打垂直线找直;多层建筑物,可从顶层开始用特制的大线坠绷低碳钢丝吊垂直,然后根据面砖的规格尺寸分层设点、做灰饼,间距1.6m。横向水平线以楼层为水平基准线交圈控制,竖向垂直线以四周大角和通天柱或墙垛子为基准线控制,应全部是整砖。阳角处要双面排直。每层打底时,应以此灰饼作为基准点进行冲筋,使其底层灰做到横平竖直。同时,要注意找好突出檐口、腰线、窗台、雨篷等饰面的流水坡度和滴水线(槽)。

3. 抹底层砂浆

先刷一道掺水重10%的界面剂胶水泥素浆,打底应分层分遍进行抹底层砂浆(常温时采用配合比为1:3水泥砂浆),第一遍厚度宜为5mm,抹后用木抹子搓平、扫毛,待第一遍六七成干时,即可抹第二遍,厚度为8~12mm,随即用木杠刮平、木抹子搓毛,终凝后洒水养护。砂浆总厚不得超过20mm,否则应做加强处理。

4. 预排

饰面砖镶贴前应进行预排,预排时要注意同一墙面的横竖排列,均不得有一行以上的非整砖。非整砖行应排在最不醒目的部位或阴角处,方法是用接缝宽度调整砖行。

技巧推荐

饰面砖排列方法选择

饰面砖的排列方法很多,有无缝镶贴、划块留缝镶贴、单块留缝镶贴等。质量好的饰面砖,可以适应任何排列形式;外形尺寸偏差大的饰面砖,不能大面积无缝镶贴,否则不仅缝口参差不齐,而且贴到最后会难以收尾。对外形尺寸偏差大的饰面砖,可采取单块留缝镶贴,用砖缝的大小调节砖的大小,以解决尺寸不一致的问题。饰面砖外形尺寸出入不大时,可采取划块留缝镶贴,在划块留缝内,可以调节尺寸。如果饰面砖的厚薄尺寸不一时,可以把厚薄不一的砖分开,分别镶贴于不同的墙面,以镶贴砂浆的厚薄来调节砖的厚薄,这样就可避免因饰面砖的厚度不一致而使墙面不平。

对于室内镶贴釉面砖如设计无具体规定时,接缝宽度可在1~

1.5mm 之间调整。在管线、灯具、卫生设备支承等部位,应用整砖套割吻合,不得用非整砖拼凑镶贴,以保证饰面的美观。

对于外墙面砖则要根据设计图纸尺寸,进行排砖分格并应绘制大样图。一般要求水平缝应与石旋脸、窗台齐平,竖向要求阳角及窗口处都是整砖,分格按整块分均,并根据已确定的缝子大小做分格条和划出皮数杆。对窗心墙、墙垛等处要事先测好中心线、水平分格线和阴阳角垂直线。

5. 饰面砖浸水

釉面砖和外墙面砖,镶贴前要先清扫干净,然后置于清水中浸泡。釉面砖需浸泡到不冒气泡为止,约不少于 2h;外墙面砖则要隔夜浸泡。然后取出阴干备用。不经浸水的饰面砖吸水性较大,铺贴后会迅速吸收砂浆中的水分,影响粘结质量;虽经浸水但没有阴干的饰面砖,由于其表面尚存有水膜,铺贴时会产生面砖浮滑现象,不仅不便操作,且因水分散发会引起饰面砖与基层分离自坠。阴干的时间视气候和环境温度而定,一般为半天左右,即以饰面砖表面有潮湿感,但手按无水迹为准。

知识链接

饰面砖的筛选

饰面砖进水处理前,应进行饰面砖的筛选,其目的是保证饰面砖镶贴质量。选砖原则是:要求规格一致,边缘整齐,棱角无损坏、无裂缝,表面无隐伤、缺釉和凹凸不平,对于不合格的砖不得使用于工程中。

6. 面砖粘贴

(1)内墙面釉面砖粘结。镶贴釉面砖宜从阳角处开始,并由下往上进行。一般用 1∶2(体积比)水泥砂浆,为了改善砂浆的和易性,便于操作,可掺入不大于水泥用量的 15% 的石灰膏,用铲刀在釉面砖背面刮满刀灰,厚度 5～6mm,最大不超过 8mm,砂浆用量以镶贴后刚好满浆为止。贴于墙面的釉面砖应用力按压,并用铲刀木柄轻轻敲击,使釉面砖紧密贴于墙面,再用靠尺按标志块将其校正平直。镶贴完整行的釉面砖后,再用长靠尺横向校正一次。对高于标志块的,需轻轻敲击,使其平齐;若低于标志块(即亏灰)时,应取下釉面砖,重新抹满刀灰再镶贴,不得在砖口处塞灰,否则会造成空鼓。然后依次按上法往上镶贴,注意保持与相邻釉面砖的平整。如遇釉面砖的规格尺寸或几何形状不等时,应在镶贴时随时调整,使缝隙宽窄一致。

镶贴完毕后进行质量检查,用清水将釉面砖表面擦洗洁净,接缝处用与釉面砖相同颜色的白水泥浆擦嵌密实,并将釉面砖表面擦净。全部完工后,要根据不同的污染情况,用棉丝,或用稀盐酸刷洗并及时以清水冲净。

(2)外墙面砖粘贴。外墙面砖镶贴,应根据施工大样图要求统一弹线分格、排砖。方法可采取在外墙阳角用钢丝花篮螺丝拉垂线,根据阳角钢丝出墙面每隔 1.5～2m 做标志块,并找准

> 外墙面砖的粘贴顺序应自上而下分层分段进行;每段内镶贴程序应是自下而上进行,而且要先贴附墙柱、后墙面,再贴窗间墙。

阳角方正,抹找平层,找平找直。在找平层上按设计图案先弹出分层水平线,并在山墙上每隔 1m 左右弹一条垂直线(根据面砖块数定),在层高范围内应根据实际选用面砖尺寸,划出分层皮数(最好按层高做皮数杆),然后根据皮数杆的皮数,在墙面上从上到下弹若干条水平线,控制水平的皮数,并按整块面砖尺寸弹出竖直方向的控制线。如采取离缝分格,则应按整块砖的尺寸分匀,确定分格缝(离缝)的尺寸,并按离缝实际宽度做分格条,分格条的宽度一般宜控制在 5～10mm。

镶贴时,先按水平线垫平八字尺或直靠尺,操作方法与釉面砖基本相同。铺贴的砂浆一般为 1:2 水泥砂浆或掺入不大于水泥重量15%的石灰膏的水泥混合砂浆,砂浆的稠度要一致,以避免砂浆上墙后流淌。刮满刀灰厚度为 6～10mm。贴完一行后,须将每块面砖上的灰浆刮净。如上口不在同一直线上,应在面砖的下口垫小木片,尽

量使上口在同一直线上。然后在上口放分格条,以控制水平缝大小与平直,又可防止面砖向下滑移,随后再进行第二皮面砖的铺贴。

在完成一个层段的墙面并检查合格后,即可进行勾缝。勾缝用1∶1水泥砂浆或水泥浆分两次进行嵌实,第一次用一般水泥砂浆,第二次按设计要求用彩色水泥浆或普通水泥浆勾缝。勾缝可做成凹缝,深度3mm左右。面砖密缝处用与面砖相同颜色水泥擦缝。完工后应将面砖表面清洗干净,清洗工作须在勾缝材料硬化后进行。如有污染,可用浓度为10%的盐酸刷洗,再用水冲净。

(3)陶瓷锦砖粘贴。

1)抹好底子灰并经划毛及浇水养护后,根据节点细部详图和施工大样图,先弹出水平线和垂直线。水平线按每方陶瓷锦砖一道;垂直线亦可每方一道,亦可二三方一道。垂直线要与房屋大角以及墙垛中心线保持一致。如有分格时,按施工大样图规定的留缝宽度弹出。

2)镶贴陶瓷锦砖时,一般是自下而上进行,按已弹好的水平线安放八字靠尺或直靠尺,并用水平尺校正垫平。通常以两人协同操作,一人在前洒水润湿墙面,先刮一道素水泥浆,随即抹上2mm厚的水泥浆为粘结层,一人将陶瓷锦砖铺在木垫板上,纸面向下,锦砖背面朝上,先用湿布把底面擦净。用水刷一遍,再刮素水泥浆,将素水泥浆刮至陶瓷锦砖的缝隙中,在砖面不要留砂浆。而后,再将一张张陶瓷锦砖沿尺粘贴在墙上。

3)将陶瓷锦砖贴于墙面后,一手将硬木拍板放在已贴好的砖面上,另一手用小木锤敲击木拍板,把所有的陶瓷锦砖满敲一遍,使其平整。然后将陶瓷锦砖的护面纸用软刷子刷水润湿,待护面纸吸水泡开,即开始揭纸。

4)揭纸后检查缝的大小,不合要求的缝必须拨正。调整砖缝的工作,要在粘结层砂浆初凝前进行。拨缝的方法是,一手将开刀放于缝间,一手用抹子轻敲开刀,逐条按要求将缝拨匀、拨正,使陶瓷锦砖的边口以开刀为准排齐。拨缝后用小锤敲击木拍板将其拍实一遍,以增强与墙面的粘结。

5)待粘结水泥浆凝固后,用素水泥浆找补擦缝。

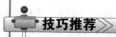
技巧推荐

陶瓷锦砖粘贴后的找补擦缝处理技巧

陶瓷锦砖粘贴后的找补擦缝处理技巧是先用橡皮刮板将水泥浆在陶瓷锦砖表面刮一遍,嵌实缝隙,接着加些干水泥,进一步找补擦缝,全面清理擦干净后,次日喷水养护。擦缝所用水泥,如为浅色陶瓷锦砖应使用白色水泥。

二、石材饰面施工

室内装饰饰面用石材主要分为两大类,即天然石材和人造石材。天然石材主要包括大理石和花岗石;人造石材主要包括树脂人造石、水泥人造石及复合石材。其施工方法有湿贴法和干挂法两种。

(一)石材饰面构造做法

1. 湿贴石材饰面构造做法

湿贴石材构造如图 4-6 和图 4-7 所示。

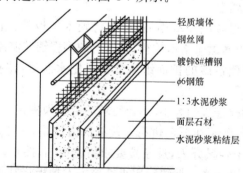

图 4-6　轻质隔墙表面湿贴石材构造节点图

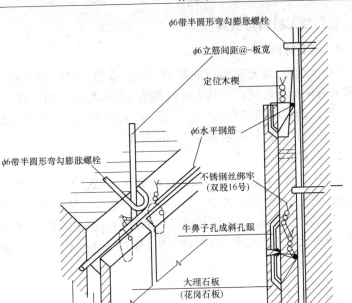

图 4-7　混凝土墙体湿贴石材构造示意图

2. 干挂石材构造做法

干挂石材构造做法如图 4-8 所示。

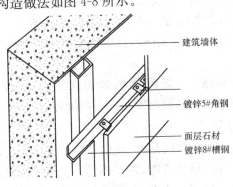

图 4-8　干挂石材饰面构造

(二)施工材料与机具

1. 施工材料

(1)大理石、磨光花岗石的品种、规格、颜色、图案,必须符合设计要求和有关标准的规定。其表面应平整、洁净,颜色协调一致。

(2)人造石材的纹理、色泽、质量、吸水率、抗压强度、耐久性和耐老化性必须符合设计要求和相关标准规定。

2. 施工机具

磅秤、铁板、半截大桶、小水桶、铁簸箕、平锹、手推车、塑料软管、胶皮碗、喷壶、合金钢扁錾子、合金钢钻头、操作支架、台钻、铁制水平尺、方尺、靠尺板、底尺、托线板、线坠、粉线包、高凳、木楔子、小型台式砂轮、裁改大理石用砂轮、全套裁割机、开刀、灰板、木抹子、铁抹子、细钢丝刷、笤帚、大小锤子、小白线、铅丝、擦布或棉丝、老虎钳子、小铲、盒尺、钉子、红铅笔、毛刷、工具袋等。

(三)施工工艺流程与施工要点

1. 石材饰面施工工艺流程

(1)湿贴石材施工工艺流程。

1)薄型小规格块材(边长小于40cm)施工工艺流程为:基层处理→吊垂直、套方、找规矩、贴灰饼→抹底层砂浆→弹线分格→石材刷防护剂→排块材→镶贴块材→表面勾缝与擦缝。

2)普通型大规格块材(边长大于40cm)施工工艺流程为:施工准备(钻孔、剔槽)→穿铜丝或镀锌铅丝与块材固定→绑扎、固定钢丝网或φ6钢筋→吊垂直、找规矩、弹线→石材刷防护剂→安装石材→封层灌浆→擦缝。

(2)干挂石材施工工艺流程为:墙面放线→石材排板→石材准备、刷防护剂→干挂件安装、石材安装→石材清理。

2. 施工要点

(1)施工前,应按厂牌、品种、规格和颜色进行分类选配,并将其侧面和背面清扫干净,修边打眼,每块板的上、下边打眼数量不得少于两个,并用防锈金属丝穿入孔内,以作系固之用。

(2)施工时,接缝宽度可垫木楔调整。并确保外表面平整、垂直及板的上沿平顺。

(3)灌注砂浆时,应先在竖缝内塞 15～20mm 深的麻丝或泡沫塑料条,以防漏浆,并将石材背面和基体表面湿润。砂浆灌注应分层进行,每层灌注高度为 150～200mm,且不得大于石材高的 1/3,插捣密实。施工缝位置应留在饰面板水平接缝以下 50～100mm 处。待砂浆硬化后,将填缝材料清除。

(4)室内安装天然石光面和镜面的饰面石材,接缝应干接,接缝处宜用与饰面石材相同颜色的水泥浆填抹;室外安装天然石光面和镜面饰面石材,接缝可干接或用水泥细砂浆勾缝,干接缝应用与饰面石材相同颜色水泥浆填平。安装天然石粗磨面、麻面、条纹面、天然面饰面石材的接缝和勾缝应用水泥砂浆。

拓展阅读

石材饰面安全环保施工要求

在操作前检查脚手架和跳板是否搭设牢固,高度是否满足操作要求。禁止穿硬底鞋、拖鞋、高跟鞋在架子上工作,架子上人不得集中在一起,工具要搁置稳定,以防止坠落伤人。在两层脚手架上操作时,应尽量避免在同一垂直线上工作,必须同时作业时,下层操作人员必须戴安全帽,并应设置防护措施。脚手架严禁搭设在门窗、暖气片、水暖等管道上。禁止搭设飞跳板。严禁从高处往下乱投东西。夜间临时用的移动照明灯,必须用安全电压。机械操作人员须培训持证上岗,现场一切机械设备,非机械操作人员一律禁止乱动。材料必须符合环保要求,无污染。雨后、春暖解冻时应及时检查外架子,防止沉陷出现险情。

(5)安装人造石饰面石材,接缝宜用与饰面板相同颜色的水泥浆或水泥砂浆抹勾严实。

(6)施工后,表面应清洗干净。光面和镜面饰面板经清洗晾干后,方可打蜡擦亮。

(7)饰面石材的接缝宽度应符合表 4-10 的规定。

表 4-10　　　　　　　　　　饰面石材的接缝宽度

名　　　　称		接缝宽度/mm
天然石	光面、镜面	1
	粗磨面、麻面、条纹面	5
	天然面	10
人造石	水磨石	2
	水刷石	10
	大理石、花岗石	1

三、玻璃饰面

随着人们对材料的不断探索和重新认知,玻璃的功能不再仅仅是采光、密闭,而作为一种重要的装饰饰面材料。

1. 玻璃饰面构造做法

玻璃饰面构造做法如图 4-9 所示。

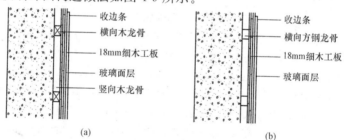

(a)　　　　　　　　　　　　　　　　(b)

图 4-9　玻璃饰面构造

(a)木龙骨基层;(b)方钢龙骨基层

2. 玻璃饰面施工材料与机具

(1)施工材料。

1)骨架木材和基层板、玻璃的材料、品种、规格、式样应符合设计要求和施工规范规定。木骨架应顺直、无弯曲、变形和劈裂。

2)大芯板无脱层、翘曲、折裂、缺棱掉角等现象。

3)罩面板表面应平整、洁净,无污染、麻点、锤印,颜色一致。

4）玻璃表面应洁净,不得有腻子、密封胶、涂料等污渍。中空玻璃内外表面均应洁净,玻璃中层内不得有灰尘和水蒸气。

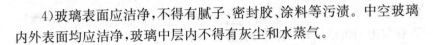

装饰玻璃的品种及特点

常用的装饰玻璃品种主要包括平板玻璃、钢化玻璃、镜面玻璃、压花玻璃、磨砂玻璃、彩绘玻璃等。

钢化玻璃一旦制成,就不能再进行任何冷加工处理,其成型、打孔,必须在钢化前完成,钢化前尺寸为最终产品尺寸。

（2）施工机具。

1）电动机械。包括小电锯、小台刨、手电钻、电动气泵、冲击钻。

2）手动机具。包括木刨、扫槽刨、线刨、锯、斧、锤、螺丝刀、摇钻、直钉枪。

3. 玻璃饰面施工工艺流程与要求

玻璃饰面施工工艺流程为:弹线→划龙骨分挡线→墙龙骨安装→安装大芯板（防火处理）→安装边龙骨→安装面层玻璃。

> 弹线必须准确，经复验后方可进行下道工序。

（1）弹线。在基体上弹出水平线和竖向垂直线,以控制隔断龙骨安装位置、格栅的平直度和固定点。

（2）墙龙骨的安装。沿弹线位置的固定木龙骨,龙骨保持平直,固定点间距不应大于 1m,龙骨的端部必须固定,固定应牢固。边框龙骨与基体之间,应按设计要求安装密封板。

门窗的特殊节点处,应使用附加龙骨,其安装必须符合设计要求。

按照弹线的垂直距离安装木楔,木楔安装前做好防腐处理。

> 龙骨安装的允许偏差数值：立面垂直允许偏差为2mm，表面平整允许偏差为2mm。

相邻纵向木龙骨的间距为 300mm,做好木龙骨两侧的防火处理。

安装地面木方（防火防腐处理）,固

定角钢(50mm×50mm)、方管(20mm×40mm,壁厚 2mm,防锈处理),方管与地面角钢满焊,地面方管分段安装。

(3)安装大芯板。

1)安装基层板铺设平整,搭接严密,不得有皱折、裂缝、透孔等。

2)基层板采用直钉固定,如用钉子固定,钉距为 80~150mm,钉子为钢钉。

(4)安装边龙骨。边龙骨与烤釉玻璃接触部位安装防撞条。采用橡胶压条固定玻璃时,先将橡胶压嵌入玻璃两侧密封,容纳后将玻璃挤紧,上面不再注密封胶。橡胶压条长度不得短于所需嵌入长度,不得强行嵌入胶条。

(5)安装面层玻璃。安装玻璃时,使玻璃在框口内准确就位,玻璃安装在凹槽内,内外侧间隙应相等,间隙宽度一般在 2~5mm。在安装玻璃的过程中,固定踢脚板基层板,以固定玻璃,安装基层板过程中预留封包不锈钢面层的距离。

特别强调

玻璃安装注意事项

　　玻璃属于易碎品,作业时容易伤害人体,适当时佩戴手套,并按工程量配备足够的玻璃吸;做好施工协调,以防交叉作业时伤害到其他作业人。另外,安装玻璃应避开风天,安装多少备用多少,并将多余的玻璃及时清理或送回库里。

四、金属饰面施工

近年来,各种金属装饰板已广泛应用于公共建筑中,尤其在墙面、柱面装饰中更为突出。

1. 金属饰面构造做法

金属饰面构造做法如图 4-10 所示。

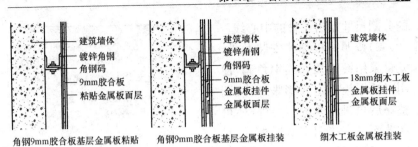

角钢9mm胶合板基层金属板粘贴　　角钢9mm胶合板基层金属板挂装　　细木工板金属板挂装

图 4-10　金属饰面构造做法

2. 金属饰面施工材料与机具

(1)施工材料。饰面板的品种、颜色、规格和性能应符合设计要求,木龙骨、木饰面板的燃烧性能等级应符合设计要求。饰面板表面应平整、洁净、色泽一致,无裂痕和缺损。

(2)施工机具。

1)电动机械。小电锯、小台刨、手电钻、电动气泵、冲击钻。

2)手动工具。木刨、扫槽刨、线刨、锯、螺丝刀、直钉枪等。

3. 施工工艺流程与要求

(1)施工工艺流程。

1)金属面板粘贴施工工艺流程为:清理墙面→排板、放线、弹线→安装角铁底架或钢码码(也可使用木质基层板)→固定→调整→9mm防火夹板安装(在使用木质基层板时不需要)→25mm 高效金属吸声板装饰墙板(或铝单板)安装→清理、成品保护。

2)金属板挂装施工工艺流程为:清理墙面→排板、放线、弹线→安装镀锌角铁或钢角码→固定→调整→专业挂件挂装 25mm 高效金属吸声板装饰墙板(或铝单板)→清理、成品保护。

(2)施工要求。

1)墙面必须干燥、平整、清洁,对于粗糙的砖块或混凝土墙面必须用水泥砂浆找平后做防潮层,以防止水汽从底部渗到板面上。

2)参照图纸设计要求,按现场实际情况,对要安装铝板(金属吸音板)的墙面进行排板放线,将板需要安装位置的标高线放出,按照图纸的分割尺寸放出龙骨的中心线。

3)按照排板弹线安装龙骨，龙骨采用镀锌角铁或钢角码，使用对撬螺栓固定或膨胀螺钉，调整完后再进行紧固。另外，还可在墙面上直接固定基层板，但对

> 对多层或高层建筑外墙，宜采用化学锚栓固定方式。连接件施工应保证连接牢固，型钢类的连接件，表面应当镀锌，焊缝处应刷防锈漆。

墙面平整度要求较高。在骨架安装时，必须注意位置准确，立面垂直、表面平整，阴阳角方正，整体牢固无松动。

4)龙骨安装好后先安装防火夹板，防火夹板与镀锌角铁用自攻螺丝固定，而后用专用胶水粘贴面层金属板，另外，还可采用专业挂件在龙骨上挂装面层金属板。

5)成品保护。

①墙面饰面板有可能在搬运中、工作台上制作时，以及施工安装时受损、受污染，出现划痕。要求搬运时注意半成品材料的保护，工作台面应随时清理干净，以免饰面划伤，安装时必须小心保护，轻拿轻放，不得碰撞，边施工边检查有无污损，完工后应派专人巡视看护。

②堆放场地必须平整干燥，垫板要干净，堆放时要面对面安放，板和板之间必须清理干净，以免板面划伤。

③合理安排施工顺序，水、电、通风、设备安装等应安排在前面施工，防止损坏、污染金属饰面板。

拓展阅读

金属饰面安全环保施工要求

废料及垃圾必须及时清理干净，并装袋运至指定堆放地点，做到活完料尽，工完场清；进入施工现场必须正确佩戴好安全帽，严禁赤膊、穿拖鞋上班；在施工现场严禁打架、斗殴、酒后作业。登高作业时必须系好安全带；使用电动工具必须有良好的接零（接地）保护线，非电工人员不能搭接电源；由于石材较重，搬运时要两人抬步伐一致，堆放要成75°，以免倒塌伤人。

五、木饰面板施工

木饰面板是以人造板为基层板,并在其表面上粘贴带有木纹的面层板。

1. 木饰面板构造做法

木饰面板构造可分为胶粘型和挂装型,挂装型又可分为金属挂件和中密度挂件,如图 4-11 所示。

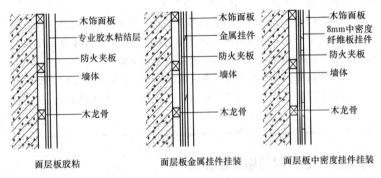

| 面层板胶粘 | 面层板金属挂件挂装 | 面层板中密度挂件挂装 |

图 4-11 木饰面板构造做法

2. 木饰面板施工材料与机具

(1)施工材料。

1)木夹板含水率≤12%,不能有虫蚀腐朽的部位;面板硬表面平整、边缘整齐,不应有污垢、裂纹、缺角、翘曲、起皮、色差、图案不完整的缺陷。胶合板、木质纤维板不应脱胶、变色和腐朽。

2)基层板和面板材料的材质均应符合现行国家标准和行业标准的规定。

3)饰面人造板中甲醛释放限量值应符合相关规定。

(2)施工机具。

1)电动机械。小电锯、小台刨、手电钻、冲击钻、电动气泵、直钉枪等。

2)手动机具。木刨、扫槽刨、线刨、锯、锤、螺丝刀等。

常用的木质饰面材料

常用的木质饰面材料主要包括胶合板、细木工板、薄木贴面装饰板、防火装饰板、万通板、木质装饰板线等。

胶合板的常用幅面尺寸为 1220mm×2440mm, 1220mm×2135mm, 胶合板常用厚度为 3mm、5mm、9mm。胶合板等级为特等、一等、二等、三等。用户在选择胶合板时,应注意以下几点:

1)饰面板面层木材的纹理和色彩。应根据设计要求的木种,选择饰面板的面层材料。若为饰面板外罩清漆,则需选用珍贵木材切片贴压的硬木胶合板;若面板表面用混漆,可选用一般胶合板。

2)环保指标。由于胶合板大多使用脲醛树脂为胶粘剂,因此,胶合板的一个重要环保指标就是游离甲醛的释放量,应符合相关规定。

3. 施工工艺流程与施工要求

木饰面板施工工艺流程为:放线→铺设木龙骨→木龙骨刷防火涂料→安装防火夹板→粘贴面层板(或专业挂件挂装面层板)。

(1)放线。根据图纸和现场实际测量的尺寸,确定基层木龙骨分格尺寸,将施工面积按 300~400mm 均匀分格木龙骨的中心位置,然后用墨斗弹线,完成后进行复查,检查无误开始安装龙骨。

(2)铺设木龙骨。用木方采用半榫扣方,做成网片安装墙面上,安装时先在龙骨交叉中心线位置打直径 14~16mm 的孔,将直径 14~16mm、长 50mm 的木楔植入,将木龙骨网片用 3 寸铁钉固定在墙面上,再用靠尺和线坠检查平整和垂直度,并进行调整,达到质量要求。

(3)木龙骨刷防火涂料。铺设木龙骨后将木质防火涂料涂刷在基层木龙骨可视面上。

(4)安装防火夹板。用自攻螺丝固定防火夹板安装后用靠尺检查平整,如果不平整应及时修复直到合格为止。

（5）面层板安装。面层板用专用胶水粘贴后用靠尺检查平整,如果不平整应及时修复直到合格为止。挂装时可采用 8mm 中密度板正、反裁口或专业挂件挂装。

特别强调

木饰面板施工注意事项

（1）隔墙木龙骨及罩面板安装时,应注意保护天棚内装好的各种管线、木骨架的吊杆。

（2）施工部位已安装的门窗,已施工完的地面、墙面、窗台等应注意保护、防止损坏。

（3）搬、拆架子时注意不要碰撞墙面。

（4）条木骨架材料、特别是罩面板材料,在进场、存放、使用过程中应妥协管理,使其不变形、不受潮、不损坏、不污染。

第四节　涂饰工程

采用建筑涂料施涂后所形成的不同质感、不同色彩及不同性能的涂膜做饰面,在装饰装修施工项目中通常被认为是十分便捷和经济的饰面做法。也正是由于其成膜简易、操作迅速、见效较快等原因,所以对材料选用、基层处理及工艺技术等方面的要求也就更加严格,不忽视任何环节,方可达到预期目的。

一、涂料的功能、组成和分类

建筑涂料,是指涂敷于建筑物或构件表面,并能与表面材料很好地粘结,形成完整涂膜的材料。

建筑涂料具有装饰效果好、施工方便、造价经济、经久耐用等优点,涂料涂饰是当今建筑室内外饰面最为广泛采用的一种方式。

1. 装饰装修涂料的功能

(1)美化建筑物或室内空间。装饰装修涂料色彩丰富,颜色可以按需调配,采用喷、滚、抹、弹、刷涂的方法,使建筑物外形美观,或室内空间富美感,而且可以做出装饰图案,增加质感,起到美化城市、渲染环境艺术效果的作用。

(2)保护墙体。由于建筑物的墙体材料多种多样,选用适当的装饰装修涂料,对墙面起到一定的保护作用,一旦涂膜遭受破坏,可以重新涂饰。

(3)多功能作用。装饰涂料品种多样。装饰装修涂料涂饰在主体结构表面,有的可以起到保色、隔声、吸声等作用;特殊涂料,可起到防水、隔热、防火、防腐、防霉、防锈、防静电和保健等作用。

2. 装饰装修涂料的组成

一般来说,涂料的成分有主要成膜物质、次要成膜物质和辅助成膜物质等。"成膜"是组成涂料各种成分的核心。

(1)主要成膜物质。又称胶粘剂或固着剂,它是将涂料中其他组分粘结成一个整体,固化成膜,并能附着于被涂物表面上,起到保护与美化被涂物的作用。主要成膜物质有各种动植物油、天然或合成的树脂,如鱼油、蓖麻油、桐油、松香、虫胶、沥青、松香甘油酯、环氧树脂、聚氯乙烯树脂等。

(2)次要成膜物质。次要成膜物质主要是颜料与填料,颜料在涂料中起增加色彩与本身强度的作用,能提高涂膜的耐碱、耐洗刷与耐候性,填料可增加涂膜的厚度与体质,使涂膜耐磨。

(3)辅助成膜物质。在涂料组成中对成膜物质产生物理和化学作用,辅助其形成优质涂膜的材料,以改善涂膜的性能。辅助成膜物质分为溶剂和辅助材料。溶剂是挥发性液体,影响涂料干燥的速度,常用的有水、酯类、醇类、酮类、石油溶剂等;辅助材料如催干剂、增塑剂、防潮剂、流平剂、防污剂等。

3. 装饰装修涂料的分类

(1)按材质(成膜物质)分为有机涂料、无机涂料和复合型涂料。

其中有机涂料又分为水溶性涂料、乳液涂料、溶剂型涂料等。

(2)按涂膜的厚度和质感分为薄质涂料、厚质涂料、复层涂料、多彩涂料等。

(3)按使用部位分为外墙涂料和内墙涂料,见表 4-11。

表 4-11 外墙涂料和内墙涂料的特点与适用范围

涂料类型		涂料特点	涂料适用范围
外墙涂料	溶剂型外墙涂料	优点:生产简易、施工方便、涂膜光泽高 缺点:要求墙面特别平整,否则易暴露不平整的缺陷;有溶剂污染	工业厂房
	乳液型外墙涂料	优点:品种多、无污染、施工方便 缺点:光泽差、耐沾污性能较差	通用性外墙涂料
	复层外墙涂料	优点:喷瓷型外观,高光泽,有防水性,立体图案 缺点:施工较复杂,价格较高	建筑等级较高的外墙
	砂壁状外墙涂料	优点:仿石型外观 缺点:耐沾污性差,施工干燥期长	仿石型外墙
内墙涂料	水溶性涂料	主要有聚乙烯醇水玻璃内墙涂料和聚乙烯醇缩甲醛胶内墙涂料,均具有粘结力强、耐热、施工方便、价格低廉等特点。前者涂膜表面较光滑,但耐水性较差,易产生脱粉现象;后者耐水性较好,但施工温度要在 10℃ 以上,易粉化	内墙
	乳液型涂料	(1)醋酸乙烯乳液涂料。耐水、耐碱、耐候性较差。 (2)乙烯乳液涂料。具有耐水、耐碱、耐洗、粘结力强等特点。 (3)苯丙-环氧乳液涂料。具有良好的耐水性、防湿、耐温的特点	醋酸乙烯乳液涂料适用于内墙(不包括厨房、卫生间);乙烯乳液涂料适用于外墙和内墙;苯丙-环氧乳液涂料适用于厨房、卫生间

涂料类型		涂料特点	涂料适用范围
装饰装修油漆	清油	能够在改变木材颜色的基础上,保持木材原有的花纹,装饰风格自然、纯朴、典雅,但工期较长	木材、金属表面
	厚漆	由颜料、干性油混合而成,使用时需加入清油、溶剂等稀释	木质物件打底
	调和漆	调和漆质地较软,均匀,稀稠适度,耐腐蚀、耐晒,长久不裂,遮盖力强,耐久性好,施工方便。分为油脂和天然树脂类两类。油脂调和漆的耐候性较好,但干燥较慢,漆膜较软。天然树脂调和漆在硬度、光泽度等方面较油脂类调和漆强,漆膜干硬、光亮平滑,但耐候性不如油脂调和漆	适用于涂饰室内外的木材、金属表面、家具及木装修等
	清漆	俗称凡立水。是一种不含颜料、以树脂为主要成膜物的透明涂料,分油基清漆、松脂清漆和水性清漆三类,品种较多,具有透明、光泽、成膜快、耐水性等特点,缺点是涂膜硬度不高,耐热性差,在紫外光的作用下易变黄等	可用于家具、地板、门窗及汽车等的涂装
	磁漆	以清漆为基料,加入颜料研磨制成的,涂层干燥后呈磁光色彩因而得名,主要特点是:具有良好的光泽、耐候性、耐水性,附着力强,能经受气候的强烈变化	金属、木质,各种车辆机械仪表及水上钢铁构件船舶

 拓展阅读

墙面涂料的选择原则

采用涂料装饰时,应考虑到涂料的装饰效果、耐久性及经济性,充分发挥不同涂料的不同性能,以取得最佳的效果。

(1)内墙涂料的选择。在确定选用内墙涂料时,应遵循以下原则:

1)色彩丰富、质感细腻。内墙涂料的颜色以浅淡、明亮为宜,根据房间用途、家具颜色、外界环境及居住者的个人喜爱而选用,因此要求色彩

的品种丰富。因内墙涂料层距离居住者的视线比外墙涂层要近,要求内墙涂饰层平滑细腻,或凹凸感强和色彩柔和。

2)耐碱性、耐水性、耐粉化性好。墙面建筑所用的材料有混凝土、水泥、砂浆、石灰浆、砖、木材、钢铁与塑料等。各种涂料所适用的基层材料是不同的,所选用的涂料必须具有较好的耐碱性,并能防止底材的碱分析出膜而影响装饰效果。又因室内湿度常比室外高,同时为保持墙面清洁,涂层常与水接触,就要求涂料有一定的耐水性及耐洗刷性,而且人与室内设施需靠近内墙面,要求涂层不能脱粉,必须具有良好的耐粉化性,还要求涂层不龟裂、不剥落、不变色、不易沾污,即装饰效果持久性好。

3)有一定的透气性。室内空气含有水汽,用透气性良好的内墙涂料可消除结露、挂水现象,使人们感到居住环境清爽宜人。

4)涂刷简便、整修容易、经济实惠。为了保持优雅的居住环境,内墙面应经常翻修,因此要求内墙涂料操作简便、涂膜干燥快、整修方便、经济实惠。

5)在基本满足上述要求外,尽量选用价廉物美的涂料,或对不同使用的墙面选择不同的涂料,以达到经济性。

(2)外墙涂料的选择。外墙涂料种类繁多,各厂家产品各有千秋,选择时应注意以下几个方面:

1)按装饰装修部位来决定。

2)按建筑物的地理位置和气候特点选择。

3)按装修标准选择涂料。

选择外墙涂料时还应注意使用寿命、涂刷面积、耐洗刷次数等指标。

二、涂料施涂技术

为了取得不同的表面质感和装饰效果,建筑涂料可以采用滚涂、刷涂、喷涂、抹涂和弹涂等方法施工。

1. 刷涂

刷涂是用漆刷、排笔等工具在装饰表面涂饰涂料的一种操作方法。刷涂顺序一般为先左后右、先上后下、先难后易、先边后面。

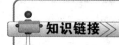

涂料施涂方法的选用

　　建筑涂料施工过程中,应依据装饰装修设计要求,根据装饰标准、装饰部位、基层的状况以及装饰对象所处的环境和施工季节,在充分了解装饰装修涂料性能的基础上,合理选用涂料的施涂方法。

　　刷涂施工质量要求涂膜厚薄一致、平整光滑、色泽均匀。操作中不应出现流挂、皱纹、漏底刷花、起泡和刷痕等缺陷。

　　为保证刷涂施工质量要求,刷涂操作应注意以下要点:

　　(1)涂刷方向和行程长短均应一致。

　　(2)如果涂料干燥快,应勤蘸短刷,接槎最好在分格缝处。

　　(3)涂刷层次一般不少于两度,在前一度涂层表干后才能进行后一度涂刷。前后两次涂刷的相隔时间与施工现场的温度、湿度有密切关系,通常不少于2~4h。

大面积木材面刷油操作步骤

　　在大面积木材面上刷油时可采用"开油→横油→斜油→竖油→理油"的操作方法。

　　(1)开油。将刷子蘸上涂料,首先在被涂面上直刷几道(木面应顺木纤维方向),每道间距为5~6cm,把一定面积需要涂刷的涂料在表面上摊成几条。

　　(2)横油、斜油。不再蘸涂料,将开好的油料横向、斜向涂刷均匀。

　　(3)竖油。看着木纹方向竖刷,以刷涂接痕。

　　(4)理油。待大面积涂匀刷齐后,将漆刷上的剩余涂料在料桶边上刮净,用漆刷的毛尖轻轻地在涂料面上顺木纹理顺,并且刷匀物面(构件)边缘和棱角上的流漆。

2. 滚涂

滚涂是利用涂料辊子进行涂饰的一种操作方法。滚涂施工质量要求涂膜厚薄均匀,平整光滑,不流挂、不漏底。饰面式样、花纹图案完整清晰、匀称一致,颜色协调。

为保证滚涂施工质量,滚涂施工应注意以下操作要点:

(1)将涂料搅匀,调至施工黏度,取出少许倒入平漆盘中摊开。

(2)用辊筒在盘中蘸取涂料,滚动辊筒,使所蘸涂料均匀适量附着于辊筒上。滚涂操作应根据涂料的品种、要求的花饰确定辊子的种类。

(3)在墙面涂饰时,先使辊筒按 W 形运动,将涂料大致涂在墙面上,然后用不蘸取涂料的毛辊紧贴基层上下、左右平稳地来回滚动,让涂料在基层上均匀展开,最后用蘸取涂料的毛辊按一定方向满滚一遍,完成大面。

(4)阴角、上下口采用漆刷、排笔刷涂找齐。

(5)滚涂至接槎部位或达到一定段落时,应使用不沾涂料的空辊子滚压一遍,以免接槎部位不匀而露明显痕迹。

3. 喷涂

喷涂是利用压力或压缩空气将涂料涂布于物面、墙面的机械化施工方法。喷涂施工质量要求涂膜应厚度均匀,颜色一致,平整光滑,不应有露底、皱纹、流挂、针孔、气泡、失光、发花等缺陷。

为保证喷涂施工质量,喷涂施工应注意以下操作要点:

(1)控制好空压机施工喷涂压力,按涂料产品使用说明调好压力,一般在 0.4～0.8MPa 范围内。

(2)涂料稠度必须适中,太稠,不便施工;太稀,影响涂层厚度,也容易流淌。

(3)喷涂作业时,手握喷枪要稳,涂料出口应与被涂面垂直,喷枪(喷斗)移动时应与喷涂面保持平行。

(4)喷涂时,喷嘴与被涂面距离控制在 40～60cm。

(5)喷枪(或喷斗)的运行速度适当且保持一致,一般为 40～60cm/min。

（6）一般直线喷涂 70～80cm 后，拐弯 180°反向喷涂下一行。两行重叠宽度控制在喷涂宽的 1/3～1/2。喷涂行走路线如图 4-12 所示。尽量连续作业，争取到分格缝处停歇。

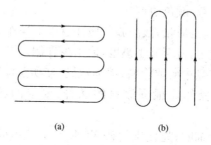

(a)   (b)

图 4-12　喷涂行走路线示意图

(a)横向喷涂路线；(b)竖向喷涂路线

（7）室内喷涂一般先喷顶后喷墙，外墙喷涂一般为两遍，高级的饰面为三遍，间隔时间约 2h。

 **知识链接**

刷涂、滚涂、喷涂的比较

刷涂消耗量最低，但对油工技术水平和执业道德要求高，一般用在最后收尾的时候补阴阳角。

喷涂效率比较高，喷出来的墙面比较平整、美观，但是喷涂的最大缺点就是漆膜比较薄，容易被碰坏，而且难以补漆，相对来说用量也要大一些（有损耗）。

一般推荐用滚涂，滚涂的特点如下：

（1）采用中高档滚筒，适当控制稀释比，滚涂效果不错，可以产生自然纹理，漆膜比较丰满。

（2）对于不建议加水施工的进口漆、对弹性指标要求高的漆更适合滚涂。

（3）拐角处需要小滚筒或羊毛刷辅助施工。

4. 抹涂

抹涂是将纤维涂料抹涂成薄层涂料饰面。其特点是硬度很高,类似汉白玉、大理石等天然石材饰面的装饰效果。抹涂施工饰面涂层应表面平整、光滑、石粒清晰色泽一致,无缺损、抹痕及接槎痕迹;饰面涂层与基层结合牢固,无空鼓、开裂现象;阴、阳角方正、垂直,分格条方正平直,宽度一致,无错缝及缺棱少角现象。

抹涂施工一般包括涂饰底层涂料和抹涂饰面涂料两个过程,为保证抹涂施工质量,抹涂应注意以下操作要点:

(1)涂饰底层涂料操作方法用刷涂或滚涂,达到质量要求即可。当底层质量较差时,可增加刮涂一遍找平。

(2)涂抹面层在底层涂料完成后过 24h 进行。使用工具应为不锈钢制品,如不锈钢抹子。

(3)涂抹面层一遍成活,不能过多反复抹压。内墙抹涂厚为 1.5～2mm,外墙抹涂厚 2～3mm。

(4)抹完后,间隔 1h 左右,用不锈钢抹子拍抹饰面并压光,使涂料中的胶粘剂在表面形成一层光亮膜。

5. 刮涂

刮涂是用刮板将涂料厚浆料均匀地批刮于饰涂面上,形成厚度为 1～2mm 的厚涂层的施涂方法,多用于地面涂饰。刮涂应膜层不卷边,不漏刮,经打磨后表面平整光滑,无明显白点。

为保证刮涂质量要求,刮涂施工应注意以下操作要点:

(1)用刮刀(或牛角刀、油灰刀、橡皮刮刀、钢皮刮刀等)与饰涂面成 60°角进行刮涂。

(2)孔眼较大的饰面应用腻子嵌实,并打磨平整。每刮一遍腻子或涂料,都应待其干燥后打磨平整。

(3)刮涂时只能来回刮 1～2 次,不能往返多刮,否则会出现"皮干里不干"现象。

(4)批刮一次厚度不应超过 0.5mm。待批刮完成的腻子或厚浆料全部干燥后,再涂刷涂料。

三、涂料施工材料与机具

1. 施工材料

(1)备好腻子及底、中、面层涂料等。涂饰工程应优先采用绿色环保产品。涂料的品种、颜色应符合设计要求,并应有产品性能检测报告和产品合格证书。

(2)涂饰工程所用腻子的粘结强度应符合国家现行标准的有关规定。

(3)涂料在使用前应搅拌均匀,并应在规定的时间内用完。

2. 施工机具

(1)涂刷工具主要有排笔、棕刷、料桶等。

(2)喷涂工具主要有空气压缩机、高压无气喷涂机、手持喷斗、挡板或塑料布(供遮挡门窗等用)、棕刷、半截大桶、小提桶、料勺和软质乳胶手套等。

(3)滚涂工具主要有长毛绒辊、泡沫塑料辊、橡胶辊及压花和印花辊、硬质塑料辊及料筒等。

(4)弹涂工具主要有弹涂器等。

(5)喷笔供在绘画、彩绘、着色、雕刻等工序中,喷涂颜料或银浆等用。

(6)其他工具。刮铲、锉刀、钢丝刷、砂纸(布)、尖头锤、钢针除锈机、圆盘打磨机等。

> **知识链接**
>
> **涂料施工环境要求**
>
> (1)环境气温:水溶性和乳液型涂料施涂时的环境温度,应按产品说明书中要求的温度予以控制。一般要求其施工环境的温度宜在 10～35℃,最低温度不应低于 5℃;冬期在室内进行涂料施工时,应有采暖措施,室温要保持均匀,不得骤然变化。溶剂型涂料宜在 5～35℃气温条件下施工,不能采用现场烘烤饰面的加温方式促使涂膜表干和固化。
>
> (2)环境湿度:建筑涂料所适宜的施工环境相对湿度一般为 70%～80%,在高湿度环境或降雨之前不宜施工。但是,若施工环境湿度过低,

空气过于干燥,会使溶剂型涂料的溶剂挥发过快,水溶性和乳液型涂料干固过快,因而会使涂层的结膜不够安全、固化不良,所以也同样不宜施工。

(3)太阳光:建筑涂料一般不宜在阳光直射下进行施工,特别是夏季强烈日光照射之下。

(4)风:在大风中不宜进行涂料涂饰施工,大风会加速涂料中的溶剂或水分的挥(蒸)发,致使涂层的成膜不良并容易沾染灰尘造成饰面污染。

(5)污染性物质:汽车尾气及工业废气中的硫化氢、二氧化硫等,均具有较强的酸性,对于建筑涂料的性能会造成不良影响;飞扬的尘埃也会污染未干的涂层。涂饰施工中如发觉特殊气味或施工环境的空气不够洁净时,应暂停操作或采取有效措施。

四、外墙涂饰施工

外墙涂饰工程施工工艺流程为:清理墙面→修补墙面→填补腻子→打磨→贴玻纤布→满刮腻子及打磨→刷底漆、面漆。

1. 清理墙面

墙面基层要求整体平整、清洁、坚实、无起壳。施工前将墙面起皮及松动处清除干净,并用水泥砂浆补抹,将残留灰渣铲干净,然后将墙面扫净。未经检验合格的基层不得进行施工。

2. 修补墙面

基层缺棱掉角、孔洞、坑洼、缝隙等缺陷采用 1∶3 水泥砂浆修补、找平,干燥后用砂纸将凸出处磨掉,将浮尘扫净。

3. 填补腻子

将墙体不平整、光滑处用腻子找平。腻子应具备较好的强度、粘结性、耐水性和持久性,在进行填补腻子施工时,宜薄不宜厚,以批刮平整为主。第二层腻子应等第一层腻子干燥后再进行施工。

4. 打磨

(1)打磨必须在基层或腻子干燥后进行,以免黏附砂纸影响操作。

(2)打磨时先采用粗砂纸打磨,然后再用细砂纸打磨;需注意表面的平整性,即使表面的平整性符合要求,仍要注意基层表面粗糙度及打磨后的纹理质感,如出现这两种情况会因为光影作用而使面层颜色光泽造成深浅明暗不一而影响效果,这时应局部再磨平,必要时采用腻子进行再修平,从而达到粗糙程度一致。

(3)对于表面不平,可将凸出部分用铲铲平,再用腻子进行填补,待干燥后再用砂纸进行打磨。要求打磨后基层的平整度达到在侧面光照下无明显批刮痕迹、无粗糙感,表面光滑。

(4)打磨后,立即清除表面灰尘,以利于下一道工序的施工。

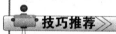
技巧推荐

外墙涂饰施工常用的打磨方法

外墙涂饰施工过程中常用的打磨方法有手工打磨和机械打磨两种:

1)手工打磨应将砂纸包在打磨垫块上,往复用力推动垫块进行打磨,不得只用一两个手指直接压着砂纸打磨,以免影响打磨的平整度。

2)机械打磨采用电动打磨机,将砂纸夹于打磨机上,在基层上来回推动进行打磨,不宜用力按压以免电机过载受损。

5. 贴玻纤布

采用网眼密度均匀的玻纤布进行铺贴;铺贴时自上而下用108胶水边贴边用刮子赶平,同时均匀地刮透;出现玻纤布的接槎时,应错缝搭接2~3cm,待铺平后用刀进行裁切,裁切时必须裁齐,并让玻纤布并拢,以使附着力增强。

6. 满刮腻子及打磨

采用聚合物腻子满刮,以修平贴玻纤布引起的不平整现象,防止表面的毛细裂缝。干燥后用0号砂纸磨平,做到表面平整、粗糙程度一致,纹理质感均匀。

7. 刷底漆、面漆

根据需要选择施涂方法,按照本节"二、涂料施涂技术"的相关要求进行底漆和面漆的涂刷施工。

特别强调

外墙涂饰施工注意事项

(1)外墙脚手架与墙面的距离应适宜,架板安装应牢固。外窗应采取遮挡保护措施,以免施工时被涂料污染。

(2)施工班组应配技术负责人,施工人员须经本工艺施工技术培训,合格者方可上岗。

(3)大面积施工前,应按设计要求做出样板,经设计、建设单位认可后,方可进行施工。

(4)施工前应注意气候变化,大风及雨天不得施工。

五、内墙涂饰施工

内墙乳胶漆、美术漆施工工艺流程为:基层处理→刮腻子→刷底漆→刷面漆。

知识链接

内墙涂饰施工前提条件

(1)室内有关抹灰工种的工作已全部完成,基层应平整、清洁、表面无灰尘、无浮浆、无油迹、无锈斑、无霉点、无浮砂、无起壳、无盐类析出物、无青苔等杂物。

(2)基层应干燥,混凝土及抹灰面层的含水率应在10%以下,基层的pH值不得大于10。

(3)过墙管道、洞口、阴阳角等处应提前抹灰找平修整,并充分干燥。

(4)室内木工、水暖工、电工的施工项目均已完成,门窗玻璃安装完毕,湿作业的地面施工完毕,管道设备试压完毕。

(5)门窗、灯具、电器插座及地面等应进行遮挡,以免施工时被涂料污染。

(6)冬期施工室内温度不宜低于5℃,相对湿度为85%,并在采暖条件下进行,室温保持均衡,不得突然变化。同时,应设专人负责测试和开关门窗,以利于通风和排除湿气。

(7)做好样板间,并经检查鉴定合格后,方可组织大面积喷(刷)。

1. 基层处理

不同基层常见问题及处理方法见表 4-12。

表 4-12 不同基层常见问题及处理方法

不同基层	常见问题	处理方法
混凝土基层	涂料饰面外观不均匀	由于日后修补的砂浆容易剥离,或修补部分与原来的混凝土面层的渗吸状态与表面凹凸状态不同,对于某些涂料品种容易产生涂料饰面外观不均匀的问题。因此原则上必须尽量做到混凝土基层表面平整度良好,不需要修补处理
	施工缝或其他部位表面不平整、高低不平	应使用聚合物水泥砂浆进行基层处理,做到表面平整,并使抹灰层厚度均匀一致。具体做法是先认真清扫混凝土表面,涂刷聚合物水泥砂浆,每遍抹灰厚度不大于 9mm,总厚度为 25mm,最后在抹灰底层用抹子抹平,并进行养护
	混凝土尺寸不准、抹灰找平部分厚度增加,导致开裂及剥离	由于模板缺陷造成混凝土尺寸不准,或由于涉及变更等原因使抹灰找平部分厚度增加,为了防止出现开裂及剥离,应在混凝土表面固定焊接金属网,并将找平层抹在金属网上
	微小裂缝	用封闭材料或涂抹防水材料沿裂缝搓涂,然后在表面撒细沙等,使装饰涂料能与基层很好地粘结。对于预制混凝土板材,可用低粘度的环氧树脂或水泥砂浆进行压力灌浆压入缝中
	气泡砂孔	应用聚合物水泥砂浆嵌填直径大于 3mm 的气孔。对于直径小于 3mm 的气孔,可用涂料或封闭腻子处理
	表面凹凸	凸出部分用磨光机研磨平整
	露出钢筋	用磨光机等将铁锈全部清除,然后进行防锈处理。也可将混凝土进行少量剔凿,将混凝土内露出的钢筋进行防锈处理,然后用聚合物砂浆补抹平整
	油污	油污、隔离剂必须用洗涤剂洗净

不同基层	常见问题	处理方法
水泥砂浆基层	面层空鼓	应铲除,用聚合物水泥砂浆修补
	面层有孔眼	应用水泥素浆修补。也可从剥离的界面注入环氧树脂胶粘剂
	面层凹凸不平	应用磨光机研磨平整
加气混凝土板基层	表面不光滑、平整	加气混凝土板材接缝连接面及表面气孔应全刮涂打底腻子,使表面光滑平整
	基层处理材料水分被吸干	由于加气混凝土基层吸水率很大,会把基层处理材料中的水分吸干,因而在加气混凝土基层表面涂刷合成树脂乳液封闭底漆,使基础渗吸得到适当调整
	修补边角、开裂	必须在界面上涂刷合成树脂乳液,并用聚合物水泥砂浆修补

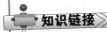

知识链接

石膏板、饰面板基层处理

(1)一般石膏板不适宜用于湿度较大的基层,若湿度较大时,需对石膏板进行防潮处理,或采用防潮石膏板。

(2)石膏板多做对接缝。此时接缝及顶空等必须用合成树脂乳液腻子刮涂打底,固化后用砂纸打磨平整。

(3)石膏板连接处可做成 V 形接缝。施工时,在 V 形缝中嵌填专用的合成树脂乳液石膏腻子,并贴玻璃接缝带抹压平整。

(4)石膏板在涂刷前,应对石膏面层用合成树脂乳液灰浆腻子刮涂打底,固化后用砂纸等打磨光滑平整。

2. 刮腻子

刮腻子遍数通常为三遍,腻子质量配合比为乳胶:双飞粉:2%羧甲基纤维素:复粉=1:5:3.5:0.8。厨房、厕浴间用聚醋酸乙烯乳液:水泥:水=1:5:1(耐水性腻子)。第一遍用胶皮刮板横向满刮,干燥后打磨砂纸,将浮腻子及斑迹磨光,然后将墙面清扫干净。第二遍用胶皮刮板竖向满刮,所用材料及方法同第一遍腻子,干燥后用砂纸磨平并清扫干净。第三遍用胶皮刮板找补腻子或用钢片刮板满刮腻子,将墙面刮平刮光,干燥后用细砂纸磨平磨光,不得遗漏或将腻子磨穿。

技巧推荐

刮腻子施工技巧

如采用成品腻子粉,只需加入清水(每公斤腻子粉添加 0.4～0.5 公斤水)搅拌均匀后即可使用,拌好的腻子应呈均匀膏状,无粉团。为提高石膏板的耐水性能,可先在石膏板上涂刷专用界面剂、防水涂料,再批刮腻子。批刮的腻子层不宜过厚,且必须待第一遍干透后方可批刮第二遍。底层腻子未干透不得做面层。

3. 刷底漆

基层腻子干透后,涂刷底漆。将基层表面清扫干净,底漆采用排比(或滚筒)涂刷,使用新排笔时,应将排笔上下不牢固的毛清理掉。底漆使用前应加水搅拌均匀,待干燥后复补腻子,腻子干燥后再用砂纸磨光,并清扫干净。

> 底漆涂刷顺序是先天棚后墙面,墙面是先上后下。

4. 刷面漆

(1)乳胶漆。刷一至三遍面漆,操作要求同底漆,使用前充分搅拌均匀。刷二至三遍面漆时,需待前一遍漆膜干燥后,用细砂纸打磨光滑并清扫干净后再刷下一遍。

> 由于乳胶漆膜干燥较快,涂刷时应连续迅速操作,上下顺刷互相衔接,避免出现干燥后出现接头。

(2)美术漆施工。涂装质感涂料,待封闭底漆干燥后,即可涂装质感涂料。一般采用刮涂或喷涂等施工方法。刮涂(抹涂)施工是用铁抹子将涂料均匀刮涂到墙上,并根据设计图纸的要求,刮出各种造型,或用特殊的施工工具制作出不同的艺术效果。喷涂施工是用喷枪将涂料按设计要求喷涂于基层上,喷涂施工时应注意控制涂料的黏度、喷枪的气压、喷口的大小、喷射距离以及喷射角度等。

知识链接

内墙涂饰施工成品保护

(1)操作前不需涂饰的门窗及其他相关的部位遮挡好。

(2)涂料墙面未干前不得清扫室内地面,以免粉尘沾污墙面涂料,漆面干燥后不得靠近墙面泼水,以免泥水污染。

(3)涂料墙面完工后要妥善保护,不得磕碰损坏。

(4)移动浆桶、喷浆机等施工工具时,严禁在地面上拖拉,防止损坏地面的面层。

(5)拆除脚手架时,要轻拿轻放,严防碰撞已涂饰完的墙面。

六、内、外墙氟碳漆施工

内、外墙氟碳漆施工工艺流程为:基层处理→铺挂玻纤网→分格缝切割及批刮腻子→封闭底涂施工→中涂施工→面涂施工→分格缝描涂。

知识链接

内、外墙氟碳漆施工前提条件

(1)墙面必须干燥,基层含水率应符合当地规范要求。

(2)墙面的设备管洞应提前处理完毕,为确保墙面干燥,各种穿墙孔洞都应提前抹灰补齐。

(3)门窗要提前安装好玻璃。

(4)施工前应事先做好样板间,经检查鉴定合格后,方可组织班组进行大面积施工。

(5)作业环境应通风良好,湿作业已完成并具备一定的强度,周围环境比较干燥。

（6）冬期施工涂料工程,应在采暖条件下进行,室温保持均衡,一般室内温度不宜低于5℃,相对湿度为85%。同时应设专人负责测试温度和开关门窗,以利通风排除湿气。

1. 基层处理

内、外墙氟碳漆施工基层处理见表4-13。

表4-13 内、外墙氟碳漆施工基层处理

序号	内容	处理方法
1	平整度检查	用2m靠尺仔细检查墙面的平整度,将明显凹凸部位用彩笔标出
2	点补	孔洞或明显的凹陷用水泥砂浆进行修补,不明显的用粗找平腻子点补
3	砂磨	用砂轮机将明显的凸出部分和修补后的部位打磨至符合要求≤2mm
4	除尘、清理	用毛刷、铲刀等清除墙面黏附物及浮尘
5	洒水	如果基面过于干燥,先洒水润湿,要求墙面见湿无明水

2. 铺挂玻纤网

满批粗找平腻子一道,厚度1mm左右,然后平铺玻纤网,铁抹子压实,使玻纤网和基层紧密连接,再在上面满批粗找平腻子一道。铺挂玻纤网后,干燥12h以上,可进入下道工序。

> 基面修补完成,无浮尘,无其他粘附物,可进入下道工序。

3. 分格缝切割及批刮腻子

（1）分格缝切割。根据图纸要求弹出分格缝位置,用切割机沿定位线切割分格缝,一般宽度为2cm,深度为1.5cm,再用锤、凿等工具,将缝芯挖出,将缝的两边修平。

（2）批刮腻子。

1）粗找平腻子施工:第一遍满批刮,用刮尺对每一块由下至上刮平,稍待干燥后,一般 3～4h(晴天),仔细砂磨,除去刮痕印。第二遍满批,用刮尺对每一块由左至右刮平,以上打磨使用 80 号砂纸或砂轮片施工。第三遍满批,用批刀收平,稍待干燥后,一般 3～4h(晴天),用120 号以上砂纸仔细砂磨,除去批刀印和接痕。每遍腻子施工完成后,洒水养护 4 次,每次养护间隔 4h。

2)分格缝填充:填充前,先用水润湿缝芯。将配好的浆料填入缝芯后,干燥约 5min,用直径 2.5cm(或稍大)的圆管在填缝料表面拖出圆弧状的造型。

3)细找平腻子施工:腻子满批后,用批刀收平,稍待干燥后,一般 3～4h,用 280 号以上砂纸仔细砂磨,除去批刀印和接痕。细腻子施工完成后,干燥发白时即可砂磨,洒水养护,两次养护间隔 4h,养护次数不少于 4 次。

4)满批抛光腻子:满批后,用批刀收平。干燥后,用 300 号以上砂纸砂磨;砂磨后,用抹布除尘。

4. 封闭底涂施工

采用喷涂,腻子层表面形成可见涂膜,无漏喷现象。施工完成后,至少干燥 24h,方可进入下道工序。

5. 中涂施工

喷涂两遍。第一遍喷涂(薄涂),一度(十字交叉)。充分干燥后进行第二遍喷涂(厚涂),二度(十字交叉)。干燥 12h 以后,用 600 号以上的砂纸砂磨,砂磨必须认真彻底,但不可磨穿中涂。砂磨后,必须用抹布除尘。

6. 面涂施工

进行两遍喷涂(薄涂),一度(十字交叉)。第一遍充分干燥后进行第二遍。施工完毕并干燥 24h 后,可进入下道工序。

7. 分格缝描涂

用美纹纸胶带沿缝两边贴好保护,然后刷涂两遍分格缝涂料,待第一遍涂料干燥后方可涂刷第二遍。待干燥后,撕去美纹纸。

内、外墙氟碳漆施工成品保护

(1)刷油漆前应先清理完施工现场的垃圾及灰尘,以免影响油漆质量。

(2)进行操作前将不需喷涂的门窗及其他相关的部位遮挡好。

(3)喷涂完的墙面,随时用木板或小方木将口、角等处保护好,防止碰撞造成损坏。

(4)刷漆时,严禁蹬踩已涂好的涂层部位,防止油桶碰翻涂漆污染墙面。

(5)刷(喷)浆工序与其他工序要合理安排,避免刷(喷)后其他工序又进行修补工作。

(6)刷(喷)浆前应对已完成的地面面层进行保护,严禁落浆造成污染。

(7)移动浆桶、喷浆机等施工工具时严禁在地面上拖拉,防止损坏地面的面层。

(8)浆膜干燥前,应防止尘土沾污。

(9)拆架子或移动高凳子应注意保护好已刷浆的墙面。

(10)浆活完工后应加强管理,认真保护好墙面。

第五节 裱糊工程

将壁纸、墙布等粘贴于墙面、柱面及天棚的工程称为裱糊工程。其具有色彩丰富、质感明显、施工方便等特点。裱糊工程分为壁纸裱糊和墙布裱糊。

一、壁纸、墙布分类

壁纸的种类较多,主要包括普通壁纸、发泡壁纸、麻草壁纸、纺织纤维壁纸、特种壁纸。其中,普通壁纸分为印花涂塑壁纸、压花涂塑壁纸和复塑壁纸;发泡壁纸分为高发泡印花壁纸、低发泡印花压花壁纸;特种壁纸分为耐水壁纸、防火壁纸、彩色砂粒壁纸、自粘型壁纸、金属壁纸、图景画壁纸。

墙布主要包括玻璃纤维墙布、纯棉装饰墙布、化纤装饰墙布和无纺墙布。

拓展阅读

壁纸、墙布性能的国际通用标志

壁纸、墙布性能的国际通用标志如图 4-13 所示。

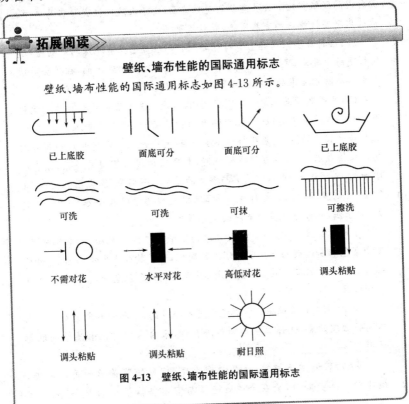

已上底胶	面底可分	面底可分	已上底胶
可洗	可洗	可抹	可擦洗
不需对花	水平对花	高低对花	调头粘贴
调头粘贴	调头粘贴	耐日照	

图 4-13 壁纸、墙布性能的国际通用标志

知识链接

壁纸的选择

选择壁纸要根据环境、场合、地区、民族风俗习惯和个人性格等方面的因素全面考虑,往往同一种壁纸使用在两个不同的场合,会产生两种完全不同的效果。有些选用的原则,并不是绝对的,最重要的是具体情况具体分析。

(1)按使用部位选择。根据使用部位的耐磨损要求,选择适合耐磨方面要求的壁纸。比如公共建筑的走廊墙面,由于人流比较大且容易集中,应选用耐磨性能好的布基壁纸,或纺织壁纸。

(2)按特殊要求选择。有特殊要求的部位应选择有特殊功能的壁纸。同样是防火要求,民用建筑与公共建筑在选用防火壁纸方面,往往会有所差别。有防水要求的部位裱糊壁纸,应选用具有防性性能的壁纸。

(3)按图案效果选择。对图案的选择,应注意大面积裱糊后的视觉效果。有时选看样本时很好,但贴满大面积墙面后,却不尽如人意。可是,也有与此相反的情况,看小样时不甚满意,可一经大面积装修后却获得理想的装饰效果。所以,在选择壁纸时,要研究微观与宏观的关系,须有视小如大,又须视大如小,即局部与整体的关系。一般来说,大面积大厅、会客室、会议室、陈列室、餐厅等场所,选用大型图案结构壁纸,用"以大见大"的手法,充分体现室内宽敞的视觉效果。

小面积的房间,选用小型图案结构壁纸,用"以小见小"的装饰手法,使图杂色彩因远近而产生明暗不同的变化,从而构成室内空间通视、开阔视野的效果。若有风景、原野、森林、草坪之类的彩色壁纸选贴,更能加深空间效果。

(4)按色彩效果选择。装饰色彩是有个性的,不同的颜色会对人产生不同的心理效果,这种心理影响与潜在性,来自人们对色彩感情的联想作用。

装饰、装潢学是美学,也是心理生理学,壁纸装饰后的美与不美,视觉心理感受如何,全在合理地选择与室内整体设计的配合,应从家具、天棚、门窗、地板、地毯等方面取得协调统一。忽视整体配合,会造成室内色彩刺目、摆设杂乱,导致所谓的"视觉污染",从而影响情绪,有损健康。

二、裱糊工程施工材料与机具

1. 施工材料

(1)裱糊面材的品种、规格、图案符合装饰装修设计要求。

壁纸和墙布的规格

壁纸和墙布的规格一般有大卷、中卷和小卷三种。大卷为宽 920～1200mm，长 50m，每卷可贴 40～90m²；中卷为宽 760～900mm，长 25～50m，每卷可贴 20～45m²；小卷为宽 530～600mm，长 10～12m，每卷可贴 5～6m²。其他规格尺寸可由供需双方协商或以标准尺寸的倍数供应。

(2)腻子。装饰用腻子宜采用符合《建筑室内用腻子》(JG/T 298)要求的成品腻子。如采用现场调配腻子，应坚实、牢固，不得粉化、起皮和开裂。

2. 施工机具

需用施工工具有：工作台(用于裁纸刷胶)、活动美工刀、刮板、羊毛滚、2m 直尺、钢卷尺、水平尺、剪刀、开刀、鬃刷、排笔、毛巾、塑料或搪瓷桶、小台秤、线袋(弹线用)、梯子、高凳等。

三、裱糊工程施工工艺

裱糊工程施工工艺流程为：基层处理→刷底漆、底胶→弹线→计算用料、裁纸→润纸→刷胶→裱糊。

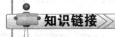

裱糊施工前提条件

(1)混凝土和墙面抹灰已完成，经过干燥，含水率不大于 8%；木材基层的含水率不得大于 12%。新建混凝土或抹灰墙面在刮腻子前应涂刷抗碱封闭底漆；旧墙面在裱糊前应清除疏松的旧装修层，并涂刷抗碱封闭底漆。

(2)水电及设备、顶墙上预留预埋件已完。门窗油漆已完成。

（3）房间地面工程、木护墙和细木装修底板已完成，经检验符合设计要求。

（4）大面积施工前，应事先做样板间，经业主或监理部门检查鉴定合格后，方可组织班组进行大面积施工。

1. 基层处理

凡是有一定强度、表面平整光洁、不疏松掉粉的干净基体表面，如水泥砂浆、混合砂浆、石灰砂浆抹面，纸筋灰、玻璃丝灰罩面，石膏板、木质板、石棉水泥板等预制板材，以及质量达到标准的现浇或预制混凝土墙体，都可以作为裱糊墙纸的基层。原则上说，基层表面都应垂直方正，平整度符合规定，至少凸出阳角的垂直度及上下成直线的凹凸度应不大于高级抹灰的允许偏差，即 2m 直尺检查不超出 2mm，否则将影响裱糊面的外观质量。

（1）混凝土及抹灰基层处理。如果在混凝土面、抹灰面（水泥砂浆、水泥混合砂浆、石灰砂浆等）基层上裱糊墙纸，应满刮腻子一遍并磨砂纸。如基层表面有气孔、麻点、凹凸不平时，应增加满刮腻子和磨砂纸的遍数。刮腻子之前，须将混凝土或抹灰面清扫干净。刮腻子时要用刮板有规律地操作，一板接一板，两板中间再顺一板，要衔接严密，不得有明显接槎和凸痕。宜做到凸处薄刮，凹处厚刮，大面积找平。腻子干后打磨砂纸、扫净。需要增加满刮腻子遍数的基层表面，应先将表面的裂缝及坑洼部分刮平，然后打磨砂纸扫净，再满刮腻子和打扫干净。

（2）木质基层处理。木基层要求接缝不显接槎，接缝、钉眼应用腻子补平并满刮油性腻子一遍（第一遍），用砂纸磨平。木夹板的不平整主要是钉接造成的，在钉接处木夹板往往下凹，非钉接处向外凸。所以第一遍满刮腻子主要是找平大面。第二遍可用石膏腻子找平，腻子的厚度应减薄，

对于阴阳角、窗台下、暖气包、管道后及踢脚板连接处等局部，进行基层处理时，要认真检查修整。

可在该腻子五六成干时,用塑料刮板有规律地压光,最后用干净的抹布轻轻将表面灰粒擦净。

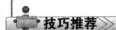

技巧推荐

木质基层处理技巧

对于要贴金属壁纸的木基面处理,第二遍腻子时应采用石膏粉调配猪血料的腻子,其配合比为10:3(质量比)。金属壁纸对基面的平整度要求很高,稍有不平处或粉尘,都会在金属壁纸裱贴后明显地看出。所以金属壁纸的木基面处理,应与木家具打底方法基本相同,批抹腻子的遍数要求在三遍以上。批抹最后一遍腻子并打平后,用软布擦净。

(3)石膏板基层处理。纸面石膏板比较平整,披抹腻子主要是在对缝处和螺钉孔位处。对缝披抹腻子后,还需用棉纸带贴缝,以防止对缝处的开裂。在纸面石膏板上,应用腻子满刮一遍,找平大面,再刮第二遍腻子进行修整。

(4)旧墙基层处理。旧墙基层裱糊墙纸,对于凹凸不平的墙面要修补平整,然后清理旧的浮松油污、砂浆粗粒等。对修补过的接缝、麻点等,应用腻子分1~2次刮平,再根据墙面平整光滑的程度决定是否再满刮腻子。对于泛碱部位,宜用9%稀醋酸中和、清洗。表面有油污的,可用碱水(1:10)刷洗。对于脱灰、孔洞处,须用聚合物水泥砂浆修补。对于附着牢固、表面平整的旧溶剂型涂料墙面,应进行打毛处理。

特别强调

裱糊施工基层处理注意事项

(1)安装于基层上的各种控制开关、插座、电气盒等凸出的设置,应先卸下扣盖等影响裱糊施工的部分。

(2)各种造型基面板上的钉眼,应用油性腻子填补,防止隐蔽的钉头生锈时锈斑渗出而影响裱糊的外观。

(3)为防止壁纸受潮脱落,基层处理经工序检验合格后,即采用喷涂或刷涂的方法施涂封底涂料或底胶,做基层封闭处理一般不少于两遍。封底涂刷不宜过厚,并要均匀一致。

封底涂料的选用,可采用涂饰工程使用的成品乳胶底漆,如相对湿度较大的南方地区或室内易受潮部位,可采用酚醛清漆或光油:汽油(或松节油)=1:3(质量比)混合后进行涂刷;在干燥地区或室内通风、干燥部位,可采用适度稀释的聚醋酸乙烯乳液涂刷于基层即可。

2. 刷底漆、底胶

为了防止壁纸受潮脱胶,一般对要裱糊塑料壁纸、壁布、纸基塑料壁纸、金属壁纸的墙面,涂刷防潮底漆。防潮底漆用酚醛清漆与汽油或松节油来调配,其配合比为清漆:汽油(或松节油)=1:3。该底漆可涂刷,也可喷刷,漆液不宜厚,且要均匀一致。

涂刷底胶是为了增加粘结力,防止处理好的基层受潮弄污。底胶一般用108胶配少许甲醛纤维素加水调成,其配合比为108胶:水:甲醛纤维素=10:10:0.2。底胶可涂刷,也可喷刷。在涂刷防潮底漆和底胶时,室内应无灰尘,且防止灰尘和杂物混入该漆或底胶中。底胶一般是一遍成活,但不能漏刷、漏喷。

> 若面层贴波音软片,基层处理最后要做到硬、干、光。要在做完通常基层处理后,还需增加打磨和刷两遍清漆。

3. 弹线

在底胶干燥后弹划出水平、垂直线,作为操作时的依据,以保证壁纸裱糊后,横平竖直,图案端正。

(1)弹垂线。有门窗的房间以立边分划为宜,便于摺角贴立边,如图4-14所示。对于无门窗口的墙面,可挑一个近窗台的角落,在距壁纸幅宽小5cm处弹垂线。如果壁纸

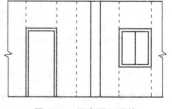

图4-14 门窗洞口画线

的花纹在裱糊时要考虑拼贴对花,使其对称,则宜在窗口弹出中心控制线,再往两边分线;如果窗口不在墙面中间,为保证窗间墙的阳角花饰对称,则宜在窗间墙弹中心线,由中心线向两侧再分格弹垂线。

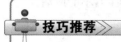

弹垂线技巧

所弹垂线应越细越好。方法是在墙上部钉小钉,挂铅垂线,确定垂线位置后,再用粉线包弹出基准垂直线。每个墙面的第一条垂线应为定在距墙角小于壁纸幅宽 50~80mm 处。

(2)水平线。壁纸的上面应以挂镜线为准,无挂镜线时,应弹水平线控制水平。

4. 计算用料、裁纸

根据墙面弹线找规矩的实际尺寸,统筹规划裁割墙纸,对准备上墙的墙纸,最好能够按顺序编号,以便于依顺序粘贴上墙。

裁割墙纸时,注意墙面上下要预留尺寸,一般是墙顶、墙脚两端各多留 50mm 以备修剪。当墙纸有花纹图案时,要预先考虑完工后的花纹图案效果及其光泽特征,不可随意裁割,应达

> 裁纸下刀前,还需认真复核尺寸有无出入,尺子压紧墙纸后不得再移动,刀刃贴紧尺边,一气裁成,中间不宜停顿或变换持刀角度,手劲要均匀。

到对接无误。同时,应根据墙纸花纹图案和纸边情况确定采用对口拼缝或搭口裁割拼缝的具体拼接方法。

5. 润纸

塑料壁纸遇水或胶水,开始自由膨胀,5~10min 胀足,干后会自行收缩。自由胀缩的壁纸,其幅宽方向的膨胀为 0.5%~1.2%,收缩率为 0.2%~6.8%。以幅宽 500mm 的壁纸为例,其幅宽方向遇水膨胀 2~6mm,干后收缩 1~4mm。因此,刷胶前必须先将塑料壁纸在水槽中浸泡 2~3min 取出后抖掉余水,静置 20min,若有明水可用毛巾

擦掉,然后才能涂胶。闷水的办法还可以用排笔在纸背刷水,刷满均匀,保持10min也可达到使其充分膨胀的目的。如果干纸涂胶,或未能让纸充分胀开就涂胶,壁纸上墙后,纸虽被固定,但会吸湿膨胀,这样贴上墙的壁纸会出现大量的气泡、皱褶(或边贴边胀产生),不能成活。

知识链接

不同类型墙纸的润纸方法与要求

玻璃纤维基材的壁纸,遇水无伸缩性,无须润纸。

复合纸质壁纸由于湿强度较差,禁止闷水润纸。为了达到软化壁纸的目的,可在壁纸背面均匀刷胶后,将胶面对胶面对叠,放置4～8min然后上墙。

纺织纤维壁纸也不宜闷水,裱贴前只需用湿布在纸背面稍抹一下即可达到润纸的目的。

对于待裱贴的壁纸,若不了解其遇水膨胀的情况,可取其一小条试贴,隔日观察接缝效果及纵、横向收缩情况,然后大面积粘贴。

6. 刷胶

对于没有底胶的墙纸,在其背面先刷一道胶粘剂,要求厚薄均匀。同时,在墙面也同样均匀地涂刷一道胶粘剂,涂刷的宽度要比墙纸宽2～3cm。胶粘剂不宜刷得过多、过厚或起堆,以防裱贴时胶液溢出边部而污染墙纸;也不可刷得过少,避免漏刷,以防止起泡、离壳或墙纸粘贴不牢。所用胶粘剂要集中调制,并通过400孔/cm² 筛子过滤,除去胶料中的块粒及杂物。调制后的胶液,应于当日用完。墙纸背面均匀刷胶后,可将其重叠成S状静置,正、背面分别相靠。这样放置可避免胶液干得过快,不污染墙纸并便于上墙裱贴。

对于有背胶的墙纸,其产品一般会附有一个水槽,槽中盛水,将裁割好的墙纸浸入其中,由底部开始,图案面向外卷成一卷,过2min即可上墙裱糊。若有必要,也可在其背胶面刷涂一道均匀稀薄的胶粘剂,以保证粘贴质量。

胶粘剂选择

大面积裱糊纸基塑料壁纸用的胶粘剂,应具备以下条件:

(1)胶粘剂是水溶性的。如果是溶剂性的,易燃、有刺激味,甚至有毒性,不利于施工,而水溶性的胶粘剂则没有这些缺点。

(2)为便于大面积施工,所采用的胶粘剂不宜要求有过于严格和复杂的配制工艺和操作工艺。

(3)所选用的胶粘剂,必须是货源充足,价格较低的,否则,对于大面积使用会有一定的限制。

金属壁纸刷胶

金属壁纸的胶液应是专用的壁纸粉胶。刷胶时,准备一卷未开封的发泡壁纸或长度大于壁纸宽的圆筒(图4-15),一边在裁剪好的金属壁纸背面刷胶,一边将刷过胶的部分向上卷在发泡壁纸卷上。

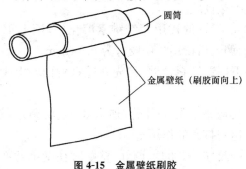

圆筒

金属壁纸(刷胶面向上)

图4-15 金属壁纸刷胶

7. 裱糊

(1)壁纸裱糊。

1)普通壁纸裱糊。裱糊壁纸时,首先要垂直,然后对花纹拼缝,再用刮板用力抹压平整,壁纸应按壁纸背面箭头方向进行裱贴。

知识链接

壁纸裱糊的原则

壁纸的裱糊原则是先垂直面后水平面,先细部后大面。贴垂直面时先上后下,贴水平面时先高后低。在天棚上裱糊壁纸,宜沿房间的长边方向进行裱糊。

裱贴壁纸时,注意在阳角处不能拼缝,阴角壁纸应搭缝,阴角边壁纸搭缝时,应先裱糊压在里面的转角壁纸,再粘贴非转角的正常壁纸。搭接面应根据阴角垂直度而定,搭接宽度一般不小于 2～3cm,并且要保持垂直无毛边。

2)金属壁纸裱糊施工。金属壁纸在裱糊前浸水 1～2min,将浸水的金属壁纸抖去多余水分,阴干 5～7min,再在其背面涂刷胶液。

由于特殊面材的金属壁纸的收缩量很少,在裱贴时可采用拼接裱糊,也可用搭接裱糊。其他要求与普通壁纸相同。

3)麻草壁纸裱糊施工。

①用热水将 20%的羧甲基纤维素溶化后,配上 10%的白乳胶,70%的 108 胶,调匀后待用。用胶量为 0.1kg/m。

②按需要下好壁纸料,粘贴前先在壁纸背面刷上少许的水,但不能过湿。

③将配好的胶液去除一部分,加水 3～4 倍调好,粘贴前刷在墙上,一层即可(达到打底的作用)。

④将配好的胶加 1/3 的水调好,粘贴时往壁纸背面刷一遍,再往打好底的墙上刷一遍,即可粘贴。

⑤贴好壁纸后用小胶辊将壁纸压一遍,达到吃胶、牢固、去褶子目的。

⑥完工后再检查一遍,有开胶或粘不牢固的边角,可用白乳胶粘牢。

技巧推荐》

壁纸裱糊与连接技巧

相邻两幅壁纸的连接方法有两种,分别为拼接法和搭接法,天棚壁纸一般采用推贴法进行裱糊。

(1)拼接法:一般用于带图案或花纹壁纸的裱贴。壁纸在裱贴前先按编号及背面箭头试拼,然后按顺序将相邻的两幅壁纸直接拼缝及对花逐一裱贴于墙面上,再用刮板、压平滚从上往下斜向赶出气泡和多余的胶液使之贴实,刮出的胶液用洁净的湿毛巾擦干净,然后用接缝滚将壁纸接缝压平。

(2)搭接法:用于无须对接图案的壁纸的裱贴。裱贴时,使相邻的两幅壁纸重叠,然后用直尺及壁纸刀在重叠处的中间将两层壁纸切开(图 4-16),再分别将切断的两幅壁纸边条撕掉,再用刮板、压平滚从上往下斜向赶出气泡和多余的胶液使之贴实,刮出的胶液用洁净的湿毛巾擦干净,然后用接缝滚将壁纸接缝压平。

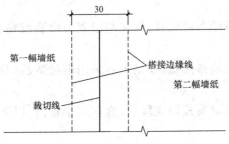

图 4-16　壁纸搭接

(3)推贴法:一般用于顶棚裱糊壁纸。一般先裱糊靠近主窗处,方向与墙面平行。裱糊时将壁纸卷成一卷,一人推着前进,另一人将壁纸赶平,赶密实。推贴法胶粘剂宜刷在基础上,不宜刷在纸背上。

4)纺织纤维壁纸裱糊施工。

①裁纸时,应比实际长度多出 2～3cm,剪口要与边线垂直。

②粘贴时,将纺织纤维壁纸铺好铺平,用毛辊沾水湿润基材,纸背

的润湿程度以手感柔软为好。

③将配置好的胶粘剂刷到基层上,然后将湿润的壁纸从上而下,用刮板向下刮平,因花线垂直布置,所以不宜横向刮平。

④拼装时,接缝部位应平齐,纱线不能重叠或留有间隙。

⑤纺织纤维壁纸可以横向裱糊,也可竖向裱糊,横向裱糊时使纱线排列与地面平行,可增加房间的纵深感。纵向裱糊时,纱线排列与地面垂直,在视觉上可增加房间的高度。

(2)墙布裱糊。

由于墙布无吸水膨胀的特点,故不需要预先用水湿润。除纯棉墙布应在其背面和基层同时刷胶粘剂外,玻璃纤维墙布和无纺墙布只需要在基层刷胶粘剂。胶粘剂应随用随配,当天用完。锦缎柔软易变形,裱糊时可先在其背面衬糊一层宣纸,使其挺括。胶粘剂宜用108胶。

1)玻璃纤维墙布施工。基本上与普通壁纸的裱糊施工相同,不同之处如下:

①玻璃纤维墙布裱糊时,仅在基层表面涂刷胶粘剂,墙布背面不可涂胶。

②玻璃纤维墙布裱糊,胶粘剂宜采用聚醋酸乙烯酯乳胶,以保证粘接强度。

③玻璃纤维墙布裁切成段后,宜存放于箱内,以防止沾上污物和碰毛布边。

④玻璃纤维不伸缩,对花时,切忌横拉斜扯,如硬拉即将使整幅墙布歪斜变形,甚至脱落。

⑤玻璃纤维前部盖底力差,如基层表面颜色较深时,可在胶粘剂中掺入适量的白色涂料,以使完成后的裱糊面层色泽无明显差异。

⑥裁成段的墙布应卷成卷横放,防止损伤、碰毛布边影响对花。

⑦粘贴时选择适当的位置吊垂直线,保证第一块布贴垂直。将成卷墙布自上而下按严格的对花要求渐渐放下,上面多留3～5cm进行粘贴,以免因墙面或挂镜线歪斜造成上下不齐或短缺,随后用湿白毛

巾将布面抹平,上下多余部分用刀片割去。如墙角歪斜偏差较大,可以在墙角处开裁拼接,最后叠接阴角处可以不必要求严格对花,切忌横向硬拉,造成布边歪斜或纤维脱落而影响对花。

2)纯棉装饰墙布裱糊施工。

①在布背面和墙上均刷胶。胶的配合比为:108 胶:4%纤维素水溶液:乳胶:水＝1:0.3:0.1:适量。墙上刷胶时根据布的宽窄,不可刷得过宽,刷一段裱一张。

②选好首张裱贴位置和垂直线即可开始裱糊。

③从第二张起,裱糊先上后下进行对缝对花,对缝必须严密不搭槎,对花端正不走样,对好后用板式鬃刷舒展压实。

④挤出的胶液用湿毛巾擦干净,多出的上、下边用壁纸刀裁割整齐。

⑤在裱糊墙布时,应在外露设备处裁破布面露出设备。

⑥裱糊墙布时,阳角不允许对缝,更不允许搭槎,客厅、明柱正面不允许对缝。门、窗口面上不允许加压布条。

其他与壁纸基本相同。

3)化纤装饰墙布裱糊施工。

①按墙面垂直高度设计用料,并加长 5～10cm,以备竣工切齐。裁布时应按图案对花裁取,卷成小卷横放盒内备用。

②应选室内面积最大的墙面,以整幅墙布开始裱糊粘贴,自墙角起在第一、二块墙布间掉垂直线,并用铅笔做好记号,以后第三、四块等与第二块布保持垂直对花,必须准确。

③将墙布专用胶水均匀地刷在墙上,不要满刷及防止干涸,也不要刷到已贴好的墙布上去。

④先贴距墙角的第二块布,墙布要伸出挂镜线 5～10cm,然后沿垂直线记号自上而下放贴布卷,一面用湿毛巾将墙布由中间向四周抹平。与第二块布严格对花、保持垂直,继续粘贴。

⑤凡遇墙角处相邻的墙布可以在拐角处重叠,其重叠宽度约为2cm,并要求对花。

⑥遇电器开关应将板面除去,在墙布上画对角线,剪去多余部分,

然后再盖上面板使墙面完整。

⑦用壁纸刀将上下端多余部分裁切干净,并用湿布抹平。

其他与壁纸基本相同。

4)无纺墙布裱糊施工。

①粘贴墙布时,先用排笔将配好的胶粘剂刷于墙上,涂刷时必须均匀,稀稠适度,涂刷宽度比墙纸宽 2～3cm。

②将卷好的墙布自上而下粘贴,粘贴时,除上边应留出 50mm 左右的空隙外,布上花纹图案应严格对好,不得错位,并需用干净软布将墙布抹平填实,用壁纸刀裁去多余部分。

其他与壁纸基本相同。

5)绸缎墙面粘贴施工。

①绸缎粘贴前,先用激光测量仪放出第一幅墙布裱贴位置垂直线,然后放出距地面 1.3m 的水平线,使水平线与垂直线相互垂直。水平线应在四周墙面弹通,使绸缎粘贴时,其花形与线对齐,花形图案达到横平竖直的效果。

②向墙面刷胶粘剂。胶粘剂可以采用滚涂或刷涂,胶粘剂涂刷面积不宜太大,应刷一幅宽度,粘一幅。同时,在绸缎的背面刷一层薄薄的水胶(水∶108 胶＝8∶2),涂刷要均匀,不漏刷。刷胶水后的绸缎应静置 5～10min 后上墙粘贴。

③绸缎粘贴上墙。第一幅应从不明显的引脚开始,从左到右,按垂线上下对齐,粘贴平整。贴第二幅时,花形对齐,上下多余部分,随即用壁纸刀裁去。按此法粘贴完毕。贴最后一幅,也要贴阴角处。凡花形图案无法对齐时,可采用取两幅叠起裁划方法,然后将多余部分去掉,再在墙上和绸缎背面局部刷胶,使两边拼合贴密。

④绸缎粘贴完毕,应进行全面检查,如有翘边用白胶补好;有气泡应赶出;有空鼓(脱胶)用针筒灌注胶水,并压实严密;有皱纹要刮平;有离缝应重做处理;有胶迹用洁净湿毛巾擦净,如普遍有胶迹时,应满擦一遍。

知识链接 >>

裱糊工程施工成品保护

(1)墙纸、墙布装修饰面已裱糊完的房间应及时清理干净,不得做临时料房或休息室,避免污染和损坏,应设专人负责管理,如房间及时上锁,定期通风换气、排气等。

(2)在整个墙面装饰工程裱糊施工过程中,严禁非操作人员随意触摸成品。

(3)暖通、电气、上、下水管工程裱糊施工过程中,操作者应注意保护墙面,严防污染和损坏成品。

(4)严禁在已裱糊完墙纸、墙布的房间内剔眼打洞。若纯属设计变更所致,也应采取可靠有效措施,施工时要仔细、小心保护,施工后要及时认真修补,以保证成品完整。

(5)二次补油漆、涂浆活及地面磨石、花岗石清理时,要注意保护好成品,防止污染、碰撞与损坏墙面。

(6)墙面裱糊时,各道工序必须严格按照规程施工,操作时要做到干净利落,边缝要切割整齐到位,胶痕迹要擦干净。

(7)冬期在采暖条件下施工,要派专人负责看管,严防发生跑水、渗漏水等灾害性事故。

第六节　软包与硬包工程

一、软包工程

软包工程是指用织物、皮革等作为墙、柱装饰饰面材料。软包饰面是现代新型高档装修之一,具有柔软、吸声、保温、色彩丰富、质感舒适等特点,一般用于会议厅、多功能厅、录音室、娱乐厅及影剧院局部墙面等。

(一)软包分类

(1)按软包面层材料不同可以分为:平绒织物软包、锦缎织物软包、毡类织物软包、皮革及人造革软包、毛面软包、麻面软包工、丝类挂毯软包等。

(2)按装饰功能不同可以分为:装饰软包、吸音软包、防撞软包等。

(二)软包施工材料与机具

1. 施工材料

(1)龙骨一般用白松烘干料,含水率不大于12%,厚度应根据设计要求,不得有腐朽、节疤、劈裂、扭曲等疵病,并预先经防腐处理。软包墙面木框、龙骨、底板、面板等木材的树种、规格、等级、含水率和防腐处理必须符合设计图纸要求。

(2)芯材、边框及面材的材质、颜色、图案、燃烧性能等级应符合设计要求及国家现行标准的相关规定,具有防火检测报告。普通布料需进行两次防火处理,并检测合格。

芯材通常采用阻燃型泡沫塑料或矿渣棉,面材通常采用装饰织物、皮革或人造革。

(3)胶粘剂一般采用立时得粘贴,不同部位采用不同胶粘剂。

2. 施工机具

施工工具有手电钻、冲击电钻、刮刀、裁织物布和皮革工作台、钢板尺(1m长)、卷尺、水平尺、方尺、托线板、线坠、铅笔、裁刀、刮板、毛刷、排笔、长卷尺、锤子等。

(三)软包工程施工工艺与要求

软包墙面的做法有预制板组装和现场安装等。预制板组装是先预制软包拼装块,再拼装到墙上;现场安装是直接在木基层上做芯材和面材的安装。

软包工程施工工艺流程为:弹线、分格→钻孔、打木楔→墙面防潮→装钉木龙骨→铺钉木基层→铺装芯材、面材→线条压边。

> **知识链接**
>
> 软包施工前提条件
>
> (1)结构工程已完工，并通过验收。
>
> (2)室内已弹好＋50cm 水平线和室内天棚标高已确定。
>
> (3)墙内的电器管线及设备底座等隐蔽物件已安装好，并通过检验。
>
> (4)室内消防喷淋、空调冷冻水等系统已安装好，且通过打压试验合格。
>
> (5)室内的抹灰工程已经完成。

1. 弹线、分格

弹线、分格依据软包面积、设计要求、铺钉的木基层胶合板尺寸，用吊垂线法、拉水平线及尺量的办法，借助＋50cm 水平线确定软包墙的厚度、高度及打眼位置。分格大小为 300～600mm 见方。

2. 钻孔、打木楔

孔眼位置在墙上弹线的交叉点，孔深 60mm，用 $\phi16 \sim \phi20$ 冲击钻头钻孔。木楔经防腐处理后，打入孔中，塞实塞牢。

3. 墙面防潮

在抹灰墙面涂刷冷底子油或在砌体墙面、混凝土墙面铺油毡或油纸做防潮层。涂刷冷底子油要满涂、刷匀，不漏涂；铺油毡、油纸要满铺、铺平，不留缝。

4. 装钉木龙骨

将预制好的木龙骨架靠墙直立，用水准尺找平、找垂直，用钢钉钉在木楔上，边钉边找平、找垂直。凹陷较大处应用木楔垫平钉牢。

木龙骨大小为(20～50)mm×(40～50)mm，龙骨方木采用凹槽榫工艺，制做成龙骨框架。做成的木龙骨架应刷涂防火漆。木龙骨架的大小可根据实际情况加工成一片或几片拼装到墙上。

5. 铺钉木基层

木龙骨架与胶合板接触的一面应平整，不平的要刨光。用气钉枪将三合板钉在木龙骨上。钉固时从板中向两边固定,接缝应在木龙骨上且钉头没入板内,使其牢固、平整。三合板在铺钉前应先在其板背涂刷防火涂料,涂满、涂匀。

6. 铺装芯材、面材

(1)预制板组装法的铺装施工。预制板组装法是按设计图先制作好一块块的软包块,然后拼装到木基层墙面的指定位置,如图 4-17 所示。

图 4-17　预制软包块

1)制作软包块。按软包分块尺寸裁九厘板,并将四条边用刨刨出斜面,刨平。

> 预制板组装法铺装施工所用的材料主要有:九厘板、泡沫塑料块或矿渣棉块、织物。

以规格尺寸大于九厘板 50 ~ 80mm 的织物面料和泡沫塑料块置于九厘板上,将织物面料和泡沫塑料沿九厘板斜边卷到板背,在展平顺后用钉固定。定好一边,再展平铺顺拉紧织物面料,将其余三边都卷到板背固定。为了使织物面料经纬线有序,固定时宜用码钉枪打码钉,码钉间距不大于 30mm,备用。

2)安装软包预制块在木基层上按设计图画线,标明软包预制块及装饰木线(板)的位置。

将软包预制块用塑料薄膜包好(成品保护用),镶钉在软包预制块的位置,用气枪钉钉牢。塑料薄膜待工程交工时撕掉。

技巧推荐》》

软包块铺钉技巧

软包预制块镶钉时,每钉一颗钉用手抚一抚织物面料,使软包面既无凹陷、起皱现象,又无钉头挡手的感觉。连续铺钉的软包块,接缝要紧密,下凹的缝应宽窄均匀一致且顺直。

（2）现场安装法的铺装施工。

1）在木基层上铺钉九厘板。依据设计图在木基层上划出墙、柱面上软包的外框及造型尺寸线,并按此尺寸线锯割九厘板拼装到木基层上,九厘板围出来的部分为准备做软包的部分。钉装造型九厘板的方法同钉三合板一样。

2）按九厘板围出的软包的尺寸,裁出所需的芯材,并用建筑胶粘贴于围出的部分。

3）从上往下用面材包覆芯材块,先裁剪面材和压角木线,木线长度尺寸按软包边框裁制,在 90°角处按 45°割角对缝,面材应比芯材块周边宽 50～80mm。将裁好的面材连同做保护层用的塑料薄膜覆盖在芯材上,用压角木线压住面材的上边缘,展平、展顺面材以后,用气枪钉钉牢木线。然后拉捋展平面材,钉面材下边缘木线。用同样的方法钉左右两边的木线。压角木线要压紧、钉牢,面材面应展平不起皱。最后用裁刀沿木线的外缘（与九厘板接缝处）裁下多余的面材与塑料薄膜。如图 4-18 所示。

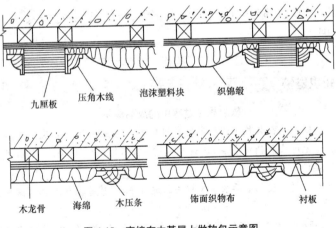

图 4-18　直接在木基层上做软包示意图

（3）用五合板外包芯材、面材施工。即不用三合板、九厘板,直接用五合板外包芯材、面材的软包做法。

1）按设计要求尺寸裁割五合板,将板边用刨刨平,并将沿一个方向的两条边刨出斜面(木墙筋的间距应按此尺寸固定于墙上)。

2)以规格尺寸大于纵横向木墙筋中距50～80mm 的面材包芯材于五合板上。

3)用刨斜的边压入面材,压长在 20～30mm,用气枪钉钉于木墙筋上。

4)拉撑面材的另一端,使其平伏在五合板及芯材上,紧贴木墙筋,用相邻的一块包有芯材和面材的五合板将其压紧,同时压紧自身的软包面料,一起用气枪钉钉固于木墙筋上。以这种方法铺装整个软包墙墙面,最后一块的另一侧面材拉平后,连同盖压木装饰线钉牢于木墙筋上。如图 4-19 所示。

5)在暗钉钉完以后用电化铝帽头钉钉于软包分格的交叉点上。

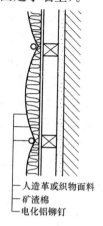

— 人造革或织物面料
— 矿渣棉
— 电化铝铆钉

图 4-19   用五合板外包芯材、面材的软包做法

7. 线条压边

在墙面软包部分的四周进行木、金属压线条、盖缝条及饰面板等镶钉处理。

软包施工过程中的成品保护

(1)软包墙面装饰工程已完的房间应及时清理干净,不得做料房或休息室,避免污染和损坏成品,应设专人管理(不得随便进入,定期通风换气、排湿)。

(2)在整个软包墙面装饰工程施工过程中,严禁非操作人员随意触摸成品。

(3)暖卫、电气及其他设备等在进行安装或修理工作中,应注意保护墙面,严防污染或损坏墙面。

(4)严禁在已完软包墙面装饰房间内剔眼打洞。若属设计变更,也应采取相应的可靠有效的措施,施工时要小心保护,施工后要及时认真修复,以保证成品完整。

(5)二次修补油、浆工作及地面磨石清理打蜡时,要注意保护好成品,防止污染、碰撞和损坏。

(6)软包墙面施工时,各项工序必须严格按照规程施工,操作时要做到干净利落,边缝要切割修整到位,胶痕及时清擦干净。

二、硬包工程

硬包工程是建筑中的精装修工程的一种,用装饰布、皮革把衬板包裹起来,再挂贴于室内墙面上,颜色多样,有较好的装饰效果。

(一)硬包工程分类

(1)按硬包面层材料的不同可以分为:平绒织物硬包、锦缎织物硬包、毡类织物硬包、皮革及人造革硬包、麻面硬包等。

(2)按硬包安装材料的不同可以分为:木质硬包工程、塑料硬包工程、石材硬包工程。

(二)硬包工程施工材料

硬包墙面所用的纺织面料、衬板和龙骨、木基层板等均应进行防火处理。

知识链接

硬包工程常用材料种类、作用

硬包工程常用材料种类、作用见表4-14。

表4-14 硬包工程常用材料

序号	种类	材料	作用
1	龙骨	木龙骨、轻钢龙骨	基层龙骨制作、找平
2	基层板	胶合板或密度板(厚度一般为9mm、12mm、15mm等)	铺贴于龙骨上,作为固定硬包的基层板材

续表

序号	种类	材料	作用
3	底板(衬板)	胶合板或密度板	用于裱贴面料的底板或边框
4	面料	织物、皮革	软包的饰面包裹层
5	配件	配套挂件、固定件	用于固定硬包
6	装饰线	各种材质的线条	用于硬包装饰收边

(三)硬包工程工程施工条件

(1)混凝土和墙面抹灰完成,基层已按设计要求埋入木砖或木筋(如基层采用轻钢龙骨,则不需埋入木砖或木筋),水泥砂浆找平层已抹完并做防潮层。

(2)水电及设备,顶墙上预留预埋件已完成。

(3)房间的吊顶、地面分项工程基本完成,并符合设计要求。

(4)对施工人员进行技术较低时,应强调技术措施和质量要求。

(5)调整基层并进行检查,要求基层平整、牢固,垂直度、平整度均符合细木制作验收规范。

(四)硬包施工工艺与要求

硬包工程施工工艺流程为:基层或底板处理→吊直、套方、找规矩、弹线→裁割衬板及试铺→计算用料、套裁面料→粘贴面料→硬包板块安装。

1. 基层处理

在做硬包墙面装饰的房间基层(砖墙或混凝土墙),应先安装龙骨,再封基层板。龙骨可用木龙骨或轻钢龙骨,基层板宜采用9~15mm木夹板或密度板,所有木龙骨及木板材应进行防火处理,并符合消防要求。如在轻质隔墙上安装硬包饰面,则在隔墙龙骨上安装基层板即可。

2. 吊直、套方、找规矩、弹线

根据设计图纸要求,把该房间需要硬包墙面的装饰尺寸、造型等通过吊直、套方、找规矩、弹线等工序,把实际设计的尺寸与造型放样到墙面基层上,并按设计要求将硬包挂墙套件固定于基层板上。

3. 裁割衬板及试铺

(1)裁割衬板:根据设计图纸的要求,按硬包造型尺寸裁割衬底板材,衬板尺寸应为硬包造型尺寸减去外包饰面的厚度,一般为 2～3mm(图 4-20),衬板厚度应符合设计要求。衬板裁割完毕后即可将挂墙套件按设计要求固定于衬板背面。

(2)试铺衬板:按图纸所示尺寸、位置试铺衬板,尺寸位置有误的须调整好,然后按顺序拆下衬板,并在背面标号,以待粘贴面料。

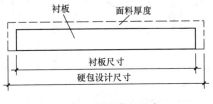

图 4-20　衬板裁割尺寸

4. 计算用料、套裁面料

根据设计图纸的要求,进行用料计算、面料套裁工作,面料裁切尺寸需大于衬板(含板厚)40～50mm(图 4-21)。同一房间、同一图案与面料必须用同一卷材料套裁。

5. 粘贴面料

按设计要求将裁切好的面料按照定位标志找好横竖坐标上下摆正粘贴于衬板上,并将大于衬板的面料顺着衬板侧面贴至衬板背面,然后用胶水及钉子固定(图 4-22)。

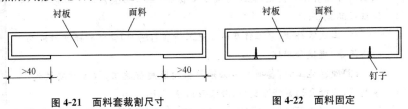

图 4-21　面料套裁割尺寸　　　　　图 4-22　面料固定

6. 硬包板块安装

将粘贴完面料的板块（硬包）按编号挂贴于墙面基层板上，并调整平直，如图 4-23 所示。

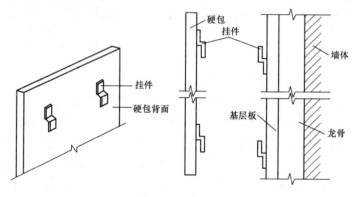

图 4-23　硬包安装

硬包施工过程中的成品保护

(1)硬包装饰工程已完的房间应及时清理干净，不得做料房或休息室，避免污染和损坏成品，应设专人管理（加锁，定期通风换气、排湿）。

(2)在整个软包墙面装饰工程施工过程中，严禁非操作人员随意触摸成品。

(3)暖卫、电气及其他设备等在进行安装或修理工作中，应注意保护饰面，严防污染或损坏饰面。

(4)严禁在已完硬包装饰房间内剔眼打洞。若属设计变更，也应采取相应的可靠有效的措施，施工时要小心保护，施工后要及时认真修复，以保证成品完整。

(5)二次修补油、浆工作及地面磨石清理打蜡时，要注意保护好成品，防止污染、碰撞和损坏。

(6)硬包施工时，各项工序必须严格按照规程施工，操作时要做到干净利落，边缝要切割修整到位，胶痕及时清擦干净。

第七节　幕墙工程

一、石材幕墙

(一)石材幕墙的分类与构造

石材幕墙干挂法构造分类基本上可分为以下几类:直接干挂式、骨架干挂式、单元干挂式和预制复合板干挂式,前三类多用于混凝土结构基体,后者多用于钢结构工程。石材幕墙构造如图 4-24~图 4-27 所示。

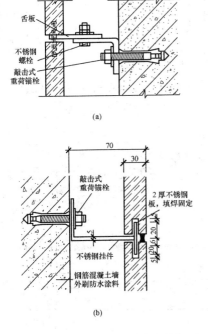

(a)

(b)

图 4-24　直接式干挂石材幕墙构造

(a)二次直接法;(b)直接做法

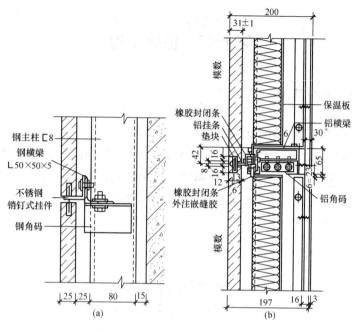

图 4-25　骨架式干挂石材幕墙构造

（a）不设保温层；（b）设保温层

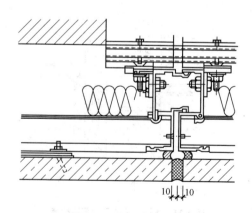

图 4-26　单元体石材幕墙构造

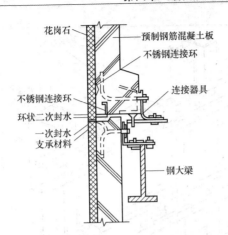

图 4-27　预制复合板干挂石材幕墙构造

拓展阅读

背栓式石材幕墙

　　背栓式石材幕墙即石材与骨架的连接方式为背栓式,背栓式连接时在石板的背面钻出锥头撞扩大头的孔,然后插入背栓,背栓连接到骨架上。常用的背栓直径为 8mm,可以用配套的连接件固定到横梁上,也可以采用角钢焊接到横梁上,如图 4-28 和图 4-29 所示。

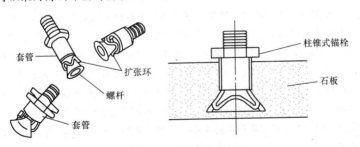

图 4-28　背栓式石板连接

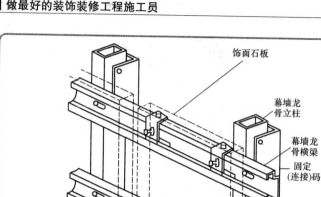

饰面石板

幕墙龙
骨立柱

幕墙龙
骨横梁
固定
(连接)码

挂片及固定
石板的柱锥
式锚栓

图4-29 背栓式连接到骨架构造

　　用背栓点连接石材幕墙进行建筑外饰面石材施工是建筑外饰面施工技术的重大突破,它开辟了石材幕墙施工工艺的新纪元,使石材幕墙有了广阔的使用领域,即任何建筑物、任何高度、任何部位、任何构造形式都可以采用背栓点连接石材幕墙。背栓点连接方法为石材幕墙和玻璃(金属)幕墙组合成组合幕墙创造了条件,即在同一立柱上可左面安装玻璃幕墙,右面安装石材幕墙,在同一横梁上,可上面安装玻璃幕墙,下面安装石材幕墙。设计时,石材饰面既要满足建筑立面造型要求;也要注意石材饰面的尺寸和厚度,保证石材饰面板在各种荷载(重力、风载、地震荷载和温度应力)作用下的强度要求;另外,也要满足模数化、标准化的要求,尽量减少规格数量,方便施工。

(二)石材幕墙施工材料与机具

1. 施工材料

石材幕墙工程材料的质量要求有：

(1)当石材含有放射物质时,应符合现行行业标准。

(2)密封胶条的技术要求应符合现行国家行业标准《金属与石材幕墙工程技术规范》(JGJ 133)的相关规定。

(3)幕墙宜采用岩棉、矿棉、玻璃棉、防火板等不燃烧性或难燃烧性材料作为隔热保温材料,同时,应采用铝箔或塑料薄膜包装的复合材料,作为防水和防潮材料。

(4)石材幕墙材料应选用耐候性强的材料。金属材料和零配件除不锈钢外,钢材应进行表面热镀锌处理,铝合金应进行表面阳极氧化处理。

(5)石材幕墙所选用的材料应符合国家现行产品标准的规定,同时,应有出厂合格证、质保书及必要的检验报告。

(6)硅酮密封胶应有保质年限的质量证书。用于石材幕墙的硅酮结构密封胶还应有证明无污染的试验报告。

(7)硅酮结构密封胶、硅酮耐候密封胶必须有与所接触材料的相容性试验报告。橡胶条应有成分分析报告和保质年限证书。

(8)花岗石板材的弯曲强度应经法定检测机构检测确定,其弯曲强度标准值不应小于 8.0MPa。

(9)幕墙采用的非标准五金件应符合设计要求,并应有出厂合格证。

(10)幕墙石材宜选用火成岩,石材吸水率应小于 0.8%。

知识链接

石材幕墙施工材料保管

(1)焊条必须存放在仓库内且要通风良好、干燥,库温控制在 10~25℃,最低温度为 5℃,10~20℃ 时的相对湿度为 60% 以下;20~30℃ 时相对湿度为 50%;30℃ 时的相对湿度为 40% 以下,防止焊条受潮变质。

(2)结构胶的存放严格按照说明进行保存。

(3)五金配件应分类按要求堆放。

（4）防腐涂料的堆放和保存，严格按照产品的说明进行。

（5）石材的堆放应按照板块的规格堆放在规定的场地；严禁和具有腐蚀性的材料混合在一起；杜绝与酸、碱物质接触。标明产品加工顺序编号，注意不得碰撞、污染等；用防透水材料在板块底部垫高100mm放置其他材料。

2. 施工机具

石材幕墙的主要机具包括：台钻、无齿切割锯、冲击钻、手枪钻、力矩扳手、开口扳手、嵌缝枪、尺、锤子、凿子、勾缝溜子等。

（三）石材幕墙施工工艺与要求

石材幕墙安装施工工艺流程为：测量放线→预埋件的检查和安装→骨架安装→避雷系统及防火材料安装→石材面板安装→嵌胶封缝施工。

1. 测量放线

根据幕墙分格大样图和土建单位给出的标高点、进出位线及轴线位置，采用重锤、钢丝线、墨线、测量器具等工具在主体上定出幕墙的各个基准线，并用经纬仪进行调校、复测，再从基准线向外测出设计要求间距的幕墙平面位置。对于由纵横杆件组成的幕墙骨架，一般先弹出竖向杆件的安装位置，再确定其锚固点，最后再弹出横向杆件的安装位置。质检人员应对测量放线与预埋件进行检查。

特别强调

石材幕墙施工测量放线注意事项

幕墙分格轴线的测量应与主体结构测量相配合，其偏差应及时调整，不得累积。超过偏差的预埋件必须办理设计变更，与设计单位商洽后进行适当的处理，方可进行安装施工。

2. 预埋件的检查和安装

在进行土建工程施工时应进行预埋件的埋设，幕墙施工前要根据该工程基准轴线和中线以及基准水平点对预埋件进行检查、校核,当设计无明确要求时,一般位置尺寸的允许偏差为±20mm,预埋件的标高允许偏差为±10mm。

3. 骨架安装

(1)立柱预装。首先连接件与预埋件焊接(或不锈钢螺栓连接),然后立柱再与连接件焊接(或不锈钢螺栓连接)。底层立柱安装好后,再安装上一层立柱。

特别强调

焊接注意事项

焊接前应检查,并按偏差要求校正、调整,使其符合规范要求。焊缝位置及要求按设计图纸。焊接质量应符合现行国家标准《钢结构工程施工质量验收规范》(GB 50205)。

(2)横梁安装。立柱安装好以后,应检查分格情况,符合规范要求后进行横梁的安装。横梁的安装应由上往下。横梁应依据水平横向线进行安装,用水准仪把楼层标高线引到立柱上,以此为基准,根据图纸设计要求将横梁的上皮位置标于立柱上,每一层间横梁分隔误差在本层内消化,不得积累。横梁校正、调整就位后与立柱焊接牢固。

(3)防腐处理。幕墙骨架的安装应重点注意防腐。

4. 避雷系统及防火材料安装

有避雷系统的,其不锈钢连接片必须与立柱直接接触。水平避雷圆钢与钢支座相焊接时,要严格按图纸要求保证搭接长度和焊缝的高度,避免形成虚焊而降低导电性能。

防火、保温材料应安装在每层楼板与石材幕墙之间,不能有空隙,应用镀锌钢板和防火材料形成防火带。在北方寒冷地区,窗框四周嵌缝处应用保温材料防护。

5. 石材面板安装

(1)将运至工地的石材饰面板按编号分类,检查尺寸是否准确和有无破损、缺棱、掉角,按施工要求分层次将石材饰面板运至施工面附近,并注意摆放可靠。

(2)先按幕墙面基准线仔细安装好底层第一层石材。

(3)安装时,要在饰面板的销钉孔或切槽口内注入石材胶(环氧树脂胶),以保证饰面板与挂件的可靠连接。

(4)安装时,宜先完成窗洞口四周的石材镶边,以避免安装发生困难。

特别强调

石材面板安装注意事项

(1)安放每层金属挂件的标高,金属挂件应紧托上层饰面板,而与下层饰面板之间留有间隙。

(2)安装到每一楼层标高时,要注意调整垂直误差,不积累。

(3)在搬运石材时,要有安全防护措施,摆放时下面要垫木方。

6. 嵌胶封缝施工

石材板间的胶缝是石板幕墙的第一道防水措施,同时,也使石板幕墙形成一个整体。

(1)要按设计要求选用合格且未过期的耐候嵌缝胶。最好选用含硅油少的石材专用嵌缝胶,以免硅油渗透污染石材表面。

(2)用带有凸头的刮板填装泡沫塑料圆条,保证胶缝的最小深度和均匀性。选用的泡沫塑料圆条直径应稍大于缝宽。

(3)在胶缝两侧粘贴纸面胶带纸保护,以避免嵌缝胶迹污染石材板表面质量。

(4)用专用清洁剂或草酸擦洗缝隙处石材板表面。

(5)派受过训练的工人注胶,注胶应均匀无流淌,边打胶边用专用工具勾缝,使嵌缝胶成型后呈微弧形凹面。

特别强调

注胶注意事项

（1）施工中不能有漏胶污染墙面，如墙面上沾有胶液应立即擦去，并用清洁剂及时擦净余胶。

（2）大风和大雨天气不能注胶施工。

二、金属幕墙

（一）金属幕墙分类

金属板幕墙一般悬挂在承重骨架的外墙面上，具有典雅庄重、质感丰富以及坚固、耐久、易拆卸等优点，并适用于各种工业与民用建筑。

1. 按材料分类

金属板幕墙按材料可分为单一材料板和复合材料板两种。

（1）单一材料板。单一材料板为一种质地的材料，如钢板、铝板、铜板、不锈钢板等。

（2）复合材料板。复合材料板是由两种或两种以上质地的材料组成的，如铝合金板、搪瓷板、烤漆板、镀锌板、色塑料膜板、金属夹芯板等。

2. 按板面形状分类

金属幕墙按板面形状可分为光面平板、纹面平板、波纹板、压型板、立体盒板等。

（二）金属幕墙施工材料与机具

1. 施工材料

（1）金属幕墙所选用的材料应符合国家现行产品标准的规定，同时，应有出厂合格证、质保书及必要的检验报告。

（2）金属幕墙材料应选用耐候性强的材料。金属材料和零配件除不锈钢外，钢材应进行表面热镀锌处理或其他有效防腐措施，铝合金应进行表面阳极氧化处理,或其他有效的表面处理。

(3)金属幕墙应根据幕墙面积、使用年限及性能要求,分别选用铝合金单板(简称铝单板)、铝塑复合板、铝合金蜂窝板(简称蜂窝铝板);铝合金板材应达到国家相关标准及设计的要求,并有出厂合格证。

(4)钢构件采用冷弯薄壁型钢时,其壁厚不得小于 3.0mm,强度应按实际工程验算,表面处理应符合现行国家标准《钢结构工程施工质量验收规范》(GB 50205)的相关规定。

(5)金属幕墙采用的非标准五金件应符合设计要求,并应有出厂合格证。

(6)幕墙可采用聚乙烯发泡材料作填充材料,其密度不应小于$0.037g/cm^3$。

(7)幕墙宜采用岩棉、矿棉、玻璃棉、防火板等不燃烧性或难燃烧性材料作隔热保温材料,同时,应采用铝箔或塑料薄膜包装的复合材料,作为防水和防潮材料。

(8)幕墙立柱与横梁之间的连接处,宜加设橡胶片,并应安装严密,或留出 1mm 间隙。

2. 施工机具

金属幕墙施工主要机具包括切割机、成型机、弯边机具、砂轮机、连接金属板的手提电钻、混凝土墙大眼电钻等。

(三)金属幕墙施工工艺与要求

金属幕墙施工工艺流程为:测量放线→复检预埋件→安装骨架的连接件→固定骨架→防火、避雷系统安装→金属板单元安装→收口处理。

知识链接

金属幕墙施工前准备工作

在金属幕墙施工之前,应做好相应的准备工作,包括做好科学规划,熟悉图样,编制单项工程施工组织设计,做好施工方案部署,确定施工工艺流程和工、料、机安排等。

1. 测量放线

幕墙安装质量很大程度上取决于测量放线的准确与否,进行施工测量放线时,应首先根据设计图纸的要求和几何尺寸,对镶贴金属饰面板的墙面进行吊直、套方、找规矩并一次实测和弹线,确定饰面墙板的尺寸和数量,并在施工前检查放线是否正确,用经纬仪对立柱、横梁进行贯通测量,尤其是对建筑转角、变形缝、沉降缝等部位进行详细测量放线。

> 如果测量过程中发现测量结果与图样有出入时,应及时向业主和监理工程师报告,得到处理意见进行调整,由设计单位做出设计变更。

2. 复检预埋件

该项工艺应与石材幕墙的做法相同。

3. 安装骨架的连接件

骨架的横竖杆件是通过连接件与结构固定的,而连接件与结构之间,可以与结构的预埋件焊牢,也可以在墙上打膨胀螺栓。

> 因在墙上打膨胀螺栓的连接方法比较灵活,尺寸误差较小,容易保证位置的准确性,因而实际施工中采用得比较多。

安装连接件必须按设计图加工,表面处理按现有国家标准的有关规定进行。连接件焊接时,应采用对称焊,以控制因焊接产生的变形。焊缝不得有夹渣和气孔。敲掉焊渣后,对焊缝应进行防腐处理。

4. 固定骨架

安装骨架位置要准确,结合要牢固。安装后应全面检查中心线、表面标高等。对高层建筑外墙,为了保证饰面板的安装精度,宜用经纬仪对横竖杆件进行贯通。变形缝、沉降缝等应妥善处理。立柱与连接件的连接应采用不锈钢螺栓。在立柱与连接件的接触面应防止金属电解腐蚀。横梁与立柱连接后,用密封胶密封间隙。所有不同金属接触面上应防止金属电解腐蚀。

特别强调

固定骨架注意事项

　　骨架固定前应预先进行防腐、防锈处理。防锈处理不能在潮湿、多雾及阳光直接暴晒下进行，不能在尚未完全干燥或蒙尘的表面上进行。涂第2层防锈漆或以后涂防锈漆时，应确定之前的涂层已经固化，其表面经砂纸打磨光滑。涂漆应表面均匀，勿使角部及接口处涂漆过量。在涂漆未完全干透时，不应在涂漆处进行其他施工。

5. 防火、避雷系统安装

　　防火材料抗火期要达到设计要求，用镀锌钢板固定防火材料。

　　幕墙框架应具有良好的防雷连接，使幕墙框架应具有连续而有效的电传导性。同时，还要使幕墙防雷系统与建筑物防雷系统有效连接。幕墙防雷系统直接接地，不应与供电系统共用一地线。

6. 金属板单元安装

　　金属板表面应平整、光滑，无肉眼可见的变形、波纹和凹凸不平。金属板无严重表现缺陷和色差。金属面板安装前，应检查对角线及平整度，并用清洁剂将金属板靠室内一侧及框表面清洁干净。

技巧推荐

金属板单元安装技巧

　　墙板的安装顺序是从每面墙的上部竖向第1排下部第1块板开始，自下而上安装。安装完该面墙的第1排再安装第2排。每安装铺设10排墙板后，应吊线检查一次，以便及时消除误差。为了保证墙面外观质量，螺栓位置必须准确，并采用单面施工的钩形螺栓固定，使螺栓的位置横平竖直。

　　金属板与板之间的间隙应符合设计要求。注耐候密封胶时，需将

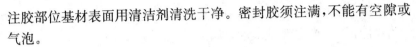

注胶部位基材表面用清洁剂清洗干净。密封胶须注满,不能有空隙或气泡。

7. 收口处理

水平部位的压顶、端部的收口、伸缩缝的处理、两种不同材料的交接处理等,不仅关系到装饰效果,而且对使用功能也有较大的影响,一般多用特制的两种材质性能相似的成型金属板进行妥善处理。

构造比较简单和转角处理方法,大多是用一条厚度为 1.5mm 的直角形金属板,与外墙板用螺栓连接固定牢。

(1)窗台、女儿墙的上部,均属于水平部位的压顶处理,即用铝合金板盖住,使之能阻挡风雨浸透。水平桥的固定,一般先在基层焊上钢骨架,然后用螺栓将盖板固定在骨架上。盖板之间的连接是采取搭接的方法,高处压低处,搭接宽度符合设计要求,并用胶密封。

(2)墙面边缘部位的收口处理,是用颜色相似的铝合金成形板将墙板端部及龙骨部位封住。墙面下端的收口处,是用一条特制的披水板,将板的下端封住,同时将板与墙之间的缝隙盖住,防止雨水渗入室内。

(3)伸缩缝、沉降缝的处理,首先要适应建筑物伸缩、沉降的需要,同时也应考虑装饰效果。另外,此部位也是防水的薄弱环节,其构造节点应周密考虑。一般可用氯丁橡胶带起连接、密封作用。

(4)墙板的外、内包角及钢窗周围的泛水板等须在现场加工的异形件,应参考图纸,对安装好的墙面进行实测套足尺,确定其形状尺寸,使其加工准确、便于安装。

三、玻璃幕墙

(一)玻璃幕墙分类与构造

玻璃幕墙是近代科学技术发展的产物,是高层建筑时代的显著特征,其主要部分由饰面玻璃和固定玻璃的骨架组成。其主要特点是:建筑艺术效果好,自重轻,施工方便,工期短。但玻璃幕墙造价高,抗风、抗震性能较弱,能耗较大,对周围环境可能形成光污染。

玻璃幕墙主要由三部分构成:饰面玻璃、固定玻璃的骨架以及结构与骨架之间的连接和预埋材料。玻璃幕墙根据骨架形式的不同,可分为半隐框、全框、挂架式玻璃幕墙。

1. 半隐框玻璃幕墙

(1)竖隐横不隐玻璃幕墙。这种玻璃幕墙只有立柱隐在玻璃后面,玻璃安放在横梁的玻璃镶嵌槽内,镶嵌槽外加盖铝合金压板,盖在玻璃外面,如图4-30所示。

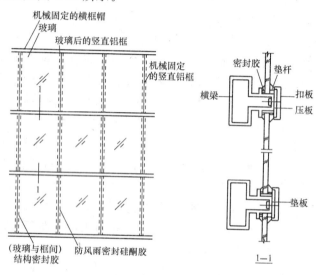

图4-30 竖隐横不隐玻璃幕墙构造图

(2)横隐竖不隐玻璃幕墙。竖边用铝合金压板固定在立柱的玻璃镶嵌槽内,形成从上到下整片玻璃由立柱压板分隔成长条形画面,如图4-31所示。

2. 全隐框玻璃幕墙

全隐框玻璃幕墙的构造是在铝合金构件组成的框格上固定玻璃框,玻璃框的上框挂在铝合金整个框格体系的横梁上,其余三边分别用不同方法固定在立柱及横梁上,如图4-32所示。

3. 挂架式玻璃幕墙

挂架式玻璃幕墙构造,如图4-33所示。

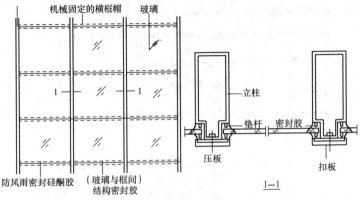

图 4-31　横隐竖不隐玻璃幕墙构造图

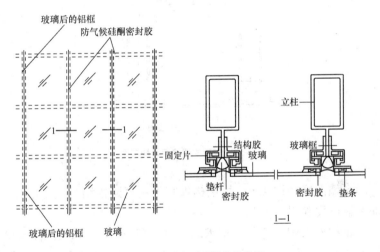

图 4-32　全隐框玻璃幕墙构造图

(二)玻璃幕墙施工材料与机具

1. 施工材料

(1)钢材。

1)玻璃幕墙的不锈钢宜采用奥氏体不锈钢,不锈钢的技术要求应符合现行国家相关标准的规定。

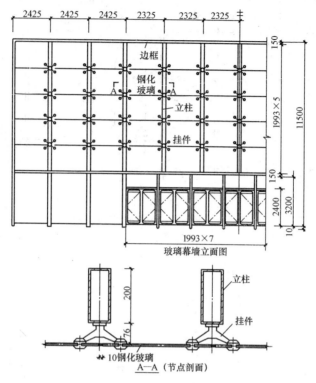

图 4-33　挂架式玻璃幕墙构造图

2)幕墙高度超过40m时,钢构件宜采用高耐候结构钢,并应在其表面涂刷防腐涂料。

3)钢构件采用冷弯薄壁型钢时,其壁厚不得小于3.5mm,承载力应进行验算,表面处理应符合现行国家标准《钢结构工程施工质量验收规范》(GB 50205)的相关规定。

4)玻璃幕墙采用的标准五金件应符合铝合金门窗标准件现行国家行业标准的规定。非标准五金件应符合设计要求,并应有出厂合格证。

2. 施工机具

玻璃幕墙施工的主要机具包括:垂直运输机具、电焊机、砂轮切割机、电锤、电动螺钉刀、焊钉枪、氧气切割设备、电动真空吸盘、手动吸盘、热压胶带电炉、电动吊篮、经纬仪、水准仪、激光测试仪等。

(三)玻璃幕墙施工工艺与要求

1. 有框玻璃幕墙施工

有框玻璃幕墙施工是指明框玻璃幕墙、隐框玻璃幕墙、半隐框玻璃幕墙的施工。有框玻璃幕墙施工工艺流程为：测量放线→幕墙立柱安装→幕墙防雷系统安装→幕墙防火、保温材料安装→幕墙横梁(明框)安装→幕墙玻璃板块(明框)加工制作与安装→幕墙封口的安装。

有框玻璃幕墙施工前的准备工作

有框玻璃幕墙在施工前，应做好充分的准备工作，主要包括：

(1)做好施工前的设计、技术交底工作。要参加设计单位主持的设计交底会议，并应在会前仔细阅读施工图纸，以便在设计交底会议上充分理解幕墙设计人员的陈述，同时，能向幕墙设计人员提出自己的疑问。施工前还必须进行全面的技术和质量交底，熟悉图纸、熟悉安装施工工艺及质量验收标准。

(2)编制施工方案。施工方案内容应包含：工程概况、施工组织机构、构件运输、现场搬运、安装前的检查和处理、安装工艺流程、工程设计安装材料供应进度表、劳动力使用计划、施工机具、设备使用计划、资金使用、质量要求、安全措施、成品保护措施、交工资料的内容、设计变更解决方法和现场问题协商解决的途径等。

(3)对现场人员进行安全规范教育，备齐防火和安全器材与设施。构件进场搬运、吊装时需加强保护，构件应放在通风、干燥、不与酸碱类物质接触的地方，并要严防雨水渗入。构件应按品种、规格、种类和编号堆放在专用架子或垫木上，玻璃构件应按要求摆放，在室外堆放时，应采取防护措施。构件安装前均应进行检验与校正，构件应符合设计图纸及机关质量标准的要求，不得有变形、损伤和污染，不合格构件不得安装使用。对易损坏和丢失的构件、配件、玻璃、密封材料、胶垫等，应有一定数量的更换储备。幕墙与主体结构连接的预埋件，应在主体结构施工时按设计要求埋设。各种电动工具的临时电源已预先接好，并进行安全试运转。

(1)测量放线。根据幕墙分格大样图和土建单位给出的标高点、进出位线及轴线位置,采用重锤、钢丝线、墨线、测量器具等工具在主体上定出幕墙平面、立柱、分格及转角等基准线,并用经纬仪进行调校、复测,再从基准线向外测出设计要求间距的幕墙平面位置。以此线为基准确定立柱的前后位置,从而决定整片幕墙的位置。

1)测量放线前应使用经纬仪、水准仪等测量设备,配合标准钢卷尺、重锤、水平尺等复合主体结构轴线、标高及尺寸,注意是否有超出允许值的偏差。

2)对于由纵横杆件组成的幕墙骨架,一般先弹出竖向杆件的安装位置,再确定其锚固点,最后弹出横向杆件的安装位置。若玻璃直接与主体结构连接固定,应将玻璃的安装位置弹到地面上后,再由外缘尺寸确定锚固点。

3)幕墙分格轴线的测量应与主体结构测量相配合,其偏差应及时调整,不得累积。应定期对幕墙的安装定位基准进行校核。对高层建筑的测量应在风力不大于 4 级时进行,在测量放线的同时,应对预埋件的偏差进行检验,预埋件标高偏差不应大于 10mm,预埋件位置与设计位置的偏差不应大于 20mm。超过偏差的预埋件必须办理设计变更,与设计单位商洽后进行适当的处理,方可进行安装施工。

4)测量放线时,还应对预埋件的偏差进行校验,其上下左右偏差不应大于 45mm,超出允许范围的预埋件必须进行适当处理或重新设计,应把处理意见上报监理、业主和项目部。

(2)幕墙立柱的安装。

1)幕墙立柱安装前应认真对立柱的规格、尺寸、数量、编号是否与施工图纸一致。

2)立柱先与连接件连接,连接件再与主体预埋件连接,并进行调整和及时固定。无预埋件时可采用后置钢锚板加膨胀螺栓的方法连接,但要经过试验决定其承载力。目前采用化学浆

进行幕墙立柱安装的施工人员必须进行有关高空作业的培训,并取得上岗证书后方可参与施工活动。特别注意在风力超过6级时,不得进行高空作业。

锚螺栓代替普通膨胀螺栓效果较好。如图 4-34 所示为立柱与角钢连接构造。

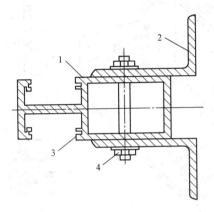

图 4-34 立柱与角钢连接构造图
1—竖框;2—角钢;3—密封嵌条;4—不锈钢螺栓

3)立柱安装误差不得积累,且开启窗处为正公差。立柱与连接件(支座)接触面之间必须加防腐隔离柔性垫片。上、下立柱之间应留有不小于 15mm 的缝隙,闭口型材可采用长度不小于 250mm 的芯柱连接,芯柱与立柱应紧密配合。立柱先进行预装,按偏差要求初步定位后,应进行自检;对不合格的应进行调校修正。自检合格后,需报质检人员进行抽检,抽检合格后才能将连接(支座)正式焊接牢固,焊缝位置及要求按设计图纸,焊缝高度不小于 7mm,焊接质量应符合现行国家标准《钢结构工程施工质量验收规范》(GB 50205)。焊接完毕后应进行二次复核。相邻两根立柱安装标高偏差不应大于 3mm;同层立柱的最大标高偏差不应大于 5mm;相邻两根立柱固定点的距离偏差不应大于 2mm。立柱安装牢固后,必须取掉上、下两立柱之间用于定位伸缩缝的标准块,并在伸缩缝处打上密封胶,如图 4-35 所示。

(3)幕墙防雷系统的安装。安装防雷系统的不锈钢连接片时,必须把连接处立柱的保护胶纸撕去,确保不锈钢连接片与立柱直接接触。水平避雷圆钢与钢支座相焊接时,要严格按图纸要求保证搭接长

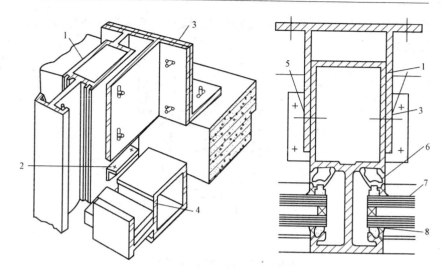

图 4-35　立柱安装示意图

(a)透视图;(b)剖面图

1—竖框;2—角铝;3—角钢连接件;4—横框;5—固定点;

6—铝合金压条;7—玻璃;8—密封胶

度和焊缝的高度,避免形成虚焊而降低导电性能。

(4)幕墙防火、保温材料安装。由于幕墙挂在建筑外墙,各竖向龙骨之间的孔隙通向各楼层,因此,幕墙与每层楼板、隔墙处的缝隙要采用不燃材料填充。防火材料要用镀锌铁板固定,镀锌铁板的厚度应不低于 1.5mm;不得用铝板代替。有保温要求的幕墙,将矿棉保温层从内向外用胶粘剂粘在钢板上,并用已焊的钢钉及不锈钢片固定保温层。防火、保温材料先采用铝箔或塑料薄膜包扎,避免防火、保温材料受潮失效。防火、保温材料应铺设平整且可靠固定,拼接处不应留缝隙。

(5)幕墙横梁的安装。横梁安装必须在土建作业完成及立柱安装后进行,自上而下进行安装;同层自下而上安装;当安装完一层高度时,应进行检查、调整、校正、固定,使其符合质量要求。同一根横梁两端或相邻两根横梁的水平标高偏差不应大于 1mm。同层标高

偏差：当一幅幕墙宽度不大于
35m时，不应大于 5mm；当一幅
幕墙宽度大于 35m 时，不应大
于 7mm。应按设计要求安装横
梁，横梁与立柱接缝处应打上与

> 横梁安装定位后应进行自
> 检，对不合格的应进行调整修
> 正；自检合格后再报质检人员
> 进行抽检。

立柱、横梁颜色相近的密封胶。横梁两端与立柱连接处应加弹性橡胶
垫，弹性橡胶垫应有 20%～35% 的压缩性，以适应和消除横向温度变
形的要求。

(6)幕墙玻璃板块的加工制作与安装。

钢化玻璃和夹丝玻璃都不允许在现场切割，而应按设计尺寸
在工厂进行；玻璃切割、钻孔、磨边等加工工序应在钢化前进行。
玻璃切割后，边缘不应有明显的缺陷，经切割后的玻璃，应进行边
缘处理（倒棱、倒角、磨边），以防止应力集中而发生破裂。中空玻
璃、圆弧玻璃等特殊玻璃应由专业的厂家进行加工。玻璃加工应
在专用的工作台上进行，工作台表面平整，并有玻璃保护装置；加
工后的玻璃要合理堆放，并做好标记，注明所用工程名称、尺寸、数
量等。

结构硅酮胶注胶应严格按规定要求进行，确保胶缝的粘结强
度。结构硅酮胶应在清洁干净的车间内、在温度 23℃±2℃、相对湿
度为 45%～55% 的条件下打胶。为保证嵌缝耐候胶的可靠粘结，打
胶前必须对玻璃及支撑物表面进行清洁处理，为防止二次污染，每
一次擦抹要求更换一块干净布。为控制双组分胶的混合情况，混胶
过程中应留出蝴蝶试样和胶杯拉断试样，并做好当班记录，注胶后
的板材应在温度为 18～28℃、相对湿度为 65%～75% 的静置场静
置养护，以保证结构胶的固化效果，双组分结构胶静置 3d，单组分结
构胶静置 7d 后才能运输。这时切开试验样品切口胶体表面平整、颜
色发暗，说明已完全固化。完全固化后，板材运至现场仓库内继续
放置 14～21d，用剥离试验检验其粘结力，确认达到粘结强度后方可
安装施工。

知识拓展》

单元式幕墙安装

单元式幕墙安装宜由下往上进行。元件式幕墙框料宜由上往下进行安装。玻璃安装前应将表面尘土和污染物擦拭干净;热反射玻璃安装应将镀膜面朝向室内,非镀膜面朝向室外。幕墙玻璃镶嵌时,对于插入槽口的配合尺寸应按《玻璃幕墙工程技术规范》(JGJ 102)中的相关规定进行校核。玻璃与构件不得直接接触,玻璃四周与构件槽口应保持一定间隙,玻璃的下边缘必须按设计要求加装一定数量的硬橡胶垫块,垫块厚度应不小于 5mm,长度不小于 100mm,并用胶条或密封胶密封玻璃与槽口两侧之间的间隙。玻璃安装后应先自检,自检合格后报质检人员进行抽检,抽检量应为总数的 5% 以上,且不小于 5 件。

(7)幕墙封口的安装。建筑物女儿墙上的幕墙上封口,其安装应符合设计要求。首先制作钢龙骨,以女儿墙厚度的最大值确定钢龙骨架的外轮廓。安装钢龙骨应从转角处或两端开始。钢龙骨制作完毕后应进行尺寸复核,无误后对其进行二次防腐处理。二次防腐处理后及时通知监理进行隐蔽工程验收,并做好隐蔽工程验收记录。安装压顶铝板的顺序与钢龙骨的安装顺序相同;铝板分格与幕墙分格相一致。封口铝板打胶前先把胶缝处的保护膜撕开,清洁胶缝后打胶;封口铝板其他位置的保护膜,待工程验收前方可撕去。

幕墙边缘部位的封口,采用金属板或成型板封盖。幕墙下端封口设置挡水板,防止雨水渗入室内。

2. 无框玻璃幕墙(全玻璃幕墙)施工

以吊挂式全玻璃幕墙为例介绍全玻璃幕墙安装施工工艺,其工艺流程为:测量放线→上部钢架安装→下部和侧面嵌槽安装→玻璃安装→缝隙处理及肋玻璃安装。

(1)测量放线。施工前,采用重锤、钢丝线、墨线、测量器具等工具在主体上进行测量放线。幕墙定位轴线的测量放线必须与主体结构的测量配合,其误差应及时调整,不得积累,以免幕墙施工与室内外装饰施工发生矛盾,造成阴阳角不方正和装饰面不平行等缺陷。

(2)上部钢架安装。上部钢架用于安装玻璃吊具的支架,强度和稳定性要求都比较高,应使用热渗镀锌钢材,严格按照设计要求施工、制作。

(3)下部和侧面嵌槽安装。嵌固玻璃的槽口应采用型钢,如尺寸较小的槽钢等,应与预埋件焊接牢固,验收后做防锈处理。下部槽口内每块玻璃的两角附近放置两块氯丁橡胶垫块,长度不小于 100mm。

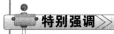

上部钢架安装注意事项

(1)钢架安装前要检查预埋件或钢锚板的质量是否符合设计要求,锚栓位置离开混凝土外缘不小于 50mm。

(2)相邻柱间的钢架、吊具的安装必须通顺平直,吊具螺杆的中心线在同一铅垂平面内,应分段拉通线检查、复核,吊具的间距应均匀一致。

(3)钢架应进行隐蔽工程验收,需要经监理公司有关人员验收合格后,方可对施焊处进行防锈处理。

(4)玻璃安装。

1)吊装玻璃前,每个工位的人员必须到位,各种机具、工具必须齐全、正常,安全措施必须可靠。安装前应检查玻璃的质量,玻璃不得有裂纹和崩边等缺陷。并用干布将玻璃表面擦干净,用记号笔做好中心标记。

2)安装玻璃时应进行试起吊。定位后应先将玻璃试起吊 2～3cm,以检查各个吸盘是否牢固;同时,应在玻璃适当位置安装手动吸盘、绳索和侧边保护胶套。安装玻璃的上下边框内侧应粘贴低发泡间隔胶条,胶条的宽度与设计的胶缝宽度相同。粘贴胶条时要留出足够的注胶厚度。吊运安装玻璃时,应防止玻璃在升降移位时碰撞钢架和金属槽口。

3)玻璃定位后应反复调整,使玻璃正确就位。第 1 块玻璃就位后,检查玻璃侧边的垂直度,确保以后就位的玻璃上下缝隙符合设计要求。

(5)缝隙处理及肋玻璃安装

缝隙处理前,所有注胶部位的玻璃和金属表面,均用丙酮或专用清洁剂擦拭干净,但不得用湿布和清水擦洗,所有注胶面必须干燥。为确保幕墙玻璃表面清洁美观,防止在注胶时污染玻璃,在注胶前需要在玻璃上粘贴美纹纸加以保护。

灌注密封胶应安排受过训练的专业注胶工施工,在玻璃两侧缝隙内填填充料(肋玻璃位置除外)至距缝口 10mm 位置后,再往缝内用注射枪均匀、连续、严密地注入密封胶,上表面与玻璃或框表面应成 45°,并将多余的胶迹清理干净。注胶工作不能在风雨天进行,防止雨水和风沙侵入胶缝;注胶不宜在 5℃ 的低温条件下进行,温度太低胶液会发生流淌,延缓固化时间,甚至会影响强度。

按设计要求将玻璃肋粘接在幕墙玻璃上后,向肋玻璃两侧的缝隙内填填充料并连续、均匀地注入深度大于 8mm 的密封胶。

打胶后对幕墙玻璃进行清洁。拆除脚手架前进行全面检查。

3. 点支式玻璃幕墙施工

点支式玻璃幕墙的全称为金属支撑结构点式玻璃幕墙,由玻璃面板、点支承装置和支撑结构构成。

知识链接

点支式玻璃幕墙的特点

点支式玻璃幕墙是一门新兴技术,它体现的是建筑物内外的流通和融合,改变了过去用玻璃来表现窗户、幕墙、天顶的传统做法,强调的是玻璃的透明性。透过玻璃,人们可以清晰地看到支撑玻璃幕墙的整个结构系统,将单纯的支撑结构系统转化为可视性、观赏性和表现性。

（1）钢架式点支玻璃幕墙安装工艺。钢架式点支玻璃幕墙是最早的点支式玻璃幕墙结构，也是采用最多的结构类型，其安装工艺流程为：现场测量放线→钢桁架安装→驳接系统的固定与安装→玻璃安装。

知识链接》

钢架式点支玻璃幕墙安装前的准备工作

（1）施工前，应根据土建结构的基础验收资料复核各项数据，并标注在检测资料上，预埋件、支座面和地脚螺栓的位置、标高的尺寸偏差应符合相关的技术规定及验收规范，钢柱脚下的支撑预埋件应符合设计要求。

（2）安装前，应检验并分类堆放幕墙构件。钢结构在装卸、运输堆放的过程中，应防止损坏和变形。钢结构运送到安装地点的顺序，应满足安装程序的需要。

1）现场测量放线。钢架式点支玻璃幕墙分格轴线的测量应与主体结构的测量配合，其误差应及时调整，不得积累。钢结构的复核定位应使用轴线控制点和测量标高的基准点，保证幕墙主要竖向构件及主要横向构件的尺寸允许偏差符合有关规范及行业标准。

2）钢桁架安装。钢桁架安装应按现场实际情况及结构采用整体或综合拼装的方法施工。确定几何位置的主要构件，如柱、桁架等应吊装在设计位置上，在松开吊挂设备后应做初步校正，构件的连接接头必须经过检查合格后，方可紧固和焊接。对焊缝要进行打磨消除棱角和尖角，达到光滑过渡要求的钢结构表面应根据设计要求喷涂防锈、防火漆。

3）驳接系统的固定与安装。

①驳接座的安装。在结构调整结束后按照控制单元所控制的驳接座安装点进行驳接座的安装，对结构偏移所造成的安装点误差可用偏心座和偏心头来校正。

②驳接爪的安装。在驳接座焊接安装结束后开始定位驳接爪，将驳接爪的受力孔向下，并用水平尺校准两横向孔的水平度（两水平孔

偏差应小于 0.5mm)配钻定位销孔,安装定位销如图 4-36 所示。

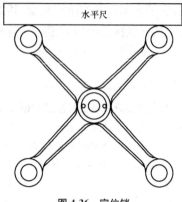

图 4-36　定位销

点式玻璃幕墙驳接爪的安装要求

　　a. 驳接爪安装前,应精确定出其安装位置,驳接爪的允许偏差应符合设计要求。

　　b. 驳接爪装入后应能进行三维调整,并应能减少或消除结构平面变形和温差的影响。

　　c. 驳接爪安装完成后,应对钢爪的位置进行检验。

　　d. 驳接爪与玻璃点连接件的固定应采用力矩扳手,力矩的控制应符合设计要求及有关规定。力矩扳手应定期进行力矩检测。

　　③驳接头的安装。驳接头在安装之前要对其螺纹的松紧度、头与胶垫的配合情况进行 100% 的检查。先将驳接头的前部安装在玻璃的固定孔上并销紧,确保每件驳接头内的衬垫齐全,使金属与玻璃隔离,保证玻璃的受力部分为面接触,并保证锁紧环锁紧密封,锁紧扭矩 10N·m,在玻璃吊装到位后将驳接头的尾部与驳接爪相互连接并锁紧,同时要注意玻璃的内侧与驳接爪的定位距离应在规定范围以内,如图 4-37 所示。

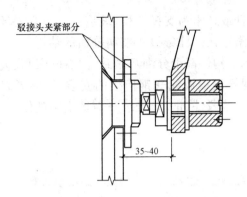

图 4-37 玻璃的内侧与驳接爪的定位距离控制

4)玻璃安装。

①玻璃安装前,首先应检查校对钢结构主支撑的垂直度、标高、横梁的高度和水平度等是否符合设计要求,特别要注意安装孔位的复查。然后清洁钢件表面杂物,驳接玻璃底部"U"形槽内应装入橡胶垫块,对应于玻璃支撑面的宽度边缘处应放置垫块。另外,还要在玻璃安装前清洁玻璃及吸盘上的灰尘,根据玻璃重量及吸盘规格确定吸盘个数。最后,检查驳接爪的安装位置是否正确,确保无误后,方可安装玻璃。

②安装玻璃时,应先将驳接头与玻璃在安装平台上装配好,然后再与驳接爪进行安装。为确保驳接头处的气密性、水密性,必须使用扭矩扳手,根据驳接系统的具体规格尺寸来确定扭矩的大小。

③玻璃现场初装后,应调整玻璃上下左右的位置,保证玻璃水平偏差在允许范围内。玻璃全部调整好后,应进行立面平整度的检查,确认无误后,才能打密封胶。

④玻璃缝打胶。打胶前应进行清洁。打胶前在需打胶的部位粘贴保护胶纸,注意胶纸与胶缝要平直。打胶时要持续均匀,操作顺序:先打横向缝,后打竖向缝;竖向胶缝宜自上而下进行,胶注满后,应检查里面是否有气泡、空心、断缝、夹杂,若有应及时处理。

(2)拉杆(索)式点支玻璃幕墙施工。拉杆(索)式点支玻璃幕墙是以不锈钢拉杆或拉索为支撑结构,玻璃由金属紧固件和金属连接件与拉杆或拉索连接。杆(索)式玻璃幕墙的结构,充分体现了机械加工的精度,每个构件都十分细巧精致。拉杆(索)式玻璃幕墙安装工艺流程为:现场测量放线→钢桁架的安装、调整紧固→拉杆或拉索系统的安装→接驳件(钢爪)安装→玻璃安装就位→玻璃纵、横缝打胶。

知识链接

拉杆(索)式点支玻璃幕墙施工准备工作

施工前,应根据土建结构的基础验收资料复核各项数据,并标注在检测资料上。预埋件、支座面和地脚螺栓的位置、标高的尺寸偏差应符合相关的技术规定及验收规范。钢柱脚下的支撑预埋件应符合设计要求。

安装前,应检验并分类堆放幕墙构件。钢结构在装卸、运输堆放的过程中,应防止损坏和变形。钢结构运送到安装地点的顺序,应满足安装程序的需要。

1)现场测量放线。拉杆(索)式玻璃幕墙分格轴线的测量应与主体结构的测量配合,其误差应及时调整,不得积累。钢结构的复核定位应使用轴线控制点和测量标高的基准点,保证幕墙主要竖向构件及主要横向构件的尺寸允许偏差符合有关规范及行业标准。

2)钢桁架的安装、调整紧固。钢桁架安装应按现场实际情况及结构采用整体或综合拼装、安装的方法施工。确定几何位置的主要构件,如柱、桁架等应吊装在设计位置上,在松开吊挂设备后应做初步校正,构件的连接接头必须经过检查合格后,方可紧固和焊接。对焊缝要进行打磨消除棱角和尖角,达到光滑过渡要求的钢结构表面应根据设计要求喷涂防锈、防火漆。

3)拉杆或拉索系统的安装。在安装横梁的同时按顺序及时安装横向及竖向拉杆或拉索,并按设计要求分阶段施加预应力。采用交叉索点支式玻璃幕墙,竖向平衡钢拉索承受面板自重及平衡水平索系,水平交叉拉索承受水平方向荷载,交叉索系标准跨间有竖向平面桁架做支撑。

> 拉杆或拉索安装时必须按设计要求施加预拉力,并设置拉力调节装置。

4)接驳件(钢爪)安装。对于拉杆驳接结构体系,应保证驳接件位置的准确,紧固拉杆或调整尺寸偏差时,宜采用先左后右、由上自下的顺序,逐步固定驳接件位置,以单元控制的方法调整校核结构体系安装精度。不锈钢爪的安装位置要准确。在固定孔、点和驳接爪间的连接应考虑可调整的余量。所有固定孔、点和玻璃连接的驳接螺栓都应用测力扳手拧紧,其力矩的大小应符合设计规定值,并且所有的驳接螺栓都应用自锁螺母固定。

5)玻璃安装就位。

①玻璃安装前,首先应检查校对钢结构主支撑的垂直度、标高、横梁的高度和水平度等是否符合设计要求,特别要注意安装孔位的复查。然后清洁钢件表面杂物,驳接玻璃底部"U"形槽内应装入橡胶垫块,对应于玻璃支撑面的宽度边缘处应放置垫块。

另外,玻璃安装前应清洁玻璃及吸盘上的灰尘,根据玻璃重量及吸盘规格确定吸盘个数。然后检查驳接爪的安装位置是否正确,确保无误后,方可安装玻璃。

②安装玻璃时,应先将驳接头与玻璃在安装平台上装配好,然后再与驳接爪进行安装。为确保驳接头处的气密性、水密性,必须使用扭矩扳手,根据驳接系统的具体规格尺寸来确定扭矩的大小。

③玻璃现场初装后,应调整玻璃上下左右的位置,保证玻璃水平偏差在允许范围内。玻璃全部调整好后,应进行立面平整度的检查,确认无误后,才能打密封胶。

6)玻璃纵、横缝打胶。

①打胶前应进行清洁,并在需打胶的部位粘贴保护胶纸,注意胶纸与胶缝要平直。

②打胶时要持续均匀,操作顺序:先打横向缝,后打竖向缝;竖向胶缝宜自上而下进行,胶注满后,应检查里面是否有气泡、空心、断缝、夹杂,若有应及时处理。

知识链接

玻璃幕墙安全环保施工措施

(1)在高层建筑幕墙安装与上部结构施工交叉作业时,结构施工层下方须架设挑出 3m 以上防护装置;距地面上 3m 左右,建筑物周围应搭设 6m 水平安全网。

(2)防止因密封材料在工程使用中溶剂中毒,且要保管好溶剂,以免发生火灾。

(3)玻璃幕墙施工应设专职安全人员进行监督和巡回检查。

(4)现场焊接时,应在焊件下方假设灭火斗,以免发生火灾。

第五章　吊顶装饰装修工程施工

第一节　常见的吊顶形式

吊顶又称顶棚、天棚、天花板,是位于建筑物楼屋盖下表面的装饰构件,也是室内空间重要的组成部分,其组成了建筑室内空间三大界面的顶界面。吊顶是指在室内空间的上部通过不同的构造做法,将各种材料组合成不同的装饰组合形式,是室内装饰工程施工的重点。

一、石膏板、埃特板、防潮板吊顶

石膏板、埃特板、防潮板吊顶是固定式吊顶,装饰板表面不外露于室内活动空间,将其固定在龙骨上之后还需要在饰面上再做涂料喷刷,如图 5-1 所示。

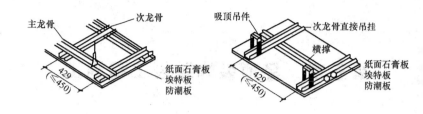

图 5-1　石膏板、埃特板、防潮板吊顶

二、矿棉板、硅钙板吊顶

矿棉板、硅钙板吊顶是活动式吊顶,常与轻钢龙骨或铝合金龙骨配套使用,其表现形式主要为龙骨外露,也可半外露,如图 5-2 所示,此类吊顶一般不考虑上人。

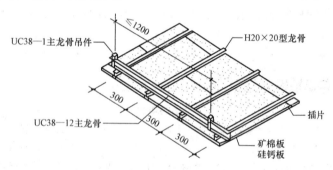

图 5-2　矿棉板、硅钙板吊顶

三、金属罩面板吊顶

金属罩面板吊顶是指将各种成品金属饰面与龙骨固定,饰面板面层不再做其他装饰,此类吊顶包括了金属条板吊顶(图 5-3)、金属方板吊顶、金属格栅吊顶(图 5-4)、金属条片吊顶(图 5-5)、金属蜂窝吊顶、金属造型吊顶等。金属罩面板吊顶是将成品金属饰面板卡在铝合金龙骨上或用转接件与龙骨固定。

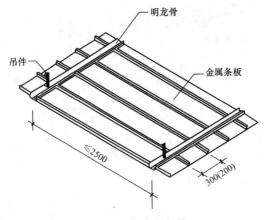

图 5-3 金属条板吊顶

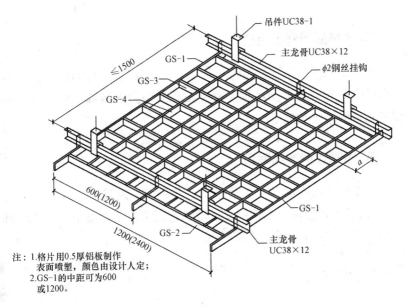

注：1.格片用0.5厚铝板制作
　　表面喷塑，颜色由设计人定；
　　2.GS-1的中距可为600
　　或1200。

图 5-4 金属格栅吊顶

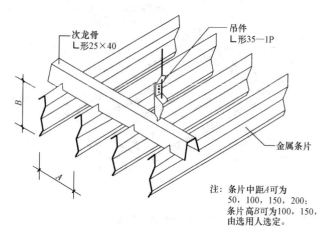

图 5-5　金属条片吊顶

四、木饰面罩面板吊顶

木饰面罩面板吊顶是指将各种成品木饰面与龙骨固定,包括以各种形式表现的木质饰面吊顶。此类吊顶多为局部装饰天棚。以厂家配套龙骨的质量及效果较佳。

五、透光玻璃饰面吊顶

透光玻璃饰面罩面板吊顶是指将各种成品玻璃饰面浮搁在龙骨上,包括了以各种形式表现的多种玻璃饰面吊顶。此类吊顶多为局部装饰天棚。以厂家配套龙骨的质量及效果较佳。

六、软膜吊顶

软膜天花表现形式多样,可根据设计要求裁剪成不同形状天花饰面,用于各种结构类型的吊顶饰面,膜饰面与厂家专用龙骨配合使用。此类天花材运输、安装、拆卸方便,体现流线型效果较好。

知识链接 >>

附加层

吊顶根据室内具体的使用功能要求,有时要增设附加层。附加层是指具有保温、隔热及上人等特殊要求的技术层,其位置一般设置在主次龙骨之间或饰面层之上。吊顶所用的保温、隔热材料的品种及厚度要根据实际设计要求规定,并应有防散落措施。

第二节 龙骨安装

一、龙骨材料

龙骨是用来支撑各种饰面造型、固定结构的一种材料。包括木龙骨、轻钢龙骨、铝合金龙骨、钢龙骨等。

1. 木龙骨

吊顶骨架采用木骨架的构造形式。使用木龙骨的优点是加工容易、施工也较方便,容易做出各种造型,但因其防火性能较差只能适用于局部空间内使用。木龙骨系统又分为主龙骨、次龙骨、横撑龙骨,木龙骨规格范围为 60mm×80mm～20mm×30mm。在施工中应做防火、防腐处理。

2. 轻钢龙骨吊顶

吊顶骨架采用轻钢龙骨的构造形式。轻钢龙骨有很好的防火性能,再加上轻钢龙骨都是标准规格且都有标准配件,施工速度快,装配化程度高,轻钢骨架是吊顶装饰最常用的骨架形式。轻钢龙骨按断面形状可分为 U 型、C 型、T 型、L 型等几种类型;按荷载类型可分为 U60 系列、U50 系列、U38 系列等几类类型。每种类型的轻钢龙骨都应配套使用。轻钢龙骨的缺点是不容易做成较复杂的造型。

3. 铝合金龙骨吊顶

铝合金龙骨常与活动面板配合使用,其主龙骨多采用 U60、U50、U38 系列及厂家定制的专用龙骨,其次龙骨则采用 T 型及 L 型的合金龙骨,次龙骨主要承担着吊顶板的承重功能,又是饰面吊顶板装饰面的封、压条。合金龙骨因其材质特点不易锈蚀,但刚度较差容易变形。

知识链接 >>

龙骨分类

(1)根据使用部位来划分,可分为主龙骨、副龙骨、边龙骨以及厂家专用龙骨等。主龙骨是吊顶构成中基层的受力骨架,主要承重构件;副龙骨是吊顶构成中基层的受力骨架,传递向主龙骨吊顶承重构件;边龙骨多用于活动式吊顶的边缘,用作吊顶收口。厂家专用龙骨由厂家专业定制,多与厂家出产的吊顶饰面板配合使用。

(2)根据吊顶的荷载情况,可分为承重及不承重龙骨(即上人龙骨和不上人龙骨)等。

上人龙骨及有重型荷载的龙骨一般多为"UC"系列,常见的有 UC60 双层龙骨系列,以及型钢龙骨。

(3)加上每种龙骨的规格及造型的不同,龙骨的种类可谓千差万别,琳琅满目。就轻钢龙骨而言,根据其型号、规格及用途的不同,就有 T 型、C 型、U 型龙骨等。

二、木龙骨安装

木龙骨安装工艺流程为:放线→固定沿墙边龙骨→安装吊点紧固件及吊杆→拼接木龙骨架→吊装龙骨架→吊顶骨架的整体调整。

1. 放线

放线包括弹出吊顶标高线、吊顶造型位置线、吊点位置线、大中型灯具位置线。

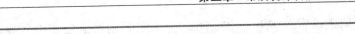

知识链接

木龙骨安装施工准备

吊顶施工前,天棚上部的空调、消防、照明等设备和管线应安装就位并基本调试完毕。从天棚经墙体布设下来的各种电气开关、插座线路也要安装就绪。

木龙骨安装前,应进行防火、防腐处理。

(1)防火处理:木龙骨在使用前要涂刷防火涂料以满足防火规范要求,防火涂料涂刷要不少于3遍,而且每遍涂刷的防火涂料要采用不同的颜色以便于验收。

(2)防腐处理:按设计要求进行防腐处理。

(1)吊顶标高线。

1)测量法吊顶标高线。根据室内墙上的＋50cm水平线,用尺量至天棚的设计标高,沿墙四周按标高弹一道水平墨线,这条线便是吊顶的标高线,吊顶标高线的水平偏差不能大于±5mm。

2)水柱法吊顶标高线。即用一条透明塑料软管灌满水后,将其一端的水平面对准墙面上的设计标高点,再将软管的另外一端水平面在同侧墙面找出另一点,当软管内的水面静止时,画下该点的水平面位置,再将这两点连线,即为吊顶标高线。

(2)吊顶造型位置线。

1)对于规则的室内空间,其吊顶造型位置线可以先根据一个墙面量出吊顶造型位置的距离,并画出直线,再用相同方法依据另三个墙面画出直线,即得到造型位置外框线,再根据该外框线逐点画出造型的各个局部。

2)对于不规则的空间吊顶造型线宜采用找点法,即根据施工图纸量出造型边缘距墙面的距离,再在实际的天棚上量出各墙面距造型边线的各点距离,将各点连线形成吊顶造型线。

(3)吊点位置线:平顶吊顶的吊点一般是按每平方米一个布置,要求均匀分布;有迭级造型的吊顶应在迭级交界处设置吊点,吊点在布置吊点间距通常为 800~1200mm。上人吊顶的吊点要按设计要求加密。

2. 固定沿墙边龙骨

目前,固定边龙骨主要采用射钉固定,间距为 300~500mm。边龙骨的固定应保证牢固可靠,其底面必须与吊顶标高线保持齐平。

技巧推荐

固定边龙骨技巧

传统的固定边龙骨方法是采用木楔铁钉法。其做法是沿标高线以上 10mm 处在墙面上钻孔,在孔内打入木楔,然后将沿墙木龙骨钉于墙内木楔上。这种方法由于施工不便现在已经很少采用。

3. 安装吊点紧固件及吊杆

吊顶吊点的固定在多数情况下采用射钉将木方(截面一般为 40mm×50mm)直接固定在楼板底面作为与吊杆的连接件。也可以采用膨胀螺栓固定角钢块作为吊点紧固件,但由于施工麻烦,在工程中用的较少。

木龙骨吊顶的吊杆采用的有木吊杆、角钢吊杆和扁铁吊杆,其中木吊杆应用较多。吊杆的固定方法如图 5-6 所示。

图 5-6 木龙骨吊顶吊杆的固定

4. 拼接木龙骨架

先在地面进行分片拼接,考虑便于吊装,拼接的木龙骨架每片不宜过大,最大组合片应不大于 $10m^2$。自制的木骨架要按分格尺寸开半槽,市售成品木龙骨备有凹槽可以省略此工序。按凹槽对凹槽的咬口方式将龙骨纵横拼接。槽内先涂胶,再用小铁钉钉牢,如图 5-7所示。

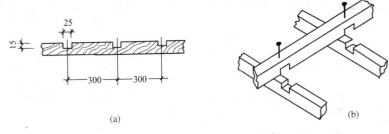

(a)　　　　　　　　　　　　　　　　　　(b)

图 5-7　木龙骨的拼接

5. 吊装龙骨架

(1)分片吊装。将拼接好的单元骨架或者分片龙骨框架托起至吊顶标高位置,先做临时固定。

技巧推荐

龙骨架的临时固定技巧

　　对于安装高度在 3.2m 以下的可以采用高度定位杆做临时支撑;安装高度较高设置临时支撑有困难时,可以用铁丝在吊点处做临时悬吊绑扎固定。

(2)龙骨架与吊杆固定。龙骨架与吊杆可以采用木螺丝固定(图 5-8)。吊杆的下部不得伸出木龙骨底面。

(3)龙骨架分片间的连接。当两个分片骨架在同一平面对接时,骨架的端头要对正,然后用短木方进行加固(图 5-9)。对于一些重要部位或有

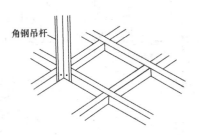

角钢吊杆

图 5-8　角钢吊杆与木骨架的固定

附加荷载的吊顶,骨架分片间的连接加固应选用铁件。对于变标高的迭级吊顶骨架,可以先用一根木方将上下两平面的龙骨架斜拉就位,再将上下平面的龙骨用垂直的木方条连接固定(图 5-10)。

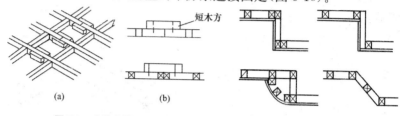

(a)   (b)

图 5-9　分片龙骨架的连接
(a)木方固定在龙骨侧面;(b)短木方固定在龙骨上面

图 5-10　木骨架迭级构造

6. 吊顶骨架的整体调整

　　各分片木龙骨架连接固定后,在整个吊顶面的下面拉十字交叉线,以检查吊顶龙骨架的整体平整度。吊顶龙骨架如有不平整,则应再调整吊杆与龙骨架的距离。

　　对于一些面积较大的木骨架吊顶,为有利于平衡饰面的重力以及减少视觉上的下坠感,通常需要起拱。一般情况下,吊顶面的起拱可以按照其中间部分的起拱高度尺寸略大于房间短向跨度的 1/200 即可。

知识链接

木龙骨吊顶的节点构造

　　木龙骨吊顶的节点包括:吊顶与灯具的连接、吊顶与灯槽的连接、吊顶与窗帘盒的连接,如图 5-11 所示。

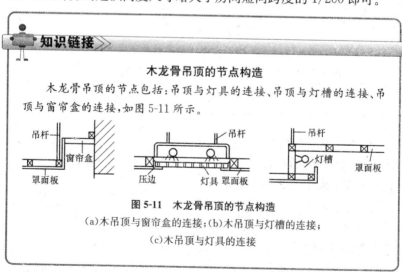

图 5-11　木龙骨吊顶的节点构造
(a)木吊顶与窗帘盒的连接;(b)木吊顶与灯槽的连接;
(c)木吊顶与灯具的连接

三、轻钢龙骨的安装

在这里以 U 形轻钢龙骨为例,介绍轻钢龙骨吊顶的安装。U 形轻钢龙骨属于固定式吊顶。T 形轻钢龙骨的安装方法与铝合金龙骨的安装方法相同,所以并入到铝合金龙骨安装方法里面讲述。

U 形轻钢龙骨安装工艺流程为:放线→固定边龙骨→安装吊杆→安装主龙骨并调平→安装次龙骨→安装横撑龙骨。

知识链接

U 形轻钢龙骨安装施工准备

(1)绘制组装平面图。根据施工房间的平面尺寸和饰面板材的种类、规格,按设计要求合理布局,排列出各种龙骨的位置,绘制出组装平面图。

(2)备料。以组装平面图为依据,统计并提出各种龙骨、吊杆、吊挂件及其他各种配件的数量。

(3)检查结构及设备施工情况。复核结构尺寸是否与设计图纸相符,设备管道是否安装完毕。

1. 放线

放线包括吊顶标高线、造型位置线、吊点位置线等,其中吊顶标高线和造型位置线的确定方法与木龙骨吊顶相同。

吊点的间距要根据龙骨的断面以及使用的荷载综合决定。龙骨断面大、刚性好,吊点间距可以大一些,反之则小些。一般上人的主龙骨中距不应大于1200mm,吊点距离为 900 ～ 1200mm;不上人的主龙骨中距为 1200mm 左右,吊点距离为

对于一些大面积的吊顶(如舞厅、音乐厅等),龙骨和吊点的间距应进行单独设计和计算。

对于有叠级造型的吊顶应在不同平面的交界处布置吊点。特大灯具也应设吊点。

1000～1500mm。在主龙骨端部和接长部位要增设吊点。吊点应距离主龙骨端部不大于300mm，以免主龙骨下坠。

2. 固定边龙骨

边龙骨采用 U 形轻钢龙骨的次龙骨，用间距为 900～1000mm 的射钉固定在墙面上，边龙骨底面与吊顶标高线齐平。

3. 安装吊杆

（1）上人吊顶。采用射钉或膨胀螺栓固定角钢块，吊杆与角钢焊接。吊杆与角钢都需要涂刷防锈漆（图 5-12）。

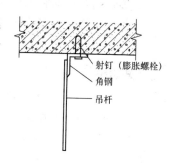

图 5-12　上人吊顶吊杆的固定

（2）不上人吊顶。目前，在工程施工中通常采用的安装吊杆的方法是直接在楼板底部安装一种尾部带孔的膨胀螺栓，市面有售与其配套的镀锌螺纹吊杆与膨胀螺栓拧紧，这样可以省掉角钢连接件，施工起来比较方便。

技巧推荐

不上人吊顶安装吊杆技巧

采用尾部带孔的射钉，将吊杆穿过射钉尾部的孔，或者采用射钉、膨胀螺栓将角钢固定在楼板上，角钢的另一边穿孔，将吊杆穿过该孔（图 5-13）。

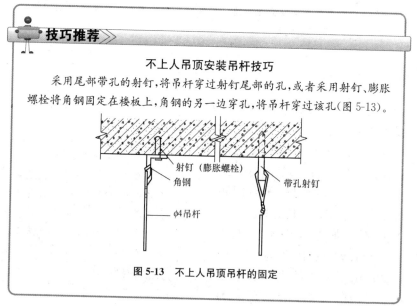

图 5-13　不上人吊顶吊杆的固定

4. 安装主龙骨并调平

主龙骨的安装是用主龙骨吊挂件将主龙骨连接在吊杆上（图 5-14），拧紧螺丝卡牢，然后以一个房间为单位将主龙骨调平。

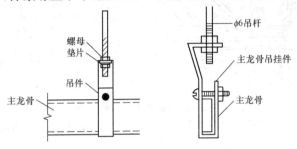

图 5-14　主龙骨连接

调平的方法可以采用 60mm × 60mm 的木方按主龙骨间距钉圆钉，将龙骨卡住做临时固定，按十字和对角拉线，拧动吊杆上的螺母进行升降调整（图 5-15）。

调平时需注意，龙骨的中间部分应略有起拱，起拱高度略大于房间短向跨度的 1 / 200。

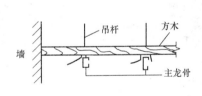
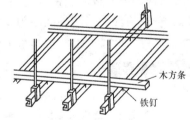

图 5-15　主龙骨的调平

主龙骨的接长一般采用与主龙骨配套的接插件接长。

5. 安装次龙骨

次龙骨应紧贴主龙骨垂直安装，一般应按板的尺寸在主龙骨的底部弹线，用挂件固定，挂件上端搭在主龙骨上，挂件 U 形腿用钳子卧入主龙骨内，如图 5-16 所示。为防止主龙骨向一边倾斜，吊挂件的安装方向应交错进行。

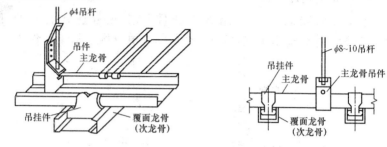

图 5-16　次龙骨与主龙骨的连接

(a)不上人吊顶吊杆与主次龙骨的连接;(b)上人吊顶吊杆与主次龙骨的连接

次龙骨的间距由饰面板规格而定,要求饰面板端部必须落在次龙骨上,一般情况采用的间距为 400mm,最大间距不得超过 600mm。

6. 安装横撑龙骨

横撑龙骨一般由次龙骨截取。安装时将截取的次龙骨端头插入挂插件,垂直于次龙骨扣在次龙骨上,并用钳子将挂搭弯入次龙骨内。组装好后,次龙骨和横撑龙骨底面(即饰面板背面)要齐平。横撑龙骨的间距根据饰面板的规格尺寸而定,要求饰面板端部必须落在横撑龙骨上,一般情况下采用的间距为 600mm。

 **特别强调**

轻钢龙骨安装注意事项

(1)龙骨在运输安装过程中,不得扔摔、碰撞,宜放在室内平整的地面上,并采取措施防止龙骨变形或生锈。

(2)吊顶施工前,天棚内所有管线,如空调管道、消防管道、供水管道等必须全部安装就位并基本调试完毕。

(3)吊筋、膨胀螺栓应做防锈处理。

(4)龙骨在安装时应留空空调口、灯具等电气设备的位置和尺寸。

(5)龙骨接长的接头应错位安装,相邻三排龙骨的接头不应接在同一直线上。

（6）各种连接件与龙骨的连接应紧密,不允许有过大的缝隙和松动现象。上人龙骨安装后其刚度应符合设计要求。

（7）天棚内的轻型灯具可吊装在主龙骨或附加龙骨上,重型灯具或电扇则不得与吊顶龙骨连接,而应与结构层相连。

四、铝合金龙骨安装

铝合金龙骨安装工艺流程为:放线→安装边龙骨→固定吊杆→安装主龙骨并调平→安装次龙骨与横撑龙骨。

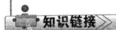

铝合金龙骨安装施工准备

（1）根据设计要求提前备料,材料各项指标均应符合要求。

（2）根据选用的罩面板规格尺寸,灯具口及其他设施(如空调口、烟感器、自动喷淋头及上人孔等)位置等情况,绘制吊顶施工平面布置图。一般应以天棚中心线为准,将罩面板对称排列。小型设施应位于某块罩面板中间,大灯槽等设施应占据整块或相连数块板位置,均以排列整齐美观为原则。

（3）吊顶以上所有水、电、空调等安装工程应已安装并调试完毕。

1. 放线

确定龙骨的标高线和吊点位置线。其标高线的弹设方法与木龙骨的标高线弹设方法相同,其水平偏差也不允许超过±5mm。吊点的位置根据吊顶的平面布置图来确定,一般情况下吊点距离为900~1200mm,注意吊杆与主龙骨端部的距离不得超过300mm,否则应增设吊杆。

2. 安装边龙骨

铝合金龙骨的边龙骨为L形,沿墙面或柱面四周弹设的水平标高线固定,边龙骨的底面要与标高线齐平,采用射钉或水泥钉固定,间距为 900～1000mm。

3. 固定吊杆

吊杆要根据吊顶的龙骨架是否上人来选择固定方式,其固定方法与 U 形轻钢龙骨的吊杆固定相同。

4. 安装主龙骨并调平

主龙骨是采用相应的主龙骨吊挂件与吊杆固定,其固定方法和调平方法与 U 形轻钢龙骨相同。主龙骨的间距为 1000mm 左右。

> 如果是不上人吊顶,安装主龙骨并调平这一步骤可以省略。

5. 安装次龙骨与横撑龙骨

如果是上人吊顶,采用专门配套的铝合金龙骨的次龙骨吊挂件,上端挂在主龙骨上,挂件腿卧入 T 形次龙骨的相应孔内。如果是不上人吊顶,在不安装主龙骨的情况下,可以直接选用 T 形吊挂件将吊杆与次龙骨连接。

横撑龙骨与次龙骨的固定方法比较简单,横撑龙骨的端部都带有相配套的连接耳可以直接插接在次龙骨的相应孔内。要注意检查其分格尺寸是否正确,交角是否方正,纵横龙骨交接处是否平齐。次龙骨与横撑龙骨的间距要根据吊顶饰面板的规格而定。

特别强调

铝合金龙骨安装注意事项

(1)施工时用力不能过大,防止龙骨产生弯曲变形,影响使用和美观。吊顶的平整度应符合要求。

(2)吊顶与柱面、墙面、电气设备的交接处,应按设计节点大样的要求施工,并使节点处具有较好的装饰性。

(3)轻型灯具应吊在主龙骨或附加龙骨上,重型灯具或其他重型吊挂物不得与吊顶龙骨连接,应另设悬吊构造。

第三节　罩面板安装

一、罩面板材料

1. 石膏板、埃特板、防潮板材料

（1）纸面石膏板是在建筑石膏中加入少量胶粘剂、纤维、泡沫剂等与水拌和后连续浇筑在两层护面纸之间，再经辊压、凝固、切割、干燥而成。主要分为纸面石膏板及装饰石膏板两种。

（2）埃特板是一种纤维增强硅酸盐平板（纤维水泥板），其主要原材料是水泥、植物纤维和矿物质，经流浆法高温蒸压而成，主要用作建筑材料，埃特板是一种具有强度高、耐久等优越性能的纤维硅酸盐板材。

（3）防潮板是在基材的生产过程中加入一定比例的防潮粒子，又名三聚氰胺板，可使板材遇水膨胀的程度大大下降。防潮板具有好的防潮性能。

2. 矿棉板、硅钙板材料

（1）矿棉板是以矿渣棉为主要原料，加适量的添加剂如轻质钙粉、立德粉、海泡石、骨胶、絮凝剂等材料加工而成的。矿棉吸声板具有吸声、不燃、隔热、抗冲击、抗变形等优越性能。

（2）硅钙板又称石膏复合板，是一种多元材料，一般由天然石膏粉、白水泥、胶水、玻璃纤维复合而成，具有防火、防潮、隔声、隔热等性能，在室内空气潮湿的情况下能吸引空气中水分子，空气干燥时又能释放水分子，可以适当调节室内干、湿度，增加舒适感。

3. 金属板材料

金属装饰板是以不锈钢板、防锈铝板、电化铝板、镀锌板等为基板，进行进一步的深加工而成。常见的有金属方板、金属条板、金属造型板等。

4. 木饰面、塑料板、玻璃饰面板材料

木饰面、塑料板、玻璃饰面板用作吊顶装饰材料大多经过工厂加工，成为成品装饰挂板后运至施工现场，由专业施工人员直接挂接在基层龙骨

上,这种材料样式繁多,表现形式各异,能够体现设计人员的不同风格。

5. 软膜饰面材料

软膜饰面主要采用聚氯乙烯材料制成,其特点是能够做出形状各异的造型吊顶饰面,安装时通过一次或多次切割成形,此类天花龙骨一般以厂家配套龙骨为主,被固定在室内天花的四周上,以用来扣住膜材。

6. 玻纤板饰面材料

玻纤板即玻璃纤维板,又称环氧树脂板,这种材料具有电绝缘性能稳定,平整度好,表面光滑,无凹坑,应用非常广泛,吸声、隔声、隔热、环保、阻燃等特点。

二、石膏板、埃特板、防潮板安装

石膏板、埃特板、防潮板安装工艺流程为:弹线→固定吊挂杆件→安装边龙骨→安装主龙骨→安装次龙骨→安装罩面板。

 知识链接

石膏板、埃特板、防潮板安装作业条件

(1)吊顶工程在施工前应熟悉施工图纸及设计说明。

(2)吊顶工程在施工前应熟悉现场。

(3)施工前应按设计要求对房间的净高、洞口标高和吊顶内的管道、设备及其支架的标高进行交接检验。

(4)对吊顶内的管道、设备的安装及管道试压后进行隐蔽验收。

(5)当吊顶内的墙柱为砖砌体时,应在吊顶标高处埋设木楔,木楔应沿墙900~1200mm布置,在柱每面应埋设2块以上。

(6)吊顶工程在施工中应做好各项施工记录,收集好各种有关文件。

(7)材料进场验收记录和复验报告、技术交底记录。

(8)板安装时室内湿度不宜大于70%以上。

1. 弹线

用水准仪在房间内每个墙(柱)角上抄出水平点,距离地面一般为

500mm弹出水准线,按吊顶平面图,在混凝土顶板弹出主龙骨的位置。

2. 固定吊挂杆件

采用膨胀螺栓固定吊挂杆件。

(1)不上人的吊顶,吊杆(吊索)长度小于1000mm,宜采用ϕ6的吊杆(吊索),如果大于1000mm,宜采用ϕ8的吊杆(吊索),如果吊杆(吊索)长度大于1500mm,还应在吊杆(吊索)上设置反向支撑。

(2)上人的吊顶,吊杆(吊索)长度小于等于1000mm,可以采用ϕ8的吊杆(吊索),如果大于1000mm,则宜采用ϕ10的吊杆(吊索),如果吊杆(吊索)长度大于1500mm,还应在吊杆(吊索)上设置反向支撑。

知识链接

遇到通风管道的处理

龙骨在遇到断面较大的机电设备或通风管道时,应加设吊挂杆件,即在风管或设备两侧用吊杆(吊索)固定角铁或者槽钢等刚性材料作为横担,跨过梁或者风管设备。再将龙骨吊杆(吊索)用螺栓固定在横担上形成跨越结构,如图5-17所示。

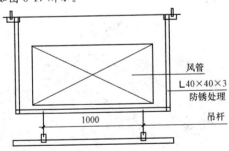

图5-17 遇到通风管道的处理

(1)吊杆(吊索)距主龙骨端部距离不得超过300mm,否则应增加吊杆(吊索)。

(2)吊顶灯具、风口及检修口等应设附加次龙骨及吊杆(吊索)。

3. 安装边龙骨

边龙骨的安装应按设计要求弹线,沿墙(柱)上的水平龙骨线把 L 形镀锌轻钢条用自攻螺丝固定;如为混凝土墙(柱)上可用射钉固定,射钉间距应不大于吊顶次龙骨的间距。

4. 安装主龙骨

(1)主龙骨安装时间距不大于 1200mm。主龙骨宜平行房间长向安装,同时应适当起拱。

(2)跨度大于 15m 以上的吊顶,应在主龙骨上,每隔 15m 加一道大龙骨,并垂直主龙骨焊接牢固。

(3)如有大的造型顶棚,造型部分应用角钢或扁钢焊接成框架,并应与楼板连接牢固。

知识链接 》

主龙骨的类型

主龙骨分为不上人 UC38 小龙骨(图 5-18),上人 UC50、UC60 大龙骨(图 5-19)两种类型。

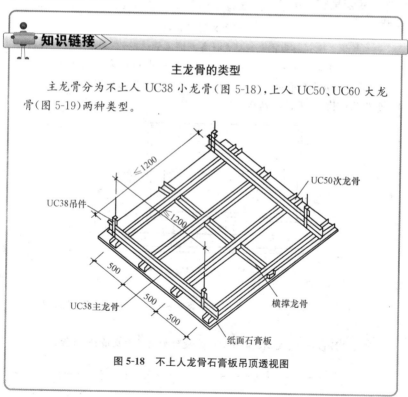

图 5-18　不上人龙骨石膏板吊顶透视图

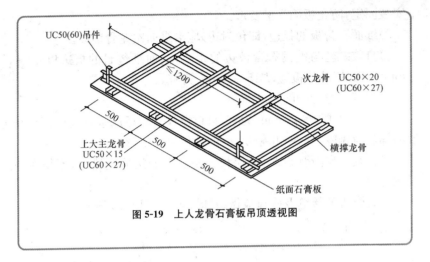

图 5-19 上人龙骨石膏板吊顶透视图

（4）吊顶如设检修走道，应另设附加吊挂系统，用 10mm 的吊杆与长度为 1200mm 的∟150×8 角钢横担用螺栓连接，横担间距为 1800～2000mm，在横担上铺设走道，可以用[63×40×4.8×7.5 槽钢两根，间距 600mm，之间用 10mm 的钢筋焊接，钢筋的间距为@100，将槽钢与横担角钢焊接牢固，在走道的一侧设有栏杆，高度为 900mm，可以用∟50×4 的角钢做立柱，焊接在走道[63×40×4.8×7.5 槽钢上，之间用−30×4 的扁钢连接。

5. 安装次龙骨

次龙骨应紧贴主龙骨安装。次龙骨间距 300～600mm。用 T 形镀锌铁片连接件把次龙骨固定在主龙骨上时，次龙骨的两端应搭在 L 形边龙骨的水平翼缘上。次龙骨不得搭接。在通风、水电等洞口周围应设附加龙骨，附加龙骨的连接用拉铆钉铆固。

6. 安装罩面板

（1）纸面石膏板安装。

1）饰面板应在自由状态下固定，防止出现弯棱、凸鼓的现象；还应在棚顶四周封闭的情况

> 罩面板安装时，板材的选用应考虑牢固可靠，装饰效果好，便于施工和维修，也要考虑质量轻、防火、吸声、隔热、保温等要求。

下安装固定,防止板面受潮变形。

2)纸面石膏板的长边(即包封边)应沿纵向次龙骨铺设。

3)自攻螺丝与纸面石膏板边的距离,用面纸包封的板边以 10～15mm 为宜,切割的板边以 15～20mm 为宜。

4)固定次龙骨的间距以 300mm 为宜。

5)钉距以 150～170mm 为宜,自攻螺丝应与板面垂直,已弯曲、变形的螺丝应剔除,并在相隔 50mm 的部位另安螺丝。

6)安装双层石膏板时,面层板与基层板的接缝应错开,不得在一根龙骨上。

7)石膏板的接缝及收口应做板缝处理,如图 5-20 所示。

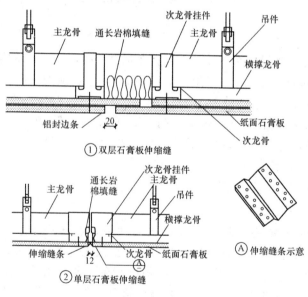

图 5-20　吊顶接缝处理

8)纸面石膏板与龙骨固定,应从一块板的中间向板的四边进行固定,不得多点同时作业。

9)螺丝钉头宜略埋入板面,但不得损坏纸面,钉眼应做防锈处理,并用石膏腻子抹平。

(2)纤维水泥加压板(埃特板)安装。

1)龙骨间距、螺丝与板边的距离及螺丝间距等应满足设计要求和有关产品的要求。

2)纤维水泥加压板与龙骨固定时,所用手电钻钻头的直径应比选用螺丝直径小 0.5～1.0mm;固定后,钉帽应做防锈处理,并用油性腻子嵌平。

3)用密封膏、石膏腻子或掺界面剂胶的水泥砂浆嵌涂板缝并刮平,硬化后用砂纸磨光,板缝宽度应小于 50mm。

4)板材的开孔和切割,应按产品的有关要求进行。

(3)防潮板安装。

1)饰面板应在自由状态下固定,防止出现弯棱、凸鼓的现象。

2)防潮板的长边(即包封边)应沿纵向次龙骨铺设。

3)自攻螺丝与防潮板板边的距离以 10～15mm 为宜,切割的板边以 15～20mm 为宜。

4)固定次龙骨的间距一般不应大于 600mm,钉距以 150～200mm 为宜,螺丝应与板面垂直,已弯曲、变形的螺丝应剔除。

5)面层板接缝应错开,不得在一根龙骨上。

6)防潮板的接缝处理同石膏板。

7)防潮板与龙骨固定时,应从一块板的中间向板的四边进行固定,不得多点同时作业。

8)螺丝钉头宜略埋入板面,钉眼应作防锈处理并用石膏腻子抹平。

> 石膏板、埃特板、防潮板安装时,应注意饰面板上的灯具、烟感器、喷淋头、风口算子等设备的位置应合理、美观,与饰面的交接应吻合、严密,做好检修口的预留,安装时应严格控制整体性、刚度和承载力。

三、矿棉板、硅钙板安装

矿棉板、硅钙板安装工艺流程为:弹线→固定吊挂杆件→安装边龙骨→安装主龙骨→安装次龙骨→安装罩面板。

1. 弹线

同"石膏板、埃特板、防潮板"。

2. 固定吊挂杆件

同"石膏板、埃特板、防潮板"。

3. 安装边龙骨

同"石膏板、埃特板、防潮板"。

4. 安装主龙骨

（1）主龙骨应吊挂在吊杆上。主龙骨间距不大于1200mm。主龙

> 吊杆距主龙骨端部距离不得超过300mm，否则应增加吊杆。
>
> 吊顶灯具、风口及检修口等应设附加吊杆。

骨分为轻钢龙骨和T形龙骨。轻钢龙骨可选用UC50中龙骨和UC38小龙骨。主龙骨应平行房间长向安装，同时应适当起拱。主龙骨的悬臂段不应大于300mm，否则应增加吊杆。主龙骨的接长应采取对接，相邻龙骨的对接接头要相互错开。主龙骨挂好后应基本调平。

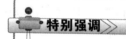

特别强调

主龙骨安装注意事项

（1）对于跨度大于15m以上的吊顶，应在主龙骨上，每隔15m加一道大龙骨，并垂直主龙骨焊接牢固。

（2）对于有大的造型的顶棚，造型部分应用角钢或扁钢焊接成框架，并应与楼板连接牢固。

2. 安装次龙骨

次龙骨应紧贴主龙骨安装。次龙骨间距300～600mm。次龙骨分为T形烤漆龙骨、T形铝合金龙骨，和各种条形扣板厂家配带的专用龙骨。用T形镀锌铁片连接件把次龙骨固定在主龙骨上时，次龙骨的两端应搭在L形边龙骨的水平翼缘上，条形扣板有专用的阴角线做边龙骨。

3. 安装罩面板

吊挂天棚罩面板常用的板材有吸声矿棉板、硅钙板、塑料板等。

(1)矿棉装饰吸声板安装。规格一般分为 600mm×600mm、600mm×1200mm，将面板直接搁于龙骨上。安装时，应注意板背面的箭头方向和白线方向一致，以保证花样、图案的整体性；饰面板上的灯具、烟感器、喷淋头、风口箅子等设备的位置应合理、美观，与饰面的交接应吻合、严密。

(2)硅钙板、塑料板安装。规格一般为 600mm×600mm，将面板直接搁于龙骨上。安装时，应注意板背面的箭头方向和白线方向一致，以保证花样、图案的整体性；饰面板上的灯具、烟感器、喷淋头、风口箅子等设备的位置应合理、美观，与饰面的交接应吻合、严密。

四、金属板安装

金属板安装工艺流程为：弹线→固定吊挂杆件→安装边龙骨→安装主龙骨→安装次龙骨→罩面板安装。

1. 弹线

同"石膏板、埃特板、防潮板安装"。

2. 固定吊挂杆件

同"石膏板、埃特板、防潮板安装"。

3. 安装边龙骨

同"石膏板、埃特板、防潮板安装"。

4. 安装主龙骨

主龙骨应吊挂在吊杆上。主龙骨间距不大于 1000mm。其他要求参见矿棉板、硅钙板安装。

5. 安装次龙骨

同矿棉板、硅钙板安装。

6. 罩面板安装

吊挂天棚罩面板常用的板材有铝板、铝塑板和各种扣板等。

(1)铝板、铝塑板安装。规格一般为 600mm×600mm，将面板直接搁于龙骨上。铝板、铝塑板安装时，应注意板背面的箭头方向和白线方向一致，以保证花样、图案的整体性；饰面板上的灯具、烟感器、喷淋头、风口篦子等设备的位置应合理、美观,与饰面的交接应吻合、严密。

(2)扣板安装。规格一般为 100mm×100mm、150mm×150mm、200mm×200mm、600mm×600mm 等多种方形扣板,还有宽度为 100mm、150mm、200mm、300mm、600mm 等多种条形扣板。一般用卡具将饰面板卡在龙骨上。

五、木饰面、塑料板、玻璃石棉板安装

木饰面、塑料板、玻璃石棉板安装工艺流程为:弹线→固定吊挂杆件→安装主龙骨→安装次龙骨→罩面板安装。

1. 弹线

同"石膏板、埃特板、防潮板安装"。

2. 固定吊挂杆件

采用膨胀螺栓固定吊挂杆件。吊杆长度采用 $\phi 6 \sim \phi 8$ 的吊杆,如吊杆长度大于 1500mm,则要设置反向支撑。

3. 安装主龙骨

主龙骨应吊挂在吊杆上。主龙骨间距不大于 1000mm。主龙骨应平行房间长向安装,同时应适当起拱。主龙骨的悬臂段不应大于 300mm,否则应增加吊杆。主龙骨的接长应采取对接,相邻龙骨的对接接头要相互错开。主龙骨挂好后应基本调平。

4. 安装次龙骨

次龙骨应紧贴主龙骨安装。次龙骨间距为 300~600mm。

5. 罩面板安装

(1)木饰面板安装。吊挂天棚木饰面罩面板常用的板材有原木板及基层板贴木皮。

工厂加工前木饰面板规格一般为 1220mm×2440mm,木饰面经工厂加工可将其制成各种大小的成品饰面板。安装时,应注意板背面的箭头方向和白线方向一致,以保证花样、图案的整体性;饰面板上的灯具、烟感器、喷淋头、风口篦子等设备的位置应合理、美观,与饰面的

交接应吻合、严密。木装饰板吊顶如图 5-21 所示。

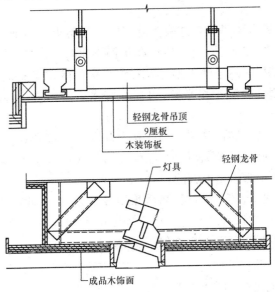

轻钢龙骨吊顶
9厘板
木装饰板

灯具
轻钢龙骨

成品木饰面

图 5-21 木装饰板吊顶

（2）塑料板吊顶安装。塑料装饰罩面板的安装工艺一般分为钉固法和粘贴法两种。

> 塑料板吊顶材料有聚氯乙烯塑料（PVC）板、聚乙烯泡沫塑料装饰板、钙塑泡沫装饰吸声板、聚苯乙烯泡沫塑料装饰吸声板、装饰塑料贴面复合板等。

1）钉固法。

①聚氯乙烯塑料板安装时，用 20～25mm 宽的木条，制成 500mm 的正方形木格，用小圆钉将聚氯乙烯塑料装饰板钉上，然后再用 20mm 宽的塑料压条或铝压条钉上，以固定板面或钉上塑料小花来固定板面。

②聚乙烯泡沫塑料装饰板安装时，用圆钉钉在准备好的小木框上，再用塑料压条、铝压条或塑料小花来固定板面。

2）粘贴法。

①聚氯乙烯塑料板。可用胶粘剂将罩面板直接粘贴在吊顶面层

上或粘贴在吊顶龙骨上。常用胶粘剂有脲醛树脂、环氧树脂和聚醋酸乙烯酯等。

②聚乙烯泡沫塑料装饰板。可用胶粘剂将聚乙烯泡沫塑料装饰板直接粘贴在吊顶面层上或粘贴在轻钢小龙骨上。如粘贴在水泥砂浆基层上，基层必须坚硬平整、洁净，含水率不得大于 8%。表面如有麻面，宜采用乳胶腻子修平整，再用乳胶水溶液涂刷一遍，以增加粘结力。

③塑料板粘贴前，基层表面应按分块尺寸弹线预排。粘贴时，每次涂刷胶粘剂的面积不宜过大，厚度应均匀，粘贴后，应采取临时固定措施，并及时擦去挤出的胶液。

④钙塑泡沫装饰吸声板，当吊顶用轻钢龙骨，一般需用胶粘剂固定板面，胶粘剂的品种较多，可根据安装的不同板材选择胶粘剂。如 XY—401 胶粘剂、氯丁胶粘剂等。

技巧推荐

钙塑泡沫装饰吸声板钉固技巧

用塑料小花固定。由于塑料小花面积较小，四角不易压平，加之钙塑板周边厚薄不一，应在塑料小花之间沿板边按等距离加钉固定，以防止钙塑泡沫装饰吸声板周边产生翘曲、空鼓和中间下垂现象。如采用木龙骨，应用木螺钉固定；采用轻钢龙骨，应用自攻螺钉固定。

用钉和压条固定。常用的压条有木压条、金属压条和硬质塑料压条等。用钉固定时，钉距不宜大于 150mm，钉帽应与板面齐平，排列整齐，并用与板面颜色相同的涂料涂饰。使用木压条时，其材质必须干燥，以防变形。

用塑料小花、木框及压条固定，与聚氯乙烯塑料板安装钉固法相同。用压条固定压条应平直、接口严密、不得翘曲。

(3)塑料贴面复合板安装。塑料贴面复合板，是将塑料装饰板粘贴于胶合板或其他板材上，组成一种复合板材，用作表面装饰。安装塑料贴面复合板时，应先钻孔，用木螺钉和垫圈或金属压条固定。

1)用木螺钉时,钉距一般为 400～500mm,钉帽应排列整齐。

2)用金属压条时,先用钉将塑料贴面复合板临时固定,然后加盖金属压条,压条应平直,接口严密。

 **特别强调**

塑料贴面复合板安装注意事项

(1)钙塑泡沫装饰吸声板堆放时,要竖码,严禁平码,以免压坏图案花纹,应距热源 3m 以外,保存在阴凉干燥处。

(2)搬运时,要轻拿轻放,防止机械损伤。

(3)安装时,操作人员必须戴手套,以免弄脏板面。

(4)胶粘剂不宜涂刷过多,以免粘贴时溢出,污染板面。胶粘剂应存放在玻璃、铝或白铁容器中,避免日光直射,并应与火源隔绝。

(5)钙塑泡沫装饰吸声板、如采用木龙骨,应有防火措施,并选用难燃的钙塑泡沫装饰吸声板。

(4)玻璃饰面吊顶。玻璃安装的方法分为浮搁及螺栓固定,浮搁时应注意点贴位置应尽量隐蔽,避免粘结点外露于饰面,安装压花玻璃或磨砂玻璃时,压花玻璃的花面应向外。磨砂玻璃的磨砂面应向室内,如图 5-22 所示。

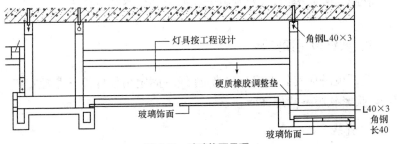

图 5-22 玻璃饰面吊顶

六、软膜饰面吊顶安装

软膜饰面吊顶安装工艺流程为：弹线→龙骨安装→固定、张紧软膜→清理饰面。

1. 弹线

同"石膏板、埃特板、防潮板安装"。

2. 龙骨安装

根据图纸设计要求，在需要安装软膜天花的水平高度位置四周围固定一圈支撑龙骨（可以是木方或方钢管）。如遇面积比较大时需分块安装，中间位置应加辅助龙骨。在支撑龙骨的底面固定安装软膜天花的铝合金龙骨。

3. 固定、张紧软膜

安装好软膜天花的铝合金龙骨后，将软膜用专用的加热风充分加热均匀，然后用专用的插刀将软膜固定在铝合金龙骨上，并将多余的软膜修剪完整。

4. 清理饰面

软膜安装完毕后，应对软膜天花表面进行擦拭与清洁。

七、玻纤板吊顶安装

玻纤板吊顶安装工艺流程为：弹线→固定吊挂杆件→龙骨安装→固定、张紧软膜→清理饰面。

1. 弹线

同"石膏板、埃特板、防潮板安装"。

2. 固定吊挂杆件

同木饰面、塑料板、玻璃石棉板安装。

3. 龙骨安装

主龙骨应吊挂在吊杆上。次龙骨应紧贴主龙骨安装,次龙骨间距为 300～600mm。

4. 玻纤板安装

玻纤板安装时将面板直接用卡键固定在龙骨上。安装时应注意饰面板上的灯具、烟感器、喷淋头、风口箅子等设备的位置应合理、美观,与饰面的交接应吻合、严密。

第四节　开敞式吊顶施工

开敞式吊顶,其吊顶装饰形式是通过特定形状的单元体及单元体组合,使建筑室内天棚饰面既遮又透,并与照明布置统一起来考虑,增加了吊顶构件和灯具的艺术效果,敞开式吊顶既可作为自然采光之用,也可作为人工照明天棚;既可与 T 形龙骨配合分格安装,也可不加分格的大面积组装。其施工方法与格栅单体安装相同。

一、开敞式吊顶材料

金属格栅是开敞式单体构件吊顶,其材质以铝合金材料为主,也有木质及塑料基材的,具有安装简单、防火等优点,多用于超市及食堂等较空阔的空间。

二、开敞式吊顶施工工艺

开敞式吊顶施工工艺流程为:放线→拼装单元体→固定吊挂杆件→单元体构件吊装→整体调整→饰面处理。

开敞式吊顶施工作业条件

(1)吊顶以上的各种设备和管线必须安装就位,并基本调试完毕。

(2)吊顶以上的部分已涂刷黑漆或者按设计要求的色彩进行涂刷处理,以从视觉上弱化吊顶以上的各种管线和设备。

1. 放线

放线主要包括标高线、吊点布置线和分片布置线。标高线和吊点布置线的弹设方法与上述内容相同。吊点的位置要根据分片布置线来确定,以使吊顶的各分片材料受力均匀。分片布置线是根据吊顶的结构形式和单体构件分片的大小和位置所弹的线。

2. 拼装单元体

(1)木质单元体拼接。木质单元体的结构形式较多,常见的有单板方框式、骨架单板方框式、单条板式、单条板与方板组合式等拼装方式。

1)单板方框式拼装,通常用 9～15mm 厚、120～200mm 宽的胶合板条,在板条上按设计的方框尺寸间距开板条宽度一半的槽。然后将纵横向板条槽口相对卡接。

2)骨架单板方框式拼装,是用木方按设计分格尺寸制做成方框骨架。用 9～15mm 厚的胶合板,按骨架方框的尺寸锯成短板块,将短板块用圆钉固定在木骨架上,短板块在对缝处涂胶用钉固定。

3)单条板式拼装,用实木或厚胶合板按要求的宽度锯切成长条板,并根据设计的间隔在条板上开出方孔或长方孔。再用实木或厚胶合板加工出截面尺寸与长条板上开孔尺寸相同的方料或板条。拼装时,将单条板逐个穿在支承龙骨上,且按设计间隔固定。

> 木质单元体拼接时每个单体要求尺寸一致、角度准确,组合拼接牢固。

(2)金属单元体拼接。包括格片型金属板单体构件拼装和格栅型金属板单体拼装。它们的构造较简单,大多数采用配套的格片龙骨与连接件直接卡接。

3. 固定吊挂杆件

同木饰面、塑料板、玻璃石棉板安装。

4. 单元体构件吊装

开敞式吊顶的构件吊装有直接固定和间接固定两种方法。

(1)直接固定法。即将构件直接用吊杆吊挂在结构上。此种吊装方式,吊顶构件自身应具有承受本身质量的刚度和强度。

(2)间接固定法。即将构件固定在骨架上,再用吊杆将骨架悬吊在结构上。此种吊装方式一般是考虑构件本身的刚度不好,如果直接吊装构件容易变形,需布置较多的吊点,造成费工费料。

知识链接

吊装方法选择

通常室内吊顶面大于 $50m^2$,采用间接固定吊装;吊顶面小于 $50m^2$,则用直接固定吊装。吊装操作时从一个墙角开始,分片起吊,高度略高于标高线并临时固定该分片吊顶架,再按标高基准线分片调平,最后将各分片连接处对齐,用连接件固定。

5. 整体调整

沿标高线拉出多条平行或垂直的基准线,根据基准线进行吊顶面的整体调整,注意检查吊顶的起拱量是否正确(一般为 3/400 左右),修正单体构件因安装而产生的变形,检查各连接部位的固定件是否可靠,对一些受力集中的部位进行加固。

6. 饰面处理

铝合金单体构件加工时表面已经做了处理。木质单体构件饰面方式主要有油漆、贴壁纸、喷涂喷塑、镶贴不锈钢和玻璃镜面等工艺。喷涂饰面和贴壁纸饰面,可以与墙体饰面施工时一并进行,也可以视情况在地面先进行饰面处理,然后行吊装。

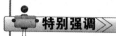 **特别强调**

开敞式吊顶施工注意事项

(1)当设计为上人开敞式吊顶时,应设置主龙骨。

(2)开敞式吊顶与墙柱面可离缝或无缝,每个墙面及柱面均必须与顶棚分别连接三点,以防止整个吊顶晃动。

(3)开敞式吊顶顶棚应在施工中注意及时调整尺寸偏差,不使其产生积累误差。

三、开敞式吊顶设备与吸声材料的安装

1. 灯具的安装

开敞式吊顶如何与照明结合,对吊顶的装饰效果影响较大。一般灯具的布置与安装形式见表5-1。

表 5-1   一般灯具的布置与安装形式

序号	灯具布置与安装形式	要求
1	隐蔽式安装	将灯具布置在开敞式吊顶的上部,并与吊顶表面留有一定的距离,灯光透过格栅照射下来。这种灯具安装的方式是在构件吊装前将灯具吊挂在楼板结构层上,然后再吊装吊顶构件
2	嵌入式安装	将灯具按设计图纸的位置嵌入单体构件的网格内,灯具底面可与吊顶面齐平,或灯具的照明发光部分伸出吊顶平面,灯座部分嵌入构件网格内。这种安装方式是在吊装后进行
3	吸顶式安装	灯具直接固定在吊顶面上。此种安装,灯具的规格不受吊顶构件的限制,灯座直接固定在吊顶面上
4	吊挂式安装	用吊挂件将灯具悬吊在吊顶面以下,灯具的吊件应在吊顶构件吊装前固定在楼板底面上

2. 空调管道口的布置

开敞式吊顶的空调管道口主要有以下两种布置方法,如图 5-23 所示。

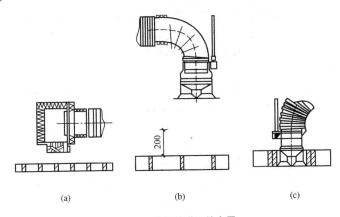

图 5-23　空调管道口的布置
(a)、(b)封口制与吊顶上部;(c)风口算子嵌入单体构件内

(1)空调管道口布置在开敞式吊顶的上部,与吊顶保持一定的距离。这种布置方法的管道口比较隐蔽,可以降低风口算子的材质标准,安装施工也比较简单。

(2)将空调管道口嵌入单体构件内,风口算子与单体构件表面保持水平。这种布置方法的风口算子是明露的,要求其造型、材质、色彩与吊顶的装饰效果尽可能相协调。

3. 吸声材料的布置

开敞式吊顶的吸声材料主要有以下四种布置方法:

(1)在单体构件内装填吸声材料,组成吸声体吊顶。

(2)在开敞式吊顶的上面平铺吸声材料。

(3)在吊顶与结构层之间悬吊吸声材料。为此,应先将吸声材料加工成平板式吸声体,然后将其逐块悬吊。

(4)用吸声材料做成开敞式吊顶的单元体。

特别强调

吊顶工程注意事项及相关规定

(1)吊顶工程必须充分考虑使用安全。饰面材料一般为轻质板材。

(2)吊杆、龙骨的安装间距和连接方式应符合设计要求,后置埋件、金属吊杆、龙骨都应进行防腐处理。木吊杆、木龙骨、木饰面板,应进行防腐、防火和防蛀处理。

(3)吊顶的吊杆与主龙骨端部的间距不得大于 3.0mm,否则应增加吊杆。当吊杆与设备相遇时,应调整并增设吊杆。

(4)吊顶上的重型灯具、电扇及其他重型设备,严禁安装在吊顶龙骨上。

(5)饰面板上的灯具、烟感器、喷淋头、风口箅子等设备的位置应合理、美观,与饰面板交接严密。吊顶与墙面、窗帘盒的交接,应符合设计要求。

(6)采用搁置式安装轻质饰面板时,应按设计要求设置压卡装置。

第六章 门窗工程装饰装修施工

第一节 门窗的分类与构造组成

门窗是建筑物的眼睛,在塑造室内外空间艺术形象中起着十分重要的作用。门窗经常成为重点装饰的对象。

一、门窗的分类

门窗的分类见表 6-1。

表 6-1 门窗的分类方法及类别

序号	分类方法	类　别
1	按材质不同分类	门窗按不同材质分类,可以分为木门窗、铝合金门窗、钢门窗、塑料门窗、全玻璃门窗、复合门窗、特殊门窗等。钢门窗又有普通钢窗、彩板钢窗和渗铝钢窗三种
2	按不同功能分类	门窗按不同功能分类,可以分为普通门窗、保温门窗、隔声门窗、防火门窗、防盗门窗、防爆门窗、装饰门窗、安全门窗、自动门窗等
3	按不同结构分类	门窗按不同结构分类,可以分为推拉门窗、平开门窗、弹簧门窗、旋转门窗、折叠门窗、卷帘门窗、自动门窗等
4	按不同镶嵌材料分类	窗按不同镶嵌材料分类,可以分为玻璃窗、纱窗、百叶窗、保温窗、防风纱窗等。玻璃窗能满足采光的功能要求,纱窗在保证通风的同时,可以防止蚊蝇进入室内,百叶窗一般用于只需通风而不需采光的房间

二、门窗的构造组成

1. 门的构造组成

门一般由门框（门樘）、门扇、五金零件及其他附件组成。门框一般是由边框和上框组成，当其高度大于 2400mm 时，在上部可加设亮子，需增加中横框。当门宽度大于 2100mm 时，需增设一根中竖框。有保温、防水、防风、防沙和隔声要求的门应设下槛。门扇一般由上冒头、中冒头、下冒头、边梃、门芯板、玻璃、百叶等组成。门的基本构造如图 6-1 所示。

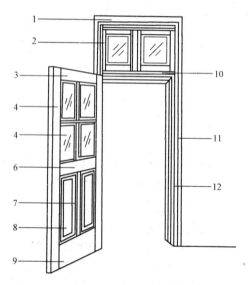

图 6-1 门的构造

1—门樘冒头；2—亮子；3—上冒头；4—门边框；

5—玻璃；6—中冒头；7—中框；8—门芯板；

9—下冒头；10—中贯档；

11—门贴脸；12—门樘边框

门的功能

门是内外联系的重要洞口,供人从此处通行,联系室内外和各房间;如果有事故发生,可以供人紧急疏散用。在北方寒冷地区,外门应起到保温防雨的作用;门要经常开启,是外界声音的传入途径,关闭后能起到一定的隔声作用;另外,门还可以起到防风沙的作用。门作为建筑内外墙重要的组成部分,其造型、质地、色彩、构造方式等,对建筑的立面及室内装修效果影响很大。

2. 窗的构造组成

窗是由窗框(窗樘)、窗扇、五金零件等组成。窗框是由边框、上框、中横框、中竖框等组成,窗扇是由上冒头、下冒头、边梃、窗芯子、玻璃等组成,如图 6-2 所示。

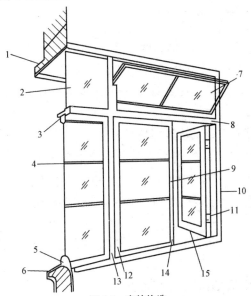

图 6-2 窗的构造

1—过梁;2—固定亮子;3—上冒头;4—窗芯;5—下冒头;6—窗台;7—中旋亮子;
8—中横框;9—拉手;10—贴脸;11—铰链;12—边梃;13—中竖框;14—插销;15—风钩

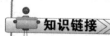

知识链接

窗的功能

　　窗的主要功能是采光、通风、观察和递物。各类不同的房间,都必须满足一定的照度要求。在一般情况下,窗口采光面积是否恰当,是以窗口面积与房间地面净面积之比来确定的,各类建筑物的使用要求不同,采光标准也不相同。为确保室内外空气流通,在确定窗的位置、面积大小及开启方式时,应尽量考虑窗的通风功能。在不同使用条件下,门窗还应具有保温、隔热、隔声、防水、防火、防尘及防盗等功能。

第二节　装饰门窗套、门扇施工

一、装饰门窗套施工

　　门窗套是指在门窗洞口的两个立边垂直面,可突出外墙形成边框也可与外墙平齐,既要立边垂直平整又要满足与墙面平整,故此质量要求很高。这好比在门窗外罩上一个正规的套子,人们习惯称之门窗套。

1. 装饰门窗套施工材料与机具

　　(1)施工材料。装饰门窗主要材料为各种木质纹理的装饰胶合板、各种厚度的大芯板(细木工板)、各种市售实木门线条及窗线条。材料材质应轻软,纹理清晰美观,干燥性能良好,含水率不大于12%。

　　(2)施工机具。主要机具包括:电锯、电钻、电锤、压刨、罗机、割角机、修边机等。

2. 装饰门窗套施工工艺与要求

　　装饰门窗套施工工艺流程为:裁料→立框→贴板(线)→碰角收线口。

装饰门窗套的构造

门窗套用于保护和装饰门框及窗框。门窗套包括筒子板和贴脸,与墙连接在一起,门窗及门窗套的构造如图 6-3 和图 6-4 所示。

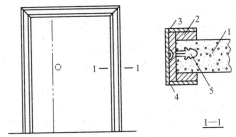

图 6-3 装饰门套的构造

1—门洞墙体;2—衬里大芯板;3—市售装饰门线条;4—装饰面层;5—塑料膨胀螺栓

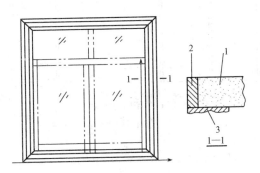

图 6-4 装饰门窗套的构造

1—窗洞墙体;2—窗框竖框;3—市售装饰窗线条

装饰门窗套在安装时要注意横平竖直,用大芯板制作的门窗框衬里要与门窗洞口墙体牢固连接。饰面板或线条与衬里的连接采用直钉钉接加胶粘接。制作中重点注意装饰面材的碰角与收口处要精确细致,切勿粗制滥造,这是形成良好装饰效果的关键。

二、装饰门扇施工

门扇是明清家具、门部件名称,是橱柜等设有可左右开启和关闭的部件。

门扇的形式

从市场购进的成品实木门扇是按门洞的具体规格和尺寸选择的,其形式如图 6-5 所示。

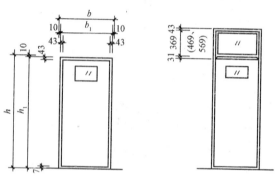

图 6-5 门扇的形式

(a)无亮窗;(b)有亮窗

说明:(1)h、b 为洞口尺寸,h 通常为 2100、2400、2500、2700(mm),b 通常为 700、800、900、1000、1100、1200、1300、1500、1800(mm)。

(2)h_1、b_1 为安装尺寸,h_1 通常为 2090、2390、2490、2690(mm),b_1 通常为 680、780、880、980、1080、1180、1280、1480、1780(mm)。

(3)门高≥2390mm,带亮窗,门宽≥1180mm,为双开。

1. 装饰门扇施工材料与机具

(1)施工材料。装饰门扇可采用从市场购进的各种实木门,也可以现场制作。现场制作形式以夹板门为主。夹板门的做法是在原门扇外表双面粘贴装饰面板。也可以用大芯板做里芯,外表双面粘贴装饰面(如柚木、黑桃木饰面)制成。

（2）施工机具。施工工具以木工工具为主,且电动工具应用较多,可以提高效率、降低工人的劳动强度,保证施工制作质量。

2. 装饰门扇施工工艺与要求

现场制作夹板门扇与安装工艺流程为:门芯(大芯板)材料→两块门芯板纹理相互垂直拼接(粘结、钉接均可)→面层(装饰胶合板,双面)裁料→面层粘贴→门扇棱边(四周)封边。

从市场构件的成品实木门可直接安装到已装饰好的门套内,安装时与普通木门扇的安装要点相同,重点应注意门扇安装的垂直度。

特别强调

装饰门窗套、门扇施工注意事项

（1）装饰门窗套、门扇的制作一般放在木工制作工序完成,属木工制作工序部分。

（2）门窗安装前,应按设计或厂方提供的门窗节点图和结构图进行检查,核对品种、规格与开启形式是否符合设计要求,零件、附件是否齐全,如有不符,则要进行更换或修整。设计规定的门窗洞口尺寸应依据国家标准,如不是国家标准的门窗产品,启动口尺寸应参照地方或企业标准。

（3）门窗在安装过程中不得作为受理构件使用,不得在门、窗框、扇上安放脚手架或悬挂重物,以免引起门窗变形损坏,甚至发生人员伤亡事故。

（4）门窗在安装过程中难免有少量水泥砂浆。胶粘剂、密封膏之类物质黏附在门窗表面,应在这些污染物干燥之前及时擦净,以免影响门窗表面的平整美观。一般装饰门窗套施工应在泥工装饰工序完成后再进行。

第三节　木门窗施工

一、木门窗材料要求

（1）木门窗的木材品种、材质等级、规格、尺寸、框扇的线型及人造木板的甲醛含量应符合设计要求，当设计对材质等级未作规定时，应不低于国家规定的木门窗用木材的质量要求。

（2）木门窗应采用烘干的木材，其含水率不应大于当地气候的平衡含水率，一般在气候干燥地区不宜大于12%，在南方气候潮湿地区不宜大于15%。

（3）木门窗框与砌体、混凝土接触面及预埋木砖均应做防腐处理。沥青防腐剂不得用于室内。对易腐朽和虫蛀的木材应进行防腐、防虫处理。木材的防火、防腐、防虫处理应符合设计要求。

（4）制作木门窗所用的胶料，宜采用国产酚醛树脂胶和脲醛树脂胶。普通木门窗可采用半耐水的脲醛树脂胶，高档木门窗应采用耐水的酚醛树脂胶。

（5）工厂生产的木门窗必须有出厂合格证。由于运输堆放等原因受损的门窗框、扇，应预处理，达到合格要求后，方可用于工程。

（6）小五金零件的品种、规格、型号、颜色等均应符合设计要求，质量必须合格，地弹簧等五金零件应有出厂合格证。

知识链接

装饰木门的常用规格

装饰木门的常用规格有：750mm×2000mm、900mm×2000mm、1000mm×2000mm、1500mm×2000mm、750mm×2100mm、900mm×2100mm、1000mm×2100mm、1500mm×2100mm等。

二、木门窗的制作

木门窗施工工艺进行操作,即:配料→截料→刨料→画线→凿眼→倒棱→裁口→开榫→断肩→组装→加楔→净面→油漆→安装玻璃。

1. 配料与截料

(1)配料前要熟悉图纸,了解门窗的构造、各部分尺寸、制作数量和质量要求。计算出各部件的尺寸和数量,列出配料单,按配料单进行配料。如果数量少,可直接配料。

(2)配料时,对木方材料要进行选择。不用有腐朽、斜裂、节疤大的木料,不干燥的木料也不能使用。同时,要先配长料后配短料,先配框料后配扇料,使木料得到充分合理的使用。

(3)制作门窗时,往往需要大量刨削,拼装时也会有损耗。所以,配料必须加大尺寸,即各种部件的毛料尺寸要比其净料尺寸加大些,最后才能达到图纸上规定的尺寸。门窗料的断面,如要两面刨光,其毛料要比净料加大 4~5mm,如只是单面刨光,要加大 2~3mm。

(4)在选配的木料上按毛料尺寸划出截断、锯开线,考虑到锯解木料时的损耗,一般留出 2~3mm 的损耗量。锯切时,要注意锯线直、端面平,并注意不要锯锚线,以免造成浪费。

2. 刨料

(1)刨料前,宜选择纹理清晰、无节疤和毛病较少的材面作为正面。对于框料,任选一个窄面为正面。对于扇料,任选一个宽面为正面。

(2)刨料时,应看清木料的顺纹和逆纹,应当顺着木纹刨削,以免戗槎。

(3)正面刨平直以后,要打上记号,再刨垂直的一面,两个面的夹角必须是 90°,一面刨料,一面用角尺测量。然后,以这两个面为准,用勒子在料上画出所

门窗的框料,靠墙的一面可以不刨光,但要刨出两道灰线。扇料必须四面刨光,画线时才能准确。

需要的厚度和宽度线。整根料刨好后,这两根线也不能刨掉。

(4)料刨好后,应按框、扇分别码放,上下对齐,放料的场地要求平整、坚实。

3. 画线

(1)画线前,先要弄清楚榫、眼的尺寸和形式,什么地方做榫,什么地方凿眼。眼的位置应在木料的中间,宽度不超过木料厚度的1/3,由凿子的宽度确定。榫头的厚度是根据眼的宽度确定的,半榫长度应为木料宽度的1/2。

(2)对于成批的料,应选出两根刨好的料,大面相对放在一起,划上榫、眼的位置。要记住,使用角尺、画线竹笔、勒子时,都应靠在打号的大面和小面上。划的线经检查无误后,以这两根料为板再成批画线。要求画线应清楚、准确、齐全。

4. 凿眼

凿眼时,为避免凿劈木料,应先凿透眼,后凿半眼,凿透眼时先凿背面,凿到1/2眼深,最多不能超过2/3眼深后,把木料翻过来凿正面,直到把眼凿透。

> 凿眼要选择与眼的宽度相等的凿子,凿韧要锋利,刃口必须磨齐平,中间不能凸起成弧形。

另外,眼的正面边线要凿去半条线,留下半条线,榫头开榫时也留半线,榫、眼合起来成一条线,这样的榫、眼结合才紧密。眼的背面按线凿,不留线,使眼比面略宽,这样的眼装榫头时,可避免挤裂眼口四周。

凿好的眼,要求方正,两边要平直。眼内要清洁,不留木渣。千万不要把中间凿凹了。凹的眼加楔时,不能夹紧,榫头很容易松动,这是门窗出现松动、关不上、下垂等质量问题的原因之一。

5. 倒棱与裁口

(1)倒棱与裁口在门框梃上做出,倒棱是起装饰作用,裁口是对门扇在关闭时起限位作用。

(2)倒棱要平直,宽度要均匀;裁口要求方正平直,不能有戗槎起毛、凹凸不平的现象。最忌讳口根有台,即裁口的角上木料没有刨净。也有不在门框梃木方上做裁口,而是用一条小木条粘钉在门框梃木方上。

6. 开榫与断肩

(1)开榫也叫倒卯,就是按榫的纵向线锯开,锯到榫的根部时,要把锯立起来锯几下,但不要过线。开榫时要留半线,其半榫长为木料宽度的 1/2,应比半眼深少 1~2mm,以备榫头因受潮而伸长。开榫要用锯小料的细齿锯。

(2)断肩就是把榫两边的肩膀断掉。断肩时也要留线,快锯掉时要慢些,防止伤了榫根。断肩要用小锯。

(3)透榫锯好后插进眼里,以不松不紧为宜。锯好蹚半榫应比眼稍大。组装时在四面磨角倒棱,抹上胶用锤敲进去,这样的榫使用长久,不易松动。如果半榫锯薄了,放进眼里松动,可在半榫上加两个破头楔,抹上胶打入半眼内,使破头楔把半榫撑开借以补救。

(4)锯成的榫要求方正、平直,不能歪歪扭扭,不能伤榫根。如果榫头不方正、不平直,会直接影响到门窗不能组装得方正、结实。

7. 组装与净面

(1)组装门窗框、扇前,应选出各部件的正面,以便使组装后正面在同一面,把组装后刨不到的面上的线用砂纸打掉。门框组装前,先在两根框梃上量出门高,用细锯锯出一道锯口,或用记号笔划出一道线,这就是室内地坪线,作为立框的标记。

(2)门窗框的组装,是把一根边梃平放,将中贯档、上冒头(窗框还有下冒头)的榫插入梃的眼里,再装上另一边的梃,用锤轻轻敲打拼合,敲打时要垫木块,防止打坏榫头或留下敲打的痕迹。待整个门窗框拼好归方以后,再将所有的榫头敲实,锯断露出的榫头。

(3)门窗扇的组装方法与门窗框基本相同。但门扇中有门板,须先把门芯按尺寸裁好,一般门芯板应比门扇边上量得的尺寸小 3~5mm,门芯板的四边去棱、刨光。然后,先把一根门梃平放,将冒头逐个装入,门芯板嵌入冒头与门梃的凹槽内,再将另一根门梃的眼对准榫装入,并用锤木块敲紧。

(4)门窗框、扇组装好后,为使其成为一个结实的整体,必须在眼中加木楔,将榫在眼中挤紧。木楔长度与榫头一样长,宽度比眼宽窄 2~

3mm,楔子头用扁铲顺木纹铲尖。加楔时,应先检查门窗框、扇的方正,掌握其歪扭情况,以便在加楔时调整、纠正。

加楔技巧

　　门窗框、扇组装时,一般每个榫头内必须加两个楔子。加楔时,用凿子或斧子把榫头凿出一道缝,将楔子两面抹上胶插进缝内,敲打楔子要先轻后重,逐步楔入,不要用力太猛。当楔子已打不动,孔眼已卡紧饱满时,就不要再敲,以免将木料胀裂。在加楔过程中,对框、扇要随时用角尺或尺杆卡窜角找方正,并校正框、扇的不平处,加楔时注意纠正。

　　(5)组装好的门窗框、扇用细刨或砂纸修平修光。双扇门窗要配好对,对缝的裁口刨好。安装前,门窗框靠墙的一面,均要刷一道沥青,以增加防腐能力。

　　为了防止校正好的门窗框再变形,应在门框下端钉上拉杆,拉杆下皮正好是锯口或记号的地坪线。大一些的门窗框,要在中贯横档与梃间钉八字撑杆。

　　门窗框组装好要防止日晒雨淋,防止碰撞。

知识链接

木门窗制作要求

　　(1)木门窗的制作应保证门窗表面平整,拼缝严密,无戗槎、刨痕、毛刺、锤印、缺棱和掉角。清油制品无明显色差。

　　(2)门窗框、扇的榫与榫眼必须用胶、木楔加紧,嵌合严密平整,胶料品种应符合规范规定。门窗框和厚度大于50mm的门窗扇,应用双榫连接。榫槽应采用胶料严密嵌合,并用胶木加紧。

　　(3)木门窗的结合处和安装配件处不得有木节或已填补的木节。当其他部位有限值范围内的死节和直径较大的虫眼时,应用同一材质的木塞加胶填补。当门窗表面用清漆涂饰时,木塞的木纹和色泽应与制品一致。

(4)胶合板门、纤维板门和模压门不得脱胶,胶合板不得刨透表层单板,不得有戗槎。制作胶合板门、纤维板门时,边框和横棱应在同一平面上,面层、边框及横棱应加压胶结。横楞和上下冒头应有不少于两个透气孔,透气孔应畅通。

(5)机加工的装饰线,表面应将机刨印打磨光滑。装饰薄皮粘贴牢固平顺,无明显接缝,薄皮不起鼓、不翘边和脱胶。

三、木门窗的安装

(一)门窗框安装

门窗框安装方法有先立口法和后塞口法两种。

1. 先立口法安装

先立口法,即在砌墙前把门窗框按施工图纸立直、找正,并固定好。这种施工方法必须在施工前把门窗框做好运至施工现场。

先立口安装施工应符合下列要求:

(1)当砌墙砌到室内地坪时,应当立门框;当砌到窗台时,应当立窗框。

(2)立口之前,按照施工图纸上门窗的位置、尺寸,把门窗的中线和边线画到地面或墙面上。然后,把窗框立在相应的位置,用支撑临时支撑固定,用线锤和水平尺找平找直,并检查框的标高是否正确,如有不平不直之处应随即纠正。不垂直可挪动支撑加以调整,不平处可垫木片或砂浆调整。支撑不要过早拆除,应在墙身砌完后拆除比较适宜。

(3)在砌墙施工过程中,千万不要碰动支撑,并应随时对门窗框进行校正,防止门窗框出现位移和歪斜等现象。砌到放木砖的位置时,要校核是否垂直,如有不垂直,在放木砖时随时纠正。

(4)木门窗安装是否整齐,对建筑物的装饰效果有很大影响。同一面墙的木门窗框应安装整齐,并在同一个平、立面上。可先立两端的门窗框,然后拉一通线,其他的框按通线逆行竖立。这样可以保证门框的位置和窗框的标高一致。

特别强调

立门窗框注意事项

在立框时,要特别注意门窗的开启方向,防止一旦出现错误难以纠正。还要注意施工图纸上门窗框是在墙中,还是靠墙的里皮。如果是与里皮平的,门窗框应出里皮墙面(即内墙面)20mm,这样抹完灰后,门窗框正好和墙面相平。

2. 后塞口法安装

后塞口法即在砌筑墙体时预先按门窗尺寸留好洞口,在洞口两边预埋木砖,然后将门窗框塞入洞口内,在木砖处垫好木片,并用钉子钉牢(预埋木砖的位置应避开门窗扇安装铰链处)。

后塞口安装施工应符合下列要求:

(1)门窗洞口要按施工图纸上的位置和尺寸预先留出。洞口应比窗口大 30～40mm(即每边大 15～20mm)。

(2)在砌墙时,洞口两侧按规定砌入木砖,木砖大小约为半砖,间距不大于 1.2m,每边 2～3 块。

(3)在安装门窗框时,应先把门窗框塞进门窗洞口内,用木楔临时固定,用线锤和水平尺进行校正。待校正无误后,用钉子把门窗框钉牢在木砖上,每个木砖上应钉两颗钉子,并将钉帽砸扁冲入桯框内。

> 在立口时,一定要特别注意门窗的开启方向,另外,整个大窗更要注意上窗的位置。

(二)门窗扇安装

(1)安装门窗扇前,先要检查门窗框上、中、下三部分是否一样宽,如果相差超过 5mm,就必须修整。核对门窗扇的开启方向,并打记号,以免把扇安错。安装扇前,预先量出门窗框口的净尺寸,考虑风缝(松动)的大小,再进一步确定扇的宽度和高度,并进行修刨。应将门扇固定于门窗框中,并检查与门窗框配合的松紧度。由于木材有干缩湿胀的性质,而且门窗扇、门窗框上都需要有油漆及打底层的厚度,所以安装时要留封。一般门扇对口处竖缝留 1.5～2.5mm,窗扇竖缝为 2mm。并按此尺寸进行修刨。

(2)将修刨好的门窗扇,用木楔临时立于门窗框中,排好缝隙后画出铰链位置。铰链位置距上、下边的距离是门扇宽度的 1/10,这个位置对铰链受力比较有利,又可避开头。然后把扇取下来,用扇铲剔出铰链页槽。铰链页槽应外边浅,里边深,其深度应当是把铰链合上后与框、扇平正位准。剔好铰链槽后,将铰链放入,上下铰链各拧一颗螺丝钉把扇挂上,检查缝隙是否符合要求,扇与框是否齐平,扇能否关住。检查合格后,再把螺丝钉全部上齐。

特别强调

门窗扇安装注意事项

门窗扇安装好后要试开,其标准是:以开到哪里就能停到哪里为好,不能有自开或自关的现象。如果发现门窗扇在高、宽上有短缺的情况,高度上应将补钉的板条钉在下冒头下面,宽度上,在安装铰链一边的梃上补钉板条。

(三)门窗小五金安装

(1)所有小五金必须用木螺丝固定安装,严禁用钉子代替。使用木螺丝时,先用手锤钉入全长的 1/3,接着用螺丝刀拧入。当木门窗为硬木时,先钻孔径为木螺丝直径 0.9 倍的孔,孔深为木螺丝全长的 2/3,然后再拧入木螺丝。

(2)铰链距门窗扇上下两端的距离为扇高的 1/10,且避开上下冒头。安好后必须灵活。

(3)门锁距离地面高为 0.9～1.05m,应错开中冒头和边梃的榫头。

(4)门窗拉手应位于门窗扇中线以下,窗拉手距离地面为 1.5～1.6m。

(5)窗风钩应装在窗框上冒头与窗扇下冒头夹角处,使窗开启后成 90°角,并使上下各层窗扇开启后整齐划一。

(6)门插销位于门拉手下边。装窗插销时应先固定插销底板,再关窗打插销压痕,凿孔,打入插销。

(7)门扇开启后易碰墙的门,为固定门扇应安装门吸。

(8)小五金应安装齐全,位置适宜,固定可靠。

第四节　钢门窗施工

装饰装修工程中应用较多的钢门窗,主要有薄壁空腹钢门窗和实腹钢门窗。钢门窗在工厂加工制作后整体运到现场进行安装。

一、钢门窗安装材料要求

(1)钢门窗。钢门窗厂生产的合格的钢门窗,其型号品种均应符合设计要求。

(2)水泥、砂。水泥 42.5 级及以上;砂为中砂或粗砂。

(3)玻璃、油灰。符合设计要求的玻璃、油灰。

(4)焊条。符合要求的电焊条。

二、钢门窗安装工艺与要求

钢门窗安装工艺流程为:画线定位→钢门窗就位→钢门窗固定→安装五金配件→安装橡胶密封条。

1. 画线定位

按照设计图纸要求,在门窗洞口上弹出水平和垂直控制线,以确定钢门窗的安装位置、尺寸、标高。水平线应从 +50cm 水平线上量出门窗框下皮标高拉通线;垂直线应从顶层楼门窗边线向下垂吊至底层,以控制每层边线,并做好标志,确保各楼层的门窗上下、左右整齐划一。

2. 钢门窗就位

钢门窗安装前,首先应按设计图纸要求核对钢门窗的型号、规格、数量是否符合要求;拼樘构件、五金零件、安装铁脚和紧固零件的品种、规格、数量是否正确和齐全。然后应进行逐樘检查,如发现钢门窗框变形或窗角、窗梃、窗心有脱焊、松动等现象,应校正修复后方可进行安装。最后应检查门窗洞口内的预留孔洞和预埋铁件的位置、尺寸、数量是否符合钢门窗安装的要求,如发现问题应进行修整或补凿洞口。

安装钢门窗时必须按建筑平面图分清门窗的开启方向是内开还是外开,单扇门是左手开启还是右手开启。然后按图纸的规格、型号将钢门窗樘运到安装洞口处,并要靠放稳当。将钢门窗立于图纸要求的安装位置,用木楔临时固定,将其铁脚插入预留孔中,然后根据门窗边线、水平线及距离外墙皮的尺寸进行支垫,并用托线板靠吊垂直。

> 在搬运钢门窗时,不可将棍棒等工具穿入窗心或窗梃起吊或杠抬,严禁抛、摔,起吊时要选择平稳牢固的着力点。

钢门窗就位时,应保证钢门窗上框距过梁要有 20mm 缝隙,框左右缝宽一致,距外墙皮尺寸符合图纸要求。

3. 钢门窗固定

钢门窗就位后,校正其水平和正、侧面垂直,然后将上框铁脚与过梁预埋件焊牢,将框两侧铁脚插入预留孔内,用水把预留孔内湿润,用 1:2 较硬的水泥砂浆或 C20 细石混凝土将其填实后抹平。终凝前不得碰动框扇。3d 后取出四周木楔,用 1:2 水泥砂浆把框与墙之间的缝隙填实,与框同平面抹平。

若用钢大门时,应将合页焊到墙的预埋件上。要求每侧预埋件必须在同一垂直线上,两侧对应的预埋件必须在同一水平位置上。

4. 安装五金配件

钢门窗的五金配件安装宜在内外墙面装饰施工结束后进行;高层建筑应在安装玻璃前将机螺丝拧在门窗框上,待油漆工程完成后再安装五金件。

(1)安装五金配件之前,要检查钢门窗在洞口内是否牢固;门窗框与墙体之间的缝隙是否已嵌填密实;窗扇轻轻关拢后,其上面密合,下面略有缝隙,开启闭是否灵活,里框下端吊角等是否符合要求(一般双扇窗吊角应整齐一致,平开窗吊高为2~4mm,邻窗间玻璃心应平齐一致)。如有缺陷须经调整后方可安装零配件。

(2)所用五金配件应按生产厂家提供的装配图经试装合格后,方可全面进行安装。各类五金配件的转动和滑动配合处,应灵活无卡阻现象。装配螺钉拧紧后不得松动,埋头螺钉不得高出零件表面。

5. 安装橡胶密封条

氯丁海绵橡胶密封条是通过胶带贴在门窗框的大面内侧。胶条有两种,一种是K型,适用于25A空腹钢门窗;另一种是S型,适应于32mm实腹钢门窗的密闭。胶带是由细纱布双面涂胶,用聚乙烯薄膜作隔离层。粘贴时,首先将胶带粘贴于门窗框大面内侧,然后剥除隔离层,再将密封条粘在胶带上。

操作演练

纱门窗安装

钢门窗安装好后,一般要安装纱门窗。先对纱门和纱窗扇进行检查,如有变形时应及时校正。高、宽大于1400mm的纱扇,在装纱前要将纱扇中部用木条做临时支撑,以防扇纱凹陷影响使用。在检查压纱条和纱扇配套后,将纱裁割且比实际尺寸长出50mm,即可以绷纱。绷纱时先用机螺丝拧入上下压纱条再装两侧压纱条,切除多余纱头,再将机螺丝的丝扣别平并用钢板锉锉平。待纱门窗扇装纱完成后,于交工前再将纱门窗扇安装在钢门窗框上。最后,在纱门上安装护纱条和拉手。

第五节　铝合金门窗施工

铝合金门窗是经过表面处理的型材,通过下料、打孔、铣槽等工序,制做成门窗框料构件,然后与连接件、密封件、开闭五金件一起组合装配而成。与普通木门窗和钢门窗相比,铝合金门窗具有轻质高强、密封性好、变形性小、表面美观、耐蚀性好、使用价值高、实现工业化等特点。

一、铝合金门窗施工材料与机具

1. 铝合金门窗施工材料

铝合金门窗的规格、型号应符合设计要求,五金配件应配套齐全,并具有出厂合格证、材质检验报告书并加盖厂家印章。进场前应对铝合金门窗进行验收检查,不合格者不准进场。运到现场的铝合金门窗应分型号、规格堆放整齐,并存放于仓库内。搬运时轻拿轻放,严禁扔摔。

防腐材料、填缝材料、密封材料、防锈漆、水泥、砂、连接板等应符合设计要求和相关标准的规定。

 知识链接

常用铝合金门窗的规格

按门窗型材截面的宽度尺寸的不同,可分为许多系列,常见的如下:

(1)铝合金门(表6-2)。

表6-2　　　　　　　　常用铝合金门规格

类型	高度/mm	宽度/mm
50系列平开铝合金门	2100、2400、2700	800、900、1500、1800
55系列平开铝合金门		
70系列平开铝合金门		

续表

类型	高度/mm	宽度/mm
70系列推拉铝合金门	2100、2400、2700、3000	1500、1800、2100、2700、3000
90系列推拉铝合金门	2100、2400、2700、3000	1500、1800、2100、2700、3000、3300、3600
70系列铝合金地弹簧门	2100、2400、2700、3000、3300	900、1000、1500、1800、2400、3000
100系列铝合金地弹簧门	2100、2400、2700、3000、3300	900、1000、1500、1800、2400、3000、3300、3600

（2）铝合金窗（表6-3）。

表6-3   常用铝合金窗规格

类型	高度/mm	宽度/mm
40系列平开铝合金窗	600、900、1200、1400、1500、1800	600、900、1200、1500、1800、2100
50系列平开铝合金窗 70系列平开铝合金窗	600、900、1200、1400、1500、1800、2100	600、900、1200、1500、1800、2100
55系列推拉铝合金窗 60系列推拉铝合金窗 70系列推拉铝合金窗	900、1200、1400、1500、1800、2100	1200、1500、1800、2100、2400、2700、3000
90系列推拉铝合金窗	1200、1400、1500、1800、2100	1200、1500、1800、2100、2400、2700、3000

2. 铝合金门窗施工机具

制作和安装铝合金门所用的工具包括曲线刷、切割机、手电锯、扳手、半步扳手、角尺、吊线锤、打胶筒、锤子、水平尺、玻璃吸盘等。

二、铝合金门的制作、安装工艺与要求

铝合金门的制作、安装施工流程包括：门扇制作→门框制作→铝合金门安装→安装拉手。

1. 门扇制作

(1)选料与下料。

1)选料时要充分考虑到铝合金型材的表面色彩、壁的厚度等因素，以保证符合设计要求的刚度、强度和装饰性。每一种铝合金型材都有其特点和使用部位，如推拉、开启、自动门等所用的型材规格是不相同的。

2)在确认材料规格及其使用部位后，要按设计的尺寸进行下料。在一般装饰装修工程中，铝合金门窗无详图设计，仅仅给出洞口尺寸和门扇划分尺寸。切割时，切割机安装合金锯片，严格按下料尺寸切割。

> 在门扇下料时，要先计算，画简图，注意在门洞口尺寸中减去安装缝、门框尺寸。

(2)门扇的组装。在组装门扇时，应当按照以下工序进行。

1)竖梃钻孔。在上竖梃拟安装横档部位用手电钻进行钻孔，用角铝连接进行连接。两边框的钻孔部位应一致，否则将使横档不平。

2)门扇节点固定。

3)锁孔和拉手安装。注意门锁两侧要对正，为了保证安装精度，一般在门扇安装后再安装门锁。

2. 门框制作

(1)选料与下料。视门的大小选用 50mm×70mm、50mm×100mm 等铝合金型材作为门框梁，并按设计尺寸下料。具体做法与门扇的制作相同。

(2)门框钻孔组装。在安装门的上框和中框部位的边框上，钻孔安装角铝，方法与安装门扇相同。

3. 铝合金门安装

铝合金门的安装主要包括：安装门框→填塞缝隙→安装门扇→安

装玻璃→打胶清理等。

（1）安装门框。铝合金门框的安装通常采用塞口法安装，一般采用锚固板（图 6-6）与洞口墙体连接固定。锚固板与墙体的连接固定方式主要有预埋件连接、金属膨胀螺栓连接、射钉连接等，如图 6-7～图 6-9所示。

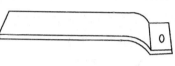

图 6-6　锚固板

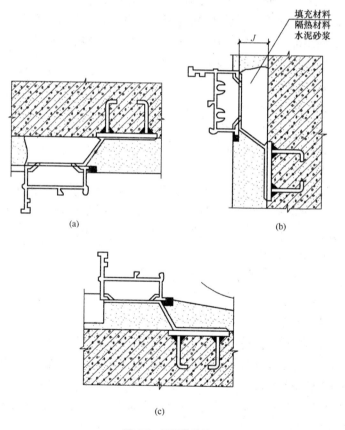

(a)

(b)

填充材料
隔热材料
水泥砂浆

(c)

图 6-7　预埋件连接

（a）上框的连接；（b）边框的连接；（c）下框的连接

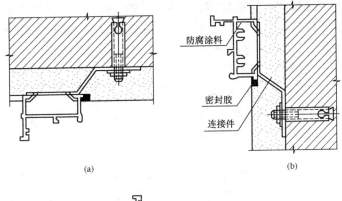

(a)　　　　　　　　　　　　(b)

防腐涂料

密封胶

连接件

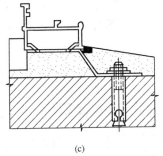

(c)

图 6-8　金属膨胀螺栓连接

(a)上框的连接；(b)边框的连接；(c)下框的连接

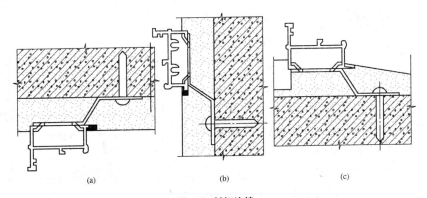

(a)　　　　　　　　(b)　　　　　　　　(c)

图 6-9　射钉连接

(a)上框的连接；(b)边框的连接；(c)下框的连接

（2）填塞缝隙。门框固定好以后,应进一步复查其平整度和垂直度,确认无误后,清扫边框处的浮土,洒水湿润基层,用1∶2的水泥砂浆将门口与门框间的缝隙分层填实。

（3）安装门扇。门扇与门框是按同一门洞口尺寸制作的,在一般情况下都能顺利安装上,但要求周边密封、开启灵活。

> 安装铝合金门的关键是主要保持上、下两个转动部分在同一轴线上。

（4）安装玻璃。根据门框的规格、色彩和总体装饰效果选用适宜的玻璃,一般选用厚5~10mm的普通玻璃或彩色玻璃及厚10~22mm的中空玻璃。

（5）打胶清理。大片玻璃与框扇接缝处,要用玻璃胶筒打入玻璃胶,整个门安装好后,以干净抹布擦洗表面,清理干净后交付使用。

4. 安装拉手

用双手螺杆将门拉手安装在门扇边框两侧。

三、铝合金窗的制作与安装工艺

装饰装修工程常用的铝合金窗有推拉窗和平开窗两类,常用的铝合金窗型材主要是 90 系列推拉窗铝材和 38 系列平开窗铝材。

本节主要以带上窗的铝合金推拉窗为例介绍铝合金窗的制作与安装工艺。

1. 下料

下料是铝合金窗制作的第一道工序,也是最重要、最关键的工序。下料不准确会造成尺寸误差、组装困难,甚至因无法安装而成为废品。下料应按照施工图纸进行,尺寸必须准确,误差值应控制在 2mm 范围内。

2. 上窗连接组装

上窗部分的扁方管型材,通常采用铝角码和自攻螺钉进行连接,如图 6-10 所示。

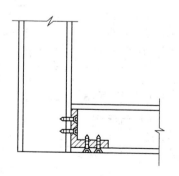

图 6-10　窗扁方管连接

 **知识链接**

铝角码和自攻螺钉连接的优点

(1)可隐蔽连接件。

(2)不影响外表美观。

(3)连接牢固。

(4)简单实用等。

3. 窗框连接

窗框连接主要通过开设孔径 $\phi5$mm 左右的孔后,用专用的碰口胶垫,放在边封的槽口内,再将 M4×35mm 的自攻螺钉固紧,如图 6-11 所示。

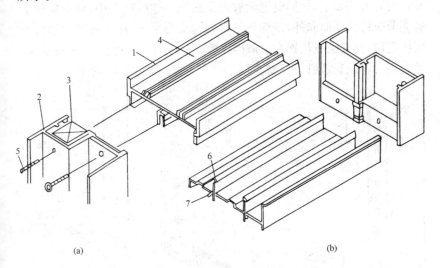

(a)　　　　　　　　　　　　　　　(b)

图 6-11　窗框连接示意图

(a)窗框上滑部分的连接安装;(b)窗框下滑部分的连接安装

1—上滑道;2—边封;3—碰口胶垫;4—上滑道上的固紧槽;5—自攻螺钉;

6—下滑道的滑轨;7—下滑道的固紧槽孔

> **特别强调**
>
> **窗框连接注意事项**
>
> 窗框连接固定在旋紧螺钉的同时,要注意上滑道与边封对齐,各槽对正,最后再上进螺钉,然后在边封内装毛条。同时,注意固定时不得将下滑道的位置装反,下滑道的滑轨面一定要与上滑道相对应才能使窗扇在上、下滑道上滑动。

4. 窗扇连接

(1)在连接装拼窗扇前,要先在窗框的边框和带钩锁边框上、下两端处进行切口处理,以便将上、下横档插入切口内进行固定,如图 6-12 所示。

(2)在下横档的底槽中安装滑轮,每条下横档的两端各安装一只滑轮。安装方法如下:把铝窗滑轮放进下横档一端的底槽中,使滑轮框上有调节螺钉的一面向外,该面与下横档端头边平齐,在下横档底槽板上画线定位,再按画线位置在下横档底槽板上打两个直径为 4.5mm 的孔,然后用滑轮配套螺钉,将滑轮固定在下横档内,如图 6-13 所示。

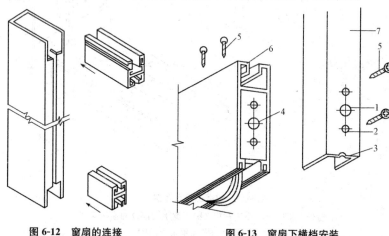

图 6-12　窗扇的连接

图 6-13　窗扇下横档安装

1—调节滑轮;2—固定孔;3—半圆槽;4—调节螺钉;

5—滑轮固定螺钉;6—下横档;7—边框

（3）安装上横档角码和窗扇钩锁。其基本方法是截取两个铝角码，将角码放入横档的两头，使一个面与上横档端头面平齐，用 M4 自攻螺钉将角码固定在上横档内。其安装方式如图 6-14 所示。

（4）上密封毛条及安装窗扇玻璃。窗扇上的密封毛条有两种：一种是长毛条；另一种是短毛条。长毛条装于上横档顶边的槽内和下横档底边的槽内，而短毛条装于带钩锁边框的钩部槽内。

（5）安装窗扇玻璃。从窗扇一侧将玻璃装入窗扇内侧的槽内，并紧固连接好边框，其安装方法如图 6-15 所示。最后，在玻璃与窗扇槽之间用塔形橡胶条或玻璃胶进行密封，如图 6-16 所示。

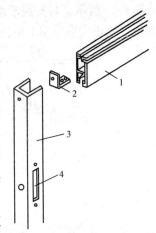

图 6-14　窗扇上横档安装

1—上横档；2—角码；

3—窗扇边框；4—窗锁洞

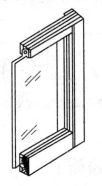

图 6-15　安装窗扇玻璃

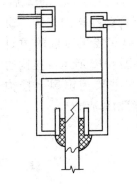

图 6-16　玻璃与窗扇槽的密封

5. 推拉窗安装

（1）窗框安装。砖墙的洞口先用水泥修平整，窗洞尺寸要比铝合金窗框尺寸稍大些，一般四周各边均大 25～35mm。在铝合金窗框上安装角码或木块，每条边上各安装两个，角码需要用水泥钉钉固在窗洞墙内，如图 6-17 所示。对安装于墙洞中的铝合金窗框,进行水平和垂直度的校正。校正完毕后用木楔块做临时固定,再用水泥砂浆周边塞口。

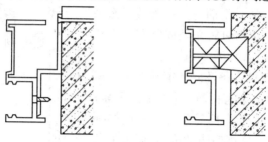

图 6-17　窗框与砖墙的连接安装

(2)窗扇的安装。窗扇安装前,先检查窗扇上的各条密封毛条,是否有少装或脱落现象。如果有脱落现象,应用玻璃胶或橡胶类胶水进行粘贴。

(3)上窗玻璃安装。上窗玻璃的安装比较简单,安装时只要把上窗铝压条取下一侧(内侧),安上玻璃后,再装回窗框上,拧紧螺钉即可。

(4)窗钩锁挂钩的安装。窗钩锁的挂钩安装于窗框的边封凹槽内,如图 6-18 所示。挂钩的安装位置尺寸要与窗扇上挂钩锁洞的位置相对应。

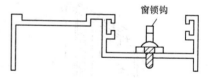

图 6-18　窗锁钩的安装位置

第六节　塑料门窗施工

塑料门窗,即采用 U-PVC 塑料型材制作而成的门窗。塑料门窗具有抗风、防水、保温等良好特性。

一、塑料门窗施工材料与机具

1. 施工材料

(1)塑料门窗的规格、型号应符合设计要求,五金配件配套齐全,并具有出厂合格证。

(2)玻璃、嵌缝材料、防腐材料等应符合设计要求和相关标准的规定。

(3)进场前应先对塑料门窗进行验收检查,不合格者不准进场。运到现场的塑料门窗应分型号、规格以不小于70°的角度立放于整洁的仓库内,需先放置垫木。仓库内的环境温度应小于50℃;门窗与热源的距离不应小于1m,并不得与腐蚀物质接触。

(4)五金件型号、规格和性能均应符合国家现行标准的相关规定;滑撑铰链不得使用铝合金材料。

2. 施工机具

塑料木门窗施工所需的工具除塑料接口施焊焊枪外,其余机具与铝合金门窗施工机具相同。

二、塑料门窗安装工艺与要求

塑料门窗安装工艺流程为:检查窗洞口→固定窗框→确定连接点位置→处理框墙间隙。

知识链接 >>

塑料门窗施工准备

塑料门窗安装施工准备具体如下:

(1)对于加气混凝土墙洞口,应预埋胶粘圆木。

(2)门窗及玻璃的安装应在墙体湿作业完工且硬化后进行。当需要在湿作业前进行时,应采取保护措施。

(3)当门窗采用预埋木砖法与墙体连接时,对木砖应进行防腐处理。

(4)对于同一类型的门窗及其相邻的上、下、左、右洞口应保持通线,洞口应横平竖直;对于高级装饰工程及放置过梁的洞口,应做洞口样板。

(5)组合窗的洞口,应在拼樘料的对应位置设预埋件或预留洞。

(6)门窗安装应在洞口尺寸检验合格并办好工种间交接手续后进行。

1. 检查窗洞口

塑料窗在窗洞口的位置,要求窗框与基体之间需留有 10～20mm 的间隙。塑料窗组装后的窗框应符合规定尺寸,一方面要符合窗扇的安装;另一方面要符合窗洞尺寸的要求,但如窗洞有差距时应进行窗洞修整,待其合格后才可安装窗框。

2. 固定窗框

固定窗框的操作方法有直接固定法、连接件固定法、假框法三种。

(1)直接固定法。即木砖固定法,如图 6-19 所示。窗洞施工时预先埋入防腐木砖,将塑料窗框送入洞口定位后,用木螺钉穿过窗框异型材与木砖连接,从而把窗框与基体固定。对于小型塑料窗也可采用在基体上钻孔,塞入尼龙胀管,即用螺钉将窗框与基体连接。

(2)连接件固定法。如图 6-20 所示,在塑料窗异型材的窗框靠墙一侧的凹槽内或凸出部位,事先安装之字形铁件作为连接件。塑料窗放入窗洞调整对中后用木楔临时稳固定位,然后将连接铁件的伸出端用射钉或胀铆螺栓固定于洞壁基体。

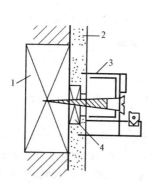

图 6-19　直接固定法示意图
1—木砖;2—抹灰层;
3—塑料窗框;4—木楔

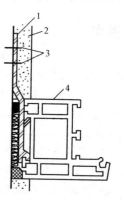

图 6-20　连接件固定法示意图
1—连接件;2—抹灰层;
3—射钉;4—窗框异型材

(3)假框法。如图 6-21 所示,先在窗洞口内安装一个与塑料窗框相配的"凵"形镀辛铁皮金属框,然后将塑料窗框固定其上,最后以盖缝条对接缝及边缘部分进行遮盖和装饰。或者是当旧木窗改为塑料窗时,把旧窗框保留,待抹灰饰面完成后即将塑料窗框固定其上,最后加盖封口板条。此做法的优点是可以较好地避免其他施工对塑料窗框的损伤,并能提高塑料窗的安装效率。

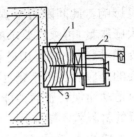

图 6-21　假框法示意图
1—旧木窗框;2—塑料窗框;
3—塑料盖口条

3. 确定连接点位置

(1)在确定塑料窗框与墙体之间的连接点的位置和数量时,应主要从力的传递和 PVC 窗的伸缩变形需要两个方面来考虑。连接点的位置应能使窗扇通过铰链作用于窗框的力尽可能直接地传递给墙体。连接点的数量,由于目前多采用离散固定的方法,因此必须要有足够多的固定点,以防止塑料窗在温度应力、风压及其他静载的作用下产生变形。并且连接点的位置和数量还必须适应 PVC 变形较大的特点(线膨胀系数 5×10^{-5}℃,冬夏最大伸缩量一般为 1.7mm/m),以保证在塑料窗与墙体之间的微小位移不会影响到窗户的性能及连接本身。

(2)在具体布置连接点时,首先应保证在与铰链水平的位置上,应设连接点,并应注意相邻两连接点之间的距离应小于 700mm。而且在转角、直档及有搭钩处的间距应更小一些。为了适应型材的线性膨胀,一般不允许在有横档或竖梃的地方设框墙连接点,相邻的连接点应该在距离其 150mm 处。

4. 处理框墙间隙

塑料窗框与建筑墙体之间的间隙,应填入矿棉、玻璃棉或泡沫塑料等绝缘材料作缓冲层,在间隙外侧再用弹性封缝材料如氯丁橡胶条或密封膏密封,以封闭缝隙并同时适应硬质 PVC 的热伸缩特性。注意不可采用含沥青的嵌缝材料,以避免沥青材料对 PVC 的不良影响。此间隙可根据总跨度、膨胀系数、年最大温差先计算出最大膨胀量,再乘以要求的安全系数,一般取为 10～20mm。在间隙的外侧,国外一般多用硅橡胶嵌缝条。但不论用何种弹性封缝料,重要的是应满足两个条件:一是该封缝料应能承受墙体与窗框间的相对运动而保持密封性能;二是不应对 PVC 有软化作用。例如含有沥青的材料就不能采用,因为沥青可能会使 PVC 软化。在上述两项工作完成之后,就可进行墙面抹灰封缝。工程有要求时,最后还需加装塑料盖口条。

知识链接

塑料门窗安装成品保护措施

（1）塑料门窗在安装过程中及工程验收前,应采取防护措施,不得污损。

（2）已装门窗框、扇的洞口,不得再作运料通道。应防止利器划伤门窗表面,并应防止电、气焊火花烧伤或烫伤伤层。

（3）严禁在门窗框、扇上安装脚手架、悬重物;外脚手架不得顶压在门窗框、扇或窗撑上,并严禁蹬踩窗框、窗扇或窗撑。

第七节 涂色镀锌钢板门窗施工

涂色镀锌钢板门窗,又称"彩板钢门窗"、"镀锌彩板门窗",是一种新型的金属门窗。它是以涂色镀锌钢板和 4mm 厚平板玻璃或双层中空玻璃为主要材料,经过机械加工而制成的,色彩有红色、绿色、乳白、棕、蓝等。其门窗四角用插接件插接,玻璃与门窗交接处以及门窗框与扇之间的缝隙,全部用橡皮密封条和密封胶密封。

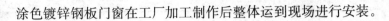

涂色镀锌钢板门窗在工厂加工制作后整体运到现场进行安装。

一、涂色镀锌钢板门窗施工材料与机具

1. 施工材料

涂色镀锌钢板门窗品种、型号应符合设计要求。涂色镀锌钢板门窗进入施工现场,生产厂家应出具产品出厂合格证;每模涂色镀锌钢板门窗应有"合格"标记,并在进场后进行检验,不合格为退场。涂色镀锌钢板门窗所用的五金配件,应与门窗规格型号匹配,采用五金喷塑铰链,并用塑料盒装饰。涂色镀锌钢板门窗进场后,应按规格、型号分类堆放,然后挂牌并标明其规格、型号和数量。

门窗密封采用橡胶密封胶条,断面尺寸和形状均应符合设计要求。门窗连接采用塑料插接件螺钉,把手的材质应按图纸的要求而定。

涂色镀锌钢板门窗施工所用的水泥强度等级为 42.5 及其以上;砂为中砂或粗砂,豆石少许,嵌缝材料、密封膏的品种、型号应符合设计要求。自攻螺丝、扁铁连接件、防锈漆、金属纱、压纱条、膨胀螺栓、旱条等配套准备。

2. 施工机具

施工机具主要有:螺丝刀、灰线包、吊线锤、扳手、手锤、毛刷、刮刀、扁铲、丝锥、钢卷尺、水平尺、塞尺、角尺、冲击电钻(电锤)、手枪电钻、射钉枪、电焊机等。

二、涂色镀锌钢板门窗安装工艺与要求

涂色镀锌钢板门窗安装工艺流程为:画线定位→洞口处理→门窗就位固定→五金配件安装→橡胶密封条安装。

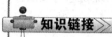

涂色镀锌钢板门窗安装作业条件

(1)主体结构验收合格,达到安装条件,工种之间已办好交接手续。

(2)弹好室内+500mm水平线,并按建筑施工图中所示尺寸弹好门窗中线。

(3)根据+500mm水平线和门窗中线对门窗洞口尺寸进行检查。不符合设计尺寸要求的,对洞口结构进行剔凿处理。处理之前必须征求设计的意见,需要采取加固措施的,必须进行加固,清理干净经过验收后,方可开始安装钢门窗。

(4)检查原结构施工时门窗两侧预埋铁件的位置是否正确,对于预埋位置不准或遗漏者,按门窗安装要求补装齐全。

(5)检查门窗,对由于运输、堆放不当而导致门窗框扇出现的变形、玻璃及零附件损坏等,应进行校正和修理。

1. 画线定位

按图纸中门窗的安装位置、尺寸和标高,以门窗中线为准向两边量出门窗边线。如果工程为多层或高层时,以顶层门窗安装位置线为准,用线坠或经纬仪将门窗边线标画到各楼层相应位置。

从各楼层室内+500mm水平线量出门窗的水平安装线。依据门窗的边线和水平安装线做好各楼层门窗的安装标记。

2. 洞口处理

结构洞口边线与安装线有偏差者,应进行剔凿处理。剔凿削弱结构构件截面影响安全的,应对原结构进行修补加固。修补(或加固)方案应征得设计的认可。修补(或加固)完成并经过验收后,方可进行下一道工序施工。

墙厚方向的安装位置根据外墙大样图及内窗台的宽度来定。墙厚有偏差,原则上应以同一房间内窗台宽度一致为准。如内窗台安窗台板,窗台板宜伸入窗下5mm。

3. 门窗就位固定

(1)带副框门窗就位固定。

1)按图纸中要求的型号、规格组装好副框,分别搬运到安装地点,并垫靠稳当,防止碰撞伤人。

2)用 M5×12 的自攻螺丝将连接件固定在副框上,然后将副框装入洞口并用木楔临时固定,调整至横平竖直。根据门窗边线、水平线及距外墙皮的尺寸进行支垫,并用托线板靠吊垂直。

3)有预埋件的,连接件可采取与预埋件焊接的方式;无预埋件的,连接件可用膨胀螺栓或射钉固定于墙体上,但砖墙严禁用射钉固定。

4)取出四周木楔,用 1:3 水泥砂浆把副框与墙之间的缝隙填实,并将副框清理干净,洒水养护。抹灰收口时外表面留 5~8mm 深槽口填嵌密封膏。

5)副框的顶面及两侧应贴密封条。用 M5×20 自攻螺钉将门窗框与副框紧固,盖好螺钉盖。安装推拉窗时还应调整好滑块。

6)附框与门窗框拼接处的缝隙,应用密封膏封严,安装完毕后剥去保护胶条。

(2)不带副框门窗固定。安装不带副框的门窗时,门窗与洞口宜用膨胀螺栓连接,用密封膏密封门窗与洞口间的缝隙,最后剥去保护胶条。

4. 五金配件安装

待浆活修理完,油漆工序涂刷完后方可安装门窗五金配件,安装按其说明书进行,要求安装牢固,使用灵活。

特别强调

五金配件安装前注意事项

(1)安装前检查门窗扇启闭是否灵活,不应有阻滞、倒翘、回弹等缺陷。如有问题必须调整后再安装。

(2)安装前检查五金零件安装孔的位置是否准确,如有问题必须调整后再安装。

5. 橡胶密封条安装

安装橡胶条前,必须将窗口内油腻子、杂物清除干净。新刷油漆的门窗,必须待油漆干燥后,再安装胶条,安装方法按产品说明,胶条安装应在5℃以上进行。

特别强调

涂色镀锌钢板门窗施工注意事项

(1)涂色镀锌钢板门窗及其附件质量必须符合设计要求和相关标准的规定。

(2)涂色镀锌钢板门窗(带副框及不带副框)的安装位置、开启方向必须符合设计要求。

(3)涂色镀锌钢板门窗安装必须牢固;预埋件的数量、位置、连接方法必须符合设计要求。

第八节 特种门施工

特种门是指具有特殊用途、特殊构造的门窗,包括防火门、卷帘门、全玻璃门、金属旋转门、自动门等。特种门不仅具有普通门的作用,还在制作材料、使用功能、开启方式或驱动方式等方面具有独特性,因而各种特种门的构造方式、施工工艺也不同于普通门。

一、防火门安装施工

防火门是具有特殊功能的一种新型门,是为了解决高层建筑的消防问题而发展起来的,目前在现代高层建筑中应用比较广泛,并深受使用单位的欢迎。

1. 防火门的种类

(1)根据耐火极限不同分类。根据国际标准(ISO),防火门可分为甲、乙、丙三个等级。

1)甲级防火门。甲级防火门以防止扩大火灾为主要目的,它的耐火极限为 1.2h,一般为全钢板门,无玻璃窗。

2)乙级防火门。乙级防火门以防止开口部火灾蔓延为主要目的,它的耐火极限为 0.9h,一般为全钢板门,在门上开一个小玻璃窗,玻璃选用 5mm 厚的夹丝玻璃或耐火玻璃。性能较好的木质防火门也可以达到乙级。

3)丙级防火门。丙级防火门耐火极限为 0.6h,为全钢板门,在门上开一小玻璃窗,玻璃选用 5mm 厚夹丝玻璃或耐火玻璃。大多数木质防火门都在这一范围内。

(2)根据门的材质不同分类。根据防火门的材质不同,最常见的有木质防火门和钢质防火门两种,目前还有玻璃防火门。

2. 特种门安装工艺

特种门安装工艺流程为:立门框→安装门扇附件→安装五金配件及防火、防盗装置。

(1)立门框。先拆掉门框下部的固定板,凡框内高度比门扇的高度大于 30mm 者,洞口两侧地面需设留凹槽。门框一般埋入±0.00标高以下 20mm,应保证框口上下尺寸相同,允许误差小于 1.5mm,对角线允许误差小于 2mm。将门框用木楔临时固定在洞口内,经校正合格后,固定木楔,门框铁脚与预埋铁板焊牢。然后在框两上角墙上开洞,向框内灌注 M10 水泥素浆,待其凝固后方可装配门扇。

> 若在冬期进行防火门的安装施工,应特别注意防寒,水泥素浆浇筑后的养护期为 21d。

(2)安装门扇附件。门框周边缝隙,用 1:2 的水泥砂浆或强度不低于 10MPa 的细石混凝土嵌缝牢固,应保证与墙体结成整体;经养护凝固后,再粉刷洞口及墙体。

（3）安装五金配件及防火、防盗装置。粉刷完毕后，安装门窗、五金配件及有关防火、防盗装置。门扇关闭后，门缝应均匀平整，开启自由轻便，不得有过紧、过松和反弹现象。

> 门扇安装完毕后，要求开闭灵活、轻便，门缝均匀、平正、松紧适度，无反弹、翘曲、走扇、关闭不严等缺陷，如发现问题应进行调整。

二、卷帘门安装施工

卷帘门是以多关节活动的门片串联在一起，在固定的滑道内，以门上方卷轴为中心转动上下的门。卷帘门同墙的作用一样起到水平分隔的作用，它由帘板、座板、导轨、支座、卷轴、箱体、控制箱、卷门机、限位器、门楣、手动速放开关装置、按钮开关和保险装置十三个部分组成。卷帘门适用于商业门面、车库、商场、医院、厂矿企业等公共场所或住宅。

1. 卷帘门的类型

（1）根据传动方式的不同，卷帘门可分为电动卷帘门、手动卷帘门、遥控电动卷帘门和电动手动卷帘门四种。

（2）根据外形的不同，卷帘门可分为全鳞网状卷帘门、真管横格卷帘门、帘板卷帘门和压花帘卷帘门四种。

（3）根据材质的不同，卷帘门可分为铝合金卷帘门、电化铝合金卷帘门、镀锌铁板卷帘门、不锈钢钢板卷帘门和钢管及钢筋卷帘门五种。

（4）根据门扇结构的不同，卷帘门可分为帘板结构卷帘门、通花结构卷帘门两种。

（5）根据性能的不同，卷帘门可分为普通型、防火型卷帘门和抗风型卷帘门三种。

2. 卷帘门安装工艺

手动卷帘门的安装工艺流程：定位放线→安装导轨→安装卷筒→

安装手动机构→帘板与卷筒连接→试运转→安装防护罩。

电动卷帘门的安装工艺流程:定位放线→安装导轨→安装卷筒→安装电机、减速器→安装电气控制系统→空载试车→帘板与卷筒连接→试运转→安装防护罩。

(1)定位放线。根据设计要求,在门洞口处弹出两侧导轨垂直线及卷筒中心线,并测量洞口标高。

(2)安装导轨。按放线位置安装导轨,应先找直、吊正轨道,轨道槽口尺寸应准确,上下保持一致,对应槽口应在同一平面内,然后将连接件与洞口处的预埋铁件焊接牢固。

(3)安装卷筒。安装卷筒时,应使卷轴保持水平,并与导轨的间距两端保持一致,卷筒临时固定后应进行检查,调整、校正合格后,与支架预埋铁件焊接牢固。卷筒安装后应转动灵活。

(4)帘板安装。将帘板安装在卷筒上,帘板叶片插入轨道不得少于 30mm,以 40~50mm 为宜。门帘板有正反,安装时要注意,不得装反。

(5)试运转。电动卷帘门安装后,应先手动试运行,再用电动机启闭数次,调整至无卡住、阻滞及异常噪声等现象出现为合格。

> 电动卷帘门中电动机、减速器、电气控制系统等必须按说明书要求安装。

(6)安装卷筒防护罩。卷筒上的防护罩可做成方形或半圆形,一般由产品供应方提供。

(7)锁具安装。锁具安装位置有两种,轻型卷帘门的锁具应安装在座板上,门锁具也可安装在距离地面约 1m 处。

三、金属转门安装施工

金属转门一般由生产厂家供应成品,类形较多,主要由外框、圆顶、固定扇和活动扇(三扇或四扇)四个部分组成。金属转门具有良好的密闭、抗震和耐老化性能,转动平稳,紧固耐用,便于清洁和维修,装有可调节的阻尼装置,可控制旋转惯性的大小。

1. 金属转门的类型

(1)按材质分类。主要有铝制旋转门、钢质旋转门等。

(2)按驱动方式分类。主要有人力推动旋转门、自动旋转门。

(3)按门扇的数量分类。主要有四扇式和三扇式。

2. 金属转门的安装工艺

金属转门的安装方法不尽相同,一般由生产厂家派专业人员负责安装,调试合格后交付验收。下面简要介绍普通金属转门的安装施工工艺。

金属转门施工工艺流程:定位弹线→清理预埋件→桁架固定→安装转轴、固定底座→安装转门顶与转壁→安装门扇→调整转壁→焊接固定→安装玻璃→表面处理。

(1)在金属转门开箱后,检查各类零部件是否齐全、正常,门樘外形尺寸是否符合门洞口尺寸,以及转门壁位置要求,预埋件位置和数量。

(2)桁架固定。将桁架的连接件与预埋铁件或膨胀螺栓焊接固定。

(3)安装转轴、固定底座。将底座就位,底座下要垫平垫实,使转轴垂直于地面。

(4)安装转门顶与转壁。先安装圆转门顶,再安装转壁。

(5)安装门扇。安装转门扇时,门扇应保持90°(四扇式)或120°(三扇式)夹角,且上下要留出一定宽度的缝隙。

(6)调整转壁。根据门扇安装位置调整转壁,以保证门扇与转壁之间有适当的缝隙,并用尼龙毛条密封。

(7)焊接固定。先将上部的轴承座焊接牢固,然后用混凝土固定底座,埋入插销下壳并固定转壁。

(8)安装玻璃。铝合金转门应用橡胶条干法安装玻璃;钢质转门应用油腻子固定玻璃。

(9)表面处理。铝制转门安装好后,应撕掉保护膜,钢质转门应按设计要求喷涂面漆,并将门扇、转壁等清理干净。

四、自动门安装施工

1. 自动门的类型

（1）按启闭形式分：可分为推拉门、平开门、重叠门、折叠门、弧形门和旋转门。

（2）按门体材料分：可分为安全玻璃、不锈钢饰面、建筑铝合金型材、彩色涂层钢板、木材等，也可采用其他材料。按其组成的常见种类可分为无框玻璃自动门、不锈钢框玻璃自动门和铝合金框（刨光或氟碳喷漆）玻璃自动门。

（3）根据门的结构特点分：可分为自动旋转门、圆弧形自动门、平滑自动门、平开自动门、折叠自动门、伸缩式自动门、卷帘式自动门、提升式自动门及自动挡车器共九大类。

（4）按用途分：可分为民用自动门、商用自动门、工业用自动门、车库用自动门及庭院自动门共五大类。

2. 自动门安装工艺

（1）地面导向轨道安装。铝合金自动门和全玻璃自动门地面上装有导向性下轨道。异型钢管自动门无下轨道。有下轨道的自动门土建做地坪时，需在地面上预埋 $50 \sim 75$mm 的方木条一根。自动门安装时，撬出方木条便可埋设下轨道，下轨道长度为开启门宽的 2 倍。图 6-22 所示为自动门下轨道埋设示意图。

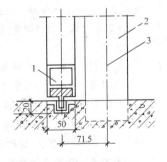

图 6-22　自动门下轨道埋设示意图

1—自动门扇下帽；2—门柱；
3—门柱中心线

（2）横梁安装。自动门上部机箱层主梁是安装中的重要环节。由于机箱内装有机械及电控装置，因此，对支承梁的土建支撑结构有一定的强度及稳定性要求。常用的有两种支承节点，如图 6-23 所示，一般砖结构宜采用图 6-23（a）所示的形式，混凝土结构宜采用图 6-23（b）所示的形式。

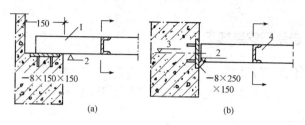

图 6-23　机箱横梁支撑节点

1—机箱层横梁(18号槽钢)；2—门扇高度；

3—门扇高度＋90mm；4—18号槽钢

自动闭门器简介

(1)地弹簧。地弹簧是用于重型门扇下面的一种自动闭门器。当门扇向内或向外开启角度不到90°时，能使门扇自动关闭，可以调整关闭速度，还可以将门扇开启至90°的位置，失去自动关闭的作用。地弹簧的主要结构埋于地下，美观、坚固耐用、使用寿命长。

(2)门顶弹簧。门顶弹簧又称门顶弹弓，是装于门顶部的自动闭门器。特点是内部装有缓冲油泵，关门速度较慢，使行人能从容通过，且碰撞声很小。门顶弹簧用于内开门时，应将门顶弹簧装在门内；用于外开门时，则装于门外。门顶弹簧只适用于右内开门或左外开门，不适用于双向开启的门。

(3)门底弹簧。门底弹簧又称地下自动门弓，分横式和竖式两种。能使门扇开启后自动关闭，能里外双向开启。不需自动关闭时，将门扇开到90°即可。门底弹簧适用于弹簧木门。

(4)鼠尾弹簧。鼠尾弹簧又称门弹簧、弹簧门弓，由优质低碳钢弹簧钢丝制成，表面涂黑漆，臂梗镀锌或镀镍，足安装于门扇中部的自动闭门器。其特点是门扇在开启后能自动关闭，如不需自动关闭时，将臂梗垂直放下即可，适用于安装在一个方向开启的门扇上。安装时，可用调节杆插入调节器圆孔中，转动调节器使松紧适宜，然后将销钉固定在新的圆孔位置上。

五、全玻门安装施工

全玻门由固定玻璃和活动门扇两部分组成。固定玻璃与活动玻璃门扇的连接方法有两种，一种是直接用玻璃门夹进行连接，其造型简洁，构造简单；另一种是通过横框或小门框连接。

全玻门安装工艺流程为：裁割玻璃→安装玻璃板→注胶封口→玻璃板间的对接→玻璃活动门扇安装。

1. 裁割玻璃

厚玻璃的安装尺寸应从安装位置的底部、中部和顶部进行测量，选择最小尺寸为玻璃板宽度的切割尺寸。如果在上、中、下测得的尺寸一致，其玻璃宽度的裁割应比实测尺寸小3～5mm。玻璃板高度方向的裁割尺寸，应小于实测尺寸的3～5mm。玻璃板裁割后，应将其四周做倒角处理，倒角宽度为2mm，若在现场自行倒角，应手握细砂轮块作缓慢细磨操作，防止崩边崩角。

2. 安装玻璃板

用玻璃吸盘将玻璃板吸紧，然后进行玻璃就位。先把玻璃板上边插入门框底部的限位槽内，然后将其下边安放于木底托上的不锈钢包面对口缝内。

在底托上固定玻璃板的方法为：在底托木方上钉木条板，距玻璃板面4mm左右；然后在木板条上涂刷万能胶，将饰面不锈钢板片粘卡在木方上。

3. 注胶封口

玻璃门固定部分的玻璃板就位以后，即在顶部限位槽处和底部的底托固定处以及玻璃板与框柱的对缝处等各缝隙处，均注胶密封。首先将玻璃胶开封后装入打胶枪内，即用胶枪的后压杆端头板顶住玻璃胶罐的底部，然后用一只手托住胶枪身，另一只手握着注胶压柄不断松压循环地操作压柄，将玻璃胶注于需要封口的缝隙端。由需要注胶的缝隙端头开始，顺缝隙匀速移动，使玻璃胶在缝隙处形成一条均匀的直线。最后用塑料片刮去多余的玻璃胶，用棉布擦净胶迹。

4. 玻璃板间的对接

门上固定部分的玻璃板需要对接时,其对接缝应有 2～3mm 的宽度,玻璃板边部要进行倒角处理。当玻璃块留缝定位并安装稳固后,即将玻璃胶注入其对接的缝隙,用塑料片在玻璃板对缝的两面把胶刮平,用布擦净胶料残迹。

5. 玻璃活动门扇安装

(1)门扇安装。先将地面上的地弹簧和门扇顶面横梁上的定位销安装固定完毕,两者必须在同一安装轴线上,安装时应吊垂线检查,做到准确无误,地弹簧转轴与定位销为同一中心线。

(2)画线并连接相应物件。在玻璃门扇的上下金属横档内画线,按线固定转动销的销孔板和地弹簧的转动轴连接板。具体操作可参照地弹簧产品安装说明。

(3)裁割玻璃。玻璃门扇的高度尺寸,在裁割玻璃板时应注意包括插入上下横档的安装部分。一般情况下,玻璃高度尺寸应小于测量尺寸 5mm 左右,以便于安装时进行定位调节。

(4)安装横档。把上下横档(多采用镜面不锈钢成型材料)分别装在厚玻璃门扇上下两端,并进行门扇高度的测量。如果门扇高度不足,即其上下边距门横框及地面的缝隙超过规定值,可在上下横档内加垫胶合板条进行调节。如果门扇高度超过安装尺寸,只能由专业玻璃工将门扇多余部分裁去。

(5)固定横档。门扇高度确定后,即可固定上下横档,在玻璃板与金属横档内的两侧空隙处,由两边同时插入小木条,轻敲稳固,然后在小木条、门扇玻璃及横档之间形成的缝隙中注入玻璃胶。

(6)进行门扇定位安装。先将门框横梁上的定位销本身的调节螺钉调出横梁平面 1～2mm,再将玻璃门扇竖起来,把门扇下横档内的转动销连接件的孔位对准地弹簧的转动销轴,并转动门扇将孔位套入销轴上。然后把门扇转动 90°使之与门框横梁成直角,把门扇上横档中的转动连接件的孔对准门框横梁上的定位销,将定位销插入孔内 15mm 左右(调动定位销上的调节螺钉)。

第九节　门窗玻璃安装施工

玻璃是建筑工程的重要材料之一。它既可以透过光和热，又能阻挡风、雨、雪；既不会老化，又不会失去光泽。随着现代建筑发展的需要，玻璃制品已由过去的单纯作为采光和装饰材料逐渐向着控制光线、调节热量、节约能源、减小噪声、降低建筑物自身质量、改善建筑环境、提高建筑艺术表现力等方面发展。

在建筑工程中，玻璃已逐渐发展成为一种重要的装饰材料。随着加工方法的改进以及性能的提高和品种的发展，除用于建筑物门窗外，还逐渐代替砖、瓦、混凝土等建筑材料，用于墙体和屋面。

一、门窗玻璃安装施工材料与机具

1. 施工材料

(1)玻璃。平板、吸热、反射、中空、夹层、夹丝、磨砂、钢化、压花玻璃的品种、规格、质量要符合设计及规范要求。

(2)腻子(油灰)。有自行配制的和在市场购买的成品两种。从外观看具有塑性、不泛油、不粘手等特征，且柔软、有拉力、支撑力，为灰白色的稠塑性固体膏状物，常温下 20 昼夜内硬化。

知识链接 >>

门窗玻璃尺寸的确定

门窗玻璃常见的玻璃产品厚度有 3mm、5mm、8mm、10mm、12mm 等，应根据设计要求选用及定做。对于加工进场的半成品玻璃，提前核实来料的尺寸留量，长宽各应缩小 1 个裁口宽的 1/4(一般每块玻璃的上下余量为 3mm，宽窄余量为 4mm)，边缘不得有斜曲或缺角等情况，并应有针对性地选择几樘进行试行安装，如有问题，应做再加工处理或更换。

（3）其他材料。红丹、铅油、玻璃钉、钢丝卡子、油绳、橡皮垫、木压条、煤油等,应满足设计及规范要求。

2. 施工机具

门窗玻璃安装应准备的工具包括工作台、玻璃刀、尺板、钢卷尺、木折尺、丝钳、扁铲、油灰刀、木柄小锤等。

二、门窗玻璃安装工艺与要求

门窗玻璃安装工艺流程为:玻璃裁割→清理槽口→玻璃安装与固定。

门窗玻璃安装作业条件

（1）门窗五金安装完毕,经检查合格,并在涂刷最后一道油漆前进行玻璃安装。

（2）外檐门窗玻璃安装需外墙粉刷完成,上部脚手架已拆除。

（3）门窗玻璃槽口已清理干净,无灰尘污垢,槽口的排水孔通畅无阻,干净整洁。

（4）门窗玻璃表面无水分、灰尘、油脂、油或其他有害物质,并已擦洗干净。

1. 玻璃裁割

根据所需安装的玻璃尺寸,结合玻璃规格统一考虑,合理集中裁割,套裁是应按"先裁大,后裁小,先裁宽,后裁窄"的顺序进行。使用玻璃刀时玻璃刀杆应垂直于玻璃表面。裁割厚大玻璃时,应在裁割刀上先刷上煤油。

对于裁割好的玻璃半成品应按规格靠墙斜立放,下面垫好厚度一致宽度为50mm的木方。

2. 清理槽口

门窗玻璃安装前,槽口一定要清理干净,确保无灰尘污垢、排水孔畅通无阻、干净整洁。

3. 玻璃安装与固定

(1)钢木门窗无玻璃压条时,先在玻璃底面与裁口之间,沿裁口的全长均匀涂抹1~3mm厚的底油灰,接着把玻璃推铺平整、压实,然后收净底油灰。木门窗玻璃推平、压实后,四边分别钉上钉子或钢丝卡,钉子间距为150~200mm,每边不少于2个钉子;钢丝卡间距不得大于300mm,且框口每边至少有两个。然后用油灰填实,将灰边压平压光,并不得将玻璃压得过紧。油灰应抹成斜坡,表面抹光平。

(2)木门窗有压条玻璃安装,应先将压条撬出,并将裁口处抹上底油灰,把玻璃推铺平整,然后嵌好四边木压条将钉子钉牢,底灰修好、刮净。钢门窗采用压条固定时,先将橡胶垫嵌入裁口内,装上玻璃,随即装压条用螺丝钉固定。

(3)塑料、铝合金框扇安装玻璃,安装前,应清除框的槽口内所有灰渣、杂物等,畅通排水孔。在框口下边槽口放入橡胶垫块,以免玻璃直接与框接触。

采用橡胶条固定玻璃时,先用100mm长的橡胶块断续地将玻璃挤住,再在胶条上注入密封胶,密封胶要连续,均匀地注满在周边内;采用橡胶块固定玻璃时,先将橡胶压条嵌入玻璃两侧密封,然后将玻璃挤住,再在其上面注入密封胶;采用橡胶压条固定玻璃时,先将橡胶压条嵌入玻璃两侧密封,容纳后将玻璃挤紧,上面不再注密封胶。橡胶压条长度不得短于所需嵌入长度,不得强行嵌入胶条。

(4)安装斜天窗的玻璃,如设计没有要求时,应用夹丝玻璃,并应从顺留方向盖叠安装。盖叠安装搭接长度应视天窗的坡度而定,当坡度等于或大于1/4时,不小于30mm;坡度小于1/4时,不小于50mm,盖叠处应用钢丝卡固定,并在缝隙中用密封膏嵌填密实;如果用平板或浮法玻璃时,要在玻璃下面加设一层镀锌铅丝网。

第七章 轻质隔墙、隔断
装饰装修工程施工

第一节 轻质隔墙、隔断的分类

轻质隔墙、隔断在建筑和装饰装修施工中应用广泛，都有着墙体薄、自重轻、施工便捷、节能环保等突出优点。按结构形式分，可分为条板式、骨架式、活动式、砌筑式等种类。

知识链接

轻质隔墙与隔断的区别

轻质隔墙与隔断都能起到分格空间的作用，但产生的效果大不相同。隔墙是直接做到顶，完全封闭式的分格；隔断是半封闭的空间，既联系又分格的空间，它们本身均不承受外来的荷载。

一、轻质条板式隔墙

轻质条板或隔心墙是指表面密度小于 $90kg/m^3$（90 厚）、$110kg/m^3$（120 厚），长宽比不小于 2.5 的预制非承重内隔墙板。轻质条板按断面分为空心条板、实心条板和夹芯条板三种类别；按板的构件类型分为普通板、门框板、窗框板、过梁板。其适用于公用及住宅建筑中非承重内隔墙，大致有蒸压加气混凝土板（ALC 板）、玻璃纤维增强水泥轻质多孔（GRC）、隔墙条板轻骨料混凝土板。

知识链接

轻质条板的特点

轻质条板通常采用轻质骨料和细骨料,加胶凝材料,内衬钢筋网片(部分产品)为受力筋,或通过蒸汽养护等工艺加工的墙体材料。

1. 加气混凝土条板

加气混凝土条板是指采用以水泥、石灰、砂为原料制作的高性能蒸压轻质加气混凝土板,有轻质、高强、耐火隔声、环保等特点,按用途分为外墙、屋面、内隔墙等。

2. 空心条板

空心条板有玻璃纤维增强水泥轻质多孔(GRC)隔墙条板、轻骨料混凝土空心板(工业灰渣空心条板)、植物纤维强化空心条板、泡沫水泥条板、硅镁条板、增强石膏空心条板几种。

3. 轻质复合条板

轻质复合条板是以 3.2mm 厚木质纤维增强水泥板为面板,以强度等级 42.5 级普通硅酸盐水泥、中砂、聚苯乙烯发泡颗粒及添加剂等材料组成芯料,采用成组立模振捣成型。具有轻质、高强、隔声隔热、防火防水、可直接开槽埋设管线等特点。

4. 钢丝网架轻质夹芯板(GSJ 板、泰柏板、舒乐板)

钢丝网架轻质夹芯板(GSJ 板、泰柏板、舒乐板)是一种新型建筑材料,选用强化钢丝焊接而成的三维笼为构架,阻燃 EPS 泡沫塑料芯材组成,是以阻燃聚苯泡沫板,或岩棉板为板芯,两侧配以直径为 2mm 冷拔钢丝网片,钢丝网目 50mm×50mm,腹丝斜插过芯板焊接而成,内部可填充岩棉、珍珠岩、玻璃棉。

5. 蜂窝复合墙板

蜂窝复合墙板是将高强瓦楞纸经过阴角、热压切割、拉伸定型呈蜂窝状后制成的芯板,与不同材质的面板(石膏板、水泥平板等)粘合而成的一种轻型墙体材料。纸基材经过防火、防潮工艺处理,具有阻燃、防潮质轻、加工性能好等特点。

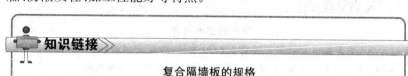

复合隔墙板的规格

复合隔墙板的规格见表 7-1。

表 7-1　　　　　　　　复合隔墙板的规格

厚度/mm	长度/mm	宽度/mm
75	1830	610
100	2440	610
150	2745	610

二、轻钢龙骨隔墙工程

轻钢龙骨隔墙是以连续热镀锌钢板(带)为原料,采用冷弯工艺生产的薄壁型钢为支撑龙骨的非承重内隔墙。隔墙面材通常采用纸面石膏板、纤维水泥加压板(FC 板)、玻璃纤维增强水泥板(GRC 板)、加压低收缩性硅酸钙板、粉石英硅酸钙板等。面材固定于轻钢龙骨两侧,对于有隔声、防火、保温要求的隔墙,墙体内可填充隔声防火材料。通过调整龙骨间距、壁厚和面材的厚度、材质、层数以及内填充材料来改变隔墙高度、厚度、隔声耐火、耐水性能以满足不同的使用要求。

1. 轻钢龙骨纸面石膏板隔墙

轻钢龙骨纸面石膏板隔墙,是机械化施工程度较高的一种干作业墙体,具有施工速度快、成本低、劳动强度小、装饰美观及防火、隔声性能好等特点,是目前应用较为广泛的一种隔墙。它的施工方法不同于使用传统材料的施工方法,应合理使用原材料,正确使用施工机具,以达到高效率、高质量为目的。

2. 纤维水泥加压板、硅酸钙板、纤维石膏板隔墙

(1)纤维水泥加压板。简称 FC 加压板。它是以各种纤维和水泥

为主要原料,经抄取成型、加压蒸养而成的高强度薄板。这种板材的密度较大,表面光洁,强度高于同类产品,用于内墙板、卫生间墙板、吊顶板、楼梯和免拆型混凝土模板。

(2)硅酸钙板。以优质高强度水泥为基体材料,并配以天然纤维增强,经先进生产工艺成型、加压、高温蒸养等特殊技术处理而制成,是一种具有优良性能的新型建筑和工业用板材其产品防火,防潮,隔声,防虫蛀,耐久性强。硅酸钙板是吊顶、隔断的理想装饰板材。

(3)纤维石膏板(或称石膏纤维板,无纸石膏板)是一种以建筑石膏粉为主要原料,以各种纤维为增强材料的一种新型建筑板材。纤维石膏板是继纸面石膏板取得广泛应用后,又一次开发成功的新产品。

3. 布面石膏板、洁净装饰板隔墙

(1)布面石膏板。布面石膏板以建筑石膏为主要原料,以玻璃纤维或植物纤维为增强材料,掺入适量改性淀粉胶粘剂构成芯材,表面采用纸布复合新工艺,护面为经过高温处理的化纤布(涤纶低弹丝)。

> 与传统纸面石膏板相比,布面石膏板具有柔韧性好、抗折强度高,接缝不易开裂、表面附着力强等优点。

(2)洁净装饰板。洁净装饰板是以石膏为基材,表面采用LLPDE(线性低密度聚乙烯)贴胶粘合,背面贴(聚丙烯)膜,洁净装饰板的饰面花纹精致美观,安装后无须二次装饰处理,且具有耐高温、耐酸碱的优良性能。

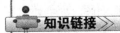 **知识链接**

石膏板隔墙与其他隔墙的区别

石膏板隔墙与其他墙体的主要区别之一是存在若干种板缝,主要有板与板之间的接缝,有暗缝、压缝、明缝三种做法。另外,还有石膏板与楼地面的上下接缝与阴阳角接触,如图7-1所示。

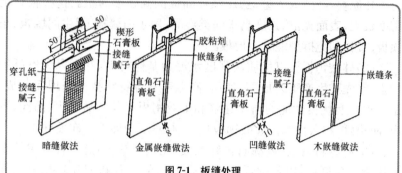

图7-1 板缝处理

(1)暗缝做法:板与板之间的接缝处,嵌专用胶液调配的石膏腻子与墙面找平,并贴上接缝纸带5cm宽,而后用石膏腻子找平。

(2)压缝做法:在接缝处压进木压条、金属压条或塑料压条,对板缝的开裂,可起到掩饰作用,适用于公共建筑、宾馆、大礼堂等。

(3)凹缝做法:明缝做法,用特制工具将板与板之间的立缝勾成凹缝。

三、玻璃隔墙

玻璃隔墙从施工技术上可分为薄板型与砌块型,是近几年比较流行的做法,广泛使用在公共空间中。

(1)玻璃板隔墙。玻璃板隔墙主要用骨架材料来固定和镶装玻璃。玻璃板隔墙按骨架材料一般可分为木骨架和金属骨架两种类型;按玻璃所占比例可分半玻型及全玻型。

(2)玻璃砖隔墙。玻璃砖又称特厚玻璃或结构玻璃砖。玻璃砖有空心砖和实心砖两种。实心玻璃砖是采用机械压制方法制成的。空心玻璃砖是把两块经模压成凹形的玻璃加热熔接或胶接成整体的方形或矩形玻璃砖,中间充以2/3个大气压的干燥空气,经退火后,洗刷侧面得到的,分为单腔和双腔两种。按形状分为正方形、矩形和六边形、棱柱体等异形产品。正方形常用的规格有 150mm×150mm×40mm、200mm×200mm×90mm、220mm×220mm×90mm 等。空心玻璃砖具有透明不透视,抗压强度高,抗冲击、耐酸、隔声性、隔热性、防火性、防爆性和装饰性好等优点。玻璃砖隔墙,高度宜控制在 4.5m 以下,长度不宜过长,四周要镶框,最好是金属框,也可以是木质框。

四、活动式隔墙(断)

活动式隔墙(断)也称移动式隔墙(断),其特点是使用时灵活多变,可随时打开和关闭,使相邻的空间形成一个大空间或几个小空间。根据使用和装配方法的不同,主要有推拉直滑式隔墙、拼装式活动隔墙、折叠式隔墙等。

1. 推拉直滑式隔墙

推拉直滑式隔断又称为轨道隔断、移动隔声墙,具有易安装、可重复利用、可工业化生产、防火、环保等特点。因其具有高隔声、防火、可移动、操作简单等特点,极为适合星级酒店宴会厅、高档酒楼包间、高级写字楼会议室等场所进行空间间隔的使用。目前,活动隔断、固定隔断系列产品已经广泛适用在酒店、宾馆、多功能厅、会议室、宴会厅、写字楼、展厅、金融机构、政府办公楼、医院、工厂等多种场合。

2. 拼装式活动隔墙

拼装式活动隔墙是用可装拆的壁板或隔扇拼装而成,不设滑轮和导轨。为装卸方便,隔墙上、下设长槛。

3. 折叠式隔断

折叠式隔断是将拼装式隔墙独立扇用滑轮挂置在轨道上,可沿轨道推拉移动折叠的隔墙。下部不宜安装导轨和滑轮,以避免垃圾堵塞导轨。隔墙板的下部可用弹簧卡顶着地板,以免晃动。

五、集成式隔墙

集成式隔墙是由金属型材及玻璃、复合板材装配而成模块化隔墙,具有制造精度高、施工快捷、方便拆装等优点,且具备一定的隔声、防火、环保性能的非承重分隔墙。

集成式隔墙按照内部结构分类可分为内有钢支撑外扣饰面板、

支撑和饰面一体型隔墙;按照外饰框架分为高精级铝合金、钢制框喷涂饰面(多种颜色)等;按照饰面板分类可分为玻璃面板、木饰面、金属板饰面、石膏板饰面等;按照墙体内腔形式分为透光内腔和实体内腔,透光内腔可安装手动或电动式百叶帘,实体内腔可根据需要填充隔声材料。

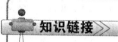 知识链接

集成式隔墙隔声性能的实现

集成式隔墙通过精巧的构配件设计,可以实现饰面看不到螺丝和钉头,通过板块间连接采用密封胶条、玻璃插槽内特制柔性嵌条、门框周边密封压条来阻隔隔墙内外声音的传输通道,从而实现隔墙整体的隔声性能。

第二节 轻质条板式隔墙施工

一、轻质条板式隔墙施工材料与机具

1. 施工材料

(1)隔墙板材。隔墙板材的品种、规格、性能、颜色应符合设计要求。有隔声、隔热、阻燃、防潮等特殊要求的工程,板材应有相应的性能等级的检测报告。

(2)水泥。P·O42.5级普通硅酸盐水泥;砂:符合《建筑用砂》(GB/T 14684)要求的中砂。板材底与主体结构间的坐浆采用豆石混凝土,板与板间灌浆应采用1∶3水泥砂浆。

(3)钢卡。钢卡分为L形和U形,90mm厚及以下板采用1.2mm厚钢卡;90mm厚以上采用2mm厚钢卡。

(4)加气混凝土条板隔墙施工用胶粘剂主要用于板与板、板与结构之间的粘结,其性能指标应符合相关要求。

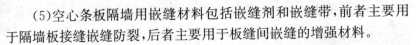

(5)空心条板隔墙用嵌缝材料包括嵌缝剂和嵌缝带,前者主要用于隔墙板接缝嵌缝防裂,后者主要用于板缝间嵌缝的增强材料。

2. 施工机具

(1)加气混凝土条板隔墙施工机具包括:冲击电钻、台式切锯机、搂槽器、锋钢锯、撬棍、钢尺磨板、普通手锯、固定式摩擦夹具、转动式摩擦夹具、电动慢速钻、射钉枪、无齿锯、镂槽、开八字槽工具、橡皮锤、水桶、钢丝刷、木楔、扁铲、小灰槽、2m托线板、靠尺、扫帚等。

(2)空心条板隔墙、轻质复合条板隔墙施工机具包括:搅拌器、刮铲、平抹板、嵌缝缴枪、橡胶锤、开孔器、拉铆枪、冲击钻、手持切割机等。

二、加气混凝土条板隔墙施工

加气混凝土条板隔墙施工工艺流程为:结构墙面、顶面、地面清理和找平→放墙体门窗口定位线、分档→配板、修补→支设临时方木→配置胶粘剂→安装 U 形卡件或 L 形卡件(有抗震设计要求时)→安装隔墙板→安装门窗框→设备、电气管线安装→板缝处理→板面装修。

1. 结构墙面、顶面、地面清理和找平

清理隔墙板与顶面、地面、墙面的结合部位,凡凸出墙地面的浮浆、混凝土块等必须剔除并扫净,结合部位应找平。

2. 放墙体门窗口定位线、分档

在结构地面、墙面及顶面根据图纸,用墨斗弹好隔墙定位边线及门窗洞口线,并按板幅宽弹分挡线。

3. 配板、修补

(1)条板隔墙一般都采取垂直方向安装。按照设计要求,根据建筑物的层高、与所要连接的构配件和连接方式来决定板的长度,隔墙板厚度选用应按设计要求并考虑便于门窗安装,最小厚度不小于75mm。分户墙的厚度,根据隔声要求确定,通常选用双层墙板。

墙板与结构连接的方式

墙板与结构连接的方式分为刚性连接和柔性连接。

1)刚性连接。刚性连接,即板的上端与上部结构底面用粘结砂浆粘结,下部用木楔顶紧后空隙间填入细石混凝土,适用于非震区。当建筑没有特殊抗震要求时,可采用刚性连接,将板的上端与上部结构底面用粘结砂浆或胶粘剂粘结,下部用木楔顶紧后空隙间填入细石混凝土。隔墙板安装顺序应从门洞口处向两端依次进行,门洞两侧宜用整块板;无门洞的墙体,应从一端向另一端顺序安装。

2)柔性连接。柔性连接适用于震区,当建筑设计有抗震要求时,应按设计要求,在两块条板顶端拼缝处设 U 形或 I 形钢板卡,与主体结构连接。U 形或 L 形钢板卡(50mm 长,1.2mm 厚)用射钉固定在结构梁和板上。如主体为钢结构,与钢梁的连接转接钢件的方式将钢板卡焊接固定其上。

(2)板的宽度与隔墙的长度不相适应时,应将部分板预先拼接加宽(或锯窄)成合适的宽度,放置到有阴角处。

(3)安装前要进行选板,有缺棱掉角的,应用与板材混凝土材性相近的材料进行修补,未经修补的坏板或表面酥松的板不得使用。

4. 支设临时方木

支设临时方木即架立靠放墙板的临时方木,上方木直接压墙定位线顶在上部结构底面,下方木可离楼地面约 100mm 左右,上下方木之间每隔 1.5m 左右立竖向支撑方

> 支设临时方木的规格可选择 100mm × 60mm。

木,并用木楔将下方木与支撑方木之间楔紧。临时方木支撑后,检查竖向方木的垂直度和相邻方木的平面度,合格后即可安装隔墙板。

5. 配置胶粘剂

条板与条板拼缝、条板顶端与主体结构粘结采用胶粘剂。板与结构间、板与板缝间的拼接,要满抹粘结砂浆或胶粘剂,拼接时要以挤出

砂浆或胶粘剂为宜,缝宽不得大于 5mm(陶粒混凝土隔板缝宽 10mm)。挤出的砂浆或胶粘剂应及时清理干净。

特别强调

配置胶粘剂注意事项

　　加气混凝土隔墙胶粘剂一般采用建筑胶聚合物砂浆。胶粘剂要随配随用,并应在 30min 内用完。配置时应注意界面剂掺量适当,过稀易流淌,过稠容易产生"滚浆"现象,使刮浆困难。

6. 安装隔墙板

(1)板与板之间在距板缝上、下各 1/3 处以 30°角斜向钉入钢插板,在转角墙、T 形墙条板连接处,沿高度每隔 700～800mm 钉入销钉或 φ8 铁件,钉入长度不小于 150mm,铁销和销钉应随条板安装随时钉入。

(2)墙板固定后,在板下填塞 1：2 水泥砂浆或细石混凝土,细石混凝土应采用 C20 干硬性细石混凝土,坍落度控制在 0～20mm 为宜,并应在一侧支模,以利于捣固密实。

1)采用经防腐处理后的木楔,则板下木楔可不撤除。

2)采用未经防腐处理的木楔,则待填塞的砂浆或细石混凝土凝固达到 10MPa 以上强度后,应将木楔撤除,再用 1：2 水泥砂浆或细石混凝土堵严木楔孔。

(3)每块墙板安装后,应用靠尺检查墙面垂直和平整情况,如发现偏差大,及时调整。

(4)对于双层墙板的分户墙,安装时应使两面墙板的拼缝相互错开,拼缝宜设在另一侧板中位置。

7. 安装门窗框

在墙板安装的同时,应按定位线顺序立好门框、门框和板材采用钻钉结合的方法固定。隔墙板安装门窗时,应在角部增加角钢补强,安装节点符合设计要求。

8. 设备、电气管线安装

利用条板孔内敷管线穿线和定位钻单面孔,对非空心板,则可利用拉大板缝或开槽敷管穿线,管径不宜超过 25mm。用膨胀水泥砂浆填实抹平。用 2 号水泥胶粘剂固定开关、插座。

9. 板缝和条板、阴阳角和门窗框边缝处理

(1)板缝处理:隔墙板安装后 10d,检查所有缝隙是否粘结良好,有无裂缝,如出现裂缝,应查明原因后进行修补。

(2)加气混凝土隔板之间板缝在填缝前应用毛刷蘸水湿润,填缝时应在板两侧同时把缝填实。填缝材料采用石膏或膨胀水泥或厂家配套添缝剂,如图 7-2 所示。

> 刮腻子之前先用宽度 100mm耐碱玻纤网格布塑性压入两层腻子之间,提高板缝的抗裂性。

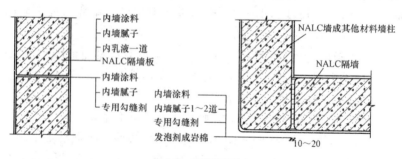

图 7-2　板缝处理节点

三、空心条板隔墙施工

空心条板隔墙施工要点如下:

(1)在安装隔墙板时,按照排板图弹分挡线,标明门窗尺寸线,非标板统一加工。

(2)预先将 U 形、L 形钢卡固定于结构梁板下,位于板缝将相邻两块板卡住,无吊顶房间宜选用 L 形钢板暗卡。安装前将端部空洞封堵,顶部及两侧企口处用 I 形砂浆胶粘剂,从板侧推紧板,将挤出胶粘

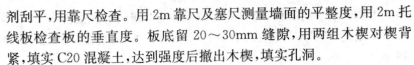

剂刮平,用靠尺检查。用 2m 靠尺及塞尺测量墙面的平整度,用 2m 托线板检查板的垂直度。板底留 20～30mm 缝隙,用两组木楔对楔背紧,填实 C20 混凝土,达到强度后撤出木楔,填实孔洞。

(3)设备安装:设备定好位后用专用工具钻孔,用Ⅱ型水泥砂浆胶粘剂预埋吊挂配件。

(4)电气安装:利用跳板内孔敷管穿线,注意墙面两侧不得有对穿孔出现。

(5)条板接缝处理:在板缝、阴阳角处、门窗框用白乳胶粘贴耐碱玻纤网格布加强,板面宜满铺玻纤网一层。

(6)双层板隔断的安装,应先立好一层板后再安装第二层板,两层板的接缝要错开。隔声墙中填充轻质吸声材料时,可在第一层板安装固定后,把吸声材料贴在墙板内侧,再安装第二层板。

四、轻质复合条板施工

轻质复合条板施工要点如下:

(1)放线定位后安装固定连接件:隔墙板上、下端用钢连接件固定在结构梁、板下或楼面。隔墙板与板间连接采用长 250mm 的 $\phi6$ 镀锌钢钎斜插连接。

(2)板面开孔、开槽:用瓷砖切割机或凿子开挖竖槽、孔洞。管线埋设好后应及时用聚合物砂浆固定及抹平板面,并按照板缝防裂要求进行处理。墙板贯穿开空洞直径应小于 200mm。

第三节　轻钢龙骨隔墙施工

一、轻钢龙骨隔墙施工材料与机具

1. 施工材料

轻钢龙骨隔墙所用龙骨、配件、墙面板、填充材料及嵌缝材料的品种、规格、性能和木材的含水率应符合设计要求。有隔声、隔热、阻燃、防潮等特殊要求的工程,材料应有相应性能等级的检测报告。

轻钢龙骨隔墙施工用密封材料包括密封条、密封胶、防火封堵材料等。

2. 施工机具

轻钢龙骨隔墙施工机具包括电圆锯、角磨机、电锤、手电钻、电焊机、切割机、拉铆枪、铝合金靠尺、水平尺、扳手、卷尺、线锤、托线板、胶钳。

二、木龙骨安装

知识链接

轻钢龙骨隔墙施工作业条件

(1)主体结构已验收,屋面已做完防水层,室内弹出+50cm标高线。

(2)主体结构为砖砌体时,应在隔墙交接处,每1m高预埋防腐木砖。

(3)大面积施工前,先做好样板墙,样板墙应得到质检合格证。

1. 弹线打孔

(1)在需要固定木隔断墙的地面和建筑墙面,弹出隔断墙的宽度线和中心线。同时,画出固定点的位置,通常按 300～400mm 的间距在地面和墙面,用 $\phi7.8$ 或 $\phi10.8$ 的钻头在中心线上打孔,孔深 45mm 左右,向孔内放入 M6 或 M8 的膨胀螺栓。

> 打孔的位置应与骨架竖向木方错开位。

(2)如果用木楔铁钉固定,就需打出 $\phi20$ 左右的孔,孔深 50mm 左右,再向孔内打入木楔。

2. 固定木龙骨

固定木龙骨的方式有几种,但在室内装饰工程中,通常遵循不坏原建筑结构的原则,处理龙骨固定工作。

(1)固定木龙骨的位置通常是在沿墙、沿地和沿顶面处。

(2)固定木龙骨前,应按对应地面墙面的顶面固定点的位置,在木骨架上画线,标出固定点位置。

(3)如用膨胀螺栓固定,就应在标出的固定点位置打孔。打孔的直径略大于膨胀螺栓的直径。

(4)对于半高矮隔断墙来说,主要靠地面固定和端头的建筑墙面固定。如果矮隔断墙的端头处无法与墙面固定,常用铁件来加固端头处,加固部分主要是地面与竖向木方之间。

(5)对于各种木隔墙的门框竖向木方,均应采用铁件加固法,否则,木隔墙将会因门的开闭振动而出现较大颤动,进而使门框松动,木隔墙松动。

知识链接

施工前墙面平整度要求

在施工前,一般检查墙体的平整度与垂直度。基本要求墙面平整度误差为10mm以内(对于质量要求高的工程,必要时进行重新抹灰来修正),遇到误差大于10mm的,需要加木垫来调整。

三、轻钢隔断龙骨安装

1. 弹线

在基体上弹出水平线和竖向垂直线,以控制隔断龙骨安装的位置、龙骨的平直度和固定点。

2. 隔断龙骨的安装

(1)沿弹线位置固定沿顶和沿地龙骨,各自交接后的龙骨,应保持平直。固定点间距应不大于1000mm,龙骨的端部必须固定牢固。边框龙骨与基体之间,应按设计要求安装密封条。

(2)当选用支撑卡系列龙骨时,应先将支撑卡安装在竖向龙骨的开口上,卡距为400～600mm,距龙骨两端为20～25mm。

（3）选用通贯系列龙骨时，高度低于 3m 的隔墙安装一道；3～5m 时安装两道；5m 以上时安装三道。

（4）门窗或特殊节点处，应使用附加龙骨，安装应符合设计要求。

（5）隔断的下端如用木踢脚板覆盖，隔断的罩面板下端应距离地面 20～30mm；如用大理石、水磨石踢脚时，罩面板下端应与踢脚板上口齐平，接缝要严密。

四、墙面板安装

1. 纸面石膏板安装

（1）在石膏板安装前，应对预埋隔断中的管道和有关附墙设备采取局部加强措施。

（2）石膏板宜竖向铺设，长边接缝宜落在竖龙骨上。但隔断为防火墙时，石膏板应竖向铺设，当为曲面墙时，石膏板宜横向铺设。

（3）用自攻螺钉固定石膏板，中间钉距不应大于 300mm，沿石膏板周边螺钉间距不应大于 200mm，螺钉与板边缘的距离应为 10～16mm。

（4）安装石膏板时，应从板的中间向板的四边固定。钉头略埋入板内，以不损坏纸面为度。钉眼应用石膏腻子抹平。

（5）石膏板宜使用整板。如需接时，应靠紧，但不得强压就位。

（6）石膏板的接缝，应按设计要求进行板缝的防裂处理，隔墙端部的石膏板与周围墙或柱应留有 3mm 的槽口。施工时，先在槽口处加注嵌缝膏，然后铺板，挤压嵌缝膏使其和邻近表层紧紧接触。

（7）石膏板隔墙以丁字或十字形相接时，阴角处应用腻子嵌满，贴上接缝带。阳角处应做护角。

2. 胶合板和纤维板安装

（1）浸水：硬质纤维板施工前应用水浸透，自然阴干后安装。这是由于硬质纤维板有湿胀、干缩的性质，如果放入水中浸泡 24h 后，可伸胀 0.5% 左右；如果事先没浸泡，安装后吸收空气中水分会产生膨胀，但因四周已有钉子固定无法伸胀，而造成起鼓，翘曲等问题。

(2)基层处理:安装胶合板的基体表面,用油毡、油纸防潮时,应铺设平整,搭接严密,不得有皱褶、裂缝和透孔等。

(3)固定:胶合板如用钉子固定,钉距为 80～150mm,钉帽打扁并进入板面 0.5～1mm,钉眼用油性腻子抹平;纤维板如用钉子固定,钉距为 80～120mm,钉长为 20～30mm,钉帽宜进入板面 0.5mm。钉眼用油性腻子抹平。胶合板、纤维板用木压条固定时,钉距不应大于200mm,钉帽应打扁,并进入木压条 0.5～1mm,钉眼用油性腻子抹平。墙面用胶合板、纤维板装饰,在阳角处宜作护角。

3. 塑料板罩面安装

塑料板罩面安装方法,一般有粘结和钉结两种。

(1)粘结:聚氯乙烯塑料装饰板用胶粘剂粘结。

1)胶粘剂:聚氯乙烯胶粘剂(601 胶)或聚酯酸乙烯胶。

2)操作方法:用刮板或毛刷同时在墙面和塑料板背面涂刷,不得有漏刷。涂胶后见胶液流动性显著消失,用手接触胶层感到粘性较大时,即可粘结。粘结后应采用临时固定措施,同时,将挤压在板缝中多余的胶液刮除、将板面擦净。

(2)钉结:安装塑料贴面板复合板应预先钻孔,再用木螺丝加垫圈紧固。也可用金属压条固定。木螺丝的钉距一般为 400～500mm,排列应一致整齐。

加金属压条时,应拉横竖通线拉直,并应先用钉子将塑料贴面复合板临时固定,然后加盖金属压条,用垫圈找平固定。

需要隔声、保温、防火的应根据设计要求在龙骨一侧安装好塑料贴面复合板,进行隔声、保温、防火等材料的填充;一般采用玻璃丝棉或 30～100mm 岩棉板进行隔声、防火处理;采用 50～100mm 苯板进行保温处理。再封闭另一侧的罩面板。

4. 铝合金装饰条板安装

用铝合金条板装饰墙面时,可用螺钉直接固定在结构层上,也可用锚固件悬挂或嵌卡的方法,将板固定在轻钢龙骨上,或将板固定在墙筋上。

第四节　玻璃隔墙施工

一、玻璃隔墙施工材料与机具

1. 施工材料

(1)玻璃隔墙工程所用材料的品种、规格、性能、图案和颜色应符合设计要求。玻璃板隔墙应使用安全玻璃。玻璃厚度有 8、10、12、15、18、22(mm)等,长宽根据工程设计要求确定。

知识链接》

钢化玻璃外观质量要求

所用钢化玻璃的外观质量要求见表7-2。

表7-2　　　　　　　钢化玻璃的外观质量要求

缺陷名称	说　明	允许缺陷数
爆边	每片玻璃每米边长允许有长度不超过10mm,自玻璃边部向玻璃板表面延伸深度不超过2mm,自板面向玻璃厚度延伸深度不超过厚度1/3的爆边个数	1 处
划伤	宽度在 0.1mm 以下的轻微划伤,每平方米面积内允许存在条数	长度≤100mm 时4 条
	宽度大于 0.1mm 的划伤,每平方米面积内允许存在条数	宽度0.1～1mm,长度≤100mm 时4 条
夹钳印	夹钳印与玻璃边缘的距离≤20mm,边部变形量≤2mm	
裂纹、缺角	不允许存在	

---

(2)紧固材料。膨胀螺栓、射钉、自攻螺丝、木螺丝和粘贴嵌缝料,

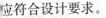

应符合设计要求。

2. 施工机具

玻璃隔墙施工机具包括冲击钻、电焊机、灰铲、线坠、托线板、卷尺、铁水平尺、皮数杆、小水桶、存灰槽、橡皮锤、扫帚和透明塑料胶带条。

二、玻璃砖隔墙施工

玻璃砖隔墙施工工艺流程为:定位放线→固定周边框架(如设计)→扎筋→排砖→玻璃砖砌筑→勾缝→边饰处理→清洁验收。

1. 定位放线

在墙下面弹好摺底砖线,按标高立好皮数杆。砌筑前用素混凝土或垫木找平并控制好标高;在玻璃砖墙四周根据设计图纸尺寸要求弹好墙身线。

2. 固定周边框架

将框架固定好,用素混凝土或垫木找平并控制好标高,骨架与结构连接牢固。同时,做好防水层及保护层。固定金属型材框用的镀锌钢膨胀螺栓直径不得小于 8mm,间距≤500mm。

3. 扎筋

(1)非增强的室内空心玻璃砖隔断尺寸应符合表 7-3 的规定。

(2)室内空心玻璃砖隔断的尺寸超过表 7-3 规定时,应采用直径为 6mm 或 8mm 的钢筋增强。

表 7-3　　　　　　　　非增强的室内空心玻璃砖隔断尺寸表

砖缝的布置	隔断尺寸/m	
	高度	长度
贯通的	≤1.5	≤1.5
错开的	≤1.5	≤6.0

(3)当隔断的高度超过规定时,应在垂直方向上每 2 层空心玻璃砖水平布一根钢筋;当只有隔断的长度超过规定时,应在水平方向上每 3 个缝垂直布一根钢筋。

(4)钢筋每端伸入金属型材框的尺寸不得小于35mm。用钢筋增强的室内空心玻璃砖隔断的高度不得超过4m。

> 注意隔墙两侧调整的宽度要保持一致，隔墙上部槽钢调整后的宽度也应尽量保持一致。

4. 排砖

玻璃砖砌体采用十字缝立砖砌法。按照排板图弹好的位置线，首先认真核对玻璃砖墙长度尺寸是否符合排砖模数。否则可调整隔墙两侧的槽钢或木框的厚度及砖缝的厚度。

5. 挂线

砌筑第一层应双面挂线。如玻璃砖隔墙较长，则应在中间多设几个支线点，每层玻璃砖砌筑时均需挂平线。

6. 玻璃砖砌筑

(1)每层玻璃砖在砌筑之前，宜在玻璃砖上放置十字定位架，卡在玻璃砖的凹槽内。

(2)玻璃砖的砌筑按上、下层对缝的方式，自下而上砌筑。两玻璃砖之间的砖缝不得小于10mm，且不得大于30mm。

(3)砌筑时，将上层玻璃砖压在下层玻璃砖上，同时使玻璃砖的中间槽卡在定位架上，两层玻璃砖的间距为5～10mm，每砌筑完一层后，用湿布将玻璃砖面上沾着的水泥浆擦去。水泥砂浆铺砌时，水泥砂浆应铺得稍厚一些，慢慢挤揉，立缝灌砂浆一定要捣实。缝中承力钢筋间隔小于650mm，伸入竖缝和横缝，并与玻璃砖上下、两侧的柱体和结构体牢固连接。

知识链接》

玻璃砖砌筑要求

玻璃砖采用白水泥：细砂＝1：1的水泥浆或白水泥：界面剂＝100：7的水泥浆(质量比)砌筑。白水泥浆要有一定的稠度，以不流淌为好。

(4)玻璃砖墙宜以1.5m高为一个施工段,待下部施工段胶结料达到设计强度后再进行上部施工。当玻璃砖墙面积过大时应增加支撑。

(5)最上层的空心玻璃砖应深入顶部的金属型材框中,深入尺寸不得小于10mm,且不得大于25mm。空心玻璃砖与顶部金属型材框的腹面之间应用木楔固定。

(6)勾缝:玻璃砖墙砌筑完后,立即进行表面勾缝。勾缝要勾严,以保证砂浆饱满。先勾水平缝,再勾竖缝,缝内要平滑,缝的深度要一致。勾缝与抹缝之后,应用布或棉纱将砖表面擦洗干净,待勾缝砂浆达到强度后,用硅树脂胶涂敷。也可采用硅胶注入玻璃砖间隙勾缝。

(7)饰边处理。

1)在与建筑结构连接时,室内空心玻璃砖隔断与金属型材框两翼接触的部位应留有滑缝,且不得小于4mm。与金属型材框腹面接触的部位应留有胀缝,且不得小于10mm。滑缝应采用符合现行国家标准《石油沥青纸胎油毡》(GB 326)规定的沥青毡填充,胀缝应用硬质泡沫塑料填充。

2)当玻璃砖墙没有外框时,需要进行饰边处理。饰边通常有木饰边和不锈钢饰边等。

3)金属型材与建筑墙体和屋顶的结合部,以及空心玻璃砖砌体与金属型材框翼端的结合部应用弹性密封剂密封。

三、玻璃板隔墙施工

玻璃板隔墙施工工艺流程为:弹线放样→木龙骨、金属龙骨下料组装→固定框架→安装玻璃→嵌缝打胶。

1. 弹线放样

先弹出地面位置线,再用垂直线法弹出墙、柱上的位置线、高度线和沿顶位置线。

2. 木龙骨、金属龙骨下料组装

按施工图纸尺寸与实际情况,用专业工具对木龙骨、金属龙骨载割、组装。

3. 固定框架

木质框架与墙、地面固定可通过预埋木砖或钉木楔使框架与之固定。铝合金框架与墙、地面固定可通过铁脚件完成。

4. 安装玻璃

用玻璃吸盘把玻璃吸牢,先将玻璃插入上框槽口内,然后轻轻落下,放入下框槽口内。如多块玻璃组装,玻璃之间接缝时应留2～3mm缝隙或留出与玻璃肋厚度相同的缝。

5. 嵌缝打胶

玻璃就位后,校正平整度、垂直度,同时,用聚苯乙烯泡沫条嵌入槽口内使玻璃与金属槽结合平伏、紧密,然后打硅酮结构胶。

第五节　活动式隔墙(断)施工

一、活动式隔墙(断)施工材料与机具

1. 施工材料

(1)活动隔墙所用墙板、配件等材料的品种、规格、性能和木材的含水率应符合设计要求。

(2)对于有阻燃、防潮等特性要求的工程,材料应有相应性能等级的检测报告。

(3)骨架、罩面板材料,在进场、存放、使用过程中应妥善管理,使其不变形、不受潮、不损坏、不污染。

2. 施工机具

活动式隔墙(断)施工机具包括:红外线水准仪、电焊机、金属切割机、电锯、木工手锯、电刨、手提电钻、电动冲击钻、射钉枪、量尺、水平尺、线坠、墨斗、钢丝刷、小灰槽、2m靠尺、开刀、2m托线板、扳手、专用撬棍、螺丝刀、剪钳、橡皮锤、木楔、钻、扁铲等。

知识链接 》

移动式活动隔墙的隔扇制作要求

(1)移动式活动隔墙的隔扇采用金属及木框架,两侧贴有木质纤维板或胶合板,根据设计要求覆装饰面。隔声要求较高的隔墙,可在两层板之间设置隔声层,并将隔扇的两个垂直边做成企口缝,以便使相邻隔扇能紧密地咬合在一起,达到隔声的目的。

(2)活动隔墙的端部与实体墙相交处通常要设一个槽形的补充构件,以便于调节隔墙板与墙面间距离误差和便于安装和拆卸隔扇,并可有效遮挡隔扇与墙面之间的缝隙。

二、推拉直滑式隔墙施工

推拉直滑式隔墙施工工艺流程为:定位放线→隔墙板两侧藏板房施工→上下轨道安装→隔断制作→隔扇安放→隔扇间连接→密封条安装→调试验收。

1. 定位放线

按设计确定的隔墙位置,在楼地面弹线,并将线引测至天棚和侧墙。

2. 隔墙板两侧藏板房施工

根据现场情况和隔断样式设计藏板房及轨道走向,以方便活动隔板收纳,藏板房外围护装饰按照设计要求施工。

3. 上下轨道安装

(1)上轨道安装:为装卸方便,隔墙的上部有一个通长的上槛,一般上槛的形式有两种:另一种是槽形,一种是T形,都是用钢、铝制成的。顶部有结构梁的,通过金属胀栓和钢架将轨道固定于吊顶上,无结构梁固定于结构楼板,做型钢支架安装轨道,多用于悬吊导向式活动隔墙。

滑轮设在隔扇顶面正中央,由于支撑点与隔扇的重心位于同一条直线上,楼地面上就不必再设轨道。上部滑轮的形式较多。隔扇较重时,可采用带有滚珠轴承的滑轮,隔扇较轻时,采用带有金属轴套的尼龙滑轮或滑钮。

作为上部支承点的滑轮小车组,与固定隔扇垂直轴要保持自由转动的关系,以便隔扇能够随时改变自身的角度。垂直轴内可酌情设置减震器,以保证隔扇能在不大平整的轨道上平稳的移动。

(2)下轨道(导向槽)安装:一般用于支承型导向式活动隔墙。当上部滑轮设在隔扇顶面的一端时,楼地面上要相应地设轨道,隔扇底面要相应地设滑轮,构成下部支承点。这种轨道断面多数是 T 形的。如果隔扇较高,可在楼地面上设置导向槽,在楼地面相应地设置中间带凸缘的滑轮或导向杆,防止在启闭的过程中间侧摇摆。

4. 隔墙扇制作

(1)隔扇的下部按照设计做踢脚。

(2)隔墙板两侧做成企口缝等盖缝、平缝。

(3)隔墙板上侧采用槽形时,隔扇的上部可以做成平齐的;采用 T 形时,隔扇的上部应设较深的凹槽,以使隔扇能够卡到 T 形上槛的腹板上。

5. 隔墙扇安放及连接

分别将隔墙扇两端嵌入上下槛导轨槽内,利用活动卡子连接固定,同时拼装成隔墙,不用时可打开连接重叠置入藏板房内,以免占用使用面积。隔扇的顶面与平顶之间保持 50mm 左右的空隙,以便于安装和拆卸。

6. 密封条安装

隔扇的底面与楼地面之间的缝隙(约为 25mm)用橡胶或毡制密封条遮盖。隔墙板上下预留有安装隔声条的槽口,将产品配套的隔声条背筋塞入槽口内,当楼地面上不设轨道时,可在隔扇的底面设一个富有弹性的密封垫,并相应地采取专门装置,使隔墙于封闭状态时能够稍稍下落,从而将密封垫紧紧地压在楼地面,确保隔声条能够将缝隙较好地密闭。

三、折叠式隔断施工

以双面硬质折叠式隔墙为例介绍折叠式隔断的施工关键点。

1. 定位放线

按设计确定的隔墙位,在楼地面弹线,并将线引测至天棚和侧墙。

2. 轨道安装

(1)有框架双面硬质折叠式隔墙的控制导向装置有两种:一种是在上部的楼地面上设作为支承点的滑轮和轨道,也可以不设,或是设一个只起导向作用而不起支承作用的轨道;另一种是在隔墙下部设作为支承点的滑轮,相应的轨道设在楼地面上,平顶上另设一个只起导向作用的轨道。

(2)无框架双面硬质折叠式隔墙在平顶上安装箱形截面的轨道,隔墙的下部一般可不设滑轮和轨道。

3. 隔墙扇制作安装、连接

隔墙扇制作安装、连接如图 7-3 和图 7-4 所示。

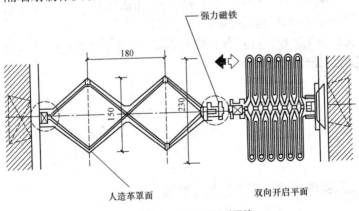

图 7-3　有框架的双面硬质隔墙

软质折叠帘

金属边框

图7-4 软质折叠隔断及立柱

第六节 集成式隔墙施工

一、集成式隔墙施工材料与机具

1. 施工材料

（1）钢制面板、玻璃面板、铝制面板、窗面板及转角柱，质量必须符合设计样品要求和有关行业标准的规定。

（2）膨胀螺栓、射钉、自攻螺丝、钻尾螺丝和粘贴嵌缝料等紧固材料应符合设计要求。

2. 施工机具

集成式隔墙施工机具包括：电动气泵、电锤、金属切割机、小电锯、小台刨、手电钻、冲击钻、钢锯、锤、螺丝刀、直钉枪、摇钻、线坠、靠尺、钢卷尺、玻璃吸盘、胶枪等。

二、集成式隔墙施工工艺与要求

集成式隔墙施工工艺流程为：定位放线→顶部轨道安装→底部轨道安装→靠墙轨道安装→垂直立撑→横向支撑→T形连接→面板连

接→玻璃安装→门框及门安装→外盖嵌条→清理验收。

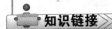

集成式隔墙施工作业条件

(1)施工前绘制施工大样图,经相关确认方可制造,并与机电相关专业会签。包括平立面、节点详图。

(2)界面协调与签认:施工前须与水电、空调、网路、顶棚、地板等相关界面开会协调,所得结论送交设计师及业主、监理签认方可施工。

(3)设计有隔断上方吊墙的,吊墙骨必须进行防火防腐处理,按要求填充好隔声材料。

(4)隔断下设计有地坎台的,应该在地坎台混凝土达到强度后再施工隔断墙,对地坎台的上口平整度做好交接验收。

1. 定位放线

根据楼层设计标高水平线,顺墙高量至顶棚设计标高,沿墙弹隔断垂直标高线及天地轨的水平线,并在隔断的定位线上划好龙骨的分档位置线。标出门口位置线。

2. 轨道安装

(1)顶部、底部轨道安装。根据产品形式及设计要求固定顶底轨,如无设计要求时,可以用8~12mm膨胀螺栓或专用紧固件固定,膨胀螺栓固定点间距为600~800mm。隔声条应预先装附在顶底轨背面。顶底轨长度超过3m的,应配备专用连接件在轨道内部连接。如地板为瓷砖或石材时,则必须以电钻转孔,然后埋入塑料塞,以螺丝固定底轨。

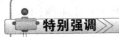

顶部、底部轨道安装注意事项

顶部、底部轨道安装前做好防腐处理。顶、底基面偏差超过5mm的,应将基面用水泥砂浆(或其他材料)找平;上部有吊墙的,先检查吊墙的稳固度和水平度再安装顶轨。

（2）沿墙边靠墙侧轨安装：根据产品形式或设计要求固定侧轨，边龙骨应启抹灰收口槽，如无设计要求时，可以用 8～12mm 膨胀螺栓或根据需连接的墙柱体形式选择其他紧固件固定，固定点间距 600～800mm。

> 安装前将隔声条附在侧轨背面。隔断墙转角处不靠墙、柱，使用专配型材用于实体 90° 转角。

3. 垂直立撑安装

垂直立撑安装根据立面分挡线位置确定，将立撑的准确位置做好标记，用型材专用螺丝将垂直立撑固定在顶部轨道和地面轨道之间。确保每一个模块的宽度精确到和图纸及实际要求相同。立撑

> 垂直立撑安装时，应注意门框立撑和普通立撑区分安装。

的通常间距（中到中距离）为 900mm 和 600mm，也可根据实际情况做相应的调整。垂直立撑需要切割的，基本要保证切割后立撑上预冲孔在同一个水平面上。立撑必须安装牢固，且确保钢撑的绝对垂直，偏差不大于 2mm/2m。

4. 横向支撑安装

横向支撑安装根据设计要求按分挡线位置固定横向支撑，将横档支撑固定到垂直立撑上的预冲孔内，用螺丝固定。当垂直立撑上的预冲孔位置不能满足水平分割尺寸时，可弯曲横档钢撑的边缘，再用螺丝固定到垂直立撑上。必须安装牢固。安装时随时调整横撑的水平度。

5. T 形连接（及各种角度转角）

隔断相交处，形成 T 形连接或称转角连接，隔断接触处使用不同角度的特殊支撑配件连接，必须与顶底轨连接牢固。

6. 实体面板连接

各种电线（如电源线、电话线、网路线、门禁线等）需隐藏在隔断内，一般预排在内部结构中的工作完成后，需要将装饰实体面板条安装在隔断墙的两边。装饰面板的上、下水平边部分是被固定在顶

部轨道和底部轨道两侧预开的扁形槽沟中,用专用的自攻自转螺丝将外压条型材和内部垂直立撑之间固定,面板可采取钢制、仿木饰面或铝板饰面等。具体位置根据产品规格和设计图纸要求确定。面板上设计有机电末端的,应根据底盒尺寸套割准确、居中安装或按设计要求。

7. 玻璃安装

(1)隔断应先安装上下两片水平向玻璃间面板,并保证该板在两个垂直钢撑之间完全收紧。另两片垂直向玻璃间面板,需安装在两片水平向玻璃间面板之间。以上所有接口处不应有明显的缝隙,玻璃间面板不得出现拼接。

(2)精确测量玻璃加工尺寸,隔断采用钢化玻璃,无法现场裁割。

(3)在安装玻璃之前,先将具有弹性的玻璃密封条插入每个金属玻璃盖板两侧预开的固定槽内。插入水平玻璃盖板两侧玻璃密封条的两端需各长出盖板边缘约为15mm,同时,插入垂直玻璃盖板两侧的玻璃密封条的长度和玻璃盖板的边缘等齐并绷紧。

(4)安装双层玻璃时,在隔断完成之前必须在两层玻璃之间做彻底的清扫,不应有任何的残留物和污痕留存其中。安装玻璃之前彻底清洁每一块玻璃的两面。

(5)隔断内部安装百叶帘时要注意在左右各留4mm的缝隙,避免碰触边缘盖板表面。通常采用内装的方式安装。外置旋钮的旋转方向应与百叶帘的开闭一致,整体百叶上边、下边要调至整体水平。

8. 门框及门安装(采用配套门及门框时)

门框是由两根垂直的和一根水平的框料组成,当把门框装配到门空档处以后,就开始调整门框的三个边和门扇。然后固定门框。首先需要固定安装铰链的一边,在调整完门框高度后固定另一边。确保门框和门扇之间的垂直和水平空隙是一致的。一般

> 为了做好成品保护,一般集成式隔断配套的门框和门的安装留到装修施工的后期。

上、左、右各留 2mm 空隙,门扇下口留 7mm 缝隙,再用专用压条槽口覆盖。

9. 外盖嵌条

外盖嵌条是最后的装饰遮盖步骤,其尺寸应切割精准,不能硬性推入,否则可能出现结合处的不平整。水平处嵌条在遇垂直型材时需切断后分开安装。

第八章　细部工程施工

随着物质生活水平和文化素质的提高,把房间装饰得优雅美观,布置得合理实用,为人们创造一个舒适的工作和生活环境,已越来越令人关注。因此,室内空间细部装饰也是满足装饰装修功能的一个重要内容。

细部装饰是指室内的窗帘盒、门窗套、暖气罩、吊柜及花饰等的制作与安装。细部装饰不但具有使用功能,还兼有装饰作用。在室内,细部装饰往往处于醒目位置,使用者看得见摸得着,其质量的优劣引人注目。为此,细部装饰应严格选材,精心制作,仔细安装,力求工程质量达到规定标准。

第一节　细部工程装修常用板材与构件加工

一、细部工程装修常用板材

1. 胶合板

胶合板的分类及特征见表8-1。装饰装修中常用的胶合板有夹板和细木工板。

表 8-1　　胶合板的分类及特征

分类	品种名称或使用条件	特　征
按板的结构分	单板胶合板	也称夹板(俗称细芯板)。由一层一层的单板构成,各相邻层木纹方向互相垂直
	木芯胶合板	具有实木板芯的胶合板,其芯由木材切割成条,拼接而成。如细木工板(俗称大芯板、木工板)
	复合胶合板	板芯由不同的材质组合而成的胶合板,如塑料胶合板、竹木胶合板等

续表

分类	品种名称或使用条件	特 征
按耐久性分	干燥条件下使用	在室内常态下使用,主要用于家具制作
	潮湿条件下使用	能在冷水中短时间浸渍,适用于室内常温下使用。用于家具和一般建筑用途
	室外条件下使用	具有耐久、耐水、耐高温的优点
按表面加工分	砂光胶合板	板面经砂光机砂光的胶合板
	未砂光胶合板	板面未经砂光的胶合板
	贴面胶合板	表面覆贴装饰单板、木纹纸、浸渍纸、塑料、树脂胶膜或金属薄片材料的胶合板
按形状分	平面胶合板	在压模中加压成型的平面状胶合板
	成型胶合板	在压模中加压成型的非平面状胶合板
按用途分	普通胶合板	适于广泛用途的胶合板
	特殊胶合板	能满足专门用途的胶合板,如装饰胶合板、浮雕胶合板、直接印刷胶合板等

 知识链接

胶合板的规格

胶合板的厚度为(mm):2.7、3、3.5、4、5、5.5、6等。自6mm起,按1mm递增,厚度在4mm以下为薄胶合板。

胶合板的常用规格为:3mm、5mm、9mm、12mm、15mm、18mm。

胶合板的幅面尺寸见表8-2。

表8-2 胶合板的幅面尺寸

宽度/mm	长度/mm				
	915	1220	1830	2135	2440
915	915	1220	1883	2135	—
1220	—	1220	1883	2135	2440

2. 密度板

密度板也称纤维板,是以木质纤维或其他植物纤维为原料,施加脲醛树脂或其他合成树脂,在加热加压条件下,压制而成的一种板材。按其密度的不同,分为低密度板(密度在 450kg/m^2 以下)、中密度板(密度在 $450\sim800\text{kg/m}^2$)、高密度板(密度在 800kg/m^2 以上)。目前密度板在装饰装修中较为常用的是中密度板。

国家标准《中密度纤维板》(GB/T 11718—2009)对中密度板的分类及适用范围见表 8-3。

表 8-3　　　　　　　　　　中密度板的分类及适用范围

类型	简称	使用条件	适用范围
室内型中密度纤维板	室内型板	干燥	所有非承重的应用,如家居和装修件
室内防潮型中密度纤维板	防潮型板	潮湿	
室外型中密度纤维板	室外型板	室外	

密度板表面光滑平整、材质细密、性能稳定,板材表面的装饰性好。但密度板耐潮性及握钉力较差,螺钉旋紧后如果发生松动,则很难再固定。

知识链接

密度板的规格

幅面规格:宽度为 1220mm、915mm;长度为 2440mm、2135mm、1830mm。

厚度规格:8mm、9mm、10mm、12mm、14mm、15mm、16mm、18mm、20mm。

3. 刨花板

由木材碎料(木刨花、锯末或类似材料)或非木材植物碎料(亚麻屑、甘蔗渣、麦秸、稻草或类似材料)与胶粘剂一起热压而成的板材。刨花板多用于办公家具制作。刨花板的具体分类见表 8-4。

表8-4 刨花板的分类

分类	品种名称	分类	品种名称
按制造方法分	平压法刨花板	按所使用的原料分	木材刨花板
	锟压法刨花板		甘蔗渣刨花板
按表面状态分	未砂光板		亚麻屑刨花板
	砂光板		麦秸刨花板
	涂饰板		竹材刨花板
	装饰材料饰面板		其他
按表面形状分	平压板	按用途分	在干燥状态下使用的普通用板
	模压板		在干燥状态下使用的夹具及室内装修用板
按刨花尺寸和形状分	刨花板		在干燥状态下使用的结构用板
	定向刨花板		在潮湿状态下使用的结构用板
按板的构成分	单层结构刨花板		在干燥状态下使用的增强结构用板
	三层结构刨花板		在潮湿状态下使用的增强结构用板
	多层结构刨花板		
	渐变结构刨花板		

 知识链接

刨花板的规格

　　幅面规格：1220mm×2440mm。

　　厚度规格：4mm、6mm、8mm、10mm、12mm、14mm、16mm、19mm、22mm、25mm、30mm 等。

二、细部工程装修常用构件加工

1. 选择木料

　　正确选择木料是木作的一个基本要求，木料的选择是根据所制作构件的形式和作用以及木材的性能确定的。首先,选择硬木还是软木。硬木因为变形大不宜作为重要的承重构件,但其有美丽的花纹,因此是饰面的好材料,硬木可作为小型构件的骨架。软木变形小,强度较高,特别是顺纹强度,可作承重构件,也可作各类龙骨,但花纹平淡。其次,根据构件在结构中所在位置以及受力情况来选择使用边材还是心材(木材在树中横截面的位置不同,其变形、强度均不一致),是用树根部还是树中、树头处。

2. 构件的位置、受力分析

常见的木构件有龙骨类、板材类,龙骨有隐蔽的和非隐蔽的。构件在结构中位置不同受力也不同,所以,要分清构件是轴心受压、受拉还是偏心受压、受拉等受力情况。板材多数是作为面层或基层,受弯较多。通过受力分析可进一步正确选材和用材,从而与木材的变形情况相协调,充分利用其性能。

3. 下料

根据选好的材料,进行配料和下料。下料要遵循充分利用、配套下料的原则,不得大材小用、长材短用。木作下料要留有合理余量,一般,木作的下料尺寸要大于设计尺寸,这是留有加工余量所致,但余量的多少,视加工构件的种类以及连接形式的不同而不同,如单面刨光留 3mm,双面刨光留 5mm。特别注意的是,矩形框料要纵向通长,横向截断,其他形状与图样要吻合,但要注意受力分析。

4. 连接形式

连接形式有钉接、榫接、胶接、专用配件连接,连接的关键是要注意搭接长度满足受力要求。

5. 组装与就位

当构件加工好后进行装配,装配的顺序应先里后外,先分部后总体进行,先临时固定调整准确后再固结。

第二节 细部工程装修材料与机具

一、细部工程装修材料

1. 木制材料

（1）细木制品所用木材要进行认真挑选，保证所用木材的树种、材质、规格符合设计要求。在施工中应避免大材小用、长材短用和优质劣用的现象。

（2）由木材加工厂制作的细木制品，在出厂时，应配套供应，并附有合格证明；进入现场后应验收，施工时要使用符合质量标准的成品或半成品。

知识链接

细木制品处理

（1）细木制品用材必须干燥，应提前进行干燥处理。重要工程，应根据设计要求做含水率的检测。细木制品制成后，应立即刷一遍底油（干性油），以防止细木制品受潮或干燥发生变形或开裂。

（2）细木制品及配件在包装、运输、堆放和安装时，一定要轻拿轻放，不得暴晒和受潮。

（3）细木制品必须按设计要求，预埋好防腐木砖及配件，保证安装牢固。

（4）细木制品与砖石砌体。混凝土或抹灰层的接触处，埋入砌体或混凝土中的木砖应进行防腐处理。除木砖外，其他接触处应设置防潮层，金属配件应涂刷防锈漆。

（5）采用马尾松、木麻黄、桦木、杨木等易腐朽、虫蛀的树种木材制作细木制品时，整个构件应用防腐、防虫药剂处理。

（3）细木制品露明部位要选用优质材料，当制作清漆油饰显露木纹时,应注意同一房间或同一部位要选用颜色、木纹近似的相同树种。细木制品不得有腐朽、节疤、扭曲和劈裂等质量弊病。

2. 胶粘剂与配件

细木制品的拼接、连接处,必须加胶。可采用动物胶(鱼鳔、猪皮胶等),还可用聚醋酸乙烯(乳胶)、脲醛树脂等化学胶。细木制品所用的金属配件、钉子、木螺钉的品种、规格、尺寸等应符合设计要求。

二、细部工程装修机具

1. 电动机具

冲击电钻、电锤钻、手电钻、电动起子机、空气压缩机、气钉枪、电圆锯、手电刨、切割机、角磨机、抛光机、曲线锯、修边机、电焊机、氩弧焊机。

> 施工中所用的机具,应在使用前安装好并进行认真检查,确认机具完好后,接好电源并进行试运转。

2. 木工工具

手刨、木工锯、铁锤、木工凿、螺丝刀、卷尺、钢板尺、水平尺、90°角尺、人字梯。

第三节　细部工程装修工艺与要求

一、橱柜制作与安装

橱柜制作与安装工艺流程为:选料与配料→刨料与画线→榫槽→组(拼)装→收边、饰面。

1. 选料与配料

橱柜的制作应按设计图纸选择合适材料,根据图纸要求的规格、结构、式样、材种列出所需木方料及人造木板材料。

配坯料时,应先配长料、宽料,后配短料;先配大料,后配小料;先配主料后配次料。木方料长向按净尺寸放 30～50mm 截取。截面尺寸按净料尺寸放 3～5mm 以便刨削加工。板料坯向横向按净尺寸放 3～5mm 以便刨削加工。

2. 刨料与画线

橱柜制作时,刨料应顺木纹方向,先刨大面,再刨小面,相邻的面形成 90°直角。画线前应认真看懂图纸,根据纹理、色调、节疤等因素确定其内外面。

3. 榫槽

无专用机械设备时,选择合适榫眼的杠凿,采用"大凿通"的方法手工凿眼。榫头与榫眼配合时,榫眼长度比榫头短 1mm 左右,使之不过紧又不过松。榫的种类有多样式,根据设计要求进行配制。

4. 组(拼)装

橱柜组(拼)装前,应将所有的结构件用细刨刨光,然后按顺序逐件依次装配。

5. 收边、饰面

对外露端口用包边木条进行装饰收口,饰面板在大部位的材种应相同,纹理相似并通顺,色调相同无色差的尤佳。

> 橱柜安装前,应检查有无窜角、翘曲、弯曲、壁裂,如果存在以上缺陷,应修理合格后再进行拼装。

二、木窗帘盒制作与安装

窗帘盒是用来遮挡窗帘杆及其轨道以及窗帘上部的装饰件,悬挂窗帘之用。

1. 木窗帘盒制作

目前,窗帘盒常在工厂用机械加工成半成品,在现场组装即可。

木窗帘盒制作时,首先根据施工图或标准图的要求,进行选料、配料,先加工成半成品,再细致加工成型。在加工时,多层胶合板按设计施工图要求下料,细刨净面。需要起线时,多采用粘贴木线的方法。线条要光滑顺直、深浅一致,线型要清秀。组装应根据图纸进行,组装时,应先抹胶,再用钉条钉牢,将溢胶及时擦净。不得有明榫,不得露钉帽。

**特别强调**

木窗帘盒制作注意事项

如果采用金属管、木棍、钢筋棍作窗帘杆，在窗帘盒两端头板上钻孔，孔径大小应与金属管、木棍、钢筋棍的直径一致。镀锌铁丝不能用于悬挂窗帘。

2. 木窗帘盒安装

窗帘盒的安装一般有明装和安装两种，明装窗帘盒整个明露，并在施工现场加工安装；暗装窗帘盒是与吊顶组合预留的挂窗帘的位置，由于施工质量难以控制，目前较少采用。

知识链接

木窗帘盒安装作业条件

(1)吊顶采用暗窗帘盒的房间，吊顶施工应与窗帘盒安装同时进行。

(2)无吊顶采用明窗帘盒的房间，应安好门窗框，做好窗内抹灰冲筋。

(3)窗帘轨和窗帘杆的安装待油漆工程完成后安装。

(1)暗装窗帘盒的安装。暗装内藏式窗帘盒需要在吊顶施工时一并做好，其主要形式是在窗顶部位的吊顶处做出一条凹槽，以便在此安装窗帘导轨，如图8-1所示。

暗装外接式窗帘盒是在平面吊顶上做出一条通贯墙面长度的遮挡板，窗帘就装在吊顶平面上，如图8-2所示。

(2)明装窗帘盒的安装。明装

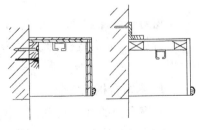

图 8-1 窗帘盒的固定

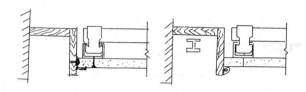

图 8-2　安装内藏式窗帘盒

窗帘盒以木材占多数,也有用塑料、铝合金的。明装窗帘盒一般用木楔铁钉或膨胀螺栓固定于墙面上,其安装工艺流程为:定位画线→打孔→固定窗帘盒。

1)定位画线。将施工图中窗帘盒的具体位置划在墙面上,用木螺钉把两个铁脚固定于窗帘盒顶面的两端。按窗帘盒的定位位置和两个铁脚的间距,划出墙面固定铁脚的孔位。

2)打孔。用冲击钻在墙面画线位置打孔。如用 M6 膨胀螺钉固定窗帘盒,需用 $\phi 8.5$ 冲击孔头,孔深大于 40mm。如用木楔木螺钉固定,其打孔直径必须大于 $\phi 18$,孔深大于 50mm。

3)固定窗帘盒。固定窗帘盒的常用方法是膨胀螺栓或木楔配木螺钉固定法。膨胀螺栓是将连接于窗帘盒上面的铁脚固定在墙面上,而铁脚又用木螺钉连接在窗帘盒的木结构上。一般情况下,塑料窗帘盒、铝合金窗帘盒自身都具有固定耳,可通过固定耳将窗帘盒用膨胀螺栓或木螺钉固定于墙面。

三、窗台板安装

窗台板是保护、装饰窗台、美化室内环境的一部分。通常包括木质窗台板、水泥窗台板、水磨石窗台板、天然石料磨光窗台板和金属窗台板。

1. 木窗台板的安装

木窗台板的截面形状尺寸装钉方法,一般应按照设计施工图施工。木窗台板安装示意图如图 8-3 所示。

木窗台板的安装工艺流程为:定位→拼接→固定→防腐。

（1）定位。在窗台墙上，预先砌入防腐木砖，木砖间距 500mm 左右，每樘窗不少于两块。在窗框的下框裁口或打槽，槽宽 10mm、深 12mm。将窗台板刨光起线后，放在窗台墙顶上居中，里边嵌入下框槽内。窗台板的长度一般比窗樘宽度长 120mm 左右，两端伸出的长度应

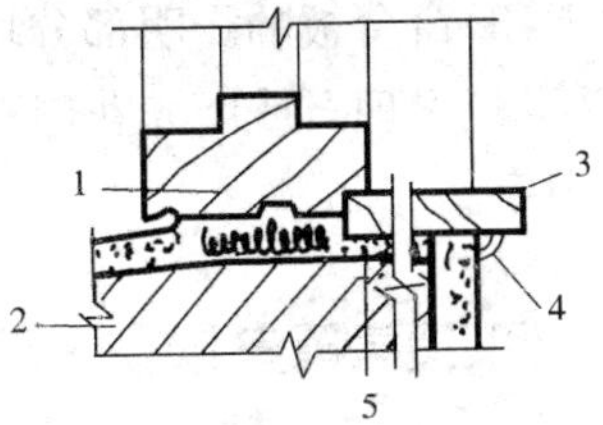

图 8-3 木窗台安装示意图
1—下框；2—墙；3—窗台板；
4—窗台线；5—防腐木砖

一致；在同一房间内同标高的窗台板应拉线找平找齐，使其标高一致，凸出墙面尺寸一致。窗台板上表面向室内略有倾斜（即泛水），坡度约为 1%。

（2）拼接。如果窗台板的宽度大于 150mm，拼接时，背面应穿暗带，防止翘曲。

（3）固定。用明钉将窗台板与木砖钉牢，钉帽砸扁，顺木纹冲入板的表面，在窗台板的下面与墙交角处，要钉窗台线（三角压条）。窗台线预先刨光，按窗台长度两端刨成弧形线角，用明钉与窗台板斜向钉牢，钉帽砸扁，冲入板内。

（4）防腐。木窗台板的厚度为 25mm，表面应刷油漆，木砖和垫木均应做防腐处理。

2. 水磨石、大理石及磨光花岗石窗台板安装

水磨石、大理石及磨光花岗石窗台板安装时，应按设计要求找好位置，进行预装，标高、位置、出墙尺寸符合要求，接缝平顺严密，固定件无误后，按其构造的固定方式正式固定安装。水磨石、大理石及磨光花岗石窗台板的安装应注意下列问题：

（1）水磨石窗台板应用范围为 600~2400mm，窗台板净跨比洞口少 10mm，板厚为 40mm。应用于 240mm 墙时，窗台板宽 140mm；应用于 360mm 墙时，窗台板宽为 200mm 或 260mm；应用于 490mm 墙时，窗台板宽度为 330mm。

（2）水磨石窗台板的安装采用角铁支架，其中距为 500mm，混凝土窗台梁端部应伸入墙 120mm，若端部为钢筋混凝土柱时，应留插铁。

（3）窗台板的露明部分均应打蜡。

（4）大理石或磨光花岗石窗台板，厚度为35mm，采用1∶3水泥砂浆固定。

四、暖气罩安装

暖气罩是将暖气散热片做隐蔽包装的设施，是美化室内环境的一部分，常见的暖气罩有木制、铝合金、PVC等。

 知识链接

暖气罩的布置形式

暖气罩的布置形式主要有窗下式、沿墙式、嵌入式和独立式，见表8-5。

表8-5　　　　　　　　　　　　暖气罩的布置形式

序号	布置形式	内容
1	窗下式	窗下式的暖气散热片在窗台下部，外侧用花格板（或平板）遮住散热片的中间高度，上下留出缝隙，以保证气体冷热对流
2	沿墙式	铝合金散热片在室内墙壁处，暖气罩是箱式，即散热片的外侧、顶部、两端部均用花格或百页罩住，其外侧罩板可雕花、做花格，罩板内侧装铅丝网，以保证冷热对流
3	嵌入式	嵌入式布置形式是在砌筑墙体时，在设置暖气散热片的位置预先留出壁龛，壁龛深一般为120～250mm
4	独立式	暖气罩为独立的管状构件或呈五面箱体，将暖气散热片前后左右均罩起来。暖气罩下端开口为冷空气进入口，上顶面设百叶片为热空气出口。暖气罩本身有独立支点，支撑暖气罩落地

暖气罩的安装方法有挂接法、插接法、钉接法与支撑法,如图 8-4～图 8-7 所示。

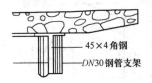

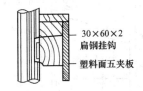

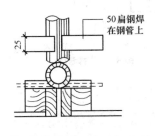

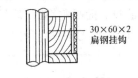

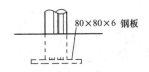

图 8-4 挂接法

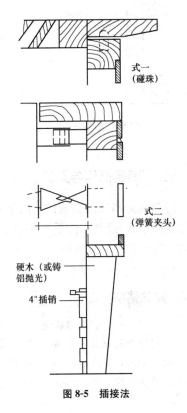

图 8-5 插接法

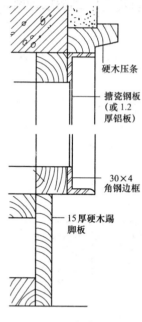

硬木压条

搪瓷钢板
（或1.2
厚铝板）

30×4
角钢边框

15厚硬木踢
脚板

玻璃棉外包
1.2厚铝反射板
45×4角钢架

25×3
角钢边框

框轴铰链

穿孔金属板

25×3 支架

弹簧夹头

15厚硬木踢
脚板

图 8-6　钉接法　　　　　　　图 8-7　支撑法

五、门窗套制作与安装

门窗套是指在门窗洞口的两个立边垂直面,可突出外墙形成边框也可与外墙平齐,既要立边垂直平整又要满足与墙面平整,故此质量要求很高。这好比在门窗外罩上一个正规的套子,人们习惯称之为门窗套。

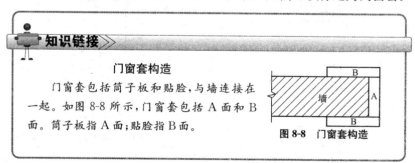

知识链接

门窗套构造

门窗套包括筒子板和贴脸,与墙连接在一起。如图 8-8 所示,门窗套包括 A 面和 B面。筒子板指 A 面;贴脸指 B 面。

B

墙　　A

B

图 8-8　门窗套构造

1. 筒子板的制作与安装

筒子板设置在室内门窗洞口处,也称为"堵头板",其面板一般用五层胶合板(也称五夹板)制作并采用镶钉方法。

特别强调

筒子板安装注意事项

筒子板的安装,一般是根据设计要求在砖或混凝土墙体中埋入经过防腐处理的木砖,间距一般为 500mm。采用木筒子板的门窗洞口应比门窗樘宽 400mm,洞口比门窗樘高出 25mm,以便于安装筒子板。

筒子板的操作工序为:检查门窗洞口及埋件→制作及安装木龙骨→装钉面板。

(1)检查门窗洞口及埋件。检查门窗洞口尺寸是否符合要求,是否垂直方正,预埋木砖或连接铁件是否齐全,位置是否准确,如发现问题,必须修理或校正。

(2)制作及安装木龙骨。制作及安装木龙骨施工时,一定要注意木龙骨的尺寸、数量和位置准确。根据门窗洞口实际尺寸,先用木方制成龙骨架,一般骨架分 3 片:洞口上部一片,两侧各一片。每片一般为两根立杆,当木筒子板宽度大于 500mm 需要拼缝时,中间适当增加立杆。横撑间距是由木筒子板的厚度决定的:当面板厚度为 10mm 时,横撑间距不大于 400mm;板厚为 5mm 时,横撑间距不大于 300mm。横撑位置必须与预埋件位置相对应。安装龙骨架一般先上端后两侧,洞口上部骨架应与预埋螺栓或铅丝拧紧。为了防潮,龙骨架表面应刨光,其他三面刷防腐剂(氟化钠),龙骨架与墙之间应干铺油毡一层。龙骨架必须平整牢固,为安装面板打好基础。

(3)装钉面板。板的裁割要使其略大于龙骨架的实际尺寸,大面净光,小面刮直,木纹根部向下;长度方向需要

> 面板应精心挑选,木纹和颜色应当尽量一致,尤其在同一房间内,更要仔细选用和比较。

对接时,木纹应当通顺,其接头位置应避开视线范围。

一般窗筒子板拼缝应在室内地坪 2m 以上;门筒子板的拼缝应离地坪 1.2m 以下。同时,接头位置必须留在横撑上。当采用厚木板材,板背应作为卸力槽,以免板面产生弯曲;卸力槽一般间距为 100mm,槽宽为 10mm,深度为 5～8mm。

2. 贴脸板的制作与安装

贴脸板也称为门头线与窗头线,是装饰门窗洞口的一种木制装饰品。门窗贴脸板的式样很多,尺寸各异,应按照设计施工。

(1)贴脸板的制作。制作贴脸板时,应首先检查配料的规格、质量和数量,符合要求后,先用粗刨刮一遍,再用细刨刨光;先刨大面,后刨小面;刨得平直、光滑。背面打凹槽。然后用线刨顺木纹起线,线条要深浅一致,清晰、美观。

做圆贴脸时,必须先套出样板,然后根据样板画线刮料。

(2)贴脸板的装钉。贴脸板的装钉应在门窗框安装完毕及墙面做好后进行。贴脸板距门窗口边 15～20mm。贴脸板的宽度大于 80mm时,其接头应做暗榫;其四周与抹灰墙面须接触严密,搭盖墙的宽度一般为 20mm,最少不应少于 10mm。

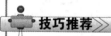

技巧推荐

贴脸板装钉技巧

装钉贴脸板时,一般是先钉横向的,后钉竖向的。先量出横向贴脸板所需的长度,两端锯成 45°斜角(即割角),紧贴在框的上坎上,其两端伸出的长度应一致。将钉帽砸扁,顺木纹冲入板表面 1～3mm,钉长宜为板厚的两倍,钉距不大于 500mm。接着量出竖向贴脸板长度,钉在边框上。

贴脸板下部宜设贴脸墩,贴脸墩要稍厚于踢脚板。不设贴脸墩时,贴脸板的厚度不能小于踢脚板的厚度,以免踢脚板冒出而影响美观。横竖贴脸板的线条要对正,割角应准确平整,对缝严密,安装牢固。

六、楼梯护栏和扶手安装

护栏和扶手是楼梯的组成部分,装置在梯级和平台临空的一边,高度一般为 900～1100mm,起着维护和上下依扶的作用。

楼梯护栏和扶手施工工艺流程为:弹线→基层处理→安装预埋件→安装立柱→安装扶手→安装踢脚线。

知识链接

楼梯护栏和扶手施工作业条件

(1)脚手架(或龙门架)按施工要求搭设完成,并满足国家安全规范相关要求。

(2)施工的工作面清理干净,按设计图纸弹好控制线,核对现场实际尺寸。

(3)金属栏杆或靠墙扶手的固定埋件安装完毕。

(4)做好样板段,并经检查鉴定合格后,方可组织大面积施工。

1. 弹线

根据设计要求及安装扶手的位置、标高、坡度校正后弹好控制线;然后根据立柱的点位分布图弹好立柱分布的线。

2. 基层处理

将基层杂物、灰渣铲干净,然后将基层扫净。

3. 安装预埋件

根据立柱分布线,用膨胀螺栓将预埋件安装在混凝土地面上,如图 8-9 所示。

4. 安装立柱

立柱可采用螺栓或电焊固定于预埋件上,调整好立柱的水平、垂直距离,以及立柱与立柱之间的间距后,即可拧紧螺栓或全焊固定。

5. 安装扶手

立柱按图纸要求固定后,将扶手固定于立柱上。弯头处按栏板或

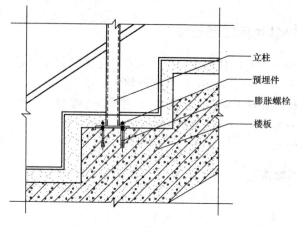

图 8-9　预埋件大样图

栏杆顶面的斜度,配好起步弯头。

(1)木扶手:可用扶手料割配弯头,采用割角对缝粘接,在断块割配区段内最少要考虑用四个螺钉与支撑固定件连接固定,如图 8-10所示。

(2)金属扶手:金属扶手应是通长的,如要接长时,可以拼接,但应不显接槎痕迹,如图 8-11 所示。

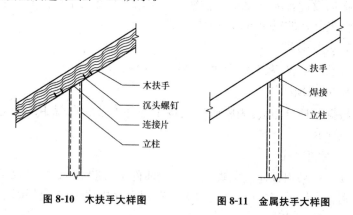

图 8-10　木扶手大样图　　　　　图 8-11　金属扶手大样图

(3)石材扶手:石材扶手应是通长的,如要接长时,可以在拼接处采用金属套来连接。

6. 安装踢脚线

立柱、扶手安装完毕后,将踢脚线按图纸要求安装好。踢脚线一般常用以下三种材料:不锈钢、石材和瓷砖。

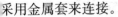

知识链接

楼梯护栏和扶手施工过程的成品保护

(1)安装好的扶手、立柱及踢脚线应用泡沫塑料等柔软物包好、裹严,防止破坏、划伤表面。

(2)禁止以护栏及扶手作为支架,不允许攀登护栏及扶手。

七、花饰制作与安装

花饰是建筑物整体中的一个重要组成部分。它是根据建筑物的使用功能和建筑艺术要求确定的。它的制作和安装,必须从建筑的总体要求出发,保持与空间、环境的协调配合。只有对图案设计、选用材料、体型大小、色调和谐、施工质量各个方面做到精益求精,才能充分发挥装饰工程的总体综合效果。

1. 水泥制品花格制作与安装

(1)水泥制品花格制作。水泥制品花格主要指的是水泥砂浆花格、混凝土花格和水磨石花格,其制作工艺流程为:支模→安放钢筋→灌注砂浆→拆模。

1)支模。将按设计尺寸制作好的模板放置于平整场地上,检查模板各部位的连接是否可靠,然后在模板上刷脱模剂。

2)安放钢筋。将已制做成型的钢筋或钢筋网片放置于模板中,钢筋不能直接放在地上,要先垫砂浆或混凝土后再放入,使得浇灌后钢筋不外漏。

3)灌注砂浆。用铁抹子将砂浆注入模板中,随注随用钢筋棒捣实,待注满后用铁抹子抹平表面。

4)拆模。水泥砂浆初凝后即可拆模,以拆模后构件不变形为度。拆模后的构件要浇水养护。

拓展阅读

混凝土花格、水磨石花格制作

混凝土花格制作常选用 C20 混凝土预制,断面最小宽度尺寸应在 25mm 以上。其配筋除设计有注明外一般采用 $\phi4$ 冷拔低碳钢丝,水泥用 42.5 级普通硅酸盐水泥。制作时,要等水泥初凝时拆模,拆模后如发现局部有麻面、掉角现象,应用水泥砂浆修补。

水磨石花格多用于室内,要求表面平整光洁。水磨石花格制作材料可选用 1:(1.25~2)水泥石碴浆,浇灌后石渣浆表面要经过铁抹子多次刮压,使石渣排列均匀,表面出浆。制作时,要等水泥初凝后即可拆模,后浇水养护。待水泥石碴达一定强度后即可打磨,打磨前应在同批构件中选样试磨,以打磨时不掉石子为度。

(2)水泥制品花格安装。

1)单一或多种构件拼装。单一或多种构件的拼装流程:预排→拉线→拼装→刷面。

①预排。先在拟定装花格部位,按构件排列形状和尺寸标定位置,然后用构件进行预排调缝。

②拉线。调整好构件的位置后,在横向拉画线,画线应用水平尺和线锤找平找直,以保证安装后构件位置准确,表面平整,不致出现前后错动、缝隙不均等现象。

③拼装。从下而上地将构件拼装在一起,拼装缝用 1:2~1:2.5 水泥砂浆砌筑。构件相互之间连接是在两构件的预留孔内插入 $\phi6$ 钢筋销子系固,然后用水泥砂浆灌实。拼砌的花格饰件四周,应用锚固件与墙、柱或梁连接牢固。

④刷面。拼装后的花格应刷各种涂料。水磨石花格因在制作时已用彩色石子或颜料调出装饰色,可不必刷涂。如需要刷涂时,刷涂方法同墙面。

2)竖向混凝土组装花格。竖向混凝土花格的组装流程:预埋件留槽→立板连接→安装花格。

①预埋件留槽。竖向板与上下墙体或梁连接时,在上下连接点,要根据竖板间隔尺寸埋入预埋件或留凹槽。若竖向板间插入花饰,板上也应埋件或留槽。

②立板连接。在拟安板部位将板立起,用线锤吊直,并与墙、梁上埋件或凹槽连在一起,连接节点可采用焊、拧等方法。

③安装花格。竖板中加花格也采用焊、拧和插入凹槽的方法。焊接花格可在竖板立完固定后进行,插入凹槽的安装应与装竖板同时进行。

2. 木花饰制作与安装

木质花饰多用于建筑中的花窗、隔断、博古架等。木花饰宜选用硬木或杉木制作,要求节疤少、无虫蛀、无腐蚀现象。木质花饰加工制作简便,饰件轻巧纤细,表面纹理清晰。

(1)木花饰制作。木花饰要求轻巧、纤细,制作工艺流程为:选料、下料→刨面、做装饰线→开榫→做连接件、花饰。

1)选料、下料。按设计要求选择合适的木材。选材时,毛料尺寸应大于净料尺寸3~5mm,按设计尺寸锯割成段,存放备用。

2)刨面、做装饰线。用木工刨将毛料刨平、刨光,使其符合设计净尺寸,然后用线刨做装饰线。

3)开榫。用锯、凿子在要求连接部位开榫头、榫眼、榫槽,尺寸一定要准确,保证组装后无缝隙。

4)做连接件、花饰。竖向板式木花饰常用连接件与墙、梁固定,连接件应在安装前按设计做好,竖向板间的花饰也应做好。

(2)木花饰安装。木花饰一定要安装牢固,其安装工艺流程为:预埋铁件或留凹槽→安装花饰→表面装饰处理。

1)预埋铁件或留凹槽。在拟安装的墙、梁、柱上预埋铁件或预留凹槽。

2)安装花饰。分小花饰和竖向板式花饰两种情况。小面积木花饰可像制作木窗一样,先制作好,再安装到位。竖向板式花饰则应将竖向饰件逐一定位安装,先用尺量出每一构件位置,检查是否与预埋件相对应,并做出标记。将竖板立正吊直,并与连接件拧紧,随立竖板随安装木花饰,如图 8-12 所示。

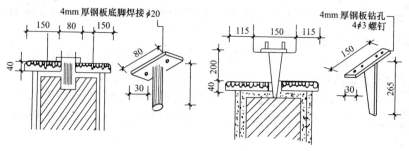

图 8-12　木质花饰安装示意图

3. 玻璃花格制作与安装

（1）玻璃花格制作。平板玻璃表面经过磨砂和裱贴、腐蚀、喷涂等处理可以制成磨砂玻璃、银光玻璃、彩色玻璃。下面仅介绍银光玻璃花格的制作流程,即:涂沥青→贴锡箔→贴纸样→刻纹样→腐蚀→洗涤→磨砂。

1）涂沥青。先将玻璃洗净,干燥后涂一层厚沥青漆。

2）贴锡箔。待沥青漆干至不粘手时,将锡箔贴于沥青漆上,要求粘贴平整,尽量减少皱纹和空隙,以防漏酸。

3）贴纸样。将绘在打字纸上的设计图样,用糨糊裱在锡箔上。

4）刻纹样。待纸样干透后,用刻刀按纹样刻出要求腐蚀的花纹,并用汽油或煤油将该处的沥青洗净。

5）腐蚀。用木框封边,涂上石蜡,用 1∶5 浓度的氢氟酸倒于需要腐蚀的玻璃面,并根据刻花深度的要求控制腐蚀时间。

6）洗涤。倒去氢氟酸后,用水冲洗数次,把多余的锡箔及沥青漆用小铁铲铲去,并用汽油擦掉,再用水冲洗干净为止。

7）磨砂。将未进行腐蚀的部分用金刚砂打磨,打磨时加少量的水,最终做成透光而不透视线的乳白色玻璃。

（2）玻璃花格安装施工。将经过处理后的玻璃,安装在木框或金属框上。其安装方法如图 8-13 所示。

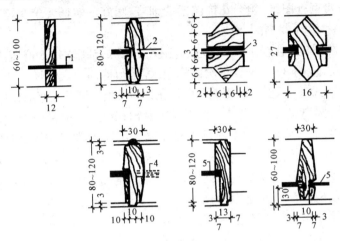

图 8-13　玻璃花格安装示意图

4. 石膏花饰制作与安装

石膏花饰一般采用预制,然后进行安装。

(1)石膏花饰制作。制作石膏花饰的工艺流程是:塑制花饰实样(阳模)→翻阳模→用阴模翻浇花饰。

知识链接》

花饰实样类型

塑制实样一般有刻花、垛花和泥塑三种。

①刻花。按设计图纸做成实样即可满足要求。一般采用石膏灰浆,或采用木材雕刻。

②垛花。一般用较稠的纸筋灰按设计花样轮廓垛出,用钢片或黄棉木做成的塑花板雕塑而成。由于纸筋灰的干缩率大,垛成的花样轮廓会缩小,因此,垛花时应比实样大出 2% 左右。

③泥塑。用石膏灰浆或纸筋灰按设计图做成实样即可。

1)塑制花饰实样(阳模)。塑制花饰实样是花饰预制的关键,塑制实样前要审查图纸,领会花饰图案的细节,塑好的实样要求在花饰安装后不存水,不易断裂,没有倒角。

2)翻阳模。阳模干燥后,表面应刷凡立水(或油脂)2~3遍,若阳模是泥塑的,应刷3~5遍。每次刷凡立水,必须待前一次干燥后才能涂刷,否则凡立水易起皱皮,影响阳模及花饰的质量。刷凡立水的作用:其一是作为隔离层,使阳模易于在阴模中脱出;其二,在阴模中的残余水分,不致在制作阴模时蒸发,使阴模表面产生小气孔,降低阴模的质量。

实样(阳模)做好后,在纸筋灰或石膏实样上刷三遍漆片(为防止尚未蒸发的水分),以使模子光滑,再抹上调合好的油(黄油掺煤油),用明胶制模。

3)用阴模翻浇花饰。

①浇制阴模。阴模浇制分为软模和硬模两种,石膏花饰适用于软模制作。花饰花纹复杂和过大时要分块制作,一般每块边长不超过50cm,边长超过50cm时,模内需加钢筋网或8号铅丝网。

> 硬模适用于塑造水泥砂浆、水刷石、斩假石等花饰;软模适用于塑造石膏花饰。

a. 软模浇制。

(a)材料。浇制软模的常用材料为明胶,也有用石膏浇制的。

(b)明胶的配制。先将明胶隔水加热至30℃,明胶开始溶化,温度达到70℃时停止加热,并调拌均匀稍凉后即可灌注。其配合比:明胶:水:工业甘油=1:1:0.125。

(c)软模的浇制方法。当实样硬化后,先刷三遍漆片,再抹上掺煤油的黄油调和油料,然后灌注明胶。灌注要一次完成,灌注后8~12h取出实样,用明矾和碱水洗净。

(d)灌注成的软模,如出现花纹不清、边棱残缺、模型变样、表面不平和发毛等现象,需重新浇制。

(e)用软模浇制花饰时,每次浇制前在模子上需撒上滑石粉或涂上其他无色隔离剂。

b. 硬模浇制。

(a)在实样硬化后,涂上一层稀机油或凡士林,再抹 5mm 厚素水泥浆,待稍干收水后放好配筋,用 1:2 水泥砂浆浇灌。也有采用细石混凝土的。

(b)一般模子的厚度要考虑硬模的刚度,最薄处要比花饰的最高点高出 2cm。

(c)阴模浇灌后 3～5d 倒出实样,并将阴模花纹修整清楚,用机油擦净,刷三遍漆片后备用。

(d)初次使用硬模时,需让硬模吸足油分。每次浇制花饰时,模子需要涂刷掺煤油的稀机油。

②花饰浇制。

a. 花饰中的加固筋和锚固件的位置必须准确。加固筋可用麻丝、木板或竹片,不宜用钢筋,以免其生锈时,石膏花饰被污染而泛黄。

b. 明胶阴模内应刷清油和无色纯净的润滑油各一遍,涂刷要均匀,不应刷得过厚或漏刷,要防止清油和油脂聚积在阴模的低凹处,造成烧制的石膏花饰出现细部不清晰和孔洞等缺陷。

c. 将浇制好的软模放在石膏垫板上,表面涂刷隔离剂不得有遗漏,也不可使隔离剂聚积在阴模低洼处,以防花饰产生孔眼。下面平放一块稍大的板子,然后将所用的麻丝、板条、竹条均匀分布放入,随即将石膏浆倒入明胶模,灌后刮平表面。待其硬化后,用尖刀将背面划毛,使花饰安装时易与基层粘结牢固。

d. 石膏浆浇筑后,一般经 10～15min 即可脱模,具体时间以手摸略有热度时为准。脱模时还应注意从何处着手起翻比较方便,又不致损坏花饰,脱模后需修理不齐之处。

e. 脱模后的花饰,应平放在木板上,在花脚、花叶、花面、花角等处,如有麻洞、不齐、不清、多角、凸出不平现象,应用石膏补满,并用多式凿子雕刻清晰。

(2)石膏花饰安装。

1)按石膏花饰的型号、尺寸和安装位置,在每块石膏花饰的边缘抹好石膏腻子,然后平稳地支顶于楼板下。安装时,紧贴龙骨并用竹片或木片临时支住并加以固定,随后用镀锌木螺丝拧住固定,不宜拧得过紧,以防石膏花饰损坏。

2)视石膏腻子的凝结时间而决定拆除支架的时间,一般以 12h 拆除为宜。

3)拆除支架后,用石膏腻子将两块相邻花饰的缝填满抹平,待凝固后打磨平整。螺丝拧的孔,应用白水泥浆填嵌密实,螺钉孔用石膏修平。

4)花饰的安装,应与预埋在结构中的锚固件连接牢固。薄浮雕和高凸浮雕安装宜与镶贴饰面板、饰面砖同时进行。

5)在抹灰面上安装花饰,应待抹灰层硬化后进行。安装时应防止灰浆流坠污染墙面。

6)花饰安装后,不得有歪斜、装反和镶接处的花枝、花叶、花瓣错乱、花面不清等现象。

第九章 厨房、厕浴间装饰工程施工

第一节 给排水系统处理与安装

装饰装修工程中的给排水处理比较简单,供水系统也称给水系统,主要是从水表(进户后)分路供水到厨房、厕浴间。供水系统共分冷水、热水、净化水三部分。冷水系统是从自来水公司所置的水表(有些地区水表要用户自己接装)出口分排几条线路,如厨房里的水槽用水和厕浴间的盥洗用水、浴缸供水、便器冲用水、洗衣机供水及院池浇花用水等,热水系统是先接进热水器,加热后再分别供至厨房、厕浴间等,这些供水都是通过管道安装输送到给水点,各给水点由各种开关(亦称龙头)控制。排水系统则是由厨房、厕浴间分别直接排放至污水总管即可。

> **知识链接**
>
> ### 装饰装修工程中给排水处理范围
>
> 供水系统中的室外自来水管分门进户至水表,这是自来水公司负责施工。装饰装修工程中只负责居室内日常生活中的给排水,无须考虑消防喷淋供应系统。

一、水管安装

目前,装饰装修工程中的给水管除了采用复合管,还有 PP-R 管、PP-E 管、紫铜管、内壁涂塑铁管等。

　　铝塑复合管构造如图 9-1 所示,它具有金属管和塑料管的优点,质量轻、成盘包装、安装方便快捷、施工效率高,在安装中可以省去很多配件,能任意弯曲,如图 9-2 所示。在实际使用中不污染、不渗漏、耐压和耐温性能优良、防腐性能优越、不锈蚀、流量大、可输送各种化学介质、无须开丝牙接头安装,被广泛用在供热、供水、中央暖气、地板采暖、石油化工、造船、压缩空气、煤气、天然气、瓦斯等领域。铝塑接头剖面如图 9-3 所示。

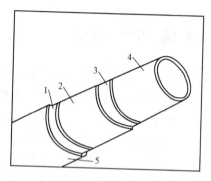

图 9-1　铝塑复合管的结构

1、3—粘胶剂层;2—纵向叠架焊接的铝制管壁;

4—塑胶内层;5—塑胶外层

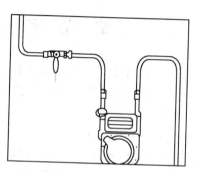

图 9-2　可任意弯曲铝塑

复合管接装燃气管道

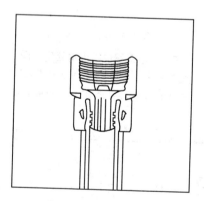

图 9-3　铝塑管接头剖面图

拓展阅读

复合管的应用

过去,给水系统的水管是镀锌管,接通水管时要使用各种配件。由于镀锌管容易锈蚀、污染水质且使用寿命短、安装麻烦、费用又较高,在装饰装修工程中逐渐改用复合管。

另外,复合管更新费用低,表面还具有各种颜色,像电线排放一样,可容易分辨出冷水管与热水管、进水管与出水管,如图 9-4 所示。

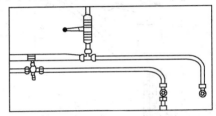

图 9-4 冷热水复合管到系统

有两种不同颜色区分,红、黄代表热水管,蓝、白表示冷水箱

知识链接

铝塑复合管的规格和技术参数

目前,铝塑复合管口径规格主要有 ϕ14mm(3 分管)、ϕ16mm(4 分管),ϕ18mm(6 分管)、ϕ25mm(1 英寸)、ϕ32mm(1 英 2 分管)。表 9-1 列出了铝塑管的主要技术参数。

表 9-1 　　　　铝塑复合管的主要技术参数

主要测试项目	测试结构	主要测试项目	测试结构
最大长期工作温度	95℃	允许弯曲半径	5×管子直径
最大短期工作温度	110℃	热膨胀系数	$25×10^{-6}$K
最大长期工作压力	1MPa	热传导系数	0.45W/mK

二、水龙头安装

水龙头的外形是千变万化的,龙头的种类从安装的角度分,可分为墙出与不墙出龙头;从使用功能分,可分为浴缸龙头、面盆龙头、厨房龙头;从控制形式分,可分为单柄与双柄龙头、智能调温或控温水龙头。水龙头内部机构也不是以前的橡胶与丝杆连接或是铜芯,而是普遍使用陶瓷或不锈钢芯片,这种新颖的水龙头既简便又密封,不漏水,不锈蚀。水龙头的安装尺寸和安装方式如图 9-5～图 9-7 所示。

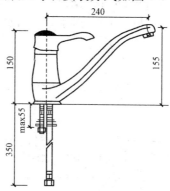

图 9-5　厨房龙头安装尺寸

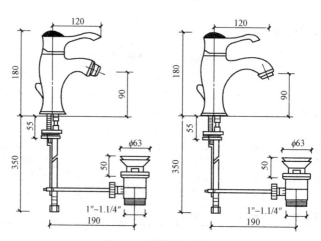

图 9-6　脸盆龙头安装尺寸

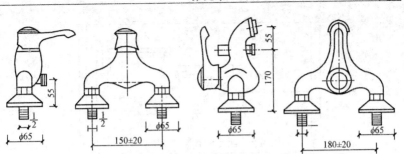

图 9-7 浴缸龙头的安装尺寸

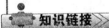

"清流"净水龙头系统

"清流"净水龙头系统可以与冷热水、净水由一个单柄控制,从一个出水口出水,也可把净水单独引出一个出水口,这种净水系统具有以下几个优点:

(1)净水系统能滤除 99.99% 的杂质,如浮游物、孜束菌、大肠杆菌、霍乱菌、石棉纤维、砂泥、铁锈、氯气、异色、异味及三氯甲烷等致癌物。

(2)净水系统水质纯净,增添咖啡、奶茶、名酒、冰块、汤汁的烹饪口味。

(3)隐蔽安装,美化家居,增添厨房活动空间。

(4)安装容易,换芯便利。

(5)效益高,成本低。

(6)具备智能陶瓷滤芯,其有效期以流速强、弱、停显示,6 个月滤水 $4000 \sim 5000L$。

三、卫生洁具及其给、排水管道安装

(一)卫生洁具安装

图 9-8 为厕浴间卫生洁具剖面图。

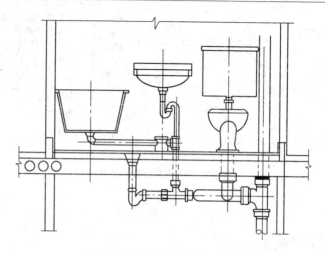

图 9-8　厕浴间卫生洁具剖面图

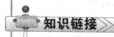

卫生洁具的简介

卫生洁具是现代建筑中室内配套不可缺少的组成部分。既要满足功能要求,又要考虑节能、节水的环保要求。卫生洁具发展至今,已经有了成熟的发展观念和完整的理论。面盆、马桶、淋浴拉门已经是卫生洁具不可缺少的必需品。卫生洁具的材质,使用最多的是陶瓷、搪瓷生铁、搪瓷钢板,还有水磨石等。

1. 小便器安装

小便器多用于公共建筑的卫生间。现在有些家庭的卫浴间也装有小便器。按结构分为:冲落式、虹吸式。按安装方式分为:斗式、落地式、壁挂式。

小便器的安装应符合下列要求:

(1)安装小便器时,小便器的上水管一般要求暗装,用角阀与小便器连接。角阀出水口中心应对准小便器进出口中心。

知识链接

小便器的规格

(1)用冲洗阀的小便器进水口中心至完成墙的距离应不小于60mm。

(2)任何部位的坯体厚度应不小于6mm。

(3)水封深度(强制性要求)。所有带整体存水弯卫生陶瓷的水封深度不得小于50mm。

(2)配管前应在墙面上划出小便器安装中心线,根据设计高度确定位置,划出十字线,按小便器中心线打眼、楔入木针或塑料膨胀螺栓。用木螺钉加尼龙热圈轻轻将小便器拧靠在木砖上,不得偏斜、离斜。小便器排水接口为承插口时,应用油腻子封闭。

2. 洗脸盆(洗涤盆)安装

洗脸盆(洗涤盆)的安装应根据洗脸盆中心及洗脸盆安装高度划出十字线,将支架用带有钢垫圈的木螺钉固定在预埋的木砖上。洗脸盆与排水栓连接处应用浸油石棉橡胶板密封。洗涤盆下有地漏时,排水短管的下端,应距离地漏不小于100mm。

安装多组洗脸盆时,所有洗脸盆应在同一水平线上。

知识链接

洗脸盆的特点

洗脸盆(洗涤盆)的材质,使用最多的是陶瓷、搪瓷生铁、搪瓷钢板,还有水磨石等。随着建材技术的发展,国内外已相继推出玻璃钢、人造大理石、人造玛瑙、不锈钢等新材料。洗脸盆(洗涤盆)的种类繁多,但对其共同的要求是表面光滑、不透水、耐腐蚀、耐冷热,易于清洗和经久耐用等。

洗脸盆主要用于厕浴间,洗涤盆主要用于卫生间。

3. 地漏安装

地漏是连接排水管道系统与室内地面的重要接口,作为住宅中排水系统的重要部件,它的性能好坏直接影响室内空气的质量,对卫浴间的异味控制非常重要。地漏安装应符合下列要求:

(1)安装地漏前,应核对地面标高,按地面水平线采用 0.02 的坡度,再低 5～10mm 为地漏表面标高。

(2)地漏安装后,用 1:2 水泥砂浆将其固定。

经验总结

地漏安装质量缺陷原因分析及解决办法

(1)泛味。

原因分析:可能是地漏的水封高度不够,极易干涸,致使排水管道内的臭气泛入室内。

解决方法:其一,地漏中不一定有返水弯,加一个进去即可;其二,换一个同品牌、同规格的地漏。但施工时,注意不要破坏防水层。另外,要提醒的是,在使用中,就应防止水封干涸,须定期注水。如果长期离开,最好用盖子将地漏封起来。

(2)溢水。

原因分析:可能是地漏的过水断面不够流畅,污水不能迅速通过,或因地漏内部构造凹凸,挂住了毛发、纤维之类的污物等。

解决方法:地漏的高度是由排水系统的布管方式决定的。因此,与之配套选用的地漏高度最好分别为 200mm 以内及 120mm 以内,而且必须侧向排水。常用的暗装做法为卫生间结构楼板局部下沉布管和卫生间做垫层布管两种。为了满足卫生间净高及人体工学的要求,前者的下沉净空为 300mm,后者的垫层高度最高为 170mm。

(3)渗水。

解决方法:将地漏周围地砖打开,四周的水泥挖出 3cm 深,然后用"堵漏灵"封一下,1h 后做闭水试验,观察其是否还渗水,若不渗了则说明恢复原状。

(二)卫生洁具给水配件安装

卫生洁具给水配件安装应符合下列要求：

(1)管道或附件与卫生器具的陶瓷件连接处,应垫以胶皮、油灰等填料和垫料。

(2)固定洗脸盆、洗手盆、洗涤盆、浴盆等排水口接头等,应通过旋紧螺母来实现,不得强行旋转落水口,落水口与盆底相平或略低于盆底。

(3)需装设冷水和热水龙头的卫生器具,应将冷水龙头装在右手侧,热水龙头装在左手侧。

(4)安装镀铬的卫生器具给水配件应使用扳手,不得使用管子钳,以保护镀铬表面完好无损。接口应严密、牢固、不漏水。

(5)镶接卫生器具的铜管,弯管时弯曲应均匀,弯管椭圆度应小于8%,并不得有凹凸现象。

(6)给水配件应安装端正,表面洁净并清除外露油麻。

(7)浴盆软管淋浴器挂钩的高度,如设计无要求,应距离地面1.8m。

(8)给水配件的启闭部分应灵活,必要时应调整阀杆压盖螺母及填料。

(9)安装完毕,监理人员应检查安装得是否符合卫生器具安装的共同要求:平、稳、准、牢、不漏、使用方便,性能良好。

(三)卫生洁具排水管道安装

(1)连接卫生器具的铜管应保持平直,尽可能避免弯曲,如需弯曲,应采用冷弯法,并注意其椭圆度不大于10%;卫生器具安装完毕后,应进行通水试验,以无漏水现象为合格。

(2)大便器、小便器的排水出口承插接头应用油灰填充,不得用水泥砂浆填充。

(3)浴缸排水管的安装如图9-9所示。浴缸的长落水一般是与浴缸配套购买的,如图9-9(a)所示,材料多为铜质管,也有不锈钢管、钢管、PVC塑料管等。排污管有铸铁管、镀锌管、陶土管等;安装时要注意管接处的严密,防止漏水,如图9-9(b)所示;排污管安装一定要有斜度，便于排污、防止积水，故斜度以不少于 5°为宜，如图 9-9(c)所示；浴缸与排水管处理留有活口，以便于开启清除栓来清除堵物，如图 9-9(d)所示。

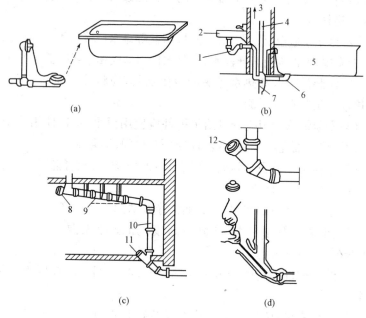

(a)　　　　　　　　　(b)

(c)　　　　　　　　　(d)

图 9-9　浴缸与排水管的安装

1—排水弯管；2—瓷盆；3—空气排出；4—通气管；5—浴缸；
6—长落水；7—污水排污管；8—清除栓；9—倾斜度不小于 5°；
10—排污管；11、12—清除栓

知识链接

浴缸的材料及分类

　　浴缸由铸铁、钢板、玻璃钢、压克力等材料制成，其形状有长方形、正方形、三角形等。按其水的流动状态，可分为常态下的一般浴缸、冲浪浴缸、冲淋房、桑拿淋浴房、按摩浴缸等。

第二节　地面防水施工

一、厨房、厕浴间防水等级与防水构造

1. 厨房、厕浴间防水等级

厨房、厕浴间防水设计应根据建筑类型、使用要求划分防水类别，并按不同类别确定设防等级。厨房、厕浴间防水等级见表 9-2。

表 9-2　　　　　　　　　　　　厨房、厕浴间防水等级

序号	防水级别	建筑类别	设防要求
1	Ⅰ	要求高的大型公共建筑、高级宾馆、纪念性建筑等	二道设防
2	Ⅱ	一般公共建筑、餐厅、商住楼、公寓等	一道防水设防或刚柔复合防水
3	Ⅲ	一般建筑	一道防水设防

2. 厨房、厕浴间防水构造

（1）厨房、厕浴间地面防水构造。厨房、厕浴间一般采取迎水面防水。地面防水层设在结构找坡找平层上面并延伸至四周墙面边角，至少需高出地面 150mm 以上。厨房、厕浴间地面构造一般做法如图 9-10 所示。

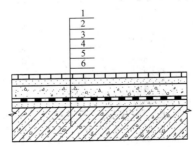

图 9-10　厨房、厕浴间地面构造一般做法

1—地面面层；2、5—水泥砂浆找平层；3—找平层；4—涂膜防水层；6—结构层

厕浴间采用涂膜防水时,一般应将防水层布置在结构层与地面面层之间,以便使防水层受到保护。厕浴间涂膜防水层的一般构造见表 9-3。

表 9-3　　　　卫生间涂膜防水层的一般构造

构造种类	构造简图	构造层次
卫生间水泥基防水涂料防水		1—面层 2—聚合物水泥砂浆 3—找平层 4—结构层
卫生间涂膜防水		1—面层 2—粘结层(含找平层) 3—涂膜防水层 4—找平层 5—结构层

知识链接

涂膜防水基本遍数、用量及适用范围

厨房、厕浴间地面防水层宜采用涂膜防水材料,根据工程性质及使用标准选用高、中、低档防水材料。其基本遍数、用量及适用范围见表9-4。

表9-4　　　　　　　　涂膜防水基本遍数、用量及适用范围

防水涂料	三遍涂膜及厚度	一布四涂及厚度	二布六涂及厚度	适用范围
高档	1.5mm厚 (1.2～1.5kg/m²)	1.8mm厚 (1.5～1.8kg/m²)	2.0mm厚 (1.8～2.0kg/m²)	如聚氨酯防水涂料等,用于旅馆等公共建筑
中档	(1.2～ 1.5kg/m²)	(1.5～ 2.0kg/m²)	(2.0～ 2.5kg/m²)	如氯丁胶乳沥青防水涂料等,用于较高级住宅工程
低档	(1.8～ 2.0kg/m²)	(2.0～ 2.2kg/m²)	(2.2～ 2.5kg/m²)	如SBS橡胶改性沥青防水涂料,用于一般住宅工程

凡有防水要求的房间地面,如面积超过两个开间,在板支承端处的找平层和刚性防水层上,均应设置宽为10～20mm的分格缝,并嵌填密封材料。地面宜采取刚性材料和柔性材料复合防水的做法。厨房、厕浴间的地面标高,应低于门外地面标高不少于20mm。

厨房、厕浴间的墙裙可贴瓷砖,高度应不低于1500mm;上部可做涂膜防水层,或满贴瓷砖。墙面的防水层应由顶板底做至地面,地面为刚性防水层时,应在地面与墙面交接处预留10mm×10mm凹槽,嵌填防水密封材料。地面柔性防水层应覆盖墙面防水层150mm。

对洁具、器具等设备以及门框、预埋件等沿墙周边交界处,均应采用高性能的密封材料密封。

穿出地面的管道,其预留孔洞应采用细石混凝土填塞,管根四周应设凹槽,并用密封材料封严,且应与地面防水层相连接。

(2)厨房细部防水构造。

1)厨房间排水沟防水构造。厨房间排水沟的防水层,应与地面防水层相互连接,其构造如图 9-11 所示。

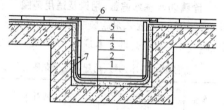

图 9-11　厨房间排水沟防水构造层

1—结构层;2—刚性防水层;3—柔性防水层;4—粘结层;

5—面砖层;6—铁箅子;7—转角处卷材附加层

2)厨房间洗涤池排水管防水构造。厨房间洗涤池排水管用传统方法进行排水处理,由于管道狭窄,常因菜渣等杂物堵塞而排水不畅,甚至完全堵塞,疏通很困难,周而复始的"堵塞—疏通",给用户带来很大烦恼。用图 9-12 所示的排水方法,残剩菜渣储存在贮水罐中,不会堵塞排水管,但长期贮存,会腐烂变质发生异味,所以应经常清理。吸水弯管头可以卸下,以便于清理。

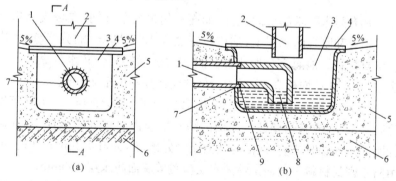

图 9-12　洗涤池贮水灌排水管排水沟造

(a)侧面;(b)A—A 剖面

1—金属排水管;2—洗涤池排水管;3—金属贮水罐;4—带孔盖板;

5—200 厚 C20 细石混凝土台阶;6—楼板;7—满焊连接;8—吸水弯管头;9—插卸式连接

(3)厕浴间细部防水构造。

1)地漏防水构造。地漏一般在楼板上预留管孔,然后安装地漏。地漏立管安装固定后,将管孔四周混凝土松动石子清除干净,浇水湿润,然后板底支模板,灌1∶3水泥砂浆或C20细石混凝土,捣实、堵严、抹平,细石混凝土宜掺微膨胀剂。厕浴间垫层向地漏处找1‰~3‰坡度,垫层厚度小于30mm时用水泥混合砂浆;大于30mm时用水泥炉渣材料或用C20细石混凝土一次找坡、找平、抹光。地漏上口四周用20mm×20mm密封材料封严,上面做涂膜防水层。地漏口周围、直接穿过地面或墙面防水层管道及预埋件的周围与找平层之间应预留宽10mm、深7mm的凹槽,并嵌填密封材料,地漏与墙面净距离宜为50~80mm。

2)小便槽防水构造。楼地面防水做在面层下面,四周卷起至少250mm高。小便槽防水层宜采用涂膜防水材料及做法,小便层防水层与地面防水层交圈,立墙防水做到花管处以上100mm,两端展开500mm宽。小便槽防水构造如图9-13所示。小便槽地漏做法如图9-14所示。地面泛水坡度为1‰~2‰,小便槽泛水坡度为2‰。

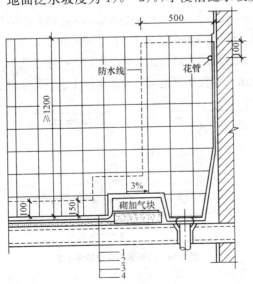

图9-13 小便槽防水剖面

1—面层材料;2—涂膜防水层;3—水泥砂浆找平层;4—结构层

3）大便器防水构造。

①大便器立管安装固定后，与穿楼板立管做法一样用 C20 细石混凝土灌孔堵严抹平，并在立管接口处四周用密封材料交圈封严，尺寸为 20mm×20mm，上面防水层做至管顶部，如图 9-15 所示。

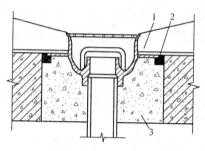

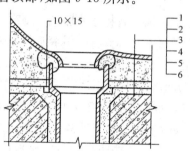

图 9-14　小便槽地漏处防水托盘

1—防水托盘；2—20mm×20mm 密封
材料封严；3—细石混凝土灌孔

图 9-15　蹲式大便器防水剖面

1—大便器底；2—1：6 水泥焦渣垫层；
3—水泥砂浆保护层；4—涂膜防水层；
5—水泥砂浆找平层；6—楼板结构层

②蹲便器与下水管相连接的部位最易发生渗漏，应用与两者（陶瓷与金属）都有良好粘结性能的密封材料封闭严密，如图 9-16 所示。下水管穿过钢筋混凝土现浇板的处理方法与穿楼板管道防水做法相同，膨胀橡胶止水条的粘贴方法与穿楼板管道箍贴膨胀橡胶止水条防水做法相同。

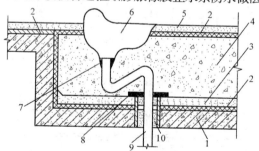

图 9-16　蹲便器下水管防水构造

1—钢筋混凝土现浇板；2—10%UEA 水泥素浆；3—20 厚 10%～12%UEA 水泥砂浆防水层；
4—轻质混凝土填充层；5—15 厚 10%～12%UEA 水泥砂浆防水层；6—蹲便器；7—密封材料；
8—遇水膨胀橡胶止水条；9—下水管；10—15%UEA 管件接缝填充砂浆

③采用大便器蹲坑时,在大便器尾部进水处与管接口用沥青麻丝及水泥砂浆封严,外抹涂膜防水保护层。

4)预埋地脚螺栓。厕浴间的坐便器,常用细而长的预埋地脚螺栓固定,应力较集中,容易造成开裂,如防水处理不好,很容易在此处造成渗漏。对其进行防水处理的方法是:将横截面为 20mm×30mm 的遇水膨胀橡胶止水条截成 30mm 长的块状,然后将其压扁成厚度为 10mm 的扁饼状材料,中间穿孔,孔径略小于螺栓直径,在铺抹 10%～20%UEA 防水砂浆[水泥:砂＝1:(2～2.5)]保护层前,将止水薄饼套入螺栓根部,平贴在砂浆防水层上即可,如图 9-17 所示。

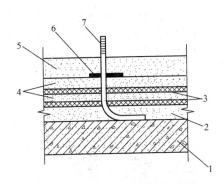

图 9-17　预埋地脚螺栓防水构造

1—钢筋混凝土楼板;2—UEA 砂浆垫层;

3—10%UEA 水泥素浆;4—10%～12%UEA 防水砂浆;

5—10%～12%UEA 砂浆保护层;

6—扁平状膨胀橡胶止水条;7—地脚螺栓

(4)穿楼板管道节点防水构造。穿楼板管道的防水做法有两种处理方法,一种是在管道周围嵌填 UEA 管件接缝砂浆;另一种是在此基础上,在管道外壁箍贴膨胀橡胶止水条,如图 9-18、图 9-19 所示。

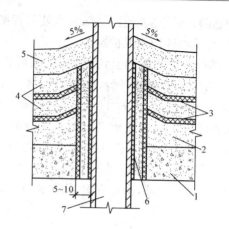

图 9-18 穿楼板管道填充

1—钢筋混凝土楼板;2—UEA 砂浆垫层;3—10％UEA 水泥素浆;
4—(10％～12％UEA)1∶2 防水砂浆;5—(10％～12％UEA)1∶(2～2.5)
砂浆保护层;6—(15％UEA)1∶2 管件接缝砂浆;7—穿楼板管道

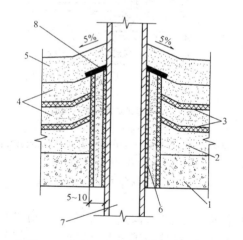

图 9-19 穿楼板管道箍贴膨胀橡胶止水条

1—钢筋混凝土楼板;2—UEA 砂浆垫层;3—10％UEA 水泥素浆;
4—(10％～12％UEA)1∶2 防水砂浆;5—(10％～12％UEA)1∶2～2.5 砂浆保护层;
6—15％UEA1∶2 管件接缝砂浆;7—穿楼板管道;8—膨胀橡胶止水条

二、厨房、厕浴间地面防水材料

厨房、厕浴间地面防水材料的选用见表 9-5。

表 9-5　　　　　　　　　厨房、厕浴间地面防水材料选用

项目	防水等级				
	Ⅰ	Ⅱ			Ⅲ
			单独用	复合用	
地面防水涂料厚度/mm	合成高分子涂料 1.5,聚合物水泥砂浆 15,细石防水混凝土 40	改性沥青防水涂料	3	2	改性沥青防水涂料 2 或防水砂浆 20
		合成高分子防水涂料	1.5	1	
		防水砂浆	20	10	
		聚合物水泥砂浆	7	3	
		细石防水混凝土	40	40	
墙面防水涂料厚度/mm	聚合物水泥砂浆 10	防水砂浆 20 聚合物水泥砂浆 7			防水砂浆 20
天棚	合成高分子涂料憎水剂	憎水剂或防水素浆			憎水剂

　　厨房、厕浴间用刚性材料做防水层的理想材料是具有微膨胀性能的补偿收缩混凝土和补偿收缩水泥砂浆。补偿收缩水泥砂浆用于厕浴间厨房间的地面防水,对于同一种微膨胀剂,应根据不同的防水部位,选择不同的加入量,可基本上起到不裂不渗的防水效果。

　　微膨胀性能的补偿收缩混凝土和补偿收缩水泥砂浆的材料要求见表 9-6。

表 9-6　　微膨胀性能的补偿收缩混凝土和补偿收缩水泥砂浆的材料要求

序号	材料	要　　求
1	水泥	32.5 级或 42.5 级普通硅酸盐水泥或矿渣硅酸盐水泥
2	UEA	符合《混凝土膨胀剂》(GB 23439)的规定
3	砂子	中砂,含泥量小于 2%
4	水	饮用自来水或洁净非污染水

补偿收缩混凝土与普通混凝土的区别

补偿收缩混凝土是指在混凝土中掺入适量膨胀剂或用膨胀水泥配制的混凝土。

(1)膨胀混凝土是在限制条件下,在混凝土中建立一定的预应力,改善了混凝土的内部应力状态,从而提高了它们的抗裂能力。

(2)在水泥硬化过程中,膨胀结晶体(如钙矾石)起到填充、切断毛细孔缝作用,使大孔变小孔,总孔隙率减少,从而改善了混凝土的孔结构,提高了它们的抗渗透性和力学性能。

三、厨房、厕浴间基层要求

(1)厕浴间现浇混凝土楼面必须振捣密实,随抹压光,形成一道自身防水层,这是十分重要的。

(2)穿楼板的管道孔洞、套管周围缝隙用掺膨胀剂的豆石混凝土浇灌严实抹平,孔洞较大的,应吊底模浇灌。禁用碎砖、石块堵填。一般单面临墙的管道,离墙应不小于 50mm,双面临墙的管道,一边离墙不小于 50mm,另一边离墙不小于 80mm。

(3)为保证管道穿楼板孔洞位置准确和灌缝质量,可采用手持金刚石薄壁钻机钻孔,经应用测算,这种方法的成孔和灌缝工效比芯模留孔方法提高工效 1.5 倍。

(4)在结构层上做厚 20mm 的 1∶3 水泥砂浆找平层,作为防水层基层。

(5)基层必须平整坚实,表面平整度用 2m 长直尺检查,基层与直尺间最大间隙不应大于 3mm。基层有裂缝或凹坑,用 1∶3 水泥砂浆或水泥胶腻子修补平滑。

(6)基层所有转角做成半径为 10mm 均匀一致的平滑小圆角。

(7)所有管件、地漏或排水口等部位,必须就位正确,安装牢固。

(8)基层含水率应符合各种防水材料对含水率的要求。

四、聚氨酯防水涂料施工

聚氨酯防水涂料施工工艺流程为:基层清理→涂刷基层处理剂→涂刷附加增强层防水涂料→涂刮第一遍涂料→涂刮第二遍涂料→涂刮第三遍涂料→第一次蓄水试验→饰面层施工→第二次蓄水试验。

1. 基层清理

将基层清扫干净;基层应做到找坡正确,排水顺畅,表面平整、坚实,无起灰、起砂、起壳及开裂等现象。涂刷基层处理剂前,基层表面应达到干燥状态。

2. 涂刷基层处理剂

将聚氨酯甲、乙两组分与二甲苯按 $1:1.5:2$ 的比例配合搅拌均匀即可使用。先在阴阳角、管道根部用滚动刷或油漆刷均匀涂刷一遍,然后大面积涂刷,材料用量为 $0.15\sim0.2kg/m^2$。涂刷后干燥 4h 以上,才能进行下一道工序施工。

3. 涂刷附加增强层防水涂料

在地漏、管道根、阴阳角和出入口等容易漏水的薄弱部位,应先用聚氨酯防水涂料按甲:乙=1:1.5 的比例配合;均匀涂刮一次做附加增强层处理。按设计要求,细部构造也可做带胎体增强材料的附加增强层处理。胎体增强材料宽度为 $300\sim500mm$,搭接缝为 $100mm$。施工时,边铺贴平整,边涂刮聚氨酯防水涂料。

4. 涂刮第一遍涂料

将聚氨酯防水涂料按甲料:乙料=1:1.5 的比例混合,开动电动搅拌器,搅拌 $3\sim5min$,用胶皮刮板均匀涂刮一遍。操作时要厚薄一致,用料量为 $0.8\sim1.0kg/m^2$,立面涂刮高度不应小于 $100mm$。

5. 涂刮第二遍涂料

待第一遍涂料固化干燥后,要按上述方法涂刮第二遍涂料。涂刮方向应与第一遍相垂直,用料量与第一遍相同。

6. 涂刮第三遍涂料

待第二遍涂料涂膜固化后，再按上述方法涂刮第三遍涂料，用料量为 $0.4\sim0.5kg/m^2$。

三遍聚氨酯涂料涂刮后，用料量总计为 $2.5kg/m^2$，防水层厚度不小于 1.5mm。

7. 第一次蓄水试验

待涂膜防水层完全固化干燥后，即可进行蓄水试验。蓄水试验 24h 后观察无渗漏为合格。

8. 饰面层施工

涂膜防水层蓄水试验不渗漏，质量检查合格后，即可进行粉抹水泥砂浆或粘贴陶瓷锦砖、防滑地砖等饰面层。施工时应注意成品保护，不得破坏防水层。

9. 第二次蓄水试验

厕浴间装饰工程全部完成后，工程竣工前还要进行第二次蓄水试验，以检验防水层完工后是否被水电或其他装饰工程损坏。蓄水试验合格后，厕浴间的防水施工才算圆满完成。

特别强调

聚氨酯防水涂料施工注意事项

(1)混合好的涂料应在 30min 用完，涂膜固化前严禁与水接触。

(2)施工温度应高于 $5℃$，基层含湿率 5% 以内方可施工。

(3)防水层未完全固化前严禁践踏或作业。

(4)施工现场严禁烟火。

五、氯丁胶乳沥青防水涂料施工

氯丁胶乳沥青防水涂料，根据工程需要，防水层可组成一布四涂、二布六涂或只涂三遍防水涂料的三种做法，以一布四涂为例，其施工工艺流程为:基层清理→刮氯丁胶乳沥青水泥腻子→涂刷第一遍涂料→做附加增强层→铺贴玻璃纤维布同时涂刷第二遍涂料→涂刷第三遍涂料→涂刷第四遍涂料→第一次蓄水试验→饰面层施工→第二次蓄水试验。

知识链接

氯丁胶乳沥青防水涂料用量

氯丁胶乳沥青防水涂料用量参考见表9-7。

表 9-7　　　　　　氯丁胶乳沥青涂膜防水层用料参考

材　料	三遍涂料	一布四涂	二布六涂
氯丁胶乳沥青防水涂料/(kg/m^2)	1.2～1.5	1.5～2.2	2.2～2.8
玻璃纤维布/(m^2/m^2)	—	1.13	2.25

1. 基层清理

将基层上的浮灰、杂物清理干净。

2. 刮氯丁胶乳沥青水泥腻子

在清理干净的基层上,满刮一遍氯丁胶乳沥青水泥腻子。管道根部和转角处要厚刮,并抹平整。

3. 涂刷第一遍涂料

待上述腻子干燥后,再在基层上满刷一遍氯丁胶乳沥青防水涂料(在大桶中搅拌均匀后再倒入小桶中使用)。操作时涂刷不得过厚,但也不能漏刷,以表面均匀,不流淌、不堆积为宜。立面需刷至设计高度。

4. 做附加增强层

在阴阳角、管道根、地漏、大便器等细部构造处分别做一布二涂附加增强层,即将玻璃纤维布(或无纺布)剪成相应部位的形状铺贴于上述部位,同时,刷氯丁胶乳沥青防水涂料,要贴实、刷平,不得有折皱、翘边现象。

5. 铺贴玻璃纤维布同时涂刷第二遍涂料

待附加增强层干燥后,先将玻璃纤维布剪成相应尺寸铺贴于第一道涂膜上,然后在上面涂刷防水涂料,使涂料浸透布纹网眼并牢固地粘贴于第一道涂膜上。玻璃纤维布搭接宽度不宜小于 100mm,并顺流水接槎,从里面往门口铺贴,先做平面后做立面,立面应贴至设计高度,平面与立面的搭接缝留在平面上,距立面边宜大于 200mm,收口处要压实贴牢。

6. 涂刷第三遍涂料

待上遍涂料实干后(一般宜 24h 以上),再满刷第三遍防水涂料,涂刷要均匀。

7. 涂刷第四遍涂料

上遍涂料干燥后,可满刷第四遍防水涂料,一布四涂防水层施工即告完成。

8. 第一次蓄水试验

防水层实干后,可进行第一次蓄水试验。蓄水 24h 无渗漏水为合格。

9. 饰面层施工

蓄水试验合格后,可按设计要求及时粉刷水泥砂浆或铺贴面砖等饰面层。

10. 第二次蓄水试验

第二次蓄水试验的方法与目的同聚氨酯防水涂料。

特别强调

氯丁胶乳沥青防水涂料施工注意事项

(1)后一道施工必须在前一道涂膜实干后进行,否则造成水分挥发不完,引起气泡产生,影响防水效果。

(2)玻纤布必须贴紧贴平,不得起皱,铺贴时出现皱褶时必须使用刷子压平。

（3）玻纤布之间搭接处必须有7～10cm重叠，玻纤布铺贴方向是：屋面坡度为3%～10%时，铺贴方向平行屋脊，由屋檐向屋脊铺贴。屋面坡度大于10%时，铺贴方向应垂直屋脊。

（4）在施工后，产生气泡时，必须将玻纤布剪开排气，然后在剪缝刷上涂料，再贴一层相应大小的玻纤布，然后再刷涂料。

5. 涂膜一次涂刷不能太厚，以均匀覆盖玻纤不流淌为宜。否则，表面结膜，内部水分受热蒸发，将造成防水层起泡空鼓。施工前，必须将涂料搅拌均匀。

（5）雨前12h及雨天、冷冻不宜施工。涂膜干燥成膜前遇到大雨冲刷，应重新补做。氯丁胶乳沥青防水涂料属于水乳型材料，使用过程中发现过稠，可适量加水稀释。

六、地面刚性防水层施工

地面刚性防水层施工工艺流程为：基层处理→铺抹垫层→铺抹防水层→管道接缝防水处理→铺抹 UEA 砂浆保护层。

知识链接》

刚性防水的定义

采用较高强度和无延伸防水材料，如防水砂浆、防水混凝土所构成的防水层，依靠结构构件自身的密实性或采用刚性材料做防水层以达到建筑物的防水目的称为刚性防水。

1. 基层处理

施工前应对楼面板基层进行清理，除净浮灰杂物，对凹凸不平处用10%～12%UEA（灰砂比为1：3）砂浆补平，并应在基层表面浇水，使基层保护湿润，但不能积水。

2. 铺抹垫层

按1：3水泥砂浆垫层配合比，配制灰砂比为1：3UEA 垫层砂浆,将其铺抹在干净湿润的楼板基层上。铺抹前,按照坐便器的位置,准确地将地脚螺栓预埋在相应的位置上。垫层的厚度为 20～30mm,必须分 2～3 层铺抹,每层应揉浆、拍打密实,垫层厚度应根据标高而定。在抹压的同时,应完成找坡工作,地面向地漏口找坡 5‰,地漏口周围 50mm 范围内向地漏中心找坡 5‰,穿楼板管道根部位向地面找坡为 5‰,转角墙部位的穿楼板管道向地面找坡为 5‰。分层抹压结束后,在垫层表面用钢丝刷拉毛。

3. 铺抹防水层

待垫层强度能达到上人时,把地面和墙面清扫干净,并浇水充分湿润,然后铺抹 4 层防水层,第一、第三层为 10％UEA 水泥素浆,第二、第四层为 10％～12％UEA(水泥∶砂＝1∶2)水泥砂浆层。

4. 管道接缝防水处理

待防水层达到强度要求后,拆除捆绑在穿楼板部位的模板条,清理干净缝壁的乳渣、碎物,并按节点防水做法的要求涂布素灰浆和填充 UEA 掺量为 15％的水泥∶砂＝1∶2 管件接缝防水砂浆,最后灌水养护 7d。蓄水期间,如不发生渗漏现象,可视为合格;如发生渗漏,找出渗漏部位,及时修复。

5. 铺抹 UEA 砂浆保护层

保护层 UEA 的掺量为 10％～12％,灰砂比为 1∶2.5,水灰比为 0.4。铺抹前对要求用膨胀橡胶止水条做防水处理的管道、预埋螺栓的根部及需用密封材料嵌填的部位及时做防水处理。然后就可分层铺抹厚度为 15～25mm 的 UEA 水泥砂浆保护层,并按坡度要求找坡,待硬化 12～24h 后,浇水养护 3d。最后根据设计要求铺设装饰面层。

七、穿楼板管道节点防水施工

立管安装固定后,将管孔四周松动石子凿除,如管孔过小时则按规定要求凿大,然后在板底支模板,孔壁洒水湿润,刷 108 胶水一遍,灌注 C20 细石混凝土,比板面低 15mm 并捣实抹平。细石混凝土中宜掺微膨胀剂。终凝后洒水养护并挂牌明示,2d 内不得碰动管子。

待灌缝混凝土达到一定强度后,将管根四周及凹槽内清理干净并使之干燥,凹槽底部垫以牛皮纸或其他背衬材料,凹槽四周及管根壁涂刷基层处理剂。然后将密封材料挤压在凹槽内,并用腻子刀用力刮玉严密与板面齐平,务必使之饱满、密实、无气孔。

地面施工找坡、找平层时,在管根四周均应留出 15mm 宽缝隙,待地面施工防水层时再二次嵌填密封材料将其封严,以便使密封材料与地面防水层连接。将管道外壁 200mm 高范围内,清除灰浆和油污杂质,涂刷基层处理剂,然后按设计要求涂刷防水涂料。如立管有钢套管时,套管上缝应用密封材料封严。

地面面层施工时,在管根四周 50mm 处,最少应高出地面 5mm 成馒头形。当立管位置在转角墙处,应有向外 5%的坡度。

第三节 抽油烟机、净化设备安装

一、抽油烟机安装

抽油烟机也称为油烟机、抽油机或脱排机等,现代的抽油烟机从功能上趋向多功能、大功率,造型趋向艺术化,使用安装向简便安全、低噪声等发展。

知识链接

抽油烟机的种类与作用

抽油烟机的种类繁多,从外形分为罩壳式、深罩式、平罩式;从所有电机分为单头与双头;从体型上分为连体式、分体式;从罩面尺寸分又可分为很多种。各种造型、颜色日趋多样化、艺术化,不单是排油烟的功能,还能起到装饰美化作用,有的还是多功能。有些抽油烟机烟道部分做成柜式,里面可存放物品,有些在罩壳上做成平台式,上面可以搁置东西等。

抽油烟机的安装方式基本相同,只有分体式安装略有不同,其主机安装在墙外,其他也相似。抽油烟机安装要求如下:

(1)总体安装要求如图 9-20 所示。

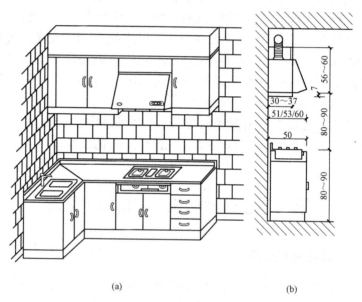

(a)   (b)

图 9-20 抽油烟机总体安装要求

(a)吊柜柜底略低于油烟机(总体布局);(b)厨房布置参考尺寸(cm)

(2)整机安装在墙上,安装基本尺寸如图 9-21 所示,根据安装位置钻 ϕ10 孔,用膨胀管及木螺钉固定挂脚。

1)整机安装时请尽量保持水平。

2)为增加牢度,需用木螺钉穿过橡胶垫块固定机体下部。

3)整机安装时,可先卸掉前盖板。

4)安装后用双手摆动油烟机不应有晃动现象。

(3)确认安装位置如图 9-22 所示,安装位置距离灶具面正上方800mm 左右,具体按房屋层高及身高自定。

(4)安装出风管系统如图 9-23 所示,百叶窗应放置在墙外。

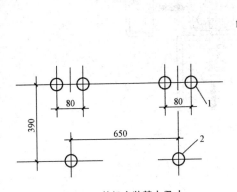

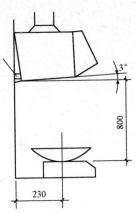

图 9-21　整机安装基本尺寸

1—固定挂脚用；2—固定机体用

图 9-22　确认安装位置

1—垫块

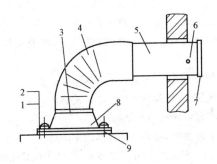

图 9-23　安装出风管系统

1—垫圈 4-φ4；2—螺钉 4-M4×10；3—止回风门；4—弯曲风管；

5—直出风管；6—3×8 自攻螺钉；7—百叶窗组件；8—出风罩；

9—密封垫(安装时翻边向下)

(5)立板安装,如图 9-24 所示,要求如下：

1)检查安装是否牢固稳妥。

2)将电源插头插入插座。

3)确认开关功能。

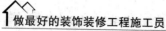

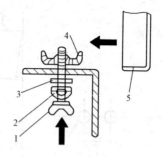

图 9-24 立板安装

1—蝶型螺栓 M5×10;2—弹簧垫圈 $\phi4$;

3—平垫圈 $\phi5$;4—U 形螺板;5—立板

拓展阅读 >>

抽油烟机使用与保养

(1)擦拭抽油烟机时,务必拔掉电源插头。

(2)为保护本机表面涂层,宜经常擦拭干净,擦拭时请使用肥皂液或洗涤剂。

(3)本机所排出的废气,不允许排到热的烟道中。

(4)如电源线损坏,须到指定的维修点更换。

(5)需使用有可能接地的电源插座。

(6)本机系家用电器,禁止在特殊环境中使用。

(7)若出现以下症状,为防止事故发生,应立即拔掉电源插头。

1)开启开关,听到不规则的运转声或者不运转。

2)运转中有异常声音或异常振动。

3)发觉有异臭。

4)其他感到异常情况。

(8)维修前,请确认供电、各个插头及照明灯是否正常,检查风机是否运转。

(9)进风口板应及时擦净。

二、净化设备安装

1. 食物废渣处理机安装

食物废渣处理机是一种厨房净化设备，也是厨房水槽的排水处理，一般安装在水槽排水孔的位置上，可及时处理洗后的食物废渣。在处理过程中，所有食物废渣被粉碎并随水一起冲入家用排水管道。

图 9-25 所示为食物废渣处理机的安装示意图。它具有低噪声、高效率、寿命长、使用方便、安全省电的优点，额定电压 220V，功率 500W。

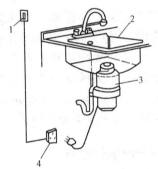

图 9-25　食物废渣处理机的安装示意图
1—开关；2—水槽；3—食物废渣处理机；4—电源插头

2. 家庭净水器安装

把进水管直接连接在净水器上，通过净化以后可以直接饮用，有冷、热水之分。

第十章 建筑电气照明工程施工

第一节 电气线路配置

电器是现代化家庭不可缺少的设施。装饰装修工程中的电气线路配置要安全、美观、方便,在施工前也要求将其纳入设计方案中。

电器线路的配线设计及在装饰装修工程中的应用依照家庭电器设备所需的电量、管线分配、开关插座的位置来制定配线计划。一般而言,住宅的配线计划,在建筑体进行时即规划出基本的需求量,供给电力为 220V 的交流单相 2 线式或单相 3 线式。

一、ZDX 组合式住户配电箱安装

ZDX 系列住户配电箱是根据标准每户用电功率按 4kW 考虑设计的,适用于交流 50Hz、额定电压单相 220V、额定电流 20A 住宅的低压配电 TT 系统和 TN—C—STN—S 系统,作为对住户内照明以及家用电器插座、空调器的漏电、过负载短路、过电压保护和在额定工作状态下作不频繁开关电路之用。

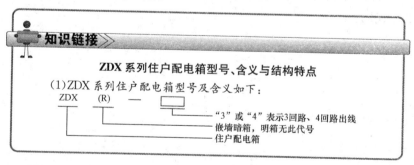

知识链接

ZDX 系列住户配电箱型号、含义与结构特点

(1)ZDX 系列住户配电箱型号及含义如下:

ZDX   (R) —

"3" 或 "4" 表示3回路、4回路出线
嵌墙暗箱,明箱无此代号
住户配电箱

(2)结构特点。箱体采用阻燃型高级工程塑料制造,具有结构新颖、造型美观、色泽柔和、超薄型、体积小、质量轻等优点。暗箱由铁底箱、塑壳底架、中框架、门4部分组成,明箱由塑料底箱、塑壳底架、中框架、门四部分组成。

1)本箱分为暗箱和明箱2类,暗箱用于新建住宅,明箱用于旧宅改造。

2)本箱按出现路数分为3路和4路两种,大套住户应用4路,中、小套住户宜用3路。

1. ZDX 系列住户配电箱正常工作条件

(1)海拔高度不超过 2000m。

(2)周围空气温度不高于+40℃及不低于-5℃。

(3)在最高温度为+40℃时,相对湿度不超过50%。在较低温度时,允许有较高的相对湿度,+20℃时为90%,但应考虑到由于温度变化而可能偶然产生的凝露。

(4)无显著摇动和冲击的地方。

(5)安装在无雨雪侵袭、无水蒸气以及易燃、易爆气体与尘埃的场所。

2. ZDX 系列住户配电箱安装要求

(1)嵌墙暗箱安装位置。在分户门内墙近门处的上端,安装高度约2.1m左右。

(2)暗箱安装。先将铁箱预埋在砖墙上(或混凝土墙上),并连接好穿线的管子,待墙体粉刷后,再把进、出线(L、N、PE线)接至箱内各开关及接地端子排上,最后把成套的塑壳箱子螺钉固定在底箱上。

(3)明箱暗装。与暗箱不同的是,将底箱换成塑料底箱或铁底箱即为明装箱子,一般悬挂在墙上。

知识链接

配电箱安装位置的确定

配电箱的安装位置要考虑到使用上的便利性和安全性,必须避免让孩童可任意触及,但在紧急事故发生时还要能迅速操作处理。配电箱中配有漏电开关或熔断丝等预防措施,用以应付紧急超载负荷时断电。

3. 系统及元件

(1)本箱总开关选用具有漏电、过负载、过电压保护功能的DZL29、DZL18 系列漏电断路器,基本参数见表 10-1~表 10-3。

表 10-1　　　　　　　　　DZL18V-20/2 型

额定电压/V	额定电流/A	极数	额定漏电动作电流/mA	过载脱扣器额定电流/A	过电压保护值/V	分断时间/s
220	20	2	30	20	280±5%	<0.1

表 10-2　　　　　　　　　DZL29-32/22 型

额定电压/V	额定电流/A	极数	额定漏电动作电流/mA	过载脱扣器额定电流/A	过电压保护值/V	分断时间/s
220	20		30	20	286	≤0.1

表 10-3　　　　　　　　　总开关过载脱扣器性能

序号	过载电流为脱扣器额定电流的倍数	起始状态	动作时间	备注
1	1.13	冷态	≥1h 不动作	
2	1.45	热态	<1h 动作	
3	2.55	冷态	1s<动作<60s	

(2)分路出现开关选用 HHR2-16/2 型高分断能力的微型刀熔负荷开关,这种开关具有明显断开点以及置有熔管、熔断指示装置,它分 3~4 路出路,分别保护照明回路、空调机回路和插座回路。分

路开关 HHR2-16/2 型的基本参数见表 10-4 和表 10-5,其接线示意图如图 10-1 所示。

表 10-4　　　　　　　　　　　DZL29-32/22 型

额定电压/V	额定电流/A	极数	分断能力/kA	所配熔断管电流/A
220	16	2	6	5、10、16

表 10-5　　　　　　　　　　　DZL29-32/22 型

长度/mm	宽度/mm	深度/mm	回路
255	165	70	3
300	165	70	4

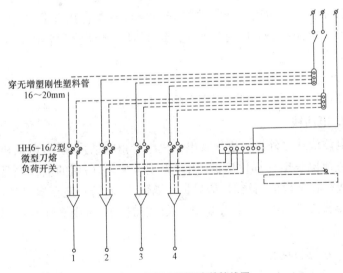

图 10-1　ZDX 系列配电箱接线图

(3)照明回路选用 5A 熔管,空调机和插座回路选用 10A 熔管。分路熔管和总开关之间有良好的上下级匹配特征,为了使用户方便,箱内配备了一定数量的备用熔管。

(4)箱内专设接地端子排,并有"$\frac{1}{2}$"、"PE"标记,出线回路接地线截面不得小于 2.5mm^2。

二、弱电的布线及要求

1. 电视接收线和音响线

电视接收线人们习惯称为天线,室外天线的架设不属于室内装潢的范畴,但室内的有线电视插头应在装饰装修施工中同步进行。

有线电视线(或天线室外部分)从拉线到进户,由有线电视台铺设,室内部分的电视接收线和插头的铺设,像电气插座与馈线一样地铺设于墙体内或墙裙中,铺设时接收线不能有破损和接头,应是一根通的直线,否则会影响接收信息。在进户线到各室之间的电视接插头与总进线之间应采用分频器,不能直接并联或串联,否则影响其他电视机的接受信息,最好是一台电视机用单独一根进线。

音响设备的用电插头接入一般的电插座,每一组音箱应单独埋设音频线,不得并联或串联,否则影响音响质量。

2. 电话线

电话线从室外接线进户及电话机编号由电话局施工,电话机所使用的直流电是电话局供应的,用户无须考虑,它所用的电线也是特制专用线。在埋设电话线时,应尽量往墙面走线,若一定要穿过地面时,就要穿管过地,这样可防止电话线断裂和受潮,否则会使受话器产生杂音,影响通话质量。

3. 家庭自动化

运用电脑的技术,将家庭的生活情报归纳为一体的管理作业方式称为家庭自动化。一般而言,自动化系统中包括安全系统、咨询系统与控制系统。

(1)安全系统是防盗、火灾、煤气漏气的感应警示。如"不速之客"造访,马上可通过系统自动拨打 110 电话报警,并由传呼机通知房主;

发生火警、煤气泄漏,系统马上切断电源、气源并报警。

(2)咨询系统提供了监视器、对讲机、因特网、传真或语音图文信息的传递网络,它能随时随地传递信息,如为家庭成员提供语音信箱;打开电脑接上 ISDN 就可以畅游 INTERNET、接发 E-mail、通话与交友。

(3)控制系统可控制室内的照明、空调等水电环境,并根据人活动的具体范围,合理调节光线强弱或开关以及调节室内的温度和湿度。整个住宅内 85% 以上的电气装置都由计算机来控制,包括园内的草坪定期灌溉等。用户可以从室外借传讯系统来遥控家中室内设备的运作,或者由预定的程序来执行家电的功能,如烧饭菜、煮咖啡、洗衣服等。随着科学技术的不断发展,家庭自动化除了能解决我们的生活问题外,还能带来更多的知识和乐趣。

第二节　灯具安装

一、普通灯具安装

普通灯具就是日常环境条件下使用的灯具,如台灯、落地灯、吊灯、日光灯等。普通灯具的安装应符合下列规定:

(1)嵌入天棚的装饰灯具应固定在专设的框架上,电源线不应贴近灯具外壳,灯线应留有余量,固定灯罩的边框、边缘应紧贴在天棚面上;矩形灯具的边缘应与天棚的装饰直线平行,如灯具对称安装时,其纵横中心轴线应在同一条直线上,偏斜不应大于 5mm;日光灯管组合的开启式灯具,灯管排列要整齐,金属隔片不应有弯曲扭斜等缺陷。

(2)一般灯具的安装高度应高于 2.5m;灯具安装应牢固,灯具通过元木木台与墙面楼面固定,用木螺丝固定时,螺丝进木榫长度不应少于 20~25mm,固定灯具用螺栓不得少于 2 个,木台直径在 75mm 及以下时,可用一个螺钉或螺栓固定,现浇混凝土楼板,应采用尼龙膨胀栓,灯具应装在木台中心,偏差不超过 1.5mm;灯具质量超过 3kg

时,应固定在预埋的吊钩或螺栓上,吸顶灯具与木台过近时应有隔热措施。

(3)每一接线盒应供应一具灯具,门口第一个开关应开门口的第一只灯具,灯具与开关应相对应,事故照明灯具应有特殊标志,并有专用供电电源,每个照明回路均应通电校正,做到灯亮,开启自如。

(4)采用钢管灯具的吊杆,钢管内径一般不小于 10mm;吊链灯具用于小于 1kg 的灯具,灯线不应受到拉力,灯线应与吊链编叉在一起;软线吊灯软线的两端应作保险扣;日光灯与高压水银灯及其附件应配套使用,安装位置便于检查;成排室内安装灯具,中心偏差不应大于 5mm;弯管灯杆长度超过 350mm 时,应加装拉攀固定;变配电所高低压盘及母线上方不得安装灯具。

(5)照明灯具距地面最低悬挂高度应符合表 10-6 规定。

表 10-6　　　　　　　　照明灯具距地面最低悬挂高度的规定

光源种类	灯具形式	光源功率/W	最低悬挂高度/m
白炽灯	有反射罩	$\leqslant 60$	2.0
		$100 \sim 150$	2.5
		$200 \sim 300$	3.5
		$\geqslant 500$	4.0
	有乳白玻璃漫反射罩	$\leqslant 100$	2.0
		$150 \sim 200$	2.5
		$300 \sim 500$	3.0
卤钨灯	有反射罩	$\leqslant 500$	6.0
		$1000 \sim 2000$	7.0
荧光灯	无反射罩	< 40	2.0
		> 40	3.0
	有反射罩	$\geqslant 40$	2.0
荧光高压汞灯	有反射罩	$\leqslant 125$	3.5
		250	5.0
		$\geqslant 400$	6.0

续表

光源种类	灯具形式	光源功率/W	最低悬挂高度/m
高压汞灯	有反射罩	≤125	4.0
		250	5.5
		≥400	6.5
金属卤化物灯	搪瓷反射罩	400	6.0
	铝抛光反射罩	1000	4.0
高压钠灯	搪瓷反射罩	250	6.0
	铝抛光反射罩	400	7.0

注:表中规定的灯具最低悬挂高度在下列情况可降低0.5m,但不应低于2m。

1. 一般照明的照度小于30lx时。

2. 房间的长度不超过灯具悬挂高度的2倍。

3. 人员短暂停留的房间。

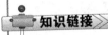

知识链接

大型灯具、花灯及组合式灯具安装规定

(1)大型灯具固定。

1)大型灯具的挂钩不应小于悬挂销钉的直径,且不得小于10mm,预埋在混凝土中的挂钩应与主筋相焊接;如无条件焊接时,也需将挂钩末端部分弯曲后与主筋绑扎,固定牢固;吊钩的弯曲直径为50mm,预埋长度离平顶为80～90mm。

2)吊杆上的悬挂销钉必须装设防振橡皮垫及防松装置;吊灯的安装高度离地坪不得低于2.5m。

(2)花灯及组合式灯具安装。

1)花饰灯具的金属构件,应做好保护接地(PE)或保护接零(PEN)。

2)花灯的吊钩应采用镀锌件,并要做5倍以上灯具重量的试验。一般情况下采用型钢做吊钩时,圆钢最小规格不小于 $\phi 12$;扁钢不小于50mm×5mm。

3)在吊顶夹板上开孔装灯时,应先钻成小孔,小孔对准灯头盒,待吊顶夹板钉上后,再根据花灯法兰盘大小,扩大吊顶夹板眼孔,使法兰盘能盖住夹板孔洞,保证法兰、吊杆在分格中心位置。

4)凡是在木结构上安装吸顶组合灯、面包灯、半圆球灯和日光灯具时,应在灯爪子与吊顶直接接触的部位垫上 3mm 厚的石棉布(纸)隔热,防止火灾事故发生。

二、专用灯具安装

1. 36V 及以下照明变压器安装

(1)电源侧应有短路保护,其熔丝的额定电流不应大于变压器的额定电流。

(2)外壳、铁芯和低压侧的一端或中心点,均应接地。

2. 手提式低压安全灯安装

手提式低压安全灯安装应符合下列要求:

(1)灯体及手柄必须用坚固的耐热及耐湿绝缘材料制成。

(2)灯座应牢固地装在灯体上,不能让灯座转动。灯泡的金属部分不应外露。

(3)为防止机械损伤,灯泡应有可靠的机械保护。当采用保护网时,其上端应固定在灯具的绝缘部分上,保护网不应有小门或开口,保护网应只能使用专用工具方可取下。

(4)不许使用带开关灯头。

(5)安装灯体引入线时,不应过于拉紧,同时,应避免导线在引出处被磨伤。

(6)金属保护网、反光罩及悬吊用的挂钩应固定于灯具的绝缘部分。

(7)电源导线应采用软线,并应使用插销控制。

特别强调

气提式低压安全灯安装注意事项

手提式低压安全灯所用的电源必须由专用的照明变压器供给,并且必须是双绕组变压器,不能使用自耦变压器进行降压。变压器的高压侧必须接近变压器的额定电流。低压侧也应有熔丝保护,并且低压一端需接地或接零。

3. 疏散照明

疏散照明的安装应符合下列要求:

(1)疏散照明要求沿走道提供足够的照明,能看见所有的障碍物,清晰无误地沿指明的疏散路线,迅速找到应急出口,并能容易地找到沿疏散路线设的消防报警按钮、消防设备和配电箱。

(2)疏散照明宜设在安全出口的顶部、疏散走道及其转角处距离地 1m 以下的墙面上,当交叉口处墙面下侧安装难以明确表示疏散方向时也可将疏散标志灯安装在顶部。

(3)疏散走道上的标志灯应有指示疏散方向的箭头标志。疏散走道上的标志灯间距不宜大于 20m(人防工程不宜大于 10m)。

(4)楼梯间内的疏散标志灯宜安装在休息平台板上方的墙角处或壁装,并应用箭头及阿拉伯数字清楚标明上、下层层号。

4. 安全照明

安全照明灯具安装应符合下列要求:

(1)安全出口标志灯宜安装在疏散门口的上方,在首层的疏散楼梯应安装于楼梯口的里侧上方。

(2)安全出口标志灯距地高度宜不低于 2m。

(3)疏散走道上的安全出口标志灯可明装,而厅室内宜采用暗装。

(4)安全出口标志灯应有图形和文字符号,左右无障碍设计要求时,宜同时设有音响指示信号。

5. 危险场所照明设备接地

危险性场所内安装照明设备等金属外壳,必须有可靠的接地装置,除按电力设备有关要求安装外,还应符合下列要求:

(1)该接地可与电力设备专用接地装置共用。

(2)采用电力设备的接地装置时,严禁与电力设备串联,应直接与专用接地干线连接。灯具安装于电气设备上且同时使用同一电源者除外。

(3)不得采用单相二线式中的零线作为保护接地线。

(4)如以上要求达不到,应另设专用接地装置。

6. 危险场所照明灯具安全防护

(1)灯具安装前,检查和试验布线的连接和绝缘状况。当确认接线正确和绝缘良好时,方可安装灯具等设备,并做书面记录,作为移交资料。

(2)管盒的缩口盖板,应只留通过绝缘导线孔和固定盖板的螺孔,其他无用孔均应用铁、铅或铅铆钉铆固严密。

(3)为保持管盒密封,缩口盖或接线盒与管盒间,应加石棉垫。

(4)绝缘导线穿过盖板时,应套软绝缘管保护,该绝缘管进入盒内10～15mm,露出盒外至照明设备或灯具光源口内为止。

(5)直接安装于顶棚或墙、柱上的灯具设备等,应在建筑物与照明设备之间,加垫厚度不小于2mm 的石棉垫或橡皮板垫。

(6)灯具组装完后应做通电亮灯试验。

三、建筑物照明通电试运行

1. 建筑物照明通电试运行程序

(1)电线绝缘电阻测试前电线的接续完成。

(2)照明箱(盘)、灯具、开关、插座的绝缘电阻测试在就位前或接线前完成。

(3)备用电源或事故照明电源作空载自动投切试验前拆除负荷,空载自动投切试验合格,才能做有载自动投切试验。

(4)电气器具及线路绝缘电阻测试合格,才能进行通电试验。

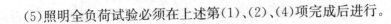

(5)照明全负荷试验必须在上述第(1)、(2)、(4)项完成后进行。

2. 系统通电试运行要求

(1)通电试运行前,应检查照明配电箱、灯具、开关、插座及电线等绝缘电阻是否符合要求,若因下雨或其他因素引起受潮导致绝缘电阻低于规定值,则应采取措施解决后方能通电。

(2)通电试运行后,应携带仪器、仪表测量回路电流值是否在设计范围内,与所选择开关等电器器件是否匹配。对手感温度较高的电器器件、灯具应用红外线测温仪等进行温度测量。测量重点为装潢吊顶内装设的灯具,配电箱内的空气开关、接触器等。

(3)做好运行记录,发现问题及时通知承包单位整改。

第三节　开关、插座安装

一、开关安装

1. 开关安装高度

(1)电源开关高度一般距离地面 120～135cm(一般开关高度是和成人的肩膀一样高)。

(2)视听设备、台灯、接线板等的墙上插座一般距地面 30cm(客厅插座根据电视柜和沙发而定)。

(3)洗衣机的插座距地面 120～150cm。

(4)电冰箱的插座为 150～180cm。

(5)空调、排气扇等的插座距地面为 190～200cm。

(6)厨房功能插座的高度距离地面 110cm。

2. 开关安装注意事项

(1)注意进开关的导线是否是相线,先从颜色上判定,通电后可用电笔验证,以保证维修人员操作安全。

(2)注意开关通断位置是否一致,以保证使用方便及维修人员的安全。

(3)注意开关边缘与门框边缘的距离及开关距地面的高度是否符合设计及规范要求。若发现误差较大者,应立即整改,以免墙面粉刷造成损失加大。

知识链接

开关的分类及规格

开关有双控和单控的区别,双控每个单元比单控多一个接线柱。一盏灯在房里可以控制,在房外也可以控制称作双控,双控开关可以当单控用,但单控开关不可以作双控。

(1)按开关的启动方式来分类:拉线开关、旋转开关、倒扳开关、按钮开关、跷板开关、触摸开关等。

(2)按开关的连接方式分类:单控开关、双控开关、双极(双路)双控开关等。

(3)按规格尺寸标准型分类:86 型(86mm×86mm)、118 型(118mm×74mm)、120 型(120mm×74mm)

(4)按功能分类:一开单(双)控、两开单(双)控、三开单(双)控、四开单(双)控、声光控延时开关、触摸延时开关、门铃开关、调速(调光)开关、插卡取电开关。

二、插座安装

(1)注意检查同一场所,装有交、直流或不同电压等级的插座,是否按规范要求选择了不同结构、不同规格和不能互换的插座,以便用电时不会插错,保证人身安全与设备不受损坏。

(2)用试电笔或其他专用工具、仪表,抽查插座的接线位置是否符合规范要求。也可根据接地(PE)或接零(PEN)线、零线(N)、相线的色标要求查验插座接线位置是否正确。通电时再用工具、仪表确认,以保证人身与设备的安全。

(3)注意插座间的接地(PE)或接零(PEN)线有无不按规范要求进行串联连接的现象,若发现应及时提出并督促整改。

（4）注意电源插座与弱电信号插座（如电视、电脑等）的配合，要求二者尽量靠近，而且标高一致，以便使用方便、美观、整齐。

（5）注意暗装的插座面板应紧贴墙面，四周无缝隙，安装牢固，表面光滑整洁，无碎裂、划伤。地插座面板与地面齐平或紧贴地面，盖板固定牢固，密封良好。

（6）注意同一室内插座安装高度是否一致，若发现误差过大，装面板时调整不了的，应及时提出，赶在墙面粉刷前整改好，以免造成过大损失，影响美观与进度。

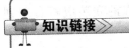

知识链接

开关插座的简介

开关插座就是安装在墙壁上使用的电器开关与插座，是用来接通和断开电路使用的家用电器，有时可以为了美观而使其具有装饰的功能。

第四节　空调、风扇安装

一、空调安装

空调设备可分为窗型机与分离式两种，前者为全机一体的空调机，后者为出风口与噪声源（压缩机、风扇）分置的空调机，在使用的效率上及装置的弹性上皆是分离式的机种较优，唯独在费用上较窗型昂贵。由于分离式分为室内机与室外机，所以在设计时需考虑管线的预留，方便日后施工便利，在位置上需考虑通风好的环境，避免日晒雨淋，且易于日后维修保养的进行。

窗型机应安装在坚固的墙面上，并应向外墙斜 5°左右，以便空调中的冷凝水顺利流出。为防止噪声，机座下应采取隔震措施，机壳的后部及两侧不能有东西挡住。

分体式空调机以室内机形状可分为柜式与挂壁式两种，它们的安装比窗型机简单。室内机置放室内某一合适地方或挂在室内墙面上，室外机安装在室外，只要前面无阻挡，不影响其他正常作业就行了。家庭使用的中央空调设备，大多是用电能来制冷的，安装较为复杂，一定要由专业人员进行安装。

二、风扇安装

1. 吊扇安装

吊扇一般是固定安装在天花板上，所以称为吊扇。吊扇的类型分为壁控方式、遥控方式和拉绳方式三种。吊扇的安装应符合下列规定：

（1）吊扇为转动的电气器具，运转时有轻微的振动。为保证安全，巡视时应重点注意吊钩安装是否牢固，吊钩直径及吊扇安装高度、防松零件是否符合要求。

（2）吊扇试运转时，应检查有无明显颤动和异常声响。

（3）吊扇吊钩挂上吊扇后，一定要使吊扇的重心和吊钩的直线部分处在同一条直线上。

（4）吊钩杆伸出建筑物的长度，应以盖上风扇吊杆护罩后能将整个吊钩全部遮蔽为宜。

（5）吊扇的各种零配件必须齐全。叶片应完好，无损坏和变形等现象。

（6）吊扇安装时，应将吊扇托起，把预埋的吊钩将吊扇的耳环挂牢，再接好电源接头并包扎紧密，向上推起吊杆上的扣碗，将接头扣于其内，使扣碗边缘紧贴建筑物的表面，然后拧紧固定螺丝。

（7）吊扇安装后，涂膜应完整，表面无划痕，无污染，吊杆上、下扣碗安装牢固到位。同一室内并列安装的吊扇开关高度一致，控制有序不错位。

2. 壁扇安装

壁扇指的是安装到墙壁上的小型电扇，以起到节约空间的目的。壁扇具有方便、实用、美观的特点。壁扇分为定向式壁扇与转向式壁

扇两种,多用于食堂、饭店、工厂等场所。壁扇的安装应符合下列要求:

(1)重点注意壁扇固定是否可靠,底座采用尼龙塞或膨胀螺栓固定时,应检查数量与直径是否符合要求。

(2)注意壁扇防护罩是否扣紧,运转时扇叶和防护罩有无明显颤动和异常声响。若发现异常情况,应停机整改。

第十一章 装饰装修工程施工管理

政府颁布的各种法规、条例、标准、规范,装饰施工单位与业主签订的承包合同及与其相应的工程图纸、工程量清单、技术说明书以及业主代表(或建筑师、监理工程师)签发的指令、洽商、变更等都应是装饰装修工程施工管理的依据。

第一节 施工材料管理

施工材料管理,是施工过程中,根据工程类型、场地环境、材料保管和消耗特点,采取科学的管理办法,从材料投入到成品产出全过程进行计划、组织、协调和控制,力求保证生产需要和材料的合理使用,最大限度地降低材料消耗。施工材料管理,属于生产领域里材料耗用过程的管理,与企业其他技术经济管理有密切的关系,是建筑工程材料管理的关键环节。

施工材料管理的好坏,是衡量建筑企业经营管理水平和实现文明施工的重要标志,也是保证工程进度和工程质量,提高劳动效率,降低工程成本的重要环节,对企业的社会声誉和投标承揽任务都有极大影响。加强施工材料管理,是提高材料管理水平、克服施工现场混乱和浪费现象、提高经济效益的重要途径之一。

一、施工材料管理的原则和任务

1. 全面规划

在开工前做出现场材料管理规划,参与施工组织设计的编制,规

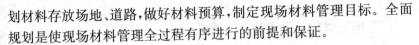

划材料存放场地、道路,做好材料预算,制定现场材料管理目标。全面规划是使现场材料管理全过程有序进行的前提和保证。

2. 计划进场

按施工进度计划,组织材料分期分批有秩序地入场。一方面保证施工生产需要;另一方面要防止形成大批剩余材料。计划进场是现场材料管理的重要环节和基础。

3. 严格验收

按照各种材料的品种、规格、质量、数量要求,严格对进场材料进行检查,办理收料。验收是保证进场材料品种、规格正确,质量完好、数量准确的第一道关口,是保证工程质量,降低成本的重要保证。

4. 合理存放

按照现场平面布置要求,做到合理存放,在方便施工、保证道路畅通、安全可靠的原则下,尽量减少二次搬运。合理存放是妥善保管的前提,是生产顺利进行的保证,是降低成本的有效措施。

5. 妥善保管

按照各项材料的自然属性,依据物资保管技术要求和现场客观条件,采取各种有效措施进行维护、保养,保证各项材料不降低使用价值。妥善保管是物尽其用,实现成本降低的保证条件。

6. 控制领发

按照操作者所承担的任务,依据定额及有关资料进行严格的数量控制。控制领发是控制工程消耗的重要关口,是实现节约的重要手段。

7. 监督使用

按照施工规范要求和用料要求,对已转移到操作者手中的材料,在使用过程中进行检查,督促班组合理使用,节约材料。监督使用是实现节约,防止超耗的主要手段。

8. 准确核算

用实物量形式,通过对消耗活动进行记录、计算、控制、分析、考核和比较,反映消耗水平。准确核算既是对本期管理结果的反映,又为下期提供改进的依据。

二、施工材料计划管理

材料计划管理就是运用计划手段组织、指导、监督、调节材料的采购、供应、储备、使用等一系列工作的总称。材料计划管理的任务主要是：为实现企业经济目标做好物质准备；做好材料品种、规格及项目平衡协调工作，保证生产顺利进行；促进材料合理使用。

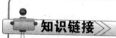 知识链接

材料计划分类

材料计划分类见表11-1。

表11-1　　　　　　　　材料计划分类

划分标准	类别	内容
按照材料的使用方向分类	生产材料计划	是指施工企业所属工业企业为完成生产计划而编制的材料需要计划。如周转材料生产和维修、建材产品生产等。其所需材料数量一般是按其生产的产品数量和该产品消耗定额进行计算确定
	基本建设材料计划	包括自身基建项目、承建基建项目的材料计划。其材料计划的编制，通常应根据承包协议和分工范围及供应方式而编制
按照材料计划的用途分类	材料需用计划	这是材料使用单位根据计划生产建设任务对材料的需求编制的材料计划，是整个国民经济计划管理的基础
	材料申请计划	材料申请计划是根据材料需用计划，经过项目或部门内部平衡后，分别向有关供应部门提出材料申请的计划
	材料供应计划	是根据企业施工生产任务的需要，确定计划期所需材料工具的品种、规格、数量、供应日期、地点、主要材料库存量等的计划，以保证适时、适地、按质、按量、成套齐备地供应，从而保证施工生产正常进行，合理地节约使用材料，减少材料库存，降低工程成本
	加工订货计划	是委托加工和计划订货并称
	采购计划	是指企业管理人员在了解市场供求情况，认识企业生产经营活动过程中和掌握物料消耗规律的基础上对计划期内物料采购管理活动所做的预见性的安排和部署
	临时追加材料计划	由于设计修改或任务调整，原计划品种、规格、数量的错漏，施工中采取临时技术措施，机械设备发生故障需及时修复等原因，需要采取临时措施解决的材料计划，叫临时追加用料计划。列入临时计划的一般是急用材料，要作为重点供应。如费用超支和材料超用，应查明原因，分清责任，办理签证，由责任的一方承担经济责任

1. 材料计划管理原则

(1)确立材料供求平衡的概念。供求平衡是材料计划管理的首要目标。宏观上的供求平衡,是基本建设投资规模必须建立在社会资源条件允许情况下,才有材料市场的供求平衡,才可寻求企业内部的供求平衡。材料部门应积极组织资源,在供应计划上不留缺口,使企业完成施工生产任务有坚实的物质保证。

(2)确立指令性计划、指导性计划和市场调节相结合的观念。市场的作用在材料管理中所占份额越来越大,编制计划、执行计划均应在这种观念的指导下,使计划切实可行。

(3)确立多渠道、多层次筹措和开发资源的观念。多渠道、少环节是我国材料管理体制改革的一贯方针。企业一方面应充分利用市场、占有市场,开发资源;另一方面应狠抓企业管理、依靠技术进步、提高材料使用效能、降低材料消耗。

2. 材料计划编制

(1)施工企业编制材料计划的步骤。施工企业在编制材料计划时,应遵循以下步骤:

1)各建设项目及生产部门按照材料使用方向,分单位工程做工程用料分析,根据计划期内完成的生产任务量及下一步生产中需提前加工准备的材料数量,编制材料需用计划。

2)根据项目或生产部门现有材料库存情况,结合材料需用计划,并适当考虑计划期末周转储备量,按照采购供应的分工,编制项目材料申请计划。

3)按照供应计划所确定的措施,确保供应计划的实现。

知识链接

施工企业编制材料计划的原则

为了使制订的材料计划能够反映客观实际,充分发挥它对物资流通经济活动的指导作用,施工企业在编制材料计划的过程中必须遵循以下原则:

1)政策性原则。即在材料计划的编制过程中必须坚决贯彻执行党和国家有关经济工作的方针和政策。

2)实事求是的原则。即要求计划指标具有先进性和可行性,指标过高或过低都不行。在实际工作中,要认真总结经验,深入基层和生产建设的第一线,进行调查研究,通过精确计算,把计划订在既积极又可靠的基础上,使计划尽可能符合客观实际情况。

3)积极可靠,留有余地的原则。搞好材料供需平衡,是材料计划编制工作中的重要环节。在进行平均分配时,要做到积极可靠,留有余地。所谓积极,就是说,指标要先进,应是在充分发挥主观能动性的基础上,经过认真努力能够完成的;所谓可靠,就是必须经过认真核算,有科学依据。留有余地,就是在分配指标的安排上,要保留一定数量的储备。这样就可以随时应付执行过程中临时增加的需要量。

4)保证重点,照顾一般的原则。没有重点,就没有政策。一般来说,重点部门、重点企业、重点建设项目是对全局有巨大而深远影响的,必须在物资上给予切实保证。但一般部门、一般企业和一般建设项目也应适当予以安排,在物资分配与供应计划中,区别重点与一般,妥善安排,是一项极为细致、复杂的工作。

(2)材料计划的编制程序。

1)计划需用量确定。确定材料需要量是编制材料计划的重要环节,是搞好材料平衡、解决供求矛盾的关键。由于各项需要的特点不同,其确定需要量的方法也不同。通常用以下几种方法:

①直接计算法。就是用直接资料计算材料需要量的方法,主要有以下两种形式:

a. 定额计算法。就是依据计划任务量和材料消耗定额单及配套定额来确定材料需要量的方法。在计划任务量一定的情况下,影响材料需要量的主要因素就是定额。如果定额不准,计算出的需要量就难以确定。

b. 万元比例法。就是根据基本建设投资总额和万元投资额平均消耗材料来计算需要量的方法。这种方法主要是在综合部分使用,它是基本建设需要量的常用方法之一。

直接计算法计算出的材料需要量误差较大,但用于概算基建用料,审查基建材料计划指标,是简便有效的。

②间接计算法。这是运用一定的比例系数和经验来估算材料需要量的方法。

a. 动态分析法。是对历史资料进行分析、研究,找出计划任务量与材料消耗量变化的规律,计算材料需要量的方法。

b. 类比计算法。是指生产某项产品时,既无消耗定额,也无历史资料参考的情况下,参照同类产品的消耗定额计算需要量的方法。

c. 经验统计法。这是凭借工作经验和调查资料,经过简单计算来确定材料需要量的一种方法。经验统计法常用于确定维修、各项辅助材料及不便制订消耗定额的材料需要量。

间接计算法的计算结果往往不够准确,在执行中要加强检查分析,及时进行调整。

2)确定实际需要量。

①对于一些通用性材料,在工程进行初期,考虑到可能出现的施工进度超期因素,一般都略大于储备,因此其实际需要量就略大于计划需要量。

在确定材料需要量时,不仅要坚持实事求是的原则,力求全面正确地确定需要量,还要注意运用正确的方法。

②在工程竣工阶段,因考虑到工完料清现场净,防止工程竣工材料积压,一般是利用库存控制进料,这样实际需要量要略小于计划需要量。

③对于一些特殊材料,为保证工程质量,往往是要求一批进料,所以计划需要量虽只是一部分,但在申请采购中往往是一次购进,这样实际需要量就要大大增加。

3)编制材料申请计划。需要上级供应的材料,应编制申请计划。

4)编制材料供应计划。供应计划是材料计划的实施计划,材料供应部门根据用料单位提报的申请计划及各种资源渠道的供货情况、储备情况,进行总需要量与总供应量的平衡,并在此基础上编制对各用料单位或项目的供应计划,并明确供应措施,如利用库存、市场采购、加工订货等。

三、施工准备阶段的材料管理

施工准备阶段的施工材料管理工作主要包括以下内容:

1. 了解工程概况,调查现场条件

(1)查设计资料,了解工程基本情况和对材料供应工作的要求。

(2)查工程合同,了解工期、材料供应方式,付款方式,供应分工。

(3)查自然条件,了解地形、气候、运输、资源状况。

(4)查施工组织设计,了解施工方案、施工进度、施工平面、材料需求量。

(5)查货源情况,了解供应条件。

(6)查现场管理制度,了解对材料管理工作的要求。

2. 材料进场管理

(1)材料平面布置。材料平面布置,是施工平面布置的组成部分。材料管理部门应配合施工管理部门积极做好布置工作,满足施工的需要。材料平面布置包括库房和料场面积计算,以及选择位置两项内容。选择平面位置应遵循以下原则:

1)靠近使用场地,尽量使材料一次就位,避免二次或多次搬运。如无法避免二次搬运,也要尽量缩短搬运距离。

2)库房(堆场)附近道路畅通,便于进料和出料。

3)库房(堆场)的地点有足够的面积,能满足储备面积的需要。

4)库房(堆场)附近有良好的排水系统,能保证材料的安全与完好。

5)按施工进度分阶段布置,先用先进,后用后进。

6)在满足上述原则的前提下,尽量节约用地。

(2)材料进场验收。

1)材料进场验收步骤。进场材料的验收主要是检验材料品种、规格、数量和质量,验收步骤如下:

①查看送料单，是否有误送。

②核对实物的品种、规格、数量和质量，是否和凭证一致。

③检查原始凭证是否齐全正确。

④做好原始记录，逐项详细填写收料单，其中验收情况登记栏，必须将验收过程中发生的问题填写清楚。

知识链接》》

收料前的准备工作

(1)检查现场道路有无障碍及平整情况，车辆进出、转弯、调头是否方便。

(2)按照施工组织设计的场地平面布置图要求，选择好堆料场地，要求平整，没有积水。

(3)必须进现场临时仓库的材料，按照"轻物上架，重物近门，取用方便"的原则，准备好库位，防潮、防霉材料要事先铺好垫板，易燃易爆材料，一定要准备好危险品仓库。

(4)夜间进料，要准备好照明设备，在道路两侧和堆料场地，都有足够的亮度，以保证安全生产。

(5)准备好装卸设备、计量设备、遮盖设备等。

2)材料验收注意事项。现场材料管理人员应全面检查、验收入场的材料。除仓库管理中入库验收的一般要求外，应特别注意以下几点：

①材料的代用。现场材料都是将要被工程所消耗的材料，其品种、规格、型号、质量、数量必须和现场材料需用计划相吻合，不允许有差错。少量的材料因规格不符而要求代用，必须办理技术和经济签证手续，分清责任。

②材料的计量。现场材料中有许多地方材料，计量中容易出现差错，应事先做好计量准备、约定好验量的方法，保证进场材料的数量。比如砂石计量，就应事先约好是车上验方还是堆场验方，如果是堆场验方则还应确定堆方的方法等。

③材料的质量。入场材料的质量,必须严格检查,确认合格后才能验收。因此,要求现场材料管理人员熟悉各种材料质量的检验方法。对于有的材料,必须附质量合格证明才能验收;有的材料虽有质量合格证明,但材料过了期也不能验收。

四、施工阶段的材料管理

1. 现场材料堆放管理

由于受场地限制,现场材料的堆放一般较仓库零乱一些,再加上进出料频繁,使保管工作更加困难。应重点抓住以下几个问题:

(1)材料的规格型号。对于易混淆规格的材料,要分别堆放,严格管理。

(2)材料的质量。对于受自然界影响易变质的材料,应特别注意保管,防止变质损坏。

(3)材料的散失。由于现场保管条件差,多数材料都是露天堆放,容易散失,要采取相应的防范措施。

(4)材料堆放的安全。现场材料中有许多结构件,它们体大量重不好装卸,容易发生安全事故。因此,要选择恰当的搬运和装卸方法防止事故发生。

知识链接

几种常用装饰装修材料的堆放管理

(1)水泥合理码放。水泥应入库保管。仓库地坪要高出室外地面20~30cm,四周墙面要有防潮措施,码垛时一般高度不超过10袋,最高不得超过15袋。不同品种、强度等级和日期的,要分开码放,挂牌标明。

特殊情况下,水泥需在露天临时存放时,必须有足够的遮垫措施,做到防水、防雨、防潮。散装水泥要有固定的容器,既能用自卸汽车进料,又能人工出料。

(2)木材保管。木材应按材种、规格、等级不同码放,要便于抽取和保持通风,板材、方材的垛顶部要遮盖,以防日晒雨淋。经过烘干处理的木材,应放进仓库。木材表面由于水分蒸发,通常容易干裂,应避免日光直接照射。采用狭而薄的衬条或用隐头堆积,或在端头设置遮阳板等。木材存料场地要高,通风要好,应随时清除腐木、杂草和污物,必要时用5%的漂白粉溶液喷洒。

(3)钢材保管。施工现场存放材料的场地狭小,保管设施较差。钢材中优质钢材,小规格钢材,如镀锌板、镀锌管、薄壁电线管等,最好入库入棚保管,若条件不允许,只能露天存放时,应做好铺垫。钢材在保管中必须分清品种、规格、材质,不能混清。保持场地干燥,地面不积水,清除污物。

(4)砂、石料合理堆放。一般应集中堆放在混凝土搅拌机和砂浆机旁,不宜过远。堆放要成方成堆,避免成片。平时要经常清理,并督促班组清底使用。

(5)砖的保管。按现场平面布置图,码放于垂直运输设备附近,便于吊运。不同品种规格的砖,应分开码放,基础墙、底层墙的砖可沿墙周围码放。使用中要注意清底,用一垛清一垛,断砖要充分利用。

2. 材料发放管理

现场材料发放工作的重点,是要抓住限额问题。现场材料需方多是施工班组或承包队,限额发料的具体方法视承包组织的形式而定。主要有以下两种:

(1)计件班组的限额领料。材料管理人员根据班组完成的实物工程量和材料需用计划确定班组施工所需材料用量,限额发放。班组领料时应填写限额领料单。

(2)按承包合同发料。实行内部承包经济责任制,按定包合同核定的预算包干材料用量发料。承包形式可分为栋号承包、专业工程承包、分项工程承包等。

五、竣工收尾阶段的材料管理

随着工程竣工而结束,在工程收尾阶段,材料管理也应进行各项收尾工作,保证工完场清。

1. 退料

工程竣工后的余料,应办理实物退料手续,冲减原领用数量,核算实际耗用量与节约、超耗数量。办理退料手续时,材料管理人员要注意退料的品种和质量,以便再次使用。对于退回的旧、次材料,应按质分等折价后办理手续。

> 工程进入收尾阶段,应全面清点余料,核实领用数,对照计划需用量计算缺料数量,按缺料数量进货,避免盲目进料造成现场材料积压。

2. 修旧利废

修旧利废,是增加企业经济效益的有力措施,应作为用料单位的考核指标。现场材料的利废措施很多,应结合实际条件加强管理,建立相应的利废制度。例如,钢筋断头的回收利用,水泥纸袋等各种包装物的回收利用,碎砖头的回收利用。

3. 现场清理

工程全部竣工后,材料管理部门应全面清理现场,将多余材料整理归类,运出现场以做他用。清理时,尤其要注意周转材料,特别是易丢失的脚手架扣件及钢模板的配件等的收集。现场清理是建筑企业退出施工项目的最后一道工作,必须引起足够的重视。它不仅可以回收大量多余及废旧材料,还可以做到工完场清,交给用户一个整洁的产品,提高企业信誉。

六、周转材料管理

周转材料是指能够多次应用于施工生产,有助于产品形成,但不构成产品实体的各种材料,是有助于建筑产品的形成而必不可少的劳动手段,是构成建筑物使用价值的必要部分。如浇捣混凝土所需的模板和配套件;施工中搭设的脚手架及其附件等。

1. 周转材料管理的任务

(1)根据生产需要,及时、配套地提供适量和适用的各种周转材料。

周转材料的分类

　　周转材料按其自然属性可分为钢制品和木制品两类；按使用对象可分为混凝土工程用周转材料、结构及装修工程用周转材料和安全防护用周转材料三类。

　　(2)根据不同周转材料的特点建立相应的管理制度和办法，加速周转，以较少投入发挥尽可能大的效能。

　　(3)加强维修保养，延长使用寿命，提高经济效果。

2. 周转材料管理的内容

　　(1)使用。周转材料的使用是指为了保证施工生产正常进行或有助于产品的形成而对周转材料进行拼装、支搭以及拆除的作业过程。

　　(2)养护。指例行养护，包括除去灰垢、涂刷防锈剂或隔离剂，使周转材料处于随时可投入使用的状态。

　　(3)维修。修复损坏的周转材料，使之完全恢复或部分恢复原有功能。

　　(4)改制。对损坏且不可修复的周转材料，按照使用和配套的要求进行大改小、长改短的作业。

　　(5)核算。包括会计核算、统计核算和业务核算三种核算方式。会计核算主要反映周转材料投入和使用的经济效果及其摊销状况，它是资金(货币)的核算；统计核算主要反映数量规模、使用状况和使用趋势，它是数量的核算；业务核算是材料部门根据实际需要和业务特点而进行的核算，它既有资金的核算，也有数量的核算。

3. 周转材料的租赁管理

　　租赁是指在一定期限内，产权的拥有方向使用方提供材料的使用权，但不改变所有权，双方各自承担一定的义务，履行契

> 周转材料租赁时，应根据周转材料的市场价格变化及摊销额度要求测算租金标准，并使之与工程周转材料费用收入相适应。

约的一种经济关系。实行租赁制度必须将周转材料的产权集中于企业进行统一管理,这是实行租赁制度的前提条件。租赁管理包括租用、验收和赔偿、结算。

(1)租用。项目确定使用周转材料后,应根据使用方案制定需求计划,由专人向租赁部门签订租赁合同,并做好周转材料进入施工现场的各项准备工作,如存放或拼装场地等。租赁部门必须按合同保证配套供应并登记"周转材料租赁台账"。

(2)验收和赔偿。租赁部门应对退库周转材料进行外观质量验收。如有丢失损坏,应由租用单位赔偿。租用单位退租前必须清除混凝土灰垢,为验收创造条件。

赔偿标准一般按以下原则掌握:

1)对丢失或严重损坏(指不可修复的,如管体有死弯、板面严重扭曲)按原值的50%赔偿。

2)一般性损坏(指可修复的,如板面打孔、开焊等)按原值30%赔偿。

3)轻微损坏(指不需使用机械,仅用手工即可修复的)按原值的10%赔偿。

(3)结算。租金的结算期限一般自提运的次日起至退租之日止,租金按日历天数逐日计取,按月结算。

知识链接

租赁费用计算

租用单位实际支付的租赁费用包括租金和赔偿费两项。

$$租赁费用(元)=\sum(租用数量×相应日租金(元)×租用天数+$$
$$丢失损坏数量×相应原值×相应赔偿率\%)$$

4. 周转材料的费用承包管理

周转材料的费用承包是项目管理对周转材料管理的要求。它是指以单位工程为基础,按照预定的期限和一定的方法测定一个适当的费用额度交由承包者使用,实行节奖超罚的管理。

(1)承包费用的确定。

1)承包费用的收入。承包费用的收入即是承包者所接受的承包额。承包额有两种确定方法,一种是扣额法;另一种是加额法。扣额法指按照单位工程周转材料的预算费用收入,扣除规定的成本降低额后的费用;加额法是指根据施工方案所确定的费用收入,结合额定周转次数和计划工期等因素所限定的实际使用费用,加上一定的系数额作为承包者的最终费用收入。所谓系数额是指一定历史时期的平均耗费系数与施工方案所确定的费用收入的乘积。其计算公式如下:

扣额法费用收入(元)=预算费用收入(元)×(1-成本降低率%)

加额法费用收入(元)=施工方案确定的费用收入(元)×
(1+平均耗费系数)

2)承包费用的支出。承包费用的支出是在承包期限内所支付的周转材料使用费(租金)、赔偿费、运输费、二次搬运费以及支出的其他费用之和。

(2)签订承包协议。承包协议是对承、发包双方的责、权、利进行约束的内部法律文件。一般包括工程概况、应完成的工程量、需用周转材料的品种、规格、数量及承包费用、承包期限、双方的责任与权力、不可预见问题的处理以及奖罚等内容。

知识链接

承包额的分解与分析

(1)分解承包额。承包额确定之后,应进行大概的分解。以施工用量为基础将其还原为各个品种的承包费用,例如将费用分解为钢模板、焊管等品种所占的份额。

(2)分析承包额。在实际工作中常常是不同品种的周转材料分别进行承包,或只承包某一品种的费用,这就需要对承包效果进行预测,并根据预测结果提出有针对性的管理措施。

（3）费用承包效果的考核。承包期满后要对承包效果进行严肃认真的考核、结算和奖罚。

承包的考核和结算指承包费用收、支对比，出现盈余为节约；反之，为亏损。如实现节约应对参与承包的有关人员进行奖励。可以按节约额进行金额奖励，也可以扣留一定比例后再予奖励。奖励对象应包括承包班组、材料管理人员、技术人员和其他有关人员。按照各自的参与程度和贡献大小分配奖励份额。如出现亏损，则应按与奖励对等的原则对有关人员进行罚款。

拓展阅读

提高承包经济效果的途径

费用承包管理方法是目前普遍实行项目经理责任制中较为有效的方法，企业管理人员应不断探索有效管理措施，提高承包经济效果。

提高承包经济效果的基本途径有两条：

（1）在使用数量既定的条件下努力提高周转次数。

（2）在使用期限既定的条件下，努力减少占用量。同时应减少丢失和损坏数量，积极实行和推广组合钢模的整体转移，以减少停滞、加速周转。

5. 周转材料的实物量承包管理

实物量承包是费用承包的深入和继续，是保证费用承包目标值的实现和避免费用承包出现断层的管理措施。

实物量承包的主体是施工班组，也称班组定包。它是指项目班子或施工队根据使用方案按定额数量对班组配备周转材料，规定损耗率，由班组承包使用，实行节奖超罚的管理办法。

（1）定包数量的确定，以组合钢模为例，说明定包数量的确定方法。

1）模板用量的确定。根据费用承包协议规定的混凝土工程量编制模板配模图，据此确定模板计划用量，加上一定的损耗量即为交由班组使用的承包数量。其计算公式如下：

模板定包数量（m²）＝计划用量（m²）×（1＋定额损耗率％）

式中,定额损耗量一般不超过计划用量的 1%。

2)零配件用量的确定。零配件定包数量根据模板定包数量来确定。其计算公式为：

零配件定包数量（件）＝计划用量（件）×（1＋定额损耗率）

$$计划用量（件）＝\frac{模板定包数量（m²）}{1000（m²）}×相应配件用量（件）$$

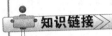

知识链接

每万 m² 模板零配件的用量

U 型卡:140000 件;插销:300000 件;

内拉杆:12000 件;外拉杆 24000 件;

三型扣件:36000 件;勾头螺栓:12000 件;

紧固螺栓:12000 件。

（2)定包效果的考核和核算。定包效果的考核主要是损耗率的考核。即用定额损耗量与实际损耗量相比,如有盈余为节约;反之,为亏损。如实现节约则全奖给定包班组,如出现亏损则由班组赔偿全部亏损金额,根据定包及考核结果,对定包班组兑现奖罚。

知识链接

周转材料租赁、费用承包和实物量承包三者之间的关系

周转材料的租赁、费用承包和实物量承包是三个不同层次的管理,是有机联系的统一整体。实行租赁办法是企业对工区或施工队所进行的费用控制和管理;实行费用承包是工区或施工队对单位工程或承包标段所进行的费用控制和管理;实行实物量承包是单位工程承包栋号长对使用班组所进行的数量控制和管理。三者便形成了既有不同层次、不同对象

的,又有费用的和数量的综合管理体系。降低企业周转的费用消耗,应该同时搞好三个层次的管理。限于企业的管理水平和各方面的条件,作为管理初步,可于三者之间任选其一。如果实行费用承包则必须同时实行实物量承包,否则,费用承包易出现断层,出现"以包代管"的状况。

第二节 施工机具管理

一、施工机具的入库与出库管理

1. 施工机具入库管理

施工机具购回后,应由物资质检部门按质按量组织验收,按实际质量认真填写"入库单",对"入库单"的外购地、入库时间、物资名称、规格型号、数量、单价、金额、交货人、承包人和验收入库人等应逐一填写,不得漏项,对无随货同行发票的货物金额应由交货人提供采购价,财务据此入账核算,待发票到后再按实际价格调整。

知识链接

施工机具外购管理

施工机具外购时,首先由用料部门提出用料计划,由分管领导和会计审核,交财务部门纳入收支计划,并通过单位内部支付款项,再由供应部门负责实施采购。

(1)成品入库必须有质检部门验收的"合格证",由保管员按规格、品种填写成品"入库单",质检员、保管员和当班生产负责人均应签字。

(2)对于外购物资数量短缺、品种质量不符合,由采购人负责更换,更换费用或因此而造成的损失由采购人个人承担,生产产品因质量问题而返修,销售退回所发生的损失由生产部门承担。

运费结算管理

运费结算必须在运输发票后附有一次复写的"入库单"的"运费结算联",如无运费,应将该联连同"入库单"的"财务联"一起附于购货发票后交财务入账。

(3)列入固定资产管理的新机具验收入库后,必须向公司相关部门申请固定资产分类编号,由公司机具管理员填写台账和管理卡,对随机来的图纸、说明书等技术资料应建立技术档案,立案保管。

(4)分公司或项目部机具管理员对设备的主机、副机及零配件应妥善保管,配套堆放,不得分散,不准拆离挪作他用。

2. 施工机具出库管理

(1)生产用物资由生产部门按生产所需于材料会计处办理"出库单"手续,对非生产用物资领用人应持领用审批手续,办理"出库单"及相关手续,仓库保管员凭"出库单"据实发货。

(2)月末,已领用但尚未耗用的物资(包括残余料),应及时退回仓库,便于财务如实核算成本。

(3)材料会计在月底时,应将当月的存货出入库按部门分项目汇总,与仓库保管、生产部门核对一致后,报给成本会计。

3. 库存管理

(1)保管员应设置各种存货保管明细账,并根据出入库单进行账簿登记,经常与财务核对账目,实地盘点实物,保证账账相符,账实相符。物资要堆放整齐,标签清楚,存放安全,保管员对存货的安全和完整负责。

(2)对用量或金额较大,领用次数频繁的物资应每月盘点一次,对于所有存货至少一年彻底清查一次。

(3)盘点时,由供应、生产、仓库、质检、财务等部门组成财产清查小组,对存货进行实地盘点,查找盈亏、积压等原因,编制盘存表,提出处理意见,参与清查的人员应在盘存表上签字,以示负责。

二、施工机具的购置与租赁管理

1. 施工机具的购置

施工机具按各公司的物资采购管理制度进行采购。购入后的施工机具应进行验收,核对型号、规格、数量、配件等是否相符,并及时办理入账。如发现质量问题应以书面形式详细说明,并及时向供应商提出退货或索赔。

知识链接

施工机具购置的考虑

施工机具的购置应考虑在施工中对环境保护的要求和操作者及周围人员的健康和安全。必要时应对设备生产商提出相关条件。

购置的新型机具在试运转和使用前应对其环境因素进行识别、评价和危险源辨识及风险评价,确保新型机具符合环境、职业健康安全管理体系的要求。编制操作规程,将该机的技术性能、操作和保养规程及注意事项向操作人员进行技术交底,并经过训练能独立操作后,才能正式投入施工使用。大型固定式的施工机具,必须严格按照要求进行安装就位,待基础设施稳妥后才能试机运行。

2. 施工机具的租赁

施工机具的租赁应符合下列规定:

(1)由项目部编制机具计划,送交公司机具管理员。

(2)交接双方必须认真填写租用机具的《机具调度(退库)交接单》,内容包括名称、规格、编号、随机附件、租赁单价、租赁日期等。

(3)交接双方应对租赁的机具按交接单内容逐一核对,有条件时应进行试机。

(4)项目部之间互相调剂的机具,应填写《机具调度(退库)交接单》，并经机具管理员同意。

（5）由项目部退回公司仓库的机具，项目部应填写《机具调度（退库）交接单》办退库手续。机具管理员应对退库机具进行检修，并负责办理有关常规送修手续。

（6）由项目部退回仓库的机具，由于使用不当需修理所发生的修理费由项目部负责。

（7）公司机具管理员应每月定期填写《租用机具台班费（租金）计费单》，统计各项目部该月租用机具的金额，分别送交公司材料设备部、财务部、各项目部。

（8）项目部向公司材设部租赁各种机具，公司材设部有权根据需要，按一定比例合理搭配新旧，项目部不得以任何理由拒绝签领。

（9）项目部租赁的机具，原则上必须服务于本公司承包的工程项目，不得挪作他用，个人不得带各种机具离场。外借机具，必须得到项目部负责人批准，并通知分公司机具管理员办理租赁手续。

知识链接 >>

租赁机具的停止使用及其损坏、遗失处理

（1）机具停止使用的规定。

1）根据施工现场的实际情况，项目部确定停止使用 10d 以上、一个月以内恢复使用的有关施工机具，由项目部提出书面申请，填写《机具停台申请表》，报分公司材料设备部主任批准，机具管理员凭有关批文办理，若到期仍未具备启动条件的，应办理延期手续。若不办理延期手续，将作为重新启用计算租金。

2）已办理停台手续的机具，停台期间未征得公司相关部门同意，私自启用，一经发现，即按台班费 10 倍的收费计收。

3）因施工需要启动停台机具的，必须先通知机具管理员，办理停台注销手续，并根据使用情况，作适当的收费。

4）机具出租后，在使用过程中发生故障，应及时通知公司材料设备部进行检修，检修费由分公司承担。但因违反操作规程，造成严重损坏的机具，修理费除由项目部负责外，还将追究操作人员的责任。

5)各种中小型机具及各种电动工具原则上不办理停台手续,项目部确认不需要的,可退回分公司仓库,以便统一调度。

(2)机具的损坏、遗失处理。

1)项目部租用分公司的机具设备,必须加强对机具的管理。凡施工使用不当或故意损坏机具者,视机具的损坏程度按50%～100%进行罚款处理。

2)大型机具随机附件的损坏,经现场施工人员证明不能使用后,通知分公司材料设备部进行检查鉴定,属操作不当,不遵守操作规程而导致损坏的,一切修理费用由租用单位负责。

3)中小型机具,包括套丝机、咬口机、试压泵、卷扬机、空压机、焊机、电动工具(包括冲击钻、手电钻、手枪钻、电动磨角机、电动拉铆钳)等,在项目部遗失、被盗,应由项目部以书面形式向公司材料设备部及主管经理报告,详细说明有关被盗、遗失情况,视具体情况按原值50%～100%的赔偿。

三、施工机具的使用管理

装饰装修施工主要机械应贯彻"定机、定人、定岗位"责任制,即把机具交给操作人员或机组人员固定使用,在使用过程中对机具的技术状况和使用效率全面负责。

项目部或加工车间应配备专职或兼职机具管理员管理施工现场的施工机具,机具管理员应对所有进场的施工机具进行检查,根据检查的结果按规定进行标识,并记录《工地施工机具台账》。

 知识链接

施工机具的标识

机具管理员应按以下规定对施工机具状态进行标识:

(1)列入公司固定资产管理的机具及一般电动工具都要进行标识。

(2)施工机具以其随机铭牌作为标识。

(3)施工机具的状态采用粘贴不干胶形式的标识牌进行标识,分为"完好"、"故障"、"报废"。标识牌尺寸均为:高40mm,宽60mm;有内外两个边框,两边框的间隙宽度为4mm,不同类型标识牌间隙填充不同的颜色。

1)"完好"标识牌边框间隙填充绿色,内容包括:名称规格、检修时间、经手人。运行、检修完好的机具,由公司机具管理员负责填写、粘贴"完好"标识牌。

2)"故障"标识牌边框间隙填充红色,内容包括:名称规格、故障内容、检验时间、经手人。有故障的机具,由公司机具管理员或项目部机具管理员负责填写、粘贴"故障"标识牌,并应及时维修。

3)"报废"标识牌边框间隙填充黄色,内容包括:名称规格、编号、报废时间、经手人。申请报废或报废的机具,由公司机具管理员负责填写、粘贴"报废"标识牌,并应及时处理。

1. 施工机具的摆放

施工机具应按平面布置图规定的位置摆设,进出有序,机体清洁;电源线路的架设、开关箱安装、电器设备接地等应符合电气安全规定。

在施工机具机身或机具摆放现场应以固定方式粘贴、悬挂"操作规程"牌,对机具的安全要求应符合《员工健康管理规定》,对在场设备应有防水、防晒、防火、防盗等安全保护措施。

2. 施工机具的操作

施工机具的操作,要由具备上岗条件的人员操作,并负责日常保养工作。对于个别班组共同使用及不宜固定操作人员的一般机具则实行班(组)长负责制。

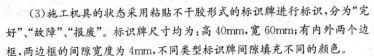

知识链接

需取得操作证的主要机具

需取得操作证的主要机具包括:吊车、车床、刨床、铣床、磨床、冲剪床、柴油发电机、卷扬机、贵重的探测仪器等,并按技术监督部门对特种设备、车辆操作人员的规定,要求取得资格证后才能独立操作。

（1）操作人员必须严格按照机具操作规程或机具技术说明书的要求进行操作，发现机具运行异常，应停机检查原因，及时消除事故隐患。凡带电操作的施工机具，必须装有漏电保护开关，否则，禁止使用。

（2）当发现机具操作者危及安全生产，操作人员有权拒绝操作，现场施工指挥和机具管理人员必须立即停止使用。

（3）实行多班制作业的机具操作人员，必须认真做好机具交接手续，共同维护好施工机具。

（4）项目部机具管理员应对车床、刨床、铣床、磨床、冲剪床、卷板机、剪板机、柴油发电机和卷扬机等主要机具进行保养，填写"主要机具运行状况记录表"，季度末送分公司材料设备部机具管理员汇总，对一级保养应记录保养的日期。

（5）施工现场租用分公司的设备应通过分公司机具管理员调度。用后的设备应在退场前进行检修。如条件不具备的，应将技术状况、存在问题用书面记录随机送回仓库，以便及时进行检修。

（6）施工机具所用燃油、液压油和润滑油脂，必须按规定型号取用，凡代用型号，必须经公司机具管理员同意。燃油、液压油和润滑油脂的存放、领用和废弃处理应符合危险化学品管理的相关规定。

（7）对大型施工机具移位、运输及装卸时，由项目部和分公司设备材料部共同制订具体方案，确保设备和人员的安全。

特别强调

施工机具使用注意事项

施工机具在使用过程中产生的噪声、废水、废气、固体废弃物应符合相关管理规定，所消耗的水、电、汽油等能源应符合国家关于资源、能源管理的相关规定。

（8）机具管理员应经常深入施工现场，监督检查操作者对机具的使用情况，发现无证操作或使用不当的，应提出制止及纠正。机具管理员应对出现故障的施工机具及时标识"故障"牌,有故障的机具不准使用。

四、施工机具维修、保养管理

施工机具的维修与保养应贯彻"养修并重、预防为主"的方针,做好施工机具维护保养工作。具体应符合下列规定:

(1)机具管理员根据机具使用情况及汇总的《主要机具运行记录表》,每年年初制订主要机具定期维修保养计划,填写《主要机具定期维修、保养计划表》,报公司材料设备部主任批准,并报送公司科技部备案。

(2)机具在小修和大修之间由分公司维修人员在施工机具从工地退场时进行检修。

(3)特种、大型进口设备需要进行修理和修后验收时,有关技术问题应会同分公司工程部研究处理。

(4)对货运汽车的维修保养(包括等级评定、季审、年审),公司机管员应按照交通管理部门的规定执行;吊车的审验按质量技术监督部门的规定执行。

(5)公司机具管理员应按批准的《主要机具定期维修、保养计划》进行维修和二级保养,填写《机具维修保养记录表》,并把此记录存入该设备的技术档案中。

(6)需送专业维修厂修理的机具,当单机维修费超过 500 元时,材料设备部应报公司主管副经理批准。送修时,应向承修单位索取修理项目和更换部件的明确清单以备查考。竣工验收时应严格对照修理项目验收,并取回所有检修的技术资料,存入该设备的技术档案中。不得将机具给无修理资质证书的承修单位去修理。

(7)对检修后的施工机具按制度规定标识"完好"牌。

(8)对于在维修、保养中更换出的冷却液、润滑油等化学物品的处理应符合对危险化学品管理的相关规定,更换出的废旧零部件等固体废弃物处理应符合固体废弃物管理规定。

知识链接

施工机具保养、维修的分类与职责

(1)施工机具保养分类和职责。

1)例行保养(例行保养由机具操作工在班前、班后进行):

①清除机具污垢。

②检查安全保护装置是否可靠。

③检查传动、振动、摩擦部分、噪声、温升状况是否正常。

④检查机具转动装置和运行工作情况。

⑤加添润滑油、冷却水。

⑥检查转向机构、机具各部位螺栓、拉杆、接头是否紧固。

2)一级保养(一级保养由机具操作工每月进行一次),主要做以下保养:

①清洗各部滤清器,清除油箱的沉淀杂质。

②添加或更换润滑油。

③检查离合器摩擦片的间隙并调整。

④检查制动器有没有漏油、漏气、漏水及失灵等现象并调整。

3)二级保养(二级保养由分公司维修人员进行,在机具从工地退场检修时进行),主要做以下保养:

①检查冷却、润滑、燃油系统。

②检查电机和发动机工作情况及加速性能是否良好。

(2)施工机具修理分类和职责。

①小修:机具在使用过程中临时发生局部故障或个别零部件损坏所进行的修理。由使用部门进行修理和调整。

②大修:全面恢复机具的性能所采取的检修制度。修理时,必须整机解体,修复可修的零件,更换不可修的零件。

五、施工机具报废、更新管理

(1)施工机具具有下列条件之一者应当报废:

1)磨损严重,基础部件已损坏,再进行大修已不能达到使用和安全要求的。

2)技术性能落后,耗能高,效率低,无改造价值的。

3)修理费用高,在经济上不如更新合算的。

4)属于淘汰机型,现已损坏严重又无配件来源的。

> 已报废的设备,未经公司材料设备部同意,不得拆换零部件和自行处理。

(2)一般施工机具的报废,由公司机具管理员填写《报废单》,经公司材料设备部批准后,报公司主管经理审批。列入固定资产管理的机具的报废,由公司机具管理员填写《固定资产报废申请表》,报公司科技部批准,并按固定资产管理办法办理相关手续。

(3)报废后的机具按固体废弃物管理规定进行处理。报废后的各类起重施工机具(如吊车、卷扬机),一律不准使用。已报废的各类电焊机、机床如需留用,经全面安全检查鉴定维修(电器部分必须装有漏电保护器)后,在确保安全的前提下报公司材料设备部备案后方可继续使用。

(4)对申请报废或已报废的施工机具按制度规定标识"报废"牌。

六、施工机具技术资料档案管理

(1)施工机具技术档案资料的收集、整理、建档、保管、统计按照《综合档案管理制度》执行。

(2)公司材料设备部和项目部的机具管理员分别负责建立与健全公司和项目部的机具设备卡、台账及技术资料档案;按时统计编制机具报表,做到及时、准确、清楚。

(3)机具在购置、使用直至报废全过程的技术、经济等资料,都要记录和收集并纳入"机具技术资料档案"。

知识链接

施工机具技术资料档案的内容

(1)机具统一编号、名称、型号、制造厂、出厂日期、出厂编号、原值、购入和启用日期、使用单位以及其他情况的汇总记录。

(2)机具技术试验记录。

(3)随机附来的文字说明和图纸资料。

(4)机具维修保养记录和设备改装的图纸资料。

(5)机具事故记录及处理资料。

(6)其他有关技术资料。

第三节 施工进度管理

一、影响装饰装修施工进度的因素

1. 项目施工单位内部因素

(1)技术性失误。包括:施工技术措施不当、发生技术事故和质量不合格引起返工。

知识链接

项目经理部工作要求

项目经理部的活动对施工进度起着决定性作用,为避免施工单位内部因素拖延施工进度,应做到:

(1)提高项目经理部的组织管理水平、技术水平。

(2)提高施工作业层的素质。

(3)重视内部关系的协调。

(2)施工组织管理不利。包括:施工组织不合理,人力、机械设备调配不当,解决问题不及时;与内部相关单位关系协调不好;项目经理部管理水平低;土建、安装、空调等制约。

2. 相关单位等外部因素

(1)设计图纸供应不及时或有误。

(2)业主要求设计变更。

(3)实际工程量增减变化。

(4)材料供应、运输等不及时或质量、数量、规格不符合要求。

(5)水电、通信等部门、分包单位没有认真履行合同或违约。

(6)资金没有按时拨付等。

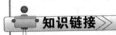

相关单位配合关系

相关单位的密切配合与支持,是保证施工项目进度的必要条件,为避免相关单位等外部因素拖延施工进度,应做到:

(1)与有关单位以合同形式明确各方协作配合要求,严格履行合同,寻求法律保护,减少和避免损失。

(2)编制进度计划时,要充分考虑向主管部门和职能部门进行申报、审批所需的时间,留有余地。

3. 不可预见因素

(1)施工现场水文地质状况比设计合同文件预计的要复杂得多。

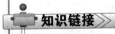

避免不可预见因素发生

不可预见因素一旦发生就会造成较大影响,为避免该类因素拖延施工进度,项目经理部应做到:

(1)做好调查分析和预测。

(2)有些因素可通过参加保险,规避或减少风险。

(2)企业倒闭、工人罢工。

(3)严重自然灾害。

(4)战争、政变等政治因素等。

二、装饰装修工程进度管理要点

(1)制订包括设计图纸到位、装饰材料供应、施工队伍调配及现场交叉作业在内的综合性进度计划。

(2)计划层层分解、落实,及时检查反馈、狠抓关键路线。

(3)把好图纸会审关,保证及时、准确、配套供应设计图纸。

(4)把好装饰材料订货、催货、运输关,保证按时、按质、按量供应各种装饰材料及相关设备。

(5)改革传统装饰工艺,有条件的项目尽量采用场外加工、现场组装的工艺,加速施工进度。

(6)坚持以质量求进度的正确方针,以求一次施工成活,杜绝返工。

(7)加强工人培训,配备先进工具,改善劳动环境,提高劳动效率。

(8)精心组织交叉施工,定期组织现场协调会,避免工序脱节造成窝工或工序颠倒造成成品交叉破坏。

三、装饰装修施工进度管理的方法

装饰装修施工进度的管理方法就是规划、控制和协调。规划是指确定施工项目总进度控制目标和分进度控制目标,并编制其相应的进度计划;控制是指在施工项目实施的全过程中,进行施工实际进度与施工计划进度的比较,对出现的偏差及时采取措施进行调整;协调是指项目部主动协调与施工有关的各单位、部门之间的进度关系。

在实际操作中,可以采用以下几种控制进度的基本方法:

1. 实施动态循环控制

施工项目的进度控制是一个动态、不断循环的过程。从项目施工开始,实际进度就出现了运动的轨迹,也就是进入了计划执行的动态过程。当实际进度按照计划进度进行时,二者相吻合;当实际进度与计划进度不一致时,便产生超前或落后的偏差。这就要及时分析偏差产生的原因,采取相应的措施,调整原来计划,使二者在新的起点上重合,继续进行施工活动,使实际工作按调整后的计划进行。但是在新的干扰因素作用下,又会产生新的偏差,又需要进行新的调整。采用这种动态循环的控制方法,直至施工任务全部完成。

2. 建立施工项目的计划、实施和控制系统

(1)建立计划系统。在各种施工组织设计中所制订的施工进度计划的基础上,进一步完善,使其构成施工项目进度计划系统,这是对项目施工实行进度控制的首要条件。施工项目进度计划系统主要由施工项目总进度计划、单位工程施工进度计划、分部分项工程施工进度计划、季度和月(旬)作业计划等组成。

> 为保证总体计划目标的实现和落实。执行计划时,从月(旬)作业计划开始实施,逐级按目标控制,从而达到对施工项目的整体进度控制。

(2)建立计划实施的组织系统。施工项目进度计划的实施,是由施工全过程的各专业队伍,遵照计划规定的目标,去努力完成一个个任务;施工组织的各级负责人,从项目经理、施工队长、班组工长及其所属全体成员要组成施工项目实施的完整组织系统都按照施工进度规定的要求进行严格管理、落实和完成各自的任务。

(3)建立进度控制的组织系统。为了保证项目施工进度按计划实施,必须有一个项目进度的检查控制系统。他们分工协作,形成一个纵横连接的施工项目控制组织系统。实施是计划控制的落实,控制为保证计划按期实施。

3. 加强信息反馈工作

信息反馈是施工项目进度控制的依据,不进行信息反馈,则无法进行计划控制。施工项目进度控制的过程就是信息反馈的过程。

4. 编制具有弹性的进度计划

编制施工进度计划时要留有余地,使施工进度计划具有弹性。在进行施工项目进度控制时,便可以利用这些弹性,缩短有关工作的时间,或者改变它们之间的搭接关系,仍可达到预期的计划目标。

5. 采用网络计划技术

在施工项目进度的控制中利用网络计划技术原理编制进度计划,又利用网络计划的工期优化、工期与成本优化和资源优化的理论来调整计划。网络计划技术是施工项目进度控制和分析计算的基本方法。

四、装饰装修工程进度管理实施

(一)进度计划的编制

装饰装修工程进度计划的编制应考虑土建、安装等项目的综合进度。科学合理的编制施工进度计划的要求如下:

1. 符合实际施工的要求

要掌握有关工程项目的施工合同、规定、协议,施工技术资料、工程性质规模、工期要求。了解交通、材料供应、运输能力等各种变化的施工条件和劳动力、机械设备、材料等情况。

2. 均衡、科学地安排计划

编制施工作业进度计划要统筹兼顾,全面考虑,搞好施工任务与劳动力、机械设备、材料供应之间的平衡,科学合理地安排人力、物力。目前,基层施工单位在编制施工作业进度计划时,大都采用"横道图"形式,绘图简便明了,但它不能准确反映工程中各工序之间的相互关系,科学性不强。而流水作业、网络计划能准确反映这些关系,并能体现主次关系,便于管理人员进行综合调整,确保工程按期完成。

3. 积极可行,留有余地

所谓积极,就是既要尊重规律,又要在客观条件允许的情况下充分发挥主观能动性,挖掘潜力,运用各种技术组织措施,使计划指标具有先进性。建筑行业的施工作业进度计划安排一般要求抓好结构施工,结构进度抓住了,瓦、木、水电、油漆等工种就能形成大流水,从而也能对安全生产起促进作用。所谓可行,就是要从实际出发,充分考虑计划的可行性,使计划留有充分余地。如对确定搞优良工程的项目,就必须考虑这一具体要求指标,在保证工期的前提下,进度不能要求提前过多,用工上要适当增加。同时,不仅要从管理上着手抓好,而且在时间上也要留有充分余地,这样才能实现预期的目标。

(二)进度计划的实施

装饰装修工程进度计划的实施就是按施工进度计划开展施工活动,落实和完成计划内容。装饰装修工程进度计划逐步实施的过程就是装饰装修项目逐步完成的过程。为了保证施工计划的有序进行,保证各个阶段进度目标的实现。

1. 编制月(旬或周)作业计划

(1)每月(旬或周)末,项目经理提出下期目标和作业项目,通过工地例会协调后编制。

(2)应根据规定的计划任务,当前施工进度,现场施工环境、劳动力、机械等资源条件编制。

(3)作业计划是施工进度计划的具体化,应具有实施性,使施工任务更加明确,具体可行,便于测量、控制、检查。

(4)对总工期跨越一个年度以上的施工项目,应根据不同年度的施工内容,编制年度和季度的控制性施工进度计划,确定并控制项目的施工总进度的重要节点目标。

(5)项目经理部应将资源供应进度计划和分包工程施工进度计划纳入项目进度管理范畴。

2. 签发施工任务书

施工任务书是下达施工任务,实行责任承包,全面管理和原始记录的综合性文件。施工任务书包括:施工任务单、限额领料单、考勤表等。

(1)施工任务单包括分项工程施工任务、工程量、劳动量、开工及完工日期、工艺、质量和安全要求。在施工进度实施中,施工任务单充分贯彻和反映作业计划的全部指标,是保证作业计划的基本文件。填写、布置、执行施工任务单是工程进度实施中的重要工作内容。

（2）限额领料单根据施工任务单编制，是控制班组领用施工材料的依据，其中列明材料名称、规格、型号、单位和数量、领退料记录等。

工长根据作业计划按班组编制施工任务书，签发后向班组下达并落实施工任务。在实施过程中，做好记录，任务完成后回收，作为原始记录和业务核算资料保存。

3. 做好施工进度记录，填写施工进度统计表

各级施工进度计划的执行者做好施工记录，如实记载计划执行情况：

（1）每项工作的开始和完成时间，每日完成数量。

（2）记录现场发生的各种情况、干扰因素的排除情况。

（3）跟踪做好形象进度、工程量、总产值、耗用的人工、材料、机械台班、能源等数量统计。

（4）及时进行统计分析并填表上报，为施工项目进度检查和控制分析提供反馈信息。

4. 做好施工调度工作

施工调度是掌握计划实施情况，组织施工中各阶段、环节、专业和工种的互相配合，协调各方面关系，采取措施，排除各种干扰、矛盾，加强薄弱环节，发挥生产指挥作用，实现连续均衡顺利施工，以保证完成各项作业计划，实现进度目标。其具体工作：

（1）执行施工合同中对进度、开工及延期开工、暂停施工、工期延误、工程竣工的承诺。

（2）落实控制进度措施，应具体到执行人、目标、任务、检查方法和考核办法。

（3）监督检查施工准备工作、作业计划的实施、协调各方面的进度关系。

（4）督促资源供应单位按计划供应劳动力、施工机具、材料构配件、运输车辆等，并对临时出现问题采取解决的调配措施。

（5）由于工程变更引起资源需求的数量变更和品种变化时，应及时调整供应计划。

（6）按施工平面图管理施工现场，遇到问题做必要的调整，保证文明施工。

（7）及时了解气候和水、电供应情况，采取相应的防范和调整保证措施。

（8）及时发现和处理施工中各种事故和意外事件。

（9）协助分包人解决项目进度管理中的相关问题。

（10）定期、及时召开现场调度会议，贯彻项目主管人的决策，发布调度令。

（11）当发包人提供的资源供应进度发生变化不能满足施工进度要求时，应敦促发包人执行原计划，并对造成的工期延误及经济损失进行索赔。

（三）施工进度的动态检查

在施工进度计划的实施过程中，由于各种因素的影响，通常会打乱原始计划的安排而出现进度偏差。因此，施工人员必须对施工进度计划的执行情况进行动态检查，并分析进度偏差产生的原因，以便为施工进度计划的调整提供必要的信息。

1. 跟踪检查施工实际进度

为了对施工进度计划的完成情况进行统计、分析和调整计划提供信息，应对施工进度计划依据其实施记录进行跟踪检查。

跟踪检查施工实际进度是分析施工进度、调整进度计划的前提。其目的是收集实际施工进度的有关数据。跟踪检查的时间、方式、内容和收集数据的质量，将直接影响进度控制工作的质量和效果。

检查的时间与施工项目的类型、规模，施工条件和对进度执行要求程度有关，通常分为两类：一类是日常检查；另一类是定期检查。日常检查是每日进行的检查，采用施工记录和施工日志的方法记载下来；定期检查一般与计划安排的周期和召开现场会议的周期相一致，可视工程的情况，每月、每半月、每旬或每周检查一次。当施工中遇到天气、资源供应等不利因素的严重影响，检查的间隔时间可临时缩短。定期检查在制度中应规定出来。

检查施工任务单主要内容包括:在检查时间段内任务的开始时间、结束时间,已进行的时间,完成的实物量或工作量,材料消耗情况及主要存在的问题等。

2. 整理统计检查数据

对于工程施工任务单、限额领料单等单据,要进行必要的整理、统计。要以相同的量纲和形象进度,形成与计划进度具有可比性的数据。一般可以按实物工程量、工作量和劳动消耗量以及累计百分比整理和统计实际检查的数据,以便与相应的计划完成量相对比分析。

3. 对比分析实际进度与计划进度

项目管理部会将收集的资料,整理和统计成与计划进度具有可比性的数据后,用实际进度与计划进度的比较方法进行比较分析。通过比较得出实际进度与计划进度是相一致,还是超前,或者是拖后三种情况,以便为决策提供依据。

4. 施工进度检查结果的处理

施工进度检查要建立报告制度,即将施工进度检查比较的结果、有关施工进度现状和发展趋势,以最简练的书面报告形式提供给有关主管人员和部门。施工管理级的进度报告是以某个重点部位或重点问题为对象编写的报告,供项目管理者及各业务部门使用,以便采取应急措施。

(四)施工进度计划的调整

1. 分析进度偏差的影响

在工程项目实施过程中,当通过实际进度与计划进度的比较发现有进度偏差时,采取相应的调整措施对原进度计划进行调整,以确保工期目标的顺利实现。进度偏差的大小及其所处的位置不同,对后续工作和总工期的影响程度是不同的,分析时需要利用实际进度与进度计划图表比对完成。

2. 施工项目进度计划的调整方法

通过检查分析,如果发现原有进度计划已不能适应实际情况,为了确保进度控制目标的实现或需要确定新的计划目标,就必须对原有进度计划进行调整,以形成新的进度计划,作为进度控制的新依据。施工进度计划的调整方法主要有两种:一是改变某些工作间的逻辑关系;二是缩短某些工作的持续时间。在实际工作中应根据具体情况选用上述方法进行进度计划的调整。

(1)改变某些工作间的逻辑关系。若检查的实际施工进度产生的偏差影响了总工期,在工作之间的逻辑关系允许改变的条件下,改变关键线路和超过计划工期的非关键线路上的有关工作之间的逻辑关系,达到缩短工期的目的。用这种方法调整的效果是很显著的。例如,可以把依次进行的有关工作改变为平行或互相搭接施工,以及分成几个施工段进行流水施工等,都可以达到缩短工期的目的。

(2)缩短某些工作的持续时间。这种方法的特点是不改变工作之间的先后顺序关系,通过缩短网络计划中关键线路上工作的持续时间来缩短工期。这时通常需要采取一定的措施来达到目的。具体措施见表11-2。

表 11-2　　　　　　　缩短某些工作持续时间的具体措施

序号	项目	内　　容
1	组织措施	(1)增加工作面; (2)组织更多的劳动工人; (3)增加每天的施工时间(如采用三班制等); (4)增加劳动力和施工机械的数量等措施
2	技术措施	(1)改进施工工艺和施工技术,缩短工艺技术间歇时间; (2)采用更先进的施工方法,以减少施工过程的数量; (3)采用更先进的施工机械等措施
3	经济措施	(1)实行包干奖励; (2)提高奖金数额; (3)对所采取的技术措施给予相应的经济补偿等措施
4	其他配套措施	(1)改善外部配合条件; (2)改善劳动条件; (3)实施强有力的调度等措施

压缩对象的选择

一般来说,不管采取哪种措施压缩关键工作的持续时间,都会增加费用。因此,在调整施工进度计划时,应利用费用优化的原理选择费用增加量最小的关键工作作为压缩对象。

除分别采用上述两种方法来缩短工期外,有时由于工期拖延得太久,当采用某种方法进行调整,其可调整的幅度又受到限制时,还可以同时利用这两种方法对同一施工进度计划进行调整,以满足工期目标的要求。

五、实际进度与计划进度的比较方法

(一)横道图比较法

横道图比较法是指将项目实施过程中检查实际进度收集到的数据,经加工整理后直接用横道线平行绘于原计划的横道线处,进行实际进度与计划进度的比较方法。采用横道图比较法可以形象、直观地反映实际进度与计划进度的比较情况。

1. 匀速进展横道图比较法

匀速进展是指在工程项目中每项工作在单位时间内完成的任务都是相等的,即工作的进展速度是均匀的,采用匀速进展横道图比较法时,其步骤如下:

(1)编制横道图进度计划。

(2)在进度计划上标出检查日期。

(3)将检查收集到的实际进度数据经加工整理后按比例用涂黑的粗线标于计划进度的下方,如图 11-1 所示。

(4)对比分析实际进度与计划进度:

1)如果涂黑的粗线右端落在检查日期左侧,表明实际进度拖后。

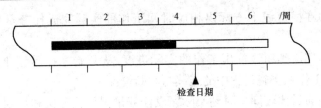

图 11-1　匀速进展横道图比较法

2)如果涂黑的粗线右端落在检查日期右侧,表明实际进度超前。

3)如果涂黑的粗线右端与检查日期重合,表明实际进度与计划进度一致。

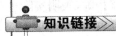

匀速进展横道图适用范围

　　匀速进展横道图比较法仅适用于工作从开始到结束的整个过程中,其进展速度均为固定不变的情况。如果工作的进展速度是变化的,则不能采用这种方法进行实际进度与计划进度的比较;否则,会得出错误的结论。

2. 非匀速进展横道图比较法

　　当工作在不同单位时间里的进展速度不相等时,累计完成的任务量与时间的关系就不可能是线性关系。此时,应采用非匀速进展横道图比较法进行工作实际进度与计划进度的比较。

　　非匀速进展横道图比较法在用涂黑粗线表示工作实际进度的同时,还要标出其对应时刻完成任务量的累计百分比,并将该百分比与其同时刻计划完成任务量的累计百分比相比较,判断工作实际进度与计划进度之间的关系。

　　采用非匀速进展横道图比较法时,其步骤如下:

　　(1)编制横道图进度计划。

　　(2)在横道线上方标出各主要时间工作的计划完成任务量累计百分比。

(3)在横道线下方标出相应时间工作的实际完成任务量累计百分比。

(4)用涂黑粗线标出工作的实际进度,从开始之日标起,同时,反映出该工作在实施过程中的连续与间断情况。

(5)通过比较同一时刻实际完成任务量累计百分比和计划完成任务量累计百分比,判断工作实际进度与计划进度之间的关系:

1)如果同一时刻横道线上方累计百分比大于横道线下方累计百分比,表明实际进度拖后,拖欠的任务量为二者之差。

2)如果同一时刻横道线上方累计百分比小于横道线下方累计百分比,表明实际进度超前,超前的任务量为二者之差。

3)如果同一时刻横道线上下方两个累计百分比相等,表明实际进度与计划进度一致。

可以看出,由于工作进展速度是变化的,因此,在图中的横道线,无论是计划的还是实际的,只能表示工作的开始时间、完成时间和持续时间,并不表示计划完成的任务量和实际完成的任务量。另外,采用非匀速进展横道图比较法,不仅可以进行某一时刻(如检查日期)实际进度与计划进度的比较,而且还能进行某一时间段实际进度与计划进度的比较。当然,这需要实施部门按规定的时间记录当时的任务完成情况。

(二)S 曲线比较法

S 曲线比较法是以横坐标表示时间,纵坐标表示累计完成任务量,绘制一条按计划时间累计完成任务量的 S 曲线;然后将工程项目实施过程中各检查时间实际累计完成任务量的 S 曲线也绘制在同一坐标系中,进行实际进度与计划进度比较的一种方法。

从整个工程项目实际进展全过程看,单位时间投入的资源量一般是开始和结束时较少,中间阶段较多。与其相对应,单位时间完成的任务量也呈同样的变化规律,如图 11-2(a)所示;而随工程进展累计完成的任务量则应呈 S 形变化,如图 11-2(b)所示。由于其形似英文字母"S",S 曲线因此而得名。

S 曲线比较法是在图上进行工程项目实际进度与计划进度的直

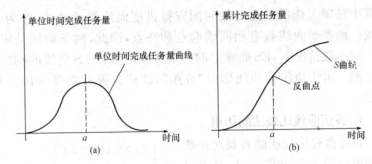

图 11-2　时间与完成任务量关系曲线

观比较。在工程项目实施过程中,按照规定时间将检查收集到的实际累计完成任务量绘制在原计划 S 曲线图上,即可得到实际进度 S 曲线。通过比较实际进度 S 曲线和计划进度 S 曲线,判断工程的进度实施情况。

通过比较实际进度 S 曲线和计划进度 S 曲线,可获得如下信息:

(1)工程项目实际进展状况。如果工程实际进展点落在计划 S 曲线左侧,表明此时实际进度比计划进度超前;如果工程实际进展点落在 S 计划曲线右侧,表明此时实际进度拖后;如果工程实际进展点正好落在计划 S 曲线上,则表明此时实际进度与计划进度一致。

(2)工程项目实际进度超前或拖后的时间。在 S 曲线比较图中可以直接读出实际进度比较计划进度超前或拖后的时间。

(3)工程项目实际超额或拖欠的任务量。在 S 曲线比较图中也可直接读出实际进度比计划进度超额或拖欠的任务量。

(4)后期工程进度预测。如果后期工程按原计划速度进行,则可做出后期工程计划 S 曲线。

(三)香蕉曲线比较法

香蕉曲线是由两条 S 曲线组合而成的闭合曲线。由 S 曲线比较法可知,工程项目累计完成的任务量与计划时间的关系,可以用一条 S 曲线表示。对于一个工程项目的网络计划来说,如果以其中各项工作的最早开始时间安排进度而绘制 S 曲线,称为 ES 曲线;如果以其中各项工作的最迟开始时间安排进度而绘制 S 曲线,称为 LS 曲线。两条 S 曲线具有相同的起点和终点,因此,两条曲线是闭合的。在一般情况下,ES 曲线上的其余各点均落在 LS 曲线的相应点的左侧。由于该闭合曲线形似"香蕉",故称为香蕉曲线,如图 11-3 所示。

1. 香蕉曲线比较法的作用

香蕉曲线比较法能直观地反映工程项目的实际进展情况,并可以获得比 S 曲线更多的信息。其主要作用有:

(1)合理安排工程项目进度计划。

(2)定期比较工程项目的实际进度与计划进度。

(3)预测后期工程进展趋势。

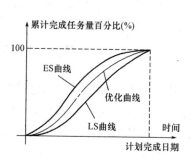

图 11-3　香蕉曲线比较图

2. 香蕉曲线的绘制方法

香蕉曲线的绘制方法与 S 曲线的绘制方法基本相同,所不同之处在于香蕉曲线是以工作按最早开始时间安排进度和按最迟开始时间安排进度分别绘制的两条 S 曲线组合而成,其绘制步骤如下。

(1)以工程项目的网络计划为基础,计算各项工作的最早开始时间和最迟开始时间。

(2)确定各项工作在各单位时间的计划完成任务量。

(3)计算工程项目总任务量,即对所有工作在各单位时间计划完成的任务量累加求和。

(4)分别根据各项工作按最早开始时间、最迟开始时间安排的进度计划,确定工程项目在各单位时间计划完成的任务量,即对各项工作在某一单位时间内计划完成的任务量求和。

(5)分别根据各项工作按最早开始时间、最迟开始时间安排的进度计划,确定不同时间累计完成的任务量或任务量的百分率。

(6)绘制香蕉曲线。

(四)前锋线比较法

前锋线比较法是通过绘制某检查时刻工程项目实际进度前锋线，进行工程实际进度与计划进度比较的方法，它主要适用于时标网络计划。所谓前锋线，是指在原时标网络计划上，从检查时刻的时标点出发，用点画线依次将各项工作实际进展位置点连接而成的折线。前锋线比较法就是通过实际进度前锋线与原进度计划中各工作箭线交点的位置来判断工作实际进度与计划进度的偏差，进而判定该偏差对后续工作及总工期影响程度的一种方法。

采用前锋线比较法进行实际进度与计划进度的比较，其步骤如下：

1. 绘制时标网络计划图

工程项目实际进度前锋线是在时标网络计划图上标示，为清楚起见，可在时标网络计划图的上方和下方各设一时间坐标。

2. 绘制实际进度前锋线

一般从时标网络计划图上方时间坐标的检查日期开始绘制，依次连接相邻工作的实际进展位置点，最后与时标网络计划图下方坐标的检查日期相连接。

工作实际进展位置点的标定方法有两种：

(1)按该工作已完任务量比例进行标定。假设工程项目中各项工作均为匀速进展，根据实际进度检查时刻该工作已完任务量占其计划完成总任务量的比例，在工作箭线上从左至右按相同的比例标定其实际进展位置点。

(2)按尚需作业时间进行标定。当某些工作的持续时间难以按实物工程量来计算而只能凭经验估算时，可以先估算出检查时刻到该工作全部完成还需作业的时间，然后在该工作箭线上从右向左逆向标定其实际进展位置点。

3. 进行实际进度与计划进度的比较

前锋线可以直观地反映出检查日期有关工作实际进度与计划进

度之间的关系。对某项工作来说,其实际进度与计划进度之间的关系可能存在以下三种情况:

(1)工作实际进展位置点落在检查日期的左侧,表明该工作实际进度拖后,拖后的时间为二者之差。

(2)工作实际进展位置点与检查日期重合,表明该工作实际进度与计划进度一致。

(3)工作实际进展位置点落在检查日期的右侧,表明该工作实际进度超前,超前的时间为二者之差。

4. 预测进度偏差对后续工作及总工期的影响

通过实际进度与计划进度的比较确定进度偏差后,还可根据工作的自由时差和总时差预测该进度偏差对后续工作及项目总工期的影响。由此可见,前锋线比较法既适用于工作实际进度与计划进度之间的局部比较,又可用来分析和预测工程项目整体进度状况。

(五)列表比较法

当工程进度计划用非时标网络图表示时,可以采用列表比较法进行实际进度与计划进度的比较。这种方法是记录检查日期应该进行的工作名称及其已经作业的时间,然后列表计算有关时间参数,并根据工作总时差进行实际进度与计划进度比较的方法。

采用列表比较法进行实际进度与计划进度的比较,其步骤如下:

(1)对于实际进度检查日期应该进行的工作,根据已经作业的时间,确定其尚需作业时间。

(2)根据原进度计划计算检查日期应该进行的工作从检查日期到原计划最迟完成时尚余时间。

(3)计算工作尚有总时差,其值等于工作从检查日期到原计划最迟完成时间尚余时间与该工作尚需作业时间之差。

(4)比较实际进度与计划进度,可能有以下几种情况:

1)如果工作尚有总时差与原有总时差相等,说明该工作实际进度与计划进度一致。

2)如果工作尚有总时差大于原有总时差,说明该工作实际进度超前,超前的时间为二者之差。

3)如果工作尚有总时差小于原有总时差,且仍为非负值,说明该工作实际进度拖后,拖后的时间为二者之差,但不影响总工期。

4)如果工作尚有总时差小于原有总时差,且为负值,说明该工作实际进度拖后,拖后的时间为二者之差,此时工作实际进度偏差将影响总工期。

六、工程延期处理

在建设工程施工过程中,工期的延长分为工程延误和工程延期两种。由于承包单位自身的原因使工程进度拖延,称为工程延误;由于承包单位以外的原因使工程进度拖延,称为工程延期。虽然它们都是使工程拖期,但由于性质不同,因而所承担的责任也不同。如果是属于工程延误,则由此造成的一切损失由承包单位承担。同时,业主还有权对承包单位实行误期违约罚款。如果是属于工程延期,则承包单位不仅有权要求延长工期,而且还有权向业主提出赔偿费用的要求,以弥补由此造成的额外损失。因此,对施工单位来说,怎样及时处理工程延期十分重要。出现工期延误必须及时向项目管理部汇报,由项目部及时向监理工程师申报。

申报工程延期的条件有以下几个:

(1)监理工程师发出工程变更指令而导致工程量增加。

(2)合同所涉及的任何可能造成工程延期的原因,如延期交图、工程暂停、对合格工程的剥离检查及不利的外界条件等。

(3)异常恶劣的气候条件。

(4)由业主造成的任何延误、干扰或障碍,如未及时提供施工场地、未及时付款等。

(5)除承包单位自身以外的其他任何原因。

由于以上原因导致工程拖期,承包单位有权提出延长工期的申请。监理工程师应按合同规定,批准工程延期时间。

第四节　施工质量管理

一、装饰装修工程质量的构成要素

装饰装修工程质量的构成要素见表 11-3。

表 11-3　　　　　　　　　　　装饰装修质量的构成要素

序号	构成要素	内　　　容
1	基层质量	(1)装饰基面的位置误差; (2)基层平整度、垂直度; (3)基层强度、刚度; (4)基层缺陷(裂缝、孔洞等)
2	设计质量	(1)装饰设计是否满足建筑功能要求,是否符合建筑设计规范; (2)装饰设计艺术水平,装饰装修设计图纸与结构及其他专业图纸是否交全
3	材料质量	(1)材料的外观尺寸、色泽及有无缺损; (2)材料内在质地与各种建筑物理性能; (3)材料的稳定性
4	工艺水平	装饰装修工艺具体实施的难易程度,工艺控制的稳定性,对现场环境的适用性以及对其他工序的干扰程度
5	工人操作水平	(1)工人对装饰工艺掌握的熟练程度; (2)工人的劳动态度和劳动纪律
6	成品保护水平	(1)成品保护制度; (2)成品保护技术措施; (3)施工人员的成品保护意识
7	施工管理水平	(1)管理机构的组织形式、管理程序和制度; (2)管理人员素质; (3)信息化管理

二、装饰装修工程质量管理制度

装饰装修工程质量管理制度见表11-4。

表 11-4　　　　　　　　　　装饰装修工程质量管理制度

序号	质量管理制度	内　容
1	统一放线、验线制度	结构施工完成以后，统一测设各楼层标高基准和坐标基准，逐个房间弹设坐标十字线，作为装饰施工与设备安装的统一参照系
2	材料审批、检验制度	装饰施工单位根据装饰设计的要求选购材料，递交样品报设计单位(建筑师或监理工程师)审批，防火材料须有市级或市级以上消防专业单位检验证明。材料进场时比照经批准的样品检查、验收。装饰材料在安装之前须再次检查把关
3	工序流程交接制度	根据装饰工程和设备安装工程各工序的逻辑关系编制统一的工序流程，各工序的施工人员按流程先后进入工作面。前后两道工序的交接一律办理书面移交手续。上道工序的施工人员撤出工作面后，下道工序对成品保护负责
4	工艺标准制度	对各装饰分项，分别编制工艺标准，下达到作业队，作为技术交底和施工过程控制的依据
5	样板间制度	用选定的材料和工艺做出样板间，并经建设单位(业主)和设计单位(建筑师或监理工程师)确认后方可按样板间标准进行大面积施工
6	工人考核上岗制度	采用专业工长领导下的专业班组的劳动组织形式，施工前进行技术交底和操作培训，考核不合格者不得上岗操作
7	成品保护制度	明确成品保护的技术措施和责任划分
8	质量检查验收制度	(1)隐蔽工程验收； (2)工序交接验收； (3)完工验收
9	奖惩制度	(1)班组经济分配与操作质量挂钩； (2)质量不合格对奖金有否决权； (3)对质量事故的责任者处以罚款或行政处分

三、装饰装修工程质量管理措施

1. 装饰装修工程技术措施

(1)样板间法。样板间有两种做法,一种是实地做,另一种是模拟做。所谓"实地做"是在正式工程上做,也有两种做法,一是供挑选的样板间,一般不一定只做一间,可以做两间、三间代替设计,供甲方挑选;另一种是按设计图或甲方的意向做,基本上是全面施工的样板,做完后只做少许调整,即可供使用。所谓"模拟做"是指不在正式工程上做,而是另找条件基本相同的房屋,按甲方和设计者要求做。这种样板间,水、风、电不易表示,只作一种方案,距实际较远。

(2)示范法。示范法是指每做一个新项目,必须由技术较高,或有某方面特长的工人或技术人员先做试验性示范。每做一次示范,要将数据记下来,直到得出正确的做法为止。这种示范记录也是技术交底的资料。样板间是搞一个完整的示范,重点要解决设计和用料。而示范是解决操作工艺上的问题,所以,对施工技术管理更有现实意义。

(3)放样法。放样法是指对有些块料的排列在施工前先在纸上放出样子。

2. 装饰装修工程技术人员的要求

(1)具有一定的美学基础知识。装饰装修不仅是表面的造型和色彩等媒介所创造的视觉效果,而且还包括了美学表观、平面构成、立体构成及其建筑与装饰表现等综合内容而构成的整体效果。因此,要求装饰装修工程技术人员不仅对装饰装修构图、造型、色彩等美学概念有一定的了解和掌握,而且对建筑与装饰表现技法要有一定的知识。

(2)熟知装饰装修装修工程设计与构造内容。装饰装修设计是人们运用美学原则、空间理论等来创造美观实用、舒适的空间环境,如果不熟知装饰装修工程设计与构造的内容,就无法实现这一目的。对于施工人员,不了解设计与构造的内容,就不能正确理解设计的构思意图,更不能去实现这个意图。因此,设计人员要设计出理想的空间环境,施工人员要把设计变为实现效果的桥梁,只有熟知装饰装修工程设计与构造的内容,才能从整体上考虑,创造出更为理想的空间环境。

(3)具有一定的材料知识。装饰装修是使用各种材料来达到装饰装修功能的要求,又是使用各种材料来表达装饰效果的,因此,装饰装修工程技术人员必须熟悉各种类型常用材料的规格、性能及用途,具有识别各种常用材料质量优劣的常识,对各种材料的质感和装饰效果要有一定了解,以便更好地设计和组织施工。

(4)熟悉施工操作技能。装饰装修工程施工的特点往往要求一个人充当多个工种的施工技术员,这就要求技术人员在施工工艺技术方面具备全面性和系统性,并且在工艺处理上有较丰富的经验,能处理一些施工中的难点。对于施工管理人员,不仅要熟悉施工操作技能,而且要熟悉检查验收的方法和标准,装饰装修工程工种多、施工种类多、施工衔接多,每个施工种类的完工都需要进行工艺检查和验收,并及时发现问题,解决问题,减少工料损失。

(5)具有识图和绘图能力。图纸是工程技术的语言,在施工中管理人员要向工人分析解析图纸,根据图纸内容指导施工,图纸不全或不详的部分要及时补缺。

3. 装饰装修工程工艺措施

装饰装修工程施工应合理安排工艺程序,按科学规律办事,工序不得颠倒,尽量做到完善,保证工序质量在控制之内。装饰装修工程工艺顺序如下:

(1)做好装饰装修设计,进行多方案比较,选用优秀的设计方案。通过实体工程的测量,将设计的要求结合使用的装饰装修材料,有效、合理地布置在工程的立面和平面上。

(2)核对材料,量材使用,创造最佳效果。目前的装饰装修材料质量不稳定,必须在进场后进行检查和按照质量标准对比,找出其特性,充分利用好的方面,产生好的效果。如将一些颜色花纹不一致的大理石或花岗石,组合成一定的图案或形象等。

(3)摆砖放线,使设计落到实处。将设计的图案、做法、要求,合理地放到实体工程上去,体现设计意图,设计内容变成实物。

(4)树立样板,做出示范。把规范标准的要求实物化,为大面积施工确立质量标准,统一操作工艺,以便为用户做出承诺等。

(5)做好收尾清理和成品保护工作。这是工程完成的最后一道工序。工业产品讲究整理工序和包装,工程不能包装,但可以干净、完整地反映出工程的真实面目。

四、施工质量保证体系的建立和运行

施工质量保证体系专指现场施工管理组织的施工质量自控体系或管理系统,即施工单位为实施承建工程的施工质量管理和目标控制,以现场施工管理组织架构为基础,通过质量管理目标的确定和分解,所需人员和资源的配置,以及施工质量相关制度的建立和运行,形成具有质量控制和质量保证能力的工作系统。

工质量保证体系的建立是以现场施工管理组织机构为主体,根据施工单位质量管理体系和业主方或总包方的总体系统的有关规定和要求而建立的。

1. 施工质量保证体系的主要内容

(1)目标体系。

(2)业务职能分工。

(3)基本制度和主要工作流程。

(4)现场施工质量计划或施工组织设计文件。

(5)现场施工质量控制点及其控制措施。

(6)内外沟通协调关系网络及其运行措施。

2. 施工质量保证体系的特点

系统性、互动性、双重性、一次性。

3. 施工质量保证体系的运行

(1)施工质量保证体系的运行,应以质量计划为龙头,过程管理为中心,按照 PDCA(计划、实施、检查、处置)循环的原理进行。三检制:自检、互检、专检。

(2)施工质量保证体系的运行,按照事前、事中和事后控制相结合的模式展开。

1)事前控制:预先进行周密的质量控制计划。

2)事中控制:主要是通过技术作业活动和管理活动行为的自我约束和他人监控,达到施工质量控制目的。

3)事后控制:包括对质量活动结果的评价认定和对质量偏差的纠正。

以上三大环节不是孤立和分开的,是 PDCA 循环的具体化,在滚动中不断提高。

五、装饰装修工程施工质量管理的实施

(一)装饰装修施工前的质量管理

施工前的质量管理也就是施工准备工作的质量控制,其主要内容有:

(1)对影响现场质量的因素进行控制(含施工队伍、机械、材料、施工方案及保证质量措施等)。

(2)建立施工现场质量保证体系,使现场质量目标和措施得到落实。

(3)审核开工报告书,准备工作完成后,经检查合格填写开工报告,经批准方可开工。

(二)装饰装修施工过程中的质量管理

1. 工序的质量控制

工序质量的控制,就是对工序活动条件的质量管理和工序活动效果的质量管理,据此来达到整个施工过程的质量管理。

工序质量控制主要包括两个方面的控制,即对工序活动条件的控制和对工序活动效果的控制,如图 11-4 所示。

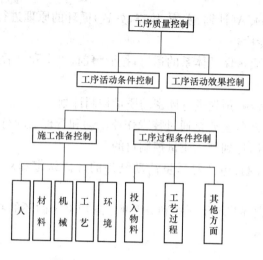

图 11-4　施工工序质量控制的内容

知识链接》

工序质量管理重点工作

在进行工序质量管理时要着重于以下几方面的工作：

(1)确定工序质量控制工作计划。一方面要求对不同的工序活动制定专门的保证质量的技术措施,做出物料投入及活动顺序的专门规定;另一方面须规定质量控制工作流程、质量检验制度等。

(2)主动控制工序活动条件的质量。工序活动条件主要指影响质量的五大因素,即人、材料、机械、工艺和环境等。

(3)及时检验工序活动效果的质量。主要是实行班组自检、互检、上下道工序交接检,特别是对隐蔽工程和分项(部)工程的质量检验。

(4)设置工序质量控制点(工序管理点),实行重点控制。工序质量控制点是针对影响质量的关键部位或薄弱环节而确定的重点控制对象。正确设置控制点并严格实施是进行工序质量控制的重点。

(1)工序活动条件的控制。工序活动条件是指从事工序活动的各种生产要素及生产环境条件。控制方法主要可以采取检查、测试、试验、跟踪监督等方法。

工序活动条件的控制包括以下两个方面：

1）施工准备方面的控制。即在工序施工前，应对影响工序质量的因素或条件进行监控。要控制的内容一般包括：

> 控制依据是要坚持设计质量标准、材料质量标准、机械设备技术性能标准、操作规程等。

①人的因素，如施工操作者和有关人员是否符合上岗要求。

②材料因素，如材料质量是否符合标准，能否使用。

③施工机械设备的条件，如其规格、性能、数量能否满足要求，质量有无保障。

④采用的施工方法及工艺是否恰当，产品质量有无保证；

5）施工的环境条件是否良好等。

上述因素或条件应当符合规定的要求或保持良好状态。

2）施工过程中对工序活动条件的控制。对影响工序产品质量的各因素的控制不仅体现在开工前的施工准备中，而且还应当贯穿于整个施工过程中，包括各工序、各工种的质量保证与强制活动。

特别强调

工序活动控制注意事项

在施工过程中，工序活动是在经过审查认可的施工准备的条件下展开的，要注意各因素或条件的变化，如果发现某种因素或条件向不利于工序质量方面变化，应及时予以控制或纠正。

在各种因素中，投入施工的物料如材料、半成品等，以及施工操作或工艺是最活跃和易变化的因素，应予以特别的监督与控制，使它们的质量始终处于控制之中，符合标准及要求。

（2）工序活动效果的控制。工序活动效果主要反映在工序产品的质量特征和特性指标方面。对工序活动效果控制就是控制工序产品的质量特征和特性指标是否达到设计要求和施工验收标准。工序活动效果质量控制一般属于事后质量控制,其控制的基本步骤包括实测、统计、分析、判断、认可或纠偏。

1)实测。即采用必要的检测手段,对抽取的样品进行检验,测定其质量特性指标(例如混凝土的抗拉强度)。

2)分析。即对检测所得数据进行整理、分析、找出规律。

3)判断。根据对数据分析的结果,判断该工序产品是否达到了规定的质量标准,如果未达到,应找出原因。

4)认可或纠偏。如发现质量不符合规定标准,应采取措施纠正,如果质量符合要求则予以确认。

2. 成品的质量保护

成品质量保护一般是指在施工过程中,某些分项工程已经完成,而其他一些分项工程尚在施工;或者是在其分项工程施工过程中,某些部位已完成,而其他部位正在施工。在这种情况下,施工单位必须负责对已完成部分采取妥善措施予以保护,以免因成品缺乏保护或保护不善而造成损伤或污染,影响工程整体质量。

(1)合理安排施工顺序。合理地安排施工顺序,按正确的施工流程组织施工,是进行成品保护的有效途径之一。

1)遵循"先地下后地上"、"先深后浅"的施工顺序,就不至于破坏地下管网和道路路面。

2)地下管道与基础工程相配合进行施工,可避免基础完工后再打洞挖槽安装管道,影响质量和进度。

3)先在房心回填土后再做基础防潮层,则可保护防潮层不致受填土夯实损伤。

4)装饰工程采取自上而下的流水顺序,可以使房屋主体工程完成后,有一定沉降期;已做好的屋面防水层,可防止雨水渗漏。这些都有利于保护装饰工程质量。

5)先做地面,后做天棚、墙面抹灰,可以保护下层天棚、墙面抹灰不致受渗水污染;但在已做好的地面上施工,需对地面加以保护。若先做天棚、墙面抹灰,后做地面时,则要求楼板灌缝密实,以免漏水污染墙面。

6)楼梯间和踏步饰面,宜在整个饰面工程完成后,再自上而下地进行;门窗扇的安装通常在抹灰后进行;一般先油漆,后安装玻璃;这些施工顺序,均有利于成品保护。

7)当采用单排外脚手砌墙时,由于砖墙上面有脚手洞眼,故一般情况下内墙抹灰需待同一层外粉刷完成,脚手架拆除,洞眼填补后,才能进行,以免影响内墙抹灰的质量。

8)先喷浆而后安装灯具,可避免安装灯具后又修理浆活,从而污染灯具。

9)当铺贴连续多跨的卷材防水屋面时,应按先高跨、后低跨,先远(离交通进出口)、后近,先天窗油漆、玻璃,后铺贴卷材屋面的顺序进行。

这样可避免在铺好的卷材屋面上行走和堆放材料、工具等物,有利于保护屋面的质量。

(2)成品的保护措施。根据建筑产品特点的不同,可以分别对成品采取"防护"、"包裹"、"覆盖"、"封闭"等保护措施,以及合理安排施工顺序等来达到保护成品的目的。

1)防护。就是针对被保护对象的特点采取各种防护的措施。例如,对清水楼梯踏步,可以采取护棱角铁上下连接固定;对于进出口台阶可垫砖或方木搭脚手板供人通过的方法来保护台阶;对于门口易碰部位,可以钉上防护条或槽型盖铁保护;门扇安装后可加楔固定等。

2)包裹。就是将被保护物包裹起来,以防损伤或污染。例如,对镶面大理石柱可用立板包裹捆扎保护;铝合金门窗可用塑料布包扎保护等。

3)覆盖。就是用表面覆盖的办法防止堵塞或损伤。例如,对地漏、落水口排水管等安装后可加以覆盖,以防止异物落入而被堵塞;预制水磨石或大理石楼梯可用木板覆盖加以保护;地面可用锯末、苫布等覆盖以防止喷浆等污染;其他需要防晒、防冻、保温养护等项目也应采取适当的防护措施。

4)封闭。就是采取局部封闭的办法进行保护。例如,垃圾道完成后,可将其进口封闭起来,以防止建筑垃圾堵塞通道;房间水泥地面或地面砖完成后,可将该房间局部封闭,防止人们随意进入而损害地面;房内装修完成后,应加锁封闭,防止人们随意进入而受到损伤等。

总之,在建筑工程施工过程中,必须充分重视成品的保护工作。

(三)装饰装修施工后的质量管理

施工结束后的质量管理主要包括以下内容:

(1)竣工预验收。这是工程顺利通过正式验收的有力措施。

(2)工程项目的正式验收。正式验收必须提交的技术资料及相关程序国家现行有关质量验收规范办理。工程项目验收后,应办理竣工验收签证书。

六、装饰装修工程质量问题分析处理

(一)工程质量问题分类

工程质量问题一般分为工程质量缺陷、工程质量通病、工程质量事故。

1. 工程质量缺陷

工程质量缺陷是指工程达不到技术标准允许的技术指标的现象。

2. 工程质量通病

工程质量通病是指各类影响工程结构、使用功能和外形观感的常见性质量损伤,犹如"多发病"一样,而称为质量通病。

目前建筑装修工程最常见的质量通病主要有以下几类:

(1)饰面板、饰面砖拼缝不平、不直、空鼓、脱落。

(2)墙纸粘贴不牢、空鼓、折皱、压平起光。

(3)喷浆不均匀,脱色,掉粉等。

(4)砂浆配合比控制不严,任意加水,强度得不到保证。

(5)厨房、卫生间渗水、漏水。

(6)墙面抹灰起壳、裂缝、起麻点、不平整。

(7)金属栏杆、管道、配件锈蚀。

(8)门窗变形、缝隙过大、密封不严。

3. 工程质量事故

工程质量事故是指在工程建设过程中或交付使用后,对工程结构安全、使用功能和外形观感影响较大,损失较大的质量损伤。装饰装修工程常见的质量事故包括吊顶龙骨坍塌、雨篷倾覆、轻钢龙骨隔墙倒塌、幕墙板块脱落等。

知识链接

装饰装修工程质量事故的特点

(1)经济损失达到较大的金额。

(2)有时造成人员伤亡。

(3)后果严重,影响结构安全。

(4)无法降级使用,难以修复时,必须推倒重建。

(二)工程质量问题原因分析

工程质量问题的表现形式千差万别,类型多种多样,导致工程质量问题的原因见表11-5。

表 11-5　　　　　　　　　　　**工程质量问题原因分析**

序号	原因	内　　容
1	违反建设程序和法规	(1)违反建设程序。建设程序是工程项目建设过程及其客观规律的反映,但有些工程不按建设程序办事,例如: 1)不经可行性论证,未做调查分析就拍板定案; 2)没有搞清工程地质情况就仓促开工; 3)无证设计、无图施工; 4)任意修改设计,不按图施工; 5)不经竣工验收就交付使用,它常是导致重大工程质量事故的重要原因。 (2)违反有关法规和工程合同的规定。例如,无证设计、无证施工、越级设计、越级施工、工程招投标中的不公平竞争、超常的低价中标、擅自转包或分包、多次转包、擅自修改设计等

序号	原因	内　　容
2	设计计算问题	诸如盲目套用图纸,采用不正确的结构方案,计算简图与实际受力情况不符,荷载取值过小,内力分析有误,沉降缝或变形缝设置不当,悬挑结构未进行抗倾覆验算,以及计算错误等,都是引发质量事故的隐患
3	建筑材料及制品不合格	诸如,钢材物理力学性能不良会导致幕墙钢结构产生裂缝或脆性破坏;化学螺栓不符合标准,导致结构承载力不合格等
4	施工与管理失控	施工与管理失控是造成大量质量问题的常见原因。其主要表现为: (1)图纸未经会审即仓促施工;或不熟悉图纸,盲目施工。 (2)未经设计部门同意,擅自修改设计;或不按图施工。 (3)不按有关的施工质量验收规范和操作规程施工。 (4)缺乏基本结构知识,蛮干施工。 (5)施工管理紊乱,施工方案考虑不周,施工顺序错误,技术交底不清,违章作业,疏于检查、验收等,均可能导致质量问题
5	自然条件影响	施工项目周期长,露天作业,受自然条件影响大,空气温度、湿度、暴雨、风、浪、洪水、雷电、日晒等均可能成为质量事故的诱因,在施工中应特别注意并采取有效的预防措施
6	建筑结构或设施的使用不当	对建筑物或设施使用不当也易造成质量问题。例如,未经校核验算就任意对建筑物加层;任意拆除承重结构部件;任意在结构物上开槽、打洞,削弱承重结构截面等也会引起质量事故

(三)质量问题分析处理程序

工程质量问题发生后,一般可以按以下程序进行处理:

(1)当发现工程出现质量问题或事故后,应停止有质量问题部位和与其有关部位及下道工序施工,需要时,还应采取适当的防护措施。同时,要及时上报主管部门。

(2)进行质量问题调研,主要目的是要明确问题的范围、程度、性质、影响和原因,为问题的分析处理提供依据。调查力求全面、准确、客观。

(3)在问题调查的基础上进行原因分析,正确判断事故原因。事故原因分析是确定事故处理措施方案的基础。正确的处理来源于对事故原因的正确判断。只有对调查提供的调查资料、数据进行详细、深入地分析后，才能由表及里、去伪存真，找出造成事故的真正原因。

（4）研究制定事故处理方案。事故处理方案的制定以事故原因分析为基础。如果某些事故一时认识不清，而且事故一时不致产生严重的恶化，可以继

> 制定的事故处理方案应体现安全可靠，不留隐患，满足建筑物的功能和使用要求，技术可行，经济合理等原则。

续进行调查、观测，以便掌握更充分的资料数据，做进一步分析，找出原因，以利制定方案。如果一致认为质量缺陷不需专门的处理，必须经过充分的分析、论证。

（5）按确定的处理方案对质量事故进行处理。发生的质量事故不论是否由于施工承包单位方面的责任原因造成的，质量事故的处理通常都是由施工承包单位负责实施。但对不是施工单位方面的责任原因，其处理质量事故所需的费用或延误的工期，应给予施工单位补偿。

（6）在质量问题处理完毕后，应组织有关人员对处理结果进行严格的检查、鉴定和验收，由监理工程师写出"质量事故处理报告"，提交业主或建设单位，并上报有关主管部门。

（四）质量事故处理方案的确定

1. 事故处理的依据

处理工程质量事故，必须分析原因，做出正确的处理决策，这就要以充分的、准确的有关资料作为决策基础和依据，一般的质量事故处理，必须具备以下资料：

（1）与工程质量事故有关的施工图。

（2）与工程施工有关的资料、记录。例如建筑材料的试验报告，各种中间产品的检验记录和试验报告，以及施工记录等。

（3）事故调查分析报告，一般应包括以下内容：

1）质量事故情况。包括发生质量事故的时间、地点，事故情况，有

关的观测记录,事故的发展变化趋势、是否已趋稳定等。

2)事故性质。应区分是结构性问题,还是一般性问题;是内在的实质性问题,还是表面性的问题;是否需要及时处理,是否需要采取保护性措施。

3)事故原因。阐明造成质量事故的主要原因,例如对于混凝土结构裂缝是由于地基的不均匀沉降原因导致的,还是由于温度应力所致,或是由于施工拆模前受到冲击、振动的结果,还是由于结构本身承载力不足等。对此,应附有说服力的资料、数据说明。

4)事故评估。应阐明该质量事故对于建筑物功能、使用要求、结构承受力性能及施工安全有何影响,并应附有实测、验算数据和试验资料。

5)设计、施工以及使用单位对事故的意见和要求。

6)事故涉及的人员与主要责任者的情况等。

2. 事故处理方案

质量事故处理方案,应当在正确地分析和判断事故原因的基础上进行。对于工程质量问题,通常可以根据质量问题的情况,做出以下四类不同性质的处理方案:

(1)修补处理。这是最常采用的一类处理方案。通常当工程的某些部位的质量虽未达到规定的标准或设计要求,存在一定的缺陷,但经过修补后还可达到设计要求的,且又不影响使用功能或外观要求,在此情况下,可以做出进行修补处理的决定。属于修补这类方案的具体方案有很多,诸如封闭保护、复位纠偏、结构补强、表面处理等均是。

(2)返工处理。当工程质量未达到规定的标准或要求,有明显的严重质量问题,对结构的使用和安全有重大影响,而又无法通过修补的办法纠正所出现的缺陷情况下,可以做出返工处理的决定。

(3)限制使用。当工程质量问题按修补方案处理无法保证达到规定的使用要求和安全,而又无法返工处理的情况下,不得已时可以做出诸如结构卸荷或减荷以及限制使用的决定。

(4)不做处理。某些工程质量问题虽然不符合规定的要求或标准,但如其情况不严重,对工程或结构的使用及安全影响不大,经过分

析、论证和慎重考虑后,也可做出不专门处理的决定。可以不做处理的情况一般有以下几种:

1)不影响结构安全和使用要求者。例如,有的建筑物墙面抹灰出现放线定位偏差,若要纠正则会造成较大的经济损失,若其偏差不大,不影响使用要求,在外观上也无明显影响,经分析论证后,可不做处理;又如,某些隐蔽部位的抹灰表面裂缝,经检查分析,属于表面养护不够的干缩微裂,不影响使用及外观,也可不做处理。

2)有些不严重的质量问题,经过后续工序可以弥补的,例如,混凝土的轻微蜂窝麻面或墙面,可通过后续的抹灰、喷涂或刷白等工序弥补,可以不对该缺陷进行专门处理。

3)出现的质量问题,经复核验算,仍能满足设计要求者。例如,某一结构断面做小了,但复核后仍能满足设计的承载能力,可考虑不再处理。这种做法实际上是挖掘设计潜力或降低设计的安全系数,因此需要慎重处理。

(五)质量事故处理的鉴定验收

质量事故的处理是否达到了预期目的,是否仍留有隐患,应当通过检查鉴定和验收做出确认。

事故处理的质量检查鉴定,应严格按施工质量验收规范及有关标准的规定进行,必要时还应通过实际量测、试验和仪表检测等方法获取必要的数据,才能对事故的处理结果做出确切的结论。检查和鉴定的结论可能有以下几种:

(1)事故已排除,可继续施工。

(2)隐患已消除,结构安全有保证。

(3)经修补、处理后,完全能够满足使用要求。

(4)基本上满足使用要求,但使用时应有附加的限制条件,例如限制荷载等。

(5)对耐久性的结论。

(6)对建筑物外观影响的结论等。

(7)对短期难以做出结论者,可提出进一步观测检验的意见。

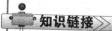

工程质量事故的分类及处理职责

各门类、各专业工程,各地区、不同时期界定建设工程质量事故的标准尺度不一,通常按损失严重程度可分为一般质量事故、严重质量事故、重大质量事故。

(1)一般质量事故。一般质量事故是指由于质量低劣或达不到合格标准,需加固补强,且直接经济损失在5千元以上(含5千元)5万元以下的事故。一般质量事故由相当于县级以上建设行政主管部门负责牵头进行处理。

(2)严重质量事故。严重质量事故是指建筑物明显倾斜、偏移;结构主要部位发生超过规范规定的裂缝,强度不足,超过设计规定的不均匀沉降,影响结构安全和使用寿命;工程建筑物外形尺寸已造成永久性缺陷,且直接经济损失在5万元以上10万元以下的质量事故。严重质量事故由县级以上建设行政主管部门牵头组织处理。

(3)重大质量事故。具备下列条件之一时,即为重大质量事故:

1)工程倒塌或报废。

2)由于质量事故,造成人员伤亡。

3)直接经济损失10万元以上。

按原建设部规定,重大质量事故根据造成损失大小、死伤人员多少又分为四个等级。如死亡30人以上,直接经济损失300万元人民币以上为一级重大事故。

建设工程发生质量事故,有关单位应在24h内向当地建设行政主管部门和其他有关部门报告。

重大质量事故的处理职责为,凡三、四级重大事故由事故发生地的市、县级建设行政主管部门牵头,提出处理意见,报当地人民政府批准;一、二级重大事故由省、自治区、直辖市建设行政主管部门牵头,提出处理意见,报当地人民政府批准。凡事故发生单位属于国务院部委的,由国务院有关主管部门或其授权部门会同当地建设行政主管部门提出处理意见,报当地人民政府批准。

任何单位和个人对建设工程的质量事故、质量缺陷都有权检举、控告、投诉。

事故处理后,监理工程师还必须提交事故处理报告,其内容包括:事故调查报告,事故原因分析,事故处理依据,事故处理方案、方法及技术措施,处理施工过程的各种原始记录资料,检查验收记录,事故结论等。

第五节　施工成本与索赔管理

一、施工成本管理

1. 成本预测

成本预测是指承包企业及其项目经理部有关人员凭借历史数据和工作经验,运用一定方法对工程项目未来的成本水平及其可能的发展趋势做出科学评估。

知识链接》》

成本预测的目的

　　项目成本预测是项目成本计划的依据。成本预测的目的,一是为挖掘降低成本的潜力指明方向,作为计划期降低成本决策的参考;二是为企业内部各责任单位降低成本指明途径,作为编制增产节约计划和制定降低成本措施的依据。

成本预测时,通常是对项目计划工期内影响成本的因素进行分析,比照近期已完工程的单位成本或总成本。成本预测的方法可分为定性预测和定量预测两大类。

(1)定性预测,是指成本管理人员根据专业知识和实践经验,通过调查研究,利用已有资料,对成本费用的发展趋势及可能达到的水平所进行的分析和推断。定性预测简便易行,在资料不多、难以进行定量预测时最为适用。最常用的定性预测方法是调查研究判断法,具体方式有座谈会法和函询调查法。

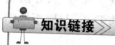

定性预测应用基础

由于定性预测主要依靠管理人员的素质和判断能力,因而这种方法必须建立在对项目成本费用的历史资料、现状及影响因素深刻了解的基础上。

（2）定量预测,是利用历史成本费用统计资料以及成本费用与影响因素之间的数量关系,通过建立数学模型来推测、计算未来成本费用的可能结果。在成本费用预测中,常用的定量预测方法有加权平均法、回归分析法等。

2. 成本计划

成本计划是在成本预测的基础上编制的,是承包企业及项目经理部对计划期内项目的成本水平所做的策划,是对项目制定的成本管理目标。

知识链接

成本计划的作用

成本计划是目标成本的一种表达形式,是建立项目成本管理责任制,开展成本控制和核算的基础,是进行成本费用控制的主要依据。

项目成本计划一般由直接成本计划和间接成本计划组成。

（1）直接成本计划。主要反映项目直接成本的预算成本、计划降低额及计划降低率。主要包括项目的成本目标及核算原则,降低成本计划表或总控制方案,对成本计划估算过程的说明及对降低成本途径的分析等。

（2）间接成本计划。主要反映项目间接成本的计划书及降低额,在计划制定中,成本项目应与会计核算中间成本项目的内容一致。

另外,项目成本计划还应包括项目经理对可控责任目标成本进行分解后形成的各个实施性计划成本,即各责任中心的责任成本计划。责任成本计划又包括年度、季度和月度责任成本计划。

知识链接

成本计划编制程序

编制成本计划时,首先由项目成本管理人员根据施工图纸计算实际工程量,然后由项目经理、项目工程师、项目会计师、成本管理人员根据施工方案和分包合同确定计划支出的人工费、材料费和机械费等费用。

3. 成本控制

成本控制是指在项目实施过程中,对影响项目成本的各项要素,即施工生产所耗费的人力、物力和各项费用开支,采取一定措施进行监督、调节和控制,及时预防、发现和纠正偏差,保证项目成本目标的实现。根据全过程成本管理的原则,成本控制应贯穿于项目建设的各个阶段,是项目成本管理的核心内容,也是项目成本管理中不确定因素最多、最复杂、最基础的管理内容。

项目成本控制的主要内容包括项目决策成本控制、投标费用控制、设计成本控制和施工成本控制等内容。

(1)项目成本的计划预控,是指应运用计划管理的手段实现做好各项建设活动的成本安排,使项目预期成本目标的实现建立在有充分技术和管理措施保障的基础上,为项目的技术与资源的合理配置和消耗控制提供依据。控制的重点是优化项目实施方案(包括工程总承包项目的设计方案)、合理配置资源和控制生产要素的采购价格。

(2)项目成本运行过程控制,是指控制实际成本的发生,包括实际采购费用发生过程的控制、劳动力和生产资料使用过程的消耗控制、质量成本及管理费用的支出控制。承包企业应充分发挥项目成本责任体系的约束和激励体制,提高项目成本运行过程的控制能力。

(3)项目成本的纠偏控制,是指在项目成本运行过程中,对各项成本进行动态跟踪核算,发现实际成本与目标成本产生偏差时,分析原因,采取有效措施予以纠偏。

项目成本控制的方法

(1)项目成本分析表法,是指利用项目中的各种统计表格进行成本分析和控制的方法。应用成本分析表法可以清晰地进行成本比较研究。常见的成本分析表有月成本分析表、成本日报或周报表、月成本计算及最终预测报告表。

(2)工期—成本同步分析法。成本控制与进度控制之间有着必然的同步关系。因为成本是伴随着工程进展而发生的。如果成本与进度不对应,说明项目进展中出现虚盈或虚亏的不正常现象。施工成本的实际开支与计划不相符,往往是由两个因素引起的:一是在某道工序上的成本开支超出计划;二是某道工序的施工进度与计划不符。因此,要想找出成本变化的真正原因,实施良好有效的成本控制措施,必须与进度计划的时时更新相结合。

(3)价值工程法。价值工程方法是对项目进行事前成本控制的重要方法,在项目的设计阶段,研究工程设计的技术合理性,探索有无改进的可能性,在提高功能的条件下降低成本。同时,它可以应用在项目的施工阶段,通过价值工程活动,进行施工方案的技术经济分析,确定最佳施工方案,降低施工成本。

4. 成本核算

成本核算是承包企业利用会计核算体系,对项目建设工程中所发生的各项费用进行归集,统计其实际发生额,并计算项目总成本和单位工程成本的管理工作。

项目成本核算是承包企业成本管理最基础的工作，它所提供的各种信息，是成本预测、成本计划、成本控制和成本考核等的依据。

项目成本核算的方法包括表格核算法和会计核算法。

（1）表格核算法，是建立在内部各项成本核算基础上，由各要素部门和核算单位定期采集信息，按有关规定填制一系列的表格，完成数据比较、考核和简单的核算，形成项目施工成本核算体系，作为支撑项目施工成本核算的平台。

（2）会计核算法，是指建立在会计核算基础上，利用会计核算所独有的借贷记账法和收支全面核算的综合特点，按项目施工成本内容和收支范围，组织项目施工成本的核算。

5. 成本分析

成本分析是揭示项目成本变化情况及其变化原因的过程。在成本形成过程中，利用项目的成本核算资料，将项目的实际成本与目标成本进行比较，系统研究成本升降的各种因素及其产生的原因，总结经验教训，寻找降低项目施工成本的途径，以进一步改进成本管理工作。成本分析为成本考核提供依据，也为未来的成本预测与成本计划编制指明方向。

（1）项目成本的分析方法。成本分析的基本方法包括：比较法、因素分析法、差额计算法、比率法等。

（2）综合成本的分析方法。所谓综合成本，是指涉及多种生产要素，并受多种因素影响的成本费用。由于这些成本都是随着项目施工的进展而逐步形成的，与生产经营有着密切的关系。因此，做好上述成本的分析工作，无疑将促进项目的生产经营管理，提高项目的经济效益。

（3）年度成本分析。企业成本要求按年结算，不得将本年成本转入下一年度。而项目成本则以项目的寿命周期为结算期，要求从开工、竣工到保修期结束连续计算，最后结算出成本量及其盈亏。由于项目的施工周期一般较长，除进行月（季）度成本核算和分析外，还要进行年度成本的核算和分析。这不仅是为了满足企业会计年度成本报表的需要,也是项目成本管理的需要。通过年度成本的综合分析,可以总结一年来成本管理的成绩和不足,为今后的成本管理提供经验和教训。

(4)竣工成本的综合分析。凡是有几个单位工程而且是单独进行成本核算的项目,其竣工成本分析应以各单位工程竣工成本分析资料为基础,再加上项目经理部的经营效益,就以该成本核算对象的竣工成本资料作为成本分析的依据。

6. 成本考核

成本考核是在工程项目建设的过程中或项目完成后,定期对项目形成过程中的各级单位成本管理的成绩或失误进行总结与评价。通过成本考核,给予责任者相应的奖励或惩罚。承包企业应建立和健全项目成本考核制度,作为项目成本管理责任体系的组成部分。考核制度应对考核的目的、时间、范围、对象、依据、指标,组织领导以及结论与奖惩原则等做出明确规定。

二、施工索赔管理

施工索赔是成本管理的另一个侧面,成本管理的目的是要减少人工、材料的消耗,工程索赔则要为发包方原因引起的工料超耗或工期延长获得合理的补偿。工程索赔对项目的经济成果具有重要意义。施工索赔管理要求如下:

(1)由于索赔引起费用或工期增加,故往往为上级主管单位复查对象,为真实、准确反映索赔情况,建筑业企业应建立、健全工程索赔台账或档案。

(2)索赔台账应反映索赔发生的原因,索赔发生的时间,索赔意向提交时间,索赔结束时间,索赔申请工期和金额,监理工程师审核结果,业主审批结果等内容。

(3)对合同工期内发生的每笔索赔均应及时登记。工程完工时应形成一册完整的台账,作为工程竣工资料的组成部分。

特别强调

工程索赔注意事项

(1)吃透合同。仔细阅读合同条款,掌握哪些属于索赔范围,哪些是属于承包方的责任。

(2)随时积累原始凭证。与工程索赔有关的原始凭证包括发包方关于设计修改的指令、改变工作范围或现场条件的签证、发包方供料、供图误期的确认、停电停水的确认,或工作面移交延误的确认等。签证和确认均应在合同规定的期限内办理,过时无效。

(3)合理计算索赔金额。既要计算有形的工料增加,又要计算隐性的消耗,如由于发包方供图、供料的误期所造成的窝工损失等。索赔计算应有根有据、合情合理,然后经双方协商来确定补偿的金额。

第六节　施工安全管理

一、装饰装修工程施工防火管理

装饰装修工程防火管理应贯彻以"预防为主,防消结合"的消防方针,结合施工中的实际情况,加强领导,组织落实,建立防火责任制。成立工地防火领导小组,由项目负责人任组长,由安全员、仓库保管员及有关工长为组员。

装饰装修工程施工防火管理措施为:

(1)对进场的操作人员进行安全防火知识教育,从思想上使每个职工重视安全防火工作,增强防火意识。

(2)对易燃易爆物品要单独存放保管,远离火源。

(3)施工现场按要求配置消防水桶和干粉灭火器。

(4)保证消防环道畅通无阻,并悬挂防火标志牌、防火制度及119火警电话等醒目标志。

(5)现场动用明火,必须办理动火证。

(6)临建必须符合防火要求。

(7)电器设备、器材必须合格,禁用劣质品或代用品。

(8)各种电器设备或线路,不许超过安全负荷。要经常检查,发现超过负荷、短路、发热和绝缘损坏等容易造成火灾的危险情况时,必须立即进行检修。

(9)照明灯具不准靠近易燃物品,严禁用纸、布等易燃物蒙罩灯泡。

(10)宿舍内严禁用汽油、柴油、煤气作燃料。

(11)木工车间内废料(刨花、锯末、木屑)要及时清除,每天下班前必须清扫干净。

(12)焊、割作业要选择安全地点,周围的可燃物必须清除如不能清除时,应采取安全可靠措施加以防护。

(13)现场不能有与焊接操作有抵触的油漆、汽油、丙酮、乙醚、香蕉水等;排出大量易燃气体的工作场所,不得进行焊接。

二、施工人员安全管理

(1)参加施工的工人,要熟知本工种安全技术操作规程,要严守工作岗位。

(2)电工、焊工等特殊工种,必须经过专门培训,持证上岗。

(3)正确使用个人防护用品和安全防护措施。

(4)进入施工现场必须戴安全帽,高空作业必须系安全带,上下交叉作业有危险的出入口要有防护棚或其他隔离措施,距地面 3m 以上作业要有防护栏杆、挡板或安全网。

(5)特种作业人员安全保证措施。

1)特种作业人员必须持政府劳动管理部门核发的特种作业人员上岗证,并按期进行年审。

2)特种作业人员进场后,应接受安全教育及安全技术交底,然后才能上岗。

3)特种作业人员上岗后,项目经理部应检查其实际操作的熟练程度;操作生疏者,由项目经理部施工员指导和监督其工作,一周后仍不熟练者,应更换工种或退场。

4)项目经理部应建立特种作业人员台账,并将特种作业人员的上岗证复印件保存备案。

5)高处作业人员应每年进行体检,凡患有高血压、心脏病以及其他不适合高处作业的人员,应停止高处作业。

防护设施要求

(1)施工现场的脚手架、防护设施、安全标志和警示牌,不得擅自拆动,需要拆动时,要经工地施工负责人同意。

(2)施工现场的"三宝"及"四口"等危险处,应有防护设施或明显标志。

三、机械设备安全管理

(1)工作前必须检查机械、仪表、工具等完好后方准使用。

(2)操作机械前必须懂得该设备的正确操作方法,不可盲目使用。

(3)电气设备和线路必须绝缘良好,电线不得与金属物绑在一起。

(4)各种电动工具必须按规定接零接地,并设置单一开关;遇有临时停电或停工休息时,必须拉闸上锁。

(5)施工机械和电气设备不得带病运转和超负荷作业。发现不正常情况应停机检查,不得在运转中检修。

(6)从事腐蚀、粉尘、有毒作业,要有防护措施,并进行定期体检。

四、高空作业安全防护管理

(1)凡患高血压、心脏病、贫血病、癫痫病以及其他不适于高空作业的,不得从事高空作业。

(2)高空作业要衣着灵便,禁止穿硬底和带钉易滑的鞋。

(3)凡是进行高处作业施工的,应使用脚手架、平台、梯子、防护围栏、挡脚板、安全带和安全网,作业前应认真检查所用的安全设施是否牢固、可靠。

(4)项目经理部为作业人员提供合格的安全帽、安全带等必备的个人安全防护用具,作业人员应按规定正确佩戴和使用。

(5)高空作业所用材料要堆放平稳,工具应随手放入工具袋(套)内;上下传递物件禁止抛掷,上下立体交叉作业确有需要时,中间须设隔离设施。

(6)项目经理部应按类别,有针对性地将各类安全警示标志悬挂于施工现场各相应部位,夜间应设置警示灯。

(7)高处作业应设置可靠扶梯,作业人员应沿着扶梯上下,不得沿着立杆与栏杆攀登。

(8)高处作业前,项目经理部应组织有关单位或部门对安全防护设施进行验收,经验收合格签字后方可作业。

(9)遇有恶劣天气影响施工安全时,禁止进行露天高空作业。

(10)发生安全措施有隐患时,必须采取措施、消除隐患,必要时停止作业。

(11)搭拆防护棚和安全设施,需设警戒区、有专人防护。

(12)人字梯不得缺挡,不得垫高使用。使用时下端要采取防滑措施。单面梯与地面夹角以 $60°\sim70°$ 为宜,禁止两人同时在一个梯子上作业。如需接长使用,应绑扎牢固。人字梯底脚要拉牢。

五、施工用电安全管理

1. 安全用电技术措施

(1)施工临时用电必须按临时用电施工方案的要求进行布设。

(2)临时用电系统必须采用三相五线制 TN—S 系统。

(3)禁止使用已损坏或绝缘性能不良的电线,配电线路必须架空敷设,用电设备与开关箱的距离不得超过 5m。

(4)施工临时用电施工系统和设备必须接地和接零,杜绝疏漏。所有接地、接零必须安全可靠,专用 PE 线必须严格与相线、工作零线区分。

(5)施工现场的配电箱均应配置漏电开关,确保三级配电二级保

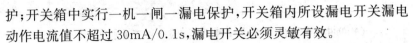

护;开关箱中实行一机一闸一漏电保护,开关箱内所设漏电开关漏电动作电流值不超过 30mA/0.1s,漏电开关必须灵敏有效。

(6)配电箱及开关箱中的电气装置必须完好,装设端正、牢固,底部应距地面 400mm,各接头应接触良好。

(7)电焊机上有防雨盖,下铺防潮垫;一、二次电源接头处有防护装置,二次线使用接线柱,一次电源线采用橡皮套电缆或穿塑料软管,长度不大于 3m。

2. 安全用电组织措施

(1)建立健全临时用电施工组织设计和安全用电技术措施的技术交底制度。

(2)建立安全检测巡视制度,加强职工安全用电教育,建立健全运行记录、维修记录、设计变更记录。

(3)非专业电气人员严禁在系统内乱拉乱接电线、检修电气设备等一切有关工作。

3. 电气防火措施

(1)合理配置、整改、更换各种保护电器,对电路和设备的过载、短路故障进行可靠的保护。

(2)在电气装置和线路下方不准堆放易燃易爆和强腐蚀物,不使用火源。

(3)在用电设备及电气设备较集中的场所配置一定数量干粉式 J1211 灭火器和用于灭火的绝缘工具,并禁止烟火,挂警示牌。

(4)加强电气设备、线路、相间、相与地的绝缘,防止闪烁,以及因接触电阻过大,而产生的高温、高热现象。

知识链接

装饰装修施工电器使用与维护

(1)所有配电箱均应标明其名称、用途,并做出分路标记。

(2)所有配电箱门应配锁,箱内不得放置任何杂物,保持整洁。

(3)所有配电箱、开关箱在使用过程中符合以下要求：

1)送电操作顺序：总配电箱—分配电箱—开关箱—设备。

2)停电操作顺序：设备—开关箱—分配电箱—总配电箱。（出现电气故障的紧急情况除外。）

3)施工现场停止作业 1h 以上时，应将动力开关箱断电上锁。

4)所有线路的接线、配电箱、开关箱必须由专业人员负责，严禁任何人以任何方式私自用电。

5)对配电箱、开关箱进行检查、维护时，必须将其前一级相应的电源开关分闸断电，并悬挂停电标志牌，严禁带电作业。

6)所有配电箱、开关箱每 15d 进行检查和维修一次，并认真做好记录。

六、"三宝"、"四口"及临边的防护管理

(1)安全帽、安全带、安全网必须是有资格证书的企业生产的合格产品。

(2)进入施工现场必须戴安全帽，系好扣带。高处作业（基准面＋2m 以上）必须系好安全带。

(3)外架满挂密目式安全网，绑扎牢固，接头无缝。

(4)楼梯口和边长大于 1.5m 的洞口，四周用红白相间颜色的钢管搭设 1.2m 高栏杆，小的预留洞用模板封堵。

(5)建筑物出入口、电梯出入口和各人行通道均按规定搭设双层防护棚，尺寸为：宽度每边比洞口宽 1m，长度为 5m。

(6)电梯各停靠楼层通道处设置用镀锌管和钢筋焊制的工具式平开门。

(7)主体电梯井口安装可上下翻转的 $\phi12$ 钢筋焊制的防护门；电梯井内每四层设一道水平网。

(8)楼梯侧边及楼层、阳台等周边用钢管搭设临时防护栏杆。

七、职业性中毒防护管理

操作人员在从事喷漆（涂料）作业时，吸入有毒有害的油漆、涂料造成的中毒现象称为职业性中毒。项目需采取的控制措施：

（1）改进操作工艺，对油漆作业尽量采取场外加工。

（2）选择绿色环保型油漆涂料。

> 职业性中毒的主要原因：使用有毒有害的油漆涂料、作业现场通风不畅、操作工人未采取防护措施。

（3）注意施工现场通风，对于封闭的场所（如地下室等）必须采取通风措施。

（4）现场操作人员必须使用采取佩戴防毒面具等防护措施。

（5）现场操作人员必须即时进行轮换，减少暴露时间。

（6）对于作业场所，由专业工长负责对作业环境进行监测，发现现场有毒有害品浓度过高及时停止作业，撤出人员。

八、易燃易爆危险品的管理

（1）采购：材料员采购时应向供货方索取所购物资的有关安全资料，并随材料的发放，逐级传达有关使用注意事项，直至具体操作人员。

（2）运输：项目经理部应要求供应商严格按国家易燃易爆危险品运输规定安全运输。

（3）搬运：项目经理部应监督装卸人员严格按易燃易爆危险品的装卸要求进行装卸，同时做好相应的防火、防爆措施。

（4）贮存：仓管员对各种酸液和乙醇应单独分柜存放，防止遗洒和泄漏；对氧气、乙炔瓶应分开存放，要有防砸、防雨、防火、防晒具体措施，做好危险品标识，保持安全距离；严格控制油漆、稀料库存量，专人专库管理并作好封闭和配备足够的消防器材。

（5）发放：易燃易爆危险品由专人负责管理，建立独立分发台账，对领用物品、数量、领用人及日期进行登记，做到控制数量，限量发放。

（6）使用：严格按照操作规程和使用说明书进行操作，同时配备必要的安全防护措施和用具；使用氧气瓶和乙炔瓶时，气瓶间距大于 5m 要距离明火 10m 以上，小于此间距时要采取隔离措施，搬动时不能碰撞，氧气瓶要有瓶盖，减压器上要有安全阀，严防油脂沾染，不得暴晒、倒置。气瓶要设置防震胶圈及防曝、晒措施。各种气瓶要设置标准色标或明显标识。

第七节　装饰装修工程收尾与竣工交验管理

一、装饰装修工程收尾管理

装饰装修工程接近交工阶段,不可避免会存在一些零星、分散、量小、面广的未完项目,这些项目的总和即为收尾工程。

知识链接

装饰装修工程收尾工作的分类

装饰装修工程收尾工作比较突出地表现为以下三种类型:

(1)接缝类:装饰装修工程不同工种往往在它们各自工作之间的"结合部"出现不完善的缝隙。

(2)修补类:装饰装修工程在频繁交叉的过程中不可避免发生一些成品损坏或污染,成为需要修补的项目。

(3)清理类:装饰装修工程的目标之一是给用户以美的感观,清洁、整齐便是美感的要素,清理也就成为收尾工程必不可少的重要部分。

1. 收尾工程的组织

收尾工程量小、面广,易被忽视,结果交工日期一再拖延。为了保证按时交工,在组织收尾工程时应注意以下几点:

(1)加强计划的预见性,提前安排"结合部"工作。

(2)接近竣工,提前对照设计图纸和预算项目核对已完工程,列出未完项目。

(3)交工前组织预检,逐个房间查明所有未完项目,并用"即时贴"在现场标明其部位。

(4)争取得到建设单位和设计单位的配合,避免因甲方供料延误引起"甩项",工程变更早作决定,不临时追加。

(5)组织若干专业班组,按收尾项目不同类型分别扫尾。

2. 收尾工程的有关工艺

装饰装修收尾工程有关工艺见表 11-6。

表 11-6　　　　　　　　　　　装饰装修收尾工程有关工艺

序号	工艺类型	具体内容
1	接缝工艺	常见接缝有： (1)梳妆台镜面与墙面瓷砖接缝,通常镜子边缘打磨光滑,然后打胶密封； (2)梳妆台面与面盆接缝,打防水密封胶； (3)浴缸与墙面瓷砖接缝,打防水密封胶
2	修补工艺	常见修补有： (1)木作节疤脱落,找一块纹理相似的木料,依照缺口大小修凿,蘸胶镶嵌到缺口里,使之严丝合缝,再打磨光滑,刷油漆即可； (2)大理石顺裂纹折断,用大理石专用胶与大理石粉调和,顺裂纹粘合大理石
3	清理工艺	重点清洗项目有： (1)玻璃清洗用专门清洁剂或洗涤剂擦拭污渍,再用清水冲洗,最后用干毛巾擦净； (2)瓷砖、大理石清洗先用开刀铲除灰渍,再用湿毛巾擦拭,特别注意清理砖缝与凹槽； (3)卫生洁具清洗先用开刀铲净灰渍,防止灰渣落入下水口,然后用水洗刷,洗不净处用去污粉擦洗

二、装饰装修工程竣工与交工

1. 工程竣工

工程竣工是指房屋建筑按照设计要求和甲乙双方签订的工程合同所规定的建设内容全部完成,经验收鉴定合格,达到交付使用的条件。

竣工日期是指由建筑工程质量监督站核验为合格工程的签字日期。

2. 工程交工

工程交工是指竣工工程正式交付建设单位使用。

交工日期:指竣工工程办理手续,交付建设单位使用的签字日期。

> (1)完成收尾工程。
> (2)收集整理竣工验收资料。
> (3)交工工程的预验收。

三、装饰装修工程竣工验收资料

装饰装修工程的竣工验收资料见表 11-7。

表 11-7　　　　　装饰装修工程的竣工验收资料

序号	验收资料	内　容
1	施工组织方案与技术交底资料	施工组织方案应内容齐全、审批手续完备。如有较大的施工措施和工艺的变动要编入交工验收资料。 技术交底包括设计交底、施工组织设计交底、主要分项工程施工技术交底。各项交底应有文字记录并附双方签认手续
2	材料、半成品、成品出厂证明和试(检)验报告	装饰材料、半成品、成品应有出厂质量合格证明,标明出厂日期,抄件或复印件应注明原件存放单位,并附抄件人签字和抄件(复印)单位印章。 防火材料要有国家批准的合格证书和消防部门的使用许可证。 门(窗)框、门(窗)扇、石材、瓷砖除有出厂质量合格证外还应有现场检验报告
3	施工试验报告	粘贴壁纸的胶水、贴瓷砖的砂浆若在现场自行配制,应经过试贴确定配比。试验报告注明组分材料和配比,并说明试验结果,由甲方签字确认
4	施工记录	厕浴间等有防水要求的房间有 24h 以上蓄水试验记录,并附验收手续。 冬季贴瓷砖、贴壁纸和大理石及油漆、喷涂应有测温记录。 贴壁纸和粘接地毯有基层含水率记录。 质量事故处理记录应包括事故报告、处理方案和实施记录
5	预检记录	包括现场基准点、楼层基准线、预留孔和预埋件位置的检查记录
6	隐检记录	包括轻质隔断墙、吊顶、壁纸、地毯、防水等项目的隐检记录

序号	验收资料	内　　容
7	工程质量检验评定资料	包括所有分项工程应有的质量评定表及分部工程汇总评定表
8	竣工验收资料	施工单位(承包方)、建设单位(发包方)和设计单位(建筑师)三方签认的竣工验收单,送质量监督部门进行核验,合格后签发的核定书
9	设计变更、洽商记录	设计变更、洽商记录应由设计单位、施工单位和建设单位三方代表签证,经过洽商同意亦可由施工单位和建设单位两方代表签证。 分包工程有关设计变更和洽商记录应通过总承包单位办理。 设计变更、洽商记录按签证日期先后顺序编号,做到齐全、完整
10	竣工图	凡原施工图无变更的,可在新的原施工图上加盖"竣工图"标志后作为竣工图。 无大变更的可在原图上改绘;有重大变更的应重新绘制竣工图

四、交工验收工作的程序

(1)承包方首先自行组织预验收。一方面检查工程质量,发现问题及时补救;另一方面汇总、整理有关技术资料。

(2)承包方向发包方递交竣工资料。

(3)发包方组织承包方和设计单位对工程质量进行验评,并将验评结果和有关资料送质量监督站核验。

(4)质量监督站核验合格后,签发核定书。

(5)承包方与发包方签订交接验收证明书,并根据承包合同的规定办理结算手续,除合同注明的由承包方承担的保修工作外,双方的经济、法律责任即可解除。

(6)在交工过程中发现需返修或补做的项目,可在交工验收证明书或其附件上注明修竣期限。

五、室内装饰装修工程环境质量要求

1. 空气污染质量要求

《民用建筑工程室内环境污染控制规范(2013 版)》(GB 50325—

2010)规定,民用建筑工程验收时,必须进行室内环境污染物浓度检测,检测结果应符合表11-8的规定。

表 11-8   民用建筑工程室内环境污染物浓度限量

污染物	Ⅰ类民用建筑工程	Ⅱ类民用建筑工程
氡/(Bq/m³)	≤200	≤400
甲醛/(mg/m³)	≤0.08	≤0.12
苯/(mg/m³)	≤0.09	≤0.09
氨/(mg/m³)	≤0.25	≤0.5
TVOC/(mg/m³)	≤0.5	≤0.6

注:1. 表中污染物浓度限量,除氡外均应以同步测定的室外空气相应值为空白值。

2. 表中污染物浓度测量值判定,采用全数值比较法。

室内装饰装修污染物主要来源

甲醛主要源于人造材料、胶粘剂和涂料;苯系物主要来源于油漆稀料,防水涂料,乳胶漆等;含有挥发性有机化合物(TVOC)主要来源于油漆,乳胶漆等;甲苯二异氰酸酯(TDI)主要来源于聚氨酯涂料。

2. 光污染要求

造成室内光污染的原因,首先是室内灯光配置设计不合理,其次是室内装修采用镜面、釉面砖墙、磨光大理石以及各种涂料等装饰放射光线,除此就是夜间室外照明,特别是建筑物泛光照明产生的干扰光。控制光污染主要是采用各种措施控制室内的不舒适眩光,只要将不舒适眩光控制在允许限度以内,失能眩光也就自然消除。

为避免不必要和过强的光照,建筑照明必须符合国家标准《建筑照明设计标准》(GB 50034)的相关规定。

(1)照度要求。照度标准值应按0.5、1、3、5、10、15、20、30、50、75、

100、150、200、300、500、750、1000、1500、2000、3000、5000（lx）分级。

一般居住建筑照明标准值见表11-9。

表 11-9　　　　　　　　　居住建筑照明标准值

房间或场所		参考平面及其高度	照度标准值/lx	Ra
起居室	一般活动	0.75m 水平面	100	80
	书写、阅读		300 *	
卧室	一般活动	0.75m 水平面	75	80
	床头、阅读		150 *	
餐厅		0.75m 餐桌面	150	80
厨房	一般活动	0.75m 水平面	100	80
	操作台	台面	150 *	
卫生间		0.75m 水平面	100	80

* 宜用混合照明。

（2）眩光限制。直接型灯具的遮光角不应小于表11-10的规定。

表 11-10　　　　　　　　　直接型定居的遮光角

光源平均亮度/(kcd/m²)	遮光角(°)	光源平均亮度/(kcd/m²)	遮光角(°)
1～20	10	50～500	20
20～50	15	≥500	20

（3）室内照明光源色表可按其相关色温分为三组,光源色表分组宜按表11-11确定。

表 11-11　　　　　　　　　光源色表分组

色表分组	色表特征	相关色温/K	适用场所举例
I	暖	<3300	客房、卧室、病房、酒吧、餐厅
II	中间	3300～5300	办公室、教室、阅览室、诊室、检验室、机加工车间、仪表装配
III	冷	>5300	热加工车间、高照度场所

控制光污染的措施

（1）选用合适的装饰材料。在保证室内合适照度的前提下，尽量避免使用反射系数较大的装饰材料。例如，墙壁粉刷时尽量用一些浅色，主要是米黄、浅蓝等代替刺眼的白色，已减弱室内的反射眩光。

（2）使用合格的照明设备。使用能够避免和减少光污染的照明设备，防止不需要照明的地方和对象被动受光。投射到被照射物体之外的溢散光不应超过灯具输出总光通的 25%。同时，有的场所可采用高效率且波段范围很窄的光源（如低压钠灯），其光辐射可以用滤光片滤掉。

（3）采取必要的照明控制。控制包括空间控制和时间控制，如应严格限制使用照灯和窄光束投光灯等墙投光灯具和激光灯向天空、人群投射，应严格控制夜景照明设施对住宅、公寓、医院等的干扰光，住宅的居室和医院病房等窗户上的最大垂直照射和从室内直接看的发光体的最大光强度不大于规定的值。

3. 噪声污染要求

室内装修的噪声污染主要来自厨房与卫生间设备、门窗的密闭性以及房间的回声。绿色装修建议用消音设备及吸音材料，合理地设计。

4. 饮水、排放污染要求

（1）饮水污染。室内装修的饮水污染主要来自上水管材及储水装置，国家已明令禁止使用钢铁上水管和铁水嘴，就是为减少饮用水的二次污染。

（2）排放污染。室内装修的排放污染主要是指厨房油烟、生活用水、空调排水等不合理排放造成的对室内外环境污染。这些问题，必须妥善解决与处理才能达到环保要求，才能使业主生活在一个"干净"环境中。

参考文献

[1] 建设部人事教育司,城市建设司.施工员专业与实务[M].北京:中国建筑工业出版社,2006.

[2] 李继业,邱秀梅.建筑装饰施工技术[M].北京:化学工业出版社,2005.

[3] 沙灵.建筑装饰施工技术[M].北京:机械工业出版社,2008.

[4] 焦涛.门窗装饰施工工艺及施工技术[M].北京:高等教育出版社,2007.

[5] 付成喜,伍志强.建筑装饰施工技术[M].北京:电子工业出版社,2007.

[6] 蔡红.建筑装饰装修构造[M].北京:机械工业出版社,2007.

[7] 顾建平.建筑装饰施工技术[M].天津:天津科学技术出版社,2006.

[8] 李竹梅,赵占军.建筑装饰施工技术[M].北京:科学出版社,2006.

[9] 饶勃.装饰施工手册:上册,下册[M].3版.北京:中国建筑工业出版社,2006.

[10] 苟伯让.建设工程项目管理[M].北京:机械工业出版社,2005.

China Building Materials Press

我们提供

图书出版、图书广告宣传、企业/个人定向出版、设计业务、企业内刊等外包、代选代购图书、团体用书、会议、培训，其他深度合作等优质高效服务。

编辑部　　　　宣传推广　　　出版咨询　　　图书销售　　　设计业务
010-68343948　010-68361706　010-68343948　010-88386906　010-68361706

邮箱：jccbs-zbs@163.com　　　网址：www.jccbs.com.cn

发展出版传媒　　服务经济建设

传播科技进步　　满足社会需求